倥傯論文集

曾祥穎 著

勢之
維繫處

事之
轉變處

機

時之
湊合處

物之
緊切處

一、自序

　　在軍職，我的寫作生涯開始得很早，自民國 62 年砲兵學校初級班畢業，分發至金門步兵第 92 師野戰砲兵 365 營第二連，到職半年之後就開始了。直至今日，這五十年間先後發表了 90 篇以上有關軍事方面的論文。

　　我的寫作針對性很強，不敢自詡凡事都能洞察先機，但是對部隊教育訓練、建軍備戰、中共陸軍未來發展和國防科技與經費的研究，在事後都獲得證明並非無的放矢，事前論述與研判正確而非後知後覺。既然能先一步判斷出「敵軍未來的演變」，就不致於落人口實而被人譏為落伍。

　　主要的動機來自於三方面：

　　首先是陸軍官校二年級分科後，暑期至野戰部隊見學期間，發現部隊許多實用的知識都不是學校教過的，想要明白其中道理與作用，卻不得其門而入，老士官根本不理你。為了打開求知的門路，我聽從母親的建議-以自家釀的葡萄酒換取先進們腦袋中的知識。這才知道天下沒有白吃的午餐，畢竟非親非故的，人家憑甚麼一定要教你「功夫」？

　　其次是在三年級期末步兵連對抗演習，擔任連補給士一職。對這陌生的職務，沒有人告訴我應該如何準備，於戰備檢查之時，對補給的細節一問三不知，被留美歸國的新教育長施震宙少將拿來做為反面教材，好好地將了一軍，當眾將我電得「外焦裡嫩」的不知如何是好。在羞愧之餘，也明白了「困而知之」不如「學而知之」

的道理。

最後則是當上了軍官，在部隊中歷練各種職務時，一切言行都被攤在陽光下接受部下們檢驗。若想不被飽經行伍的老軍、士官們看不起，要獲得預備軍官、士校班長和充員兵的尊重，有了「十八般武藝之外」，必須要有「他們懂的要更懂，他們不懂的要都會」的認知。換句話說，帶兵打仗絕對不能只憑恃兵科學校幾本「三板斧」的講義吃飯。

因此，在部隊生存，要得到部下與同仁的尊敬，不能存有「官大，學問大」的心態，必須隨時充實自我的本職學能，從容地應付「不預期」之變故，才能服眾。更重要的是要能夠達到上級「具備高本職兩級素養」的要求，在沒有進入高一級的班隊之前，就唯有多讀相關的準則與戰史，獲得相應的知識，期能應付各種狀況的挑戰。

然而如何將這些從不同途徑學得的知識「取精用宏」，真正的轉化為自己的學術與修養並融會貫通，就要以自己的思維理則，用心筆記要點，獨立思考，或以「專題寫作」的方式，有系統地整理心得，形之於文字，才是自己的知識。

這段話未免高調了一點，卻是我研讀兵書與知識的心路歷程。筆記中加了自己的體會，有時幾個符號與文字都各有其含意，很多同學與先進看不懂我的筆記其中之奧妙也是事實。

當時的資訊不發達，寫作工具沒有「複製、貼上」功能，不能影印，也沒練就一身「剪貼」的功夫。一篇稿子全靠自己一筆一字慢慢琢磨出來的，修改、謄寫總要幾個回合，在理順自己思維的時候，不找文書幫忙謄稿，不能當「文抄公」，就要廣泛地蒐集資料，過程挺辛苦的。不過苦中有樂，畢竟經過自己「學而時習之」過程獲得的知識，印象無比深刻。稿件刊登出來後，不但有成就感，能

夠獲得編輯的肯定，也有稿費可拿。「名利雙收」之餘，又可以打發駐防外島的孤寂，有了這些動機，看書寫稿的習慣就這麼養成的。

在尉官至少校時期，投稿的對象是陸軍官校的《黃埔月刊》。內容以「連隊基層實務」與「小部隊教育訓練」為主，戰史為輔。當時對論文寫作的要求並不嚴格，沒有智慧財產權相關的法令，原創的「稿件」可以充分表達自己的主觀想法，所以沒有註釋。有道是無知者無畏，連「戰爭十大原則」都敢動筆詮釋，這是軍事學的總綱，如今看來有些地方內容並不成熟，但是畢竟當時年少輕狂，大多自以為是。

和校刊的緣分是來自 62 年夏天當副連長時，針對自己的本職學能需求，在南雄埋下潮濕幽暗又昏黃的坑道中，就著燈光將自己在學校七年的訓練和下部隊的體驗，以及學用結合的心得，以〈回顧與檢討〉為名，做了個總結，沒經過思考便直接寄回學校。

其實也沒抱甚麼希望，只是個人的心得而已。不料 9 月 19 日，校刊的社長兼主編劉艾萍上校，把這份稿件給政戰主任楊中傑少將上了份簽呈。然後把文件與用紅筆標示重點的原稿，寄回金門退還給我，鼓勵我修正之後再寄給他。完稿全文約 8 千餘字，稿費 320元，這是我的第一份稿費，比上尉級的主官加給多 20 元，這份歷史性的簽呈至今仍在我的檔案中。

在整個歷程方面，依據自己的剪貼簿，第一次駐防金門（62 年4 月-64 年 3 月），共寫了 8 篇，有時間可查。當連長與砲兵指揮部訓練官時期第二度駐防金門所寫的論文，可能是在交代傳令和射擊指揮所計算長剪貼存檔時，沒有紀錄時間的關係，已不可考。詳如（附表一）

附表一：中尉至少校時期《黃埔月刊》論文一覽表

項次	題目	期別與時間
1	回顧與檢討	259 民國 62 年 11 月
2	連隊經驗談：論基層幹部的領導統御	262 民國 63 年 2 月
3	淺論蘇俄的軍事思想	265 民國 63 年 5 月
4	漫談決心	269 民國 63 年 9 月
5	國軍戰爭十大原則淺釋（上）	271 民國 63 年 11 月
6	國軍戰爭十大原則淺釋（下）	272 民國 63 年 12 月
7	蘇俄戰略思想的嬗變	274 民國 64 年 2 月
8	北非的勝利-艾拉敏會戰評介	280 民國 64 年 8 月
9	部隊訓練的基本實務	292 民國 65 年 2 月
10	蘇俄軍事思想之演進（譯文）	366 民國 71 年 10 月
11	如何做好一個連長	不詳
12	研讀戰史我們應該有的認識和態度	不詳
13	美軍在越南失敗之檢討	不詳
14	俄境「蘇德卡爾可夫會戰」評介	不詳
15	論機動與後勤之相互關係	不詳
16	如何作之師	不詳
17	拔都西征俄羅斯諸役之探討	不詳
18	基層士官幹部選用淺論	不詳
19	小部隊戰鬥教練之計畫與實施	不詳

　　68 年夏天「開平演習」師對抗結束之後，奉命調職砲兵學校戰術組擔任營、連小組的教官，到奉派赴新加坡參與中科院專案期間，在組長童冠傑上校的指示下，寫作就以砲兵學術為重點，以及翻譯美軍砲兵的新知。但是記錄過於零散無法整理，大多納入教案的補充或參考資料，經過修訂的教案則被沿用多年。

　　砲校學生第一大隊長至機械化 109 師副參謀長的時期，前者因為準備陸軍指揮與參謀學院的入學考試，複習準則與兵學素養為

主；後者則因爲被賦予救火隊式的「任務編組」不斷，四處奔波，期間還兩度代理主官（管），根本無暇整理自己的思維與歸納學習心得，忙碌中還要利用零碎的時間，自我研讀準則積極準備戰爭學院的入學考試，寫作中斷了將近六年。就讀戰爭學院到金東師砲兵指揮官，才又重新開始，以翻譯美軍砲兵的新知爲主（如附表二*爲論述，餘爲譯文）。

附表二：民國 78-84 年砲兵學術月刊論文一覽表（金東師砲兵指揮官至兵研所時期）

項次	題目	期別	出版時間
1	美軍軍作戰之彈藥補給	16	78 年 6 月
2	謬誤與實際-蘇俄砲兵之研究	20	78 年 10 月
3	美軍液態推進藥火砲研發狀況	24	79 年 2 月
4	評奠邊府戰役砲兵之運用*	36	80 年 2 月
5	目標獲得強化集火射擊之研究	38	80 年 4 月
6	「沙漠風暴作戰」火力運用之研究	39	80 年 5 月
7	美陸軍戰術飛彈簡介	41	80 年 7 月
8	不同編裝砲兵火力支援輕裝部隊作戰之研討	42	80 年 8 月
9	「沙漠風暴作戰」砲兵旅後勤之檢討	50	81 年 4 月
10	砲兵未來發展方向	52	81 年 6 月
11	火力支援協調之檢討	55	81 年 9 月
12	改良型多管火箭-HIMARS	56	81 年 10 月
13	如何避免友軍火力誤擊	57	81 年 11 月
14	未來戰場之火力支援協調	59	82 年 1 月
15	砲兵直接支援營的指參計畫作爲	61	82 年 3 月
16	美軍新式火砲發展狀況*	75	83 年 12 月
17	中共「東海四號演習」船載陸砲火力測試之研析*	78	84 年 6 月
18	德國砲兵狀況*	81	84 年 12 月

　　在陸軍總部計畫署時期因為「十年兵力規劃」專案之故，所有的論文都是「密級」以上，沒有留存。至國防大學兵學研究所擔任高級教官，因緣結識麥田出版社軍事主編陳雨航先生，開始翻譯戰史。蘭陽師副師長時期，因「任務編組」研擬國軍飛彈防禦籌劃事宜，重點擺在中共研究與戰略規劃。參謀本部作戰次長室聯合防空精進小組主任，至陸軍總部武器系統獲得與計畫署長任內，除了翻譯《數位化戰士》、《美國飛彈防禦的過去與現在》、《軍事事務革命：移除戰爭之霧》，發表《第五次軍事事務革命》做為指導參謀群的參考書外，專題寫作則以建軍規劃為主要研究方向（如附表三）。

附表三：民國 83-92 年戰略研究論文一覽表（兵學研究所高級教官至武計署長時期）

項次	類別		
1	建軍規劃	就「螺旋理論」談未來建軍	陸軍學術月刊 39 卷 449 期
2		第五次軍事事務革命	陸軍學術月刊 39 卷 455 期
3		建軍規劃與防衛作戰之研析	陸軍學術月刊 85 年 11 月
4	中共研究	兩岸軍事衝突潛在之危機	國防雜誌第 10 卷第 11 期
5		對中共「中國的軍備控制與裁軍」白皮書之研析	國防雜誌第 11 卷第 10 期
6		從中共如何打下一場戰爭-試析其飛彈威脅	國防雜誌第 12 卷第 11 期
7		彈道飛彈防禦與國家安全	國防雜誌第 13 卷第 11 期
8		「國防貴自主，外援不足恃」	國魂 87 年 12 月
9	戰略研究	印巴核武競賽中共攪局	國魂 87 年 8 月
10		宋代戰略思想之研究	國防雜誌第 10 卷第 2 期
11		中國政治戰略思想概論	國防雜誌第 11 卷第 5 期
12		「中日戰爭」戰爭指導之研究	陸軍學術月刊 84 年 9 月
13		「車臣內戰」中俄軍作戰之研究	陸軍學術月刊 34 卷 394 期

14	第二次「車臣戰爭」之研究	陸軍學術月刊 38 卷 441 期
15	福島戰爭空對海作戰之研析	國防雜誌第 10 卷第 3 期
16	美國出兵海地戰略涵義之研析	國防雜誌第 10 卷第 6 期
17	日本侵華戰爭的啟示與體認	國防雜誌第 11 卷第 3 期
18	日本何時成為軍事大國	國防雜誌第 11 卷第 6 期
19	車臣戰爭與美阿戰爭之比較	《911 事件後全球戰略評估》

　　退伍之後應陸軍學術刊物主編曹汶華同學之邀，藉此平台探討有關中共在戰略層面對我們的威脅，和未來科技對戰爭發展趨勢影響方面的相關課題（如附表四）

附表四：民國 93-111 年陸軍學術刊物論文一覽表

時間	題目	卷別
93 年 5 月	論戰力整合	第 40 卷第 456 期
93 年 12 月	「法蘭德斯戰役」對軍事事務革命之啟示	第 40 卷第 472 期
94 年 11 月	論誤擊	第 41 卷第 482 期
96 年 8 月	東北亞核武發展對我國戰略之影響	第 43 卷第 494 期
97 年 8 月	伊朗核子議題與對世局的影響	第 44 卷第 500 期
97 年 10 月	論未來聯合火力支援協調之重要性-以美軍「森蚺作戰」為例	第 44 卷第 501 期
98 年 2 月	「森蚺作戰」五年後之挑戰與機遇	第 45 卷第 503 期
98 年 10 月	北韓「核武危機」對東北亞局勢之影響	第 45 卷第 507 期
99 年 6 月	論小部隊之數位化-以新加坡為例	第 46 卷第 511 期
99 年 10 月	防空與飛彈防禦全球化	第 46 卷第 513 期
100 年 2 月	無人飛行系統之運用與展望	第 47 卷第 515 期
100 年 10 月	中共太空戰略之研析	第 47 卷第 519 期
101 年 6 月	雲端科技發展對未來作戰之影響	第 48 卷第 523 期
101 年 12 月	美軍網狀化作戰之檢討與展望	第 48 卷第 526 期
102 年 12 月	「戰爭之霧」與「摩擦」在未來戰爭之地位	第 49 卷第 532 期

103 年 8 月	中共陸軍未來發展之研析	第 50 卷第 536 期
104 年 2 月	中共國防經費之研究	第 51 卷第 539 期
104 年 8 月	「大數據」對未來作戰之影響	第 51 卷第 542 期
105 年 2 月	日本未來軍事戰略發展之研析	第 52 卷第 545 期
105 年 8 月	社群網路對作戰之影響-以恐怖主義與反恐作戰爲例	第 52 卷第 548 期
105 年 12 月	美國第三次抵銷戰略：新軍事科技對亞太之意涵	第 52 卷第 550 期
106 年 4 月	亞太地緣戰略發展對我之影響	第 53 卷第 552 期
106 年 6 月	論軍事科學在中共「軍民融合發展」路線之地位	第 53 卷第 553 期
106 年 10 月	俄羅斯軍事改革對中共之啓示	第 53 卷第 555 期
107 年 6 月	論中共陸軍之改制	第 54 卷第 559 期
108 年 2 月	2030 年中共陸軍戰略之研析	第 55 卷第 563 期
108 年 6 月	中美「新冷戰」對亞太地緣戰略之影響	第 55 卷第 565 期
109 年 2 月	中美貿易戰對我國防之影響	第 56 卷第 569 期
109 年 8 月	人工智慧對未來戰爭之影響	第 56 卷第 572 期
111 年 4 月	2030 年戰略情勢之判斷-臺海危機可能性	第 58 卷第 582 期

民國 103 年 5 月底，陸軍官校慶祝 90 周年校慶，舉辦的「軍事科學基礎學術研討會」，在蕭立台教授的要求下，發表〈軍事科學工程在未來戰爭中之地位〉，列入官校的學術專輯，算是對母校栽培的回饋。

至於其他的研究工作，民國 93 年 7 月，施澤淵同學來電，因爲「兩岸交流遠景基金會」，受國安會之託付，舉辦美國、日本與我方三方「聯合反飛彈作戰之兵棋推演」。他負責想定撰寫與推演課題之擬訂，邀請我擔任我方在軍事戰略方面的推演官。從想定開始作業到三方實際推演，全案共需一個半月。

　　當時以我的了解，民進黨政府對這方面研究的人才是比較欠缺的。既然黃埔同學有了召喚，當然拔刀相助。何況飛彈防禦真的是「國家安全問題」，於是答應了他的要求。

　　這是陳水扁政府唯一的一次的「亞太戰區飛彈防禦」兵棋推演。美方是前亞太助理國務卿薛瑞福（Randall Schriver），前國防部官員卜大年（Dan Blumenthal）。兩人爾後在政黨輪替後，都曾回任政府國防方面的要職。日本由退役的自衛隊空軍司令鈴木敏且（中將）領軍，目前在民間公司從事「宇航」方面的研究發展工作。我方由負責對日本溝通的國家安全會議諮詢委員林成蔚領銜，參與的人員有遠景基金會顧問林正義教授等人。

　　本案的想定是以「釣魚臺有事」為主軸，三方藉著研討「亞太戰區飛彈防禦體系」的可行性，探究地緣戰略上「國際參與」的可能性。我在會中提報「飛彈防禦系統發展之探討」，作為討論依據。我的結論為：

　　一、中共將全力採取在經濟上拉攏，政治上孤立，心理上弱化，軍事上加強部隊建設，為武力解決臺灣問題之準備。

　　二、台海的和與戰，雙方各有責任；未來均勢必將向中共傾斜。

　　三、我國無建立全面飛彈防禦之能力，亦不具備攻擊中共內陸重要目標之力量。

　　四、中共對軍事事務革命的認知與美日有極大的差異，應將為中西合璧的綜合體。

　　以此為基調，經過兩天的「熱烈討論」，各有各的結論。從過程中我對此案得出的觀點：日本「投鼠忌器，猶疑不定」；美國「鞭長莫及，虛應故事」；我們「期望太高，不自量力」。總而言之，這個「亞太戰區飛彈防禦體系」「空中樓閣」，不但虛幻而且三國聯盟的

代價太大，遠超出我們的能力，一旦認眞推行，必定窒礙難行，而且面對中共難以逆料的反應，我們將未蒙其利，先受其害。

這一份論文後來以「臺北－東京亞洲和平國際交流會議－第三次臺日暨亞太安全研討會」的名義，（前兩次分別在美日實施）出版了中日文的論文集，這也是我唯一被翻譯成「日文」的論文。

另外民國 95 年外交部主辦的兩岸衝突之研究，我應邀撰寫有關「中共特種作戰」方面的研究，在晶華酒店舉行，全程以英文問答，是我唯一一次的與美方智庫人士在台舉行的研討會，可惜論文的英文檔案交給主辦單位而沒有保存，不過出席費倒是很高，拿的是幾千美金。

96 年初，國防部委託計畫中，有《奈米科技發展趨勢對未來戰爭型態之研究》項目。中華戰略學會有意投標此專案研究。因爲秘書長謝臺喜學長知道我在退伍之前，拙作《第五次軍事事務革命》撰寫時，即曾向中山科學研究院四所的「奈米計畫」主持人史宗淮博士，以及工研院奈米方面等專家，請教過奈米科技對軍備影響與應用的相關問題，作爲論述的主軸，對這方面有一定的了解，認爲我是適當的研究人選。經由他的推薦，指定空軍飛行軍官退役的陳偉寬秘書聯繫行政事宜，我們提出研究計畫，經審查後獲得該項標案，全案額度爲新台幣 48 萬元。

旋即在陳一新教授領銜之下，完成研究編組。依據甘特圖，我和陳偉寬訪問了國內的相關學術機構與大專院校，廣泛的蒐整中外的研究資料，完成研究的準備工作。內部討論後，以「奈米科技發展及其未來趨勢，未來建軍及武器系統發展趨勢，未來兩岸戰爭的型態爲主軸，反覆論證，最後得出結論與建議」的思維理則，提出研究大綱，經過提報獲得同意，展開正式的研究。

期間我們依據合約規定做過兩次期中報告，完成研究後得出八

項結論，依據國家現有與可能獲得的技術，區分基本方針之建議，以民國 110 年爲基準，提出近、中、遠程的三階段目標，獲得認可，供委託研究單位參考。

如今重新翻閱當時研究報告的最後兩段話：「研究小組認爲未來國軍全面換裝之可能性甚低。因此，如何善用並延長既有主戰武器之使用壽命，增強其效能以應付未來戰爭之需要，是國軍重要之課題」。

其次「任何計畫之執行都脫離不了人才。沒有「適質、適所」的優質人才，認眞的執行與貫徹，再好的計畫都必將落空，如此不但造成資源的浪費，更將帶來國家安全上極重大的影響」。

前者，如「獵雷艦案」。後者，如陳水扁政府時期「鏈震案」之重大弊端。見證了我們的論點，再放眼今日國軍土戰裝備仍處在青黃不接，甚至無以爲繼的困境，當時我們的呼籲彷彿依稀在耳。

這是我最用心思考卻不能問世的一本著作，只有「藏諸國防部智庫」見證一段歷史而已。

至於學術研討會的論文，則在完成國防部智庫委託的研究後，我應陳偉寬之邀，成爲中華戰略學會的一份子，偶而撰寫幾篇論文，填補空檔。但是自從政黨輪替之後，國家不再重視軍事教育體系的學歷資格，任由沒有實務經驗的「名家」放言高談闊論軍旅之事，「橘枳不分」的結果，創始人蔣緯國將軍也成爲被政府攻擊的對象，面對這樣的現實只有感嘆：「歷史包袱太重，學術生存不易」。

俗語說：「有錢出錢，有力出力」。我出不了錢，就只有出力。除了送出拙著《臺灣飛彈防禦的迷思》20 本外，就是投稿與學術講演了。按照傳統這些都會刊在當季的會刊上，因此，至少這幾篇是確有其文的。（如附表五）

附表五：民國 100-107 年中華戰略學會學術研討會一覽表

時間	題目	備註
100 年 10 月 21 日	對中共「導彈打航母」之研究	第 360 次學術研討會
101 年 5 月 23 日	雲端科技發展對未來作戰之影響	第 363 次學術研討會
104 年 4 月 23 日	大數據對未來作戰之影響	12 屆 7 次理監事會議
105 年 8 月 25 日	我國未來之情報判斷	13 屆 2 次理監事會議
107 年 2 月 23 日	北韓核武發展對東亞局勢之影響	第 402 次學術研討會

　　從以上的過程中，檢視我的論文歷程是以民國 102 年爲分野，在此之前的重點以軍事事務革命與飛彈防禦，爾後則是以中共軍隊的發展趨勢爲主體。

　　究其原因我認爲中共軍事戰略，歷經十餘年的論證已經有了定論。從每兩年一度「國防白皮書」的內容，即可以一見端倪，再從中共三軍裝備陸續定型並開始大量生產與部署；地面部隊聯合兵種訓練基地的開設與野戰拉練展開；「常規導彈」部署至戰區層級；海、空軍頻繁的以不同的兵力規模，慣常的從宮古，巴士海峽進出第一島鏈以東海域，實施遠洋訓練；2012 年以後不再定期發表國防白皮書，改以專題方式說明國防政策。2015 年後停止出版「世界軍事年鑒」等事實，顯示共軍蒐整國外資料階段性的工作已經告一段落，獲得了內部共識，有了自己的建軍步調。我認爲至 2015 年，中共基本戰力已然完成組建，開始進入「聯合作戰」的階段。

　　2016 年以後至今的發展，基本上和民國 95 年在美、日、台三方舉行「亞太戰區飛彈防禦體系」的兵棋推演中，我對中共 2020 年的判斷相去不遠。

　　下一步就是中共如何眞正的轉型了，我判斷基本的理念應該會採取「既聯合又鬥爭，鬥而不破」的手段，「依據中共的軍事戰略方針，參考俄羅斯的建軍思想，針對美軍對亞太之威脅，爭取第二島

鏈以西太平洋海域局部優勢，有利於其統一之大業。」

中共「具有社會主義特色的建軍」完成的時間點，合理判斷將在 2030-2035 年之間，其具體的徵候應視中共何時可以穩定的獲得西太平洋第一島鏈之優勢，或者美軍退至第二島鏈一線的速度而定。除非臺灣宣布獨立，否則將不至於與美軍正面衝突。

我覺得這一段時間刊出的論文不失時機，也沒有枉費曹汝華同學對我的期許，也是對他最好的回報。如果還有甚麼期待的話，就看我最後一篇論文：〈2030 年戰略情勢之判斷-臺海危機可能性〉，對中共戰略之研究分析是否正確了。

為了記載這一段歷史，我從附表一選出〈如何做好一個連長〉為基層時的見證。附表二〈評法越「奠邊府戰役」砲兵之運用〉係金東師砲兵指揮官時期對本部軍官團的教材。附表三〈宋代戰略思想之研究〉則是讀兵學研究所時，鈕先鍾老師授課時的報告，被拿來作為課堂上大家討論的標的，也有紀念老師的意思。

《第五次軍事事務革命》與〈就「螺旋理論」談未來建軍〉，則是在武器系統獲得與計畫署長時期，指導參謀群推動陸軍裝備系統獲得計畫作為的思維理則。我很明確地告訴大家：「今天的專業，會變成明天的通識；系統變化的速度與摩爾定律呈現函數的關係；依此相對速度觀察，一旦戰爭發生，我們一定會用老舊的武器來打未來的戰爭，我們戰力維持的關鍵在於是否能夠預為掌握、研製與目前系統相容的軟體或替代品。」

〈「中日戰爭」國家戰略之研究〉是紀念抗戰勝利 60 週年學術研討會的論文。無論如今社會上的友日、親日氛圍如何濃厚，這是國仇家恨，可以原諒卻不可忘記。

至於其他的包括雲端科技、網狀化作戰、大數據、社群網路及人工智慧對未來戰爭的影響等文章，則是退伍之後環繞軍事事務革

命發展趨勢的研究。內容雖然不能稱之精闢，但是事後證明發展的方向並沒有太大的出入。

　　最後一篇對 2030 年兩岸戰略情勢之判斷，在刊出之前，主編對我直言：因爲有些內容涉及到「政治正確」而略有刪減與本書有出入。雖然對此要求感到大題小作，政治該不該凌駕學術，未來自有定論，但是兩岸未來究竟將會如何？我也很好奇！因爲歷史的時空不容扭曲，本書中有些遣詞用句都有具時代性，爲保留原意，因此沒有修改，也是一種歷史的見證，敬請讀者諒察爲盼。

目錄

二、國軍「戰爭十大原則」淺釋

前言

　　「國軍戰爭十大原則」是我們英明的總統蔣公，在民國四十八年初手訂，後來又親自督飭編定《戰爭原則釋義》一書，為國軍軍官必讀書籍之一。

　　本書發行雖久，但是由於官校學生在校期間要學的東西太多，很多同學但聞其名卻未見其實。因此常把這最重要的用兵「本體」忽略了，一味地追求殺敵「方法」而有因木失林之虞。個人以為方法是因人成事的。受過相同教育與訓練的人，面對同一戰場，甲乙兩方之兵力部署，火力運用不會完全相同。縱然聰明才智有所高下，狀況分析與判斷產生出來的決心更是主要原因。倘若加上補給能力、人員訓練、部隊士氣……等其他條件限制，說不定他們會擬定出完全相反的方案應付當前狀況。然而只要我們全體出發點的原則相同，即使方法不同，依舊可以收到萬流歸宗，殊途同歸的效果。

　　不過我們不能就此否定野外教練與實兵演習的重要性。但那只能作為爾後的參考，千萬不可將之一成不變的搬到戰場。我們要將學習的精華放在全般過程中的「思維程序」上。任何一個演習最引人入勝的環節，不在於攻防的慘烈或壯觀，而在於經過戰場偵查，參謀意見具申後的「命令下達」。在下達之前，指揮官必定要將所有的狀況在腦海中仔細思考，依據利弊分析，考量主客觀條件，方能下定決心，下達命令。他的思維依據乃是由戰爭原理而來，質言之

是從「戰爭十大原則」產生的。我們亦不得先入為主的認為「作戰計畫的所有細微末節都可以按照原則決定的」，必須因敵而變化，否則，我們瞭解愈深，受害也愈大。

以下僅就自己所知的淺顯又淺顯的東西，從腦海中膽寫出來，供大家參考。說不上心得，更不是論述。僅希望能拋磚引玉，共策共勉。

壹、目標原則與重點

總統蔣公說：「軍隊作戰方案，首先要確定作戰目標，然後才能決定甚麼時間、甚麼地點、甚麼行動，多少兵力以對，準此目標來作戰。」就是「打甚麼，有甚麼」的真諦。受領使命後先決定「打甚麼」，由使命擬定作戰構想，於是才「有甚麼」。或許有人問道：「我們研究敵人編裝的目的何在？」「有用嗎？」是的！不但有用而且非常有用！等到不久的將來自己親身接觸基層連隊後，著手訓練國家託付給我們的部下時，如何將現有的裝備巧妙地配合使用，以達到所望的效果，便是我們的職責。在動腦筋之餘，便不難明白了解敵人編裝的用處了。從小的方面來看，我們可以在戰前估計敵人投入本次戰鬥的兵力，以及可資運用的火力，有無新武器的出現……等因素，經過分析比較，預先擬好對策，或設計剋制手段，克敵制勝。從大的方面來看，我們知道戰術思想可以促進武器的發展，當然也可以從敵人的「有甚麼」，探討出他們能「打甚麼」，再運用平素各種敵情資料互相參照，就可以歸納出敵人的企圖，判斷敵人的戰法，然後針對他的弱點找出剋制之道，這便是「知彼」的工夫。

第二次世界大戰時，日本決定對美國宣戰之前，大本營曾經詢

問山本五十六海軍大將的意見。山本肯定的認爲在宣戰後的半年內他可以保持制海權，但以摧毀珍珠港爲先決條件。因爲他明白若不先解決美國在珍珠港的航空母艦爲主的艦隊，日本南進的側背永遠遭受致命的威脅，補給運輸與掩護都成問題，所以他堅持主張毫不退讓，甚至以辭職表示其決心。追究其原因乃是山本深切的認清了他的目標—打甚麼—美軍太平洋艦隊。然後研發新武器—有甚麼—研製淺水魚雷，在鹿兒島訓練人員的戰術戰技。可惜執行這項任務的艦隊司令南雲忠一中將，缺乏宏觀認識與旺盛企圖心，攻擊完畢沒有聽取繼續擴張戰果的建議，沒有搜尋美國的航艦，亦未炸毀珍珠港的補給設施，沒有達成山本交付的核心任務。結果突襲珍珠港雖然創造戰史上的奇蹟，日本仍然逃不了敗戰的命運。

若目標選擇錯誤或不當，其後果將如何呢？楚漢相爭時，劉邦自用韓信「明修棧道，暗渡陳倉」之計，略定三秦之後，勢力漸漸擴張。楚漢二年四月，他趁項羽伐齊，楚都彭城守備薄弱之際，以討項羽「謀殺義帝」爲名，率五諸侯及關中絕對優勢的兵力約五十六萬人，一舉襲取彭城。項羽聞訊後，仍然貫徹「先破齊，後擊漢」的初衷。結果劉邦反而被項羽率領的三萬騎兵，以迅速猛烈的攻勢打得大敗，狼狽而逃，受困於滎陽。諸侯亦紛紛觀望風色，保存實力。漢的局勢急轉直下，不得不全心全力爲爭取諸侯而奮鬥。

我們客觀的檢討此役的得失，其關鍵在於漢高祖不知楚霸王力量的重心在「軍隊」而非彭城。以爲占領楚都後項羽便沒有作爲了，於是日日置酒高會，掠取美人寶物。心理鬆懈，戰備鬆弛，因此，才使握有絕對優勢的軍力和苦心孤詣造成的戰略優勢，毀於一旦。由此可知縱能明曉大勢掌握大勢，卻不知戰爭對象及其特質而目標選擇不當者，終不免招致敗亡的厄運。

目標的選擇因部隊之大小不同而異。通常旅、營以下，作戰目

標大部分是地形要點或敵人有生力量；師以上的部隊則常選擇有戰略價值的重要城鎮、交通線爲目標。前者，爲戰術單位，兵力規模、作戰能力、補給保修均受限制，因此在殲滅敵人有生戰力外以控制鎖鑰地形，保障上級部隊行動之自由爲主。師以上爲戰略單位，需有強而有力的腹地容納各項設施，對前方實施再補給，往往必須在交通狀況良好，物產豐富的城市中作業，性質不同，考慮的要項差異也大。

在我們向目標前進時，總要消耗許多人力物力，若要面面俱到，則備多力分，弄巧成拙。必須抓住目標重心，形成重點，指揮官的指揮調度也應該有所取捨。對軍隊而言，所謂的重點該是「選擇敵軍陣線中最薄弱的一環，加以鐵鎚般無情的打擊，以破壞防者的均衡，繼而達到殲滅敵人有生力量的目的」。一切的戰爭型態都是由攻擊與防禦的演變而成。攻擊者不斷地找尋敵方的弱點，在決定性的時刻與地點，投入所有的力量摧毀敵人。防禦的一方則盡量減少可能的漏洞，一面尋求敵方的漏失，適時的轉移攻勢，或發起逆襲，拒止並擊殺敵人於陣地前或陣地內。雙方在發現對方致命傷的同時，盡可能地把己方的兵力火力投入其中，擴大創口，殲滅敵人。換句話說，「敵方的致命弱點」便是我們的重點所向。

一個指揮官主宰戰局左右戰場有三大法寶，其中兵力、火力的運用，占了相當重的地位。由預備隊的位置與火力支援優先順序，很容易明瞭他部署的重點。一般來說主力的正面小、兵力大、火力強，有持續的戰力。次要的方面則反之。但是戰場的景況瞬息萬變，「重點」往往因戰況之演變而變更。有時次要方面的進展遠比主力順利，並因此而讓敵人喪失了平衡，我們應該不失時機，轉移重點，針對這方向勇往直前，不給敵人有喘息重整的機會，不要將力量分散到其他次要方面。否則縱使奪得「巨大戰果」亦無補於事。

第二次世界大戰初期，英法聯軍被逼入鄧克爾克一角，面臨絕境之時，希特勒突然改變決心，轉移目標與重點而給聯軍喘息的機會，就是不知目標原則與重點的失敗例證。

貳、主動原則與彈性

在「孫子兵法與古代作戰原則以及今日戰爭藝術化的意義之闡明」的訓詞中，總統蔣公精要的指出戰爭藝術化的奇妙，雖然無窮如天地，不竭如江河，但要領只有一個：主動。一部《孫子兵法》震古鑠今，無非告訴我們「致人而不致於人」而已。無論何時何地，兵力或多或少，情況或夷或險，身為指揮官的人，必得想盡一切的可能，使自己的部隊立於處處主動的地位，時時威脅敵人，迫使他們屈服於我們的意志。

前面曾提到劉邦對項羽的目標認識不清，選擇錯誤，招致彭城之役的大敗。並且太史公「項羽世家」亦記載漢高祖「慢而侮人」，楚霸王「仁而愛人」，得天下者卻是劉氏，豈不是很奇怪嗎？人才的消長固然是主要原因之一，雙方之戰略運用，主動之爭取關係更大。劉邦在屢戰屢敗之餘，派蕭何至九江說反英布，以時間緩和局勢，退據滎陽，依天然地理形勢部署換來戰略優勢，稍微立穩後立即讓韓信「北舉燕趙，東擊齊，南絕楚糧道」。「以迂為直」的戰略使項王疲於奔命，逼得他不得不與漢以鴻溝為界。劉邦一連串巧妙運用爭取主動的計畫，使得楚漢之優劣形勢逐漸轉變，奪得主動。最後終於把項王逼死在烏江，君臨天下。

但是爭取主動的前提，必須「先為不可勝，以待敵之可勝」。要先站穩腳跟，使敵無懈可擊；再設法使我們的敵人，處於左右為難進退失據的困境，從相對優勢變為絕對優勢之後，一舉克之。例如

稍有涉獵圍棋的人都有過這種經驗，當雙方兩條大龍相互廝殺時，雙方總是不停地思索著：假如他落子落在我這條龍的前方、左方或右方……時，我該怎麼回敬對方？如果感到困惑或無計可施時，那麼這條龍問題就大了。用兵也是一樣，當我們站穩之前，一定要站在敵人的立場，以敵人的眼光，以敵人的戰術思想來考量自己，稍有不妥立即改進，才能談論如何獲取主動。

獲得主動並不是輕而易舉或清談闊論就可以如願的！必要使敵人喪失心理、物理平衡後才能隨心所欲的支配他。在校時我記得有某位尊長曾經告訴我們一個意義深遠的例子，給人很深的啟示。抗戰時期成都軍校有位教官的戰術課程講得非常精闢，非常叫座，不少好事之徒稱其為兵學權威。可是這位權威與日本人作戰時，不但沒如人所望的管用，反而連戰皆北！有人追問其原因何在？

他說：「敵人不按原則打仗，我有甚麼辦法？」很顯然的，他只注意到自己遵守準則，不知變通，老老實實的不犯任何錯誤，反而陷入被動。忘記了，必須想盡方法善用《孫子》的「十二詭道」使敵人走上歧途，以最小的代價，獲取最大戰果。我們研究敵人，敵人同樣的對我們有深刻的認識。若我們不主動積極迫使或誘使他們犯下不可彌補的過失，敵人就要布下陷阱等我們鑽了。

一旦主動權在手後，我們一切推斷及計畫作為要具有相當的彈性。因為作戰計畫是依據狀況判斷推敲決定的，與實際狀況究竟有一段距離。儘管兵棋或沙盤推演十分順利，實行時還是必須不斷的針對當前狀況，適時修正全盤計畫以符實際需求，無論是兵力運用或火力支援都要隨時隨地的和現況相吻合，絕對不可削足適履或自以為是。軍事永遠不能脫離現實，我們的計畫縱然完美無缺，但那只是單方面，是我們的！在戰爭中許多事情常超出想像之外，算無遺策的例子實在少之又少。成功全在於當初計畫作為時留有伸縮的

餘地，使本身不受拘束，戰力才能充分發揮。何況今日我們所面對的敵人，最擅長鑽隙滲透，分割穿插，因此更要保持計畫的彈性，以隨時應付不預期之變。

約米尼說過：「具有決定性的行動愈簡單，則成功的機會也愈大」。簡而言之，保持彈性的要訣只有「簡單」兩字。規定愈詳細，處處受牽制，揮灑不開，拘束感愈大，愈不利。原則譬如圍棋的定石，布局完成後由序盤而中盤至收官，全視奕棋者的構想而定。即使親如師者也不能硬性規定學者第一手必須落在哪裡，第二手又該如何？作戰亦復如是！指揮官下達明確堅定的決心，下級充分明瞭上級的企圖，他們一切的作為都是以完成上級交賦的使命而努力，因此愈簡單愈好！如果「限制」太多，部屬的聰明才智無以表現，個人的能力畢竟有限，難以包辦一切，缺失看在敵人的眼裡，屆時再謀求補救大多為時已晚，難以收拾。再者，正式與敵人接觸的也是下級單位，他們對當前的狀況比我們清楚，我們擬定指導綱要，他們完成一切，達成任務完成使命，簡單易行才是彈性之道。

參、攻勢原則與準備

古往今來軍事上的格言圭臬最多的該是這一條原則了。「攻擊，攻擊，再攻擊」不僅是拿破崙的名言，也是其他名將認為殲滅敵軍的最佳方法。福煦說：「欲敵後退，祇有擊破之！」攻勢亦是保持主動最有效的措施。我們如果只知如何選擇目標，獲得主動去壓迫敵人，但缺乏無情而有效的攻勢，敵人絕不會被嚇倒。相反的，他們會利用一絲一毫的機會與力量，不斷的挽回失去的主動，反客為主，將我們殲滅。要想「致人而不致於人」便須發揮攻勢的特性，制敵機先。總統蔣公說：「剿匪作戰，惟有實施攻擊，攻擊，再攻擊

的絕對攻勢，始能剋制匪軍之人海戰術與主動奇襲以及行動自由。摧破其所謂機動進攻，圍點打援等各種游擊與正規戰術，而達成殲滅匪有生戰力之目的。」特別是核子武器問世後，攻勢思想更被人重視了。

步兵連、營準則關於攻擊的定義是這樣的：「攻擊之目的，主在殲滅或俘獲敵軍……。」不過，攻擊並不足以表示攻勢原則的全部涵義。防禦也得以採取攻勢，不能只做靜態而消極的守勢行為。這種防禦態勢在當代戰史上一再的被證明其不足為恃！第三次以阿戰爭時以色列的巴勒夫防線，第二次世界大戰前法國的馬其諾防線，結構之嚴謹，火網的強大，舉世聞名。但都在戰爭初期為埃及與德軍突破。因此我們要存有攻勢的防禦思想，隨時能發動反擊，化被動為主動。防禦是為支撐戰場，在戰場上節約兵力，以轉移敵我優劣的一種型態。因此，要盡一切手段發揮攻勢，爭取主動，以殲滅敵人有生戰力為目標。

然而，戰時的狀況時常模糊不清，極其錯綜複雜。在極短的時間內面對全線紛沓而來的情報資料，先打擊西面之敵？還是先對付東面之敵？先貫徹既定的目標？亦或是先摧毀最危害自己的敵軍呢？我們明白戰爭中的行動，數字的計算只能作參考，實際上是一種在黑暗中所進行的活動。胡林翼之用兵主張若有五六分勝算時，即斷然行之，以掌握戰機。攻勢要如狂風暴雨，一舉摧枯拉朽，不可逐次投入兵力與火力，貽誤戰機。切不可重蹈希特勒對史達林格勒第六軍團保祿斯元帥戰略指導的錯誤，因為「三軍之災，莫過狐疑」，猶豫不決或不為，更足以陷軍隊於萬劫不復之地步。

攻擊的方法，在準則上告訴我們有：包圍、迂迴、突破三種型式。至於正面攻擊係屬於突破的變則。以目前的戰術思想潮流來看，打核子戰爭，利用戰術核武實施正面突破的機會增大；但是打

傳統戰爭時，沒有幾個指揮官會採取正面攻擊的，犧牲大、進展緩慢不講，更容易被敵膠著，失卻戰術上的彈性，愈陷愈深，終至無法攻取目標。第一次世界大戰壕溝戰的戰史就是最佳教材。

優先被考慮的都是包圍與迂迴兩種方式。當然戰術的運用與兵力的大小，有極密切的關係。包圍是在本身或火力支援能到達的範圍內，以主力或有力之一部指向敵人側背，一部正面拘束牽制所遂行的攻擊，戰場的幅員較小。迂迴是超越敵人主力，攻占敵後深遠的目標，在友軍支援距離以外作戰，應具有相當的獨立作戰能力。所以，包圍小到伍、班，大至軍團以上都能實施，迂迴則需求較大，後勤支援較不易。我們最熟悉的共匪慣用戰法「一點兩面」，說穿了就是包圍與突破的混合運用。「人海戰術」更是典型的正面突破方式。共匪的「對進」、「挖心」戰術，從我們警戒疏忽、部隊間隙或兵力薄弱部分躦隙進入，攻擊我方指揮所、通信中心，還是屬於迂迴的一種方式。

攻勢原則中最重要的是要有「攻到底、衝到底、追到底」的精神，不論那一個階層的指揮官，千萬不可在既已獲得戰果之後，給予敵人喘息的機會。部下再怎麼疲勞，也要硬起心腸不做任何休息整補，追擊敵人，輾碎敵人。等到敵人全數就殲後，軍隊的休息才是真正的休息，亦是指揮官送給部下的最佳福利。第二次世界大戰中，美軍奪取萊茵河上雷馬根鐵橋之後的作戰，就是最佳的戰例。

若是效法婦人之仁，放棄追擊，等到敵軍重新整編後，捲土重來或死灰復燃，我們付出的代價更大、更昂貴。美國南北戰爭蓋茲堡之役，北軍的米德將軍因為該戰役犧牲慘重，沒在得勝後全力追擊南軍，致使李將軍的部隊從容逸去，戰事因此拖延幾近二年之久。相反的，格蘭特將軍於彼得斯堡附近得到初步勝利後，勇猛的追擊，不讓南軍獲得任何休息整補的機會，終於迫使李將軍率軍投

降而結束四年的內戰，就是兩個極端的戰例。

要使一項攻勢作為順利推展，萬全的準備工作是勝利的前提。奸匪的戰術思想非常注重：「不打無準備的仗，不打無把握的仗，每戰都應力求有準備，力求在敵我條件對比下，有勝利的把握。」這條原則不僅過去遵守，今後亦將奉行無違。

準備工作被重視當然不只有共匪而已。《孫子》〈始計第一〉的結論：「多算勝，少算不勝。況於無算乎。」我們算敵人，也要算自己。分析敵情，擬定對策的根本乃在於本身的強弱。就算是此刻大陸「文化大革命」鬧得不可收拾，但若我們沒有絲毫準備，或準備不周，那麼頂多只能隔海觀火而已。總統蔣公：「今後要每一件工作，每一個任務都能完滿達成，就要注意準備工夫。比方我們作戰，要打一場大戰，至少先要有一至二個月時間的準備。這一場大戰不管他是打五天、十天才完，真正要緊的關頭亦不過是一二天工夫而已。」要能「多算勝少算」，其中的關鍵在於準備的良窳。古人說：「大軍未動，糧草先行」，就不難知道戰前準備有多麼重要了。

西諺有云：「良好的開始是成功的一半。」準備工作經緯萬端，它的作用就是在作戰發起前便使敵人失去平衡。戰爭一旦開打，要想南轅北轍的修改計畫的可能性誰也不能保證，勝負的決定還在於準備充分與否。世人將隆美爾喻為一代名將，大多側重他在北非對戰機的掌握。我個人卻以為他最讓人欽佩的地方，應是能夠預判盟軍可能在諾曼第登陸，而非加萊海岸的狀況判斷吧！可惜希特勒仍迷信自己的直覺，不採納他的建議。否則盟軍反攻時奧瑪哈、朱諾等灘頭，能不能在戰史上有一席之地還未可知呢！

在戰備準備方面，盟軍在登陸之前因為灘頭狀況欠佳，於是全力發展裝載量大吃水淺的登陸艦，以及人造碼頭等裝備與設施，始得在「最長的一日」作戰後，站穩灘頭堡，立定腳跟，大軍才得以

源源不絕的向內陸繼續推進。

肆、組織原則與職責

　　假使有人以爲所謂的「組織」專指政治作戰或黨務工作而言，那麼他的想法已有不可原諒的偏差。甚麼是「組織」？按照領袖蔣公的解釋是：「組織就是『配合』，但並不是拉雜湊攏的意思，乃是有計畫、有目的、有條理、有規律的很精密的聯繫組合起來。使能發揮其高度力量以達成共同一致的目的。」他並舉人體生理組織爲例，說明組織的功效在於均衡與協調。政戰與黨務只是其中的一部分，沒有包括全部！現代戰爭對配合與協調的要求愈來愈高，不容許有些微的浪費與疏失。「組織」的功效就在於能夠防微杜漸，完滿無缺。

　　以前我們剿匪失敗，原因固然很多。如抗戰勝利之後國窮民罷，馬歇爾淺見短視，共匪鼓動社會學潮不斷，以及蘇聯的助紂爲虐……等，然而，有道是：「敗者全非」。我們轉進到金馬台澎一隅之地乃是世人所共睹的事實，我們自當痛定思痛，力謀雪恥復國，不能將責任往別人身上一推了事。平心靜氣地仔細檢討失敗的根本原因，實在是組織的不健全。不但黨政、社會，各方面毫無組織，連三軍的組織也極不健全，所以敵人到處滲透進來，「吳石案」即是最好的證據！由此我們可以知道共黨的組織戰所構成的非軍事無形戰力，較諸任何有形的軍事戰力更爲厲害。要對付這種無孔不入的組織戰，唯一的方法只有以「組織對組織」，促使人才歸于組織，組織強化基層，腳踏實地的做好組織工作，才能發揮組織功能。

　　反共組織的特色是單一純潔，重質不重量。全國上下內部團結無間，爲一致的信仰齊心協力，沒有絲毫矛盾或對立存在，不讓共

匪有施展分化陰謀的機會。進而以我們團結的組織力量，打擊敵人渙散的組織。

外國人因為沒受過如此慘痛的教訓，表面上似乎並無一個完美的組織體系足資借鏡。但他們深信良好的幕僚組織是一種最有用的軍事組織，幕僚訓練往往比部隊還重要。他們認為幕僚組織健全，則能充分滿足指揮官的需求，使指揮官能夠專心於最重要的部分，不為枝微末節分心。德國的參謀本部，美國的五角大廈都是典型的例子。

總統蔣公在「組織原理與功效」訓詞中，指示良好組織的有幾個共通原則：

一、集中統一，萬眾一心。

一、調節互助，聯繫一貫。

二、分工合作，形同一致。

不過，組織真要能產生作用，便須權責分明，一人一職，有條有理，各司其職，各盡其責。不因人設事，不因循塞責。方能事無廢弛，迅速確實，沒有凌亂擱延，推諉敷衍之弊。我們見到歷史上明清時期官僚腐敗的作風，帶給國家與社會多麼惡劣的影響。職責不清是組織的最大忌諱，不但貽誤戰機或治絲益棼，辦事沒有效率就是國家最大的浪費，雖有組織卻適足以濟惡。

職責的運用因領導者的人格與行事密切相連。有單位主官喜歡凡事一把抓，鉅細靡遺，雞毛蒜皮也不放過，自認為勞心勞力，犧牲奉獻，卻萬事都不如其意。一些平素不太「管事」的人，分層負責，恰如其分，卻能把部隊治理的井井有條。可知如何妥善的運用組織的權責是領導統御的精髓。

因此，我們要充分體認，組織中每一階層的每一成員都有他的特定職責。在下位者克盡己責，盡其在我。上焉者循循善誘，不橫

加干涉。上下間一片祥和，各司其職，各盡其責，這樣的組織才能發揮最大的功用。

伍、統一原則與合作

「成於一，敗於二三」是我們十分熟悉的警句。不僅工商業與政界如此，軍隊尤是如此。無論在指揮與行政上，戰略與戰術方面，或者戰時與平時，如果我們不能時時服膺統一指揮的原則，其後果是不能想像的。以往我們就有太多的血淋淋教訓。在共匪的分化下，上下無法推心置腹，貌合神離；左右之間彼此不睦，各恃才能，以爲高人一等，自行其是。部隊不能協調合作，而被共匪各個擊破，造成前所未有的奇恥大辱。

戰國時，蘇秦因六國之利害而說其君王，天下憬然，合縱而抗秦。秦惠文王怕中原諸侯的合縱抗秦，以阻秦軍東出。急遣公孫衍游說齊魏，合兵攻趙。蘇秦懼獲罪乃請使於燕，縱約跟著瓦解。秦國的張儀更創遠交近攻之策，並使六國連橫以事秦，從根本上破壞六國合縱思想。

六國本各有自身之利益，互爭天下，但是蘇秦的「合縱抗秦」，以及張儀的「連橫事秦」，就是歷史上首度的相互合作統一對外，以及孤立分化各個擊破，兩種戰略思想的交鋒。如果六國能夠貫徹蘇秦的思想，合作抗秦，秦國是否能順利的統一天下猶未可知。秦朝統一天下後能夠不以暴政逼迫陳勝、吳廣揭竿起義，秦也不至於歷二世而亡。杜牧的結論：「滅六國者，六國也，非秦也；族秦者，秦也，非天下也。」可作爲驗證後世的依歸，並由此可知戰略思想的統一與合作，對國家發展的重要。

在軍事上職權的統一更爲重要。唐朝安史之亂，唐肅宗以九個

節度使各率大軍，圍剿史思明叛軍於鄴城，雖然具備絕對優勢的兵力，卻未指定戰場指揮官以統一事權。結果雖有郭子儀、李光弼等名將，依然以失敗收場。這就是違背統一原則最有名的戰例。

我們再看自從黃埔建軍後，東征北伐，剿匪抗戰，都能以少勝多，以寡擊眾，主要的原因歸功於指揮之統一。大家在領袖蔣公的指揮下，「勝利第一，軍事第一」，終能贏得抗戰之勝利。但是到了戡亂時期，因為受到共匪的統戰，許多人私心自用，統一原則產生了質變，逼使總統下野不久，國民革命軍中心無主，不能上下齊心，轉瞬間生靈塗炭，大陸淪陷，我們退守台澎金馬。

統一不僅是指揮命令，統率運用要統一，戰術思想更要一致。《孫子》開宗明義提到：「將聽吾計，用之必勝，留之；將不聽吾計，用之必敗，去之！」然而現在不再是「可使由之，不可使知之」的時代了。「戰陣之事，講習為上」，戰略戰術思想經常隨武器的出現而變，任何營級以上的部隊，一經展開便有他的正面與縱深，戰時單位主官不可能仍像平時一樣隨心所欲地掌握所屬部隊，那麼只有靠平素軍官團所教導的東西了。所以平時就得使各單位主官確實明瞭上級的作戰指導概念，作戰時便可省掉許多麻煩，不會把時間浪費於不必要的所在，這就是戰略戰術思想統一的好處之一。

再說，今日連營級幹部大多沒有實際作戰經驗，碰到真實狀況時，或多或少會有張皇失措的現象。等到他們從驚愕中覺醒，敵人的腳跟也站穩了，我們的傷亡與犧牲不免相對增加。若是在狀況發生時，一片混亂的情形下，各級幹部戰略戰術思想業已統一，人人朝一定的方向，依據一定的法則行動，勝利的公算便能大增。若不能如此，則很可能被敵各個擊破，或產生友軍誤擊的悲劇，遑論合作？因此對統一原則體認之深淺，是影響戰力發揮的關鍵。

　　合作是完成統一原則的張本。曾文正公以一介書生率領湘軍打「長毛」，之所以能竟其功者，全在於在他的統一指揮下，上下彼此相顧，彼此相救，縱然平時有深仇積怨，臨陣時仍彼此照顧。「雖上午口角參商各執一端，下午仍彼此救援」，能夠上下和衷共濟，得力一個「和」字！蔣經國院長在上任之初，即指出個人突出的時代業已過去，現在講求的是團隊的合作無間。只有集體的思考，集體的計畫，集體的努力，集體的創造才能完成時代的任務。科學愈進步，分工愈精細，合作的要求愈迫切。

　　這些思想的統一與分工的合作要求，固然是經濟發展的趨勢，也是軍事未來的走向。將帥不和，逞一己之私欲其後果固然不可以想像，士卒不睦，專鬧意氣亦足以憤事。

　　在基層，直接支援的野戰砲兵營就是部隊統一原則與合作的具體表現。砲兵為部隊火力支援的骨幹，火力的指向足以左右戰局。但是火力的運用指導來自於受支援部隊指揮官，是統一在指揮官之作戰指導之下實施。發射一發精確有效的砲彈，卻要五大部門密切合作才行。砲陣地、射擊指揮所、觀測所、測量及通信，其中任何一個環節配合不當，就無法達到預期的效果。雖然砲兵的人數遠不如步兵，作戰時分布之廣，整個戰場都可見到砲兵部隊在活躍，在蒐集情報，在射擊要求，在一個命令之下，若沒有完美的協調合作，便沒法完成上級交付的任務了。

　　要能統一又能合作，整體的力量才能盡情的表現在外。

陸、集中原則與節約

　　軍人唯一要求就是打勝仗。軍事教育追根究底其目的就是教導軍人怎樣戰勝敵人，達成上級交付的任務。集中一切的物質與精神

的優勢於一個決勝點上，殲滅敵人的主力，而在其他各點上以最小限度的兵力，牽制拘束敵軍，也可說是集中與節約相輔相成的道理。

遠在西元前羅馬人就以服膺「不要同時進行兩個戰爭」的格言。近世德國接連發動兩次世界大戰，最後都陷入兩面作戰，力量分散於絕地而遭致敗亡的命運。羅馬人重視這個原則而造成了雄霸一時的羅馬帝國，德國妄圖稱雄世界，處處侵略卻處處不足，最後國家被分割，一成一敗，實在值得我們深思。

「集中優勢兵力，各個殲滅敵人」是奸匪的主要戰術思想和策畫戰役的主要原則。毛匪比我們還積極的要求他的部隊，在戰役戰術的部署方面集中絕對優勢的兵力，達到全殲速決的效果。「絕不輕敵」，也堅決反對不分兵力對付多路之敵，更強調集中加強突擊方向的力量，人海戰術的「四線十二波」便是典型的例子。

我們都知道共匪的慣用戰法全由「一點兩面」的二分法演變而來。從字面上來看「一點」是突破，「兩面」是包圍，與集中發生不了關係。事實上，他的兵力分配通常「一點」要占全部兵力的十分之七八，以及全部的支援火力；「兩面」僅有二、三分，甚至更少。尤其奸匪在「唯物思想」作祟下，對於「量」的倚重是毫無疑問的，形之於外的自然是大量的集中！

既然敵我都要求集中。若以我之集中打擊敵之集中，先天上我們吃虧很多，戡亂時期人員物資，補給運輸不易，敵人三番兩次的「消耗」，我們很快的成為強弩之末而被人吃掉！總統蔣公說：「我們現階段對匪作戰，在戰略上是以寡擊眾。但在戰術上應把握匪在時間與空間上之局部弱點，徹底集中絕對優勢兵力，及可資運用之火力形成局部優勢，實施以眾擊寡。」為達到這個目的，必須講求速分速合：「以我的分散，造成或導致匪之分散。然後，以我之

迅速集中，破匪之分散。」這句話看起來很簡單，誰都懂，奸匪更不是傻子，相反的他們是有史以來最奸詐的惡棍。要迫使他們分散，並趁他們尚未集結之前，集中一切可運用的力量，予以殲滅性的打擊，還要以各種欺敵、拘束、牽制……等等手段的配合與運用，使敵人摸不清楚我們眞正的目標所在，而不得不分散兵力，多方防範。作戰展開之後，在他們察覺我們的企圖時已經「回天乏術」了。

第一次世界大戰德國「史利芬計畫」，集中九分兵力於右翼，一分兵力於正面牽制英法聯軍，以色當爲軸，計畫將英法聯軍包圍殲滅於馬恩河之線。第二次世界大戰的色當突破戰時，古德林以「集中，集中，再集中」的口號，實施閃擊戰，六週內將英法聯軍驅逐至鄧克爾克海灘。都是發揮集中的精義，造成輝煌的戰果。

在傳統的戰爭態勢下，我們的兵力集中可到達不致於暴露或危害本身的最大限。但是在核子作戰時，則需要靈活的集中與機動的疏散，避免形成戰術核武打擊的目標。依據統計一枚 2KT 的小型核子砲彈一發可以毀滅一個步兵營的兵力，所以疏散的間隔與縱深，須視敵方使用核子武器當量的大小與數量而定，使敵人不能同時損害兩個營級戰鬥部隊爲原則。我們要在「集中」之餘，特別注意疏散之準備，不要讓自己的部隊成爲良好的核子目標爲要。

有人可能懷疑：我們集中了局部或絕對優勢的兵力，攻擊敵人，打擊敵人，擔任「掩護」的力量無形中削弱了，豈不等於洩露情報嗎？是的！任何不當的調度都會使戰局產生難以置信的影響。因此，我們要了解如何把所有的兵力做最經濟有效的運用，實在是集中原則的前提。

節約的定義乃是使所有的兵力都能適時適切的任務，毫無浪費或閒置的空間。第一次世界大戰馬恩河會戰中，在德軍最需要投入

所有戰力之時，卻有一個軍的兵力，坐在火車上向東線戰場飛馳，既沒參加馬恩河之役，也沒趕上坦能堡會戰。假如當時的德國第五軍能在馬恩河之役發揮了戰力，結果將會怎樣呢？

　　過分的節約，根本產生不了甚麼作用，反而給敵人探索我們真正目標的機會。過多則成為浪費，造成其他各點力量不足，不容易產生「決定性的效果」，功虧一簣。

　　甚麼樣的節約才是恰到好處？要能使主作戰方面有利為基本條件。以擔任掩護或煙幕的戰力為例，不論以甚麼手段或方法遂行其任務，最低限度要有「支撐」的能力。如果支撐不住或樞紐斷裂，便會形成空隙，使主力的側背暴露在敵人的威脅之下，進而危及全般作戰。這種影響在實施內線作戰時更大，因為它的特性迅速集中力量逐次殲滅敵軍，必須「分得開，頂得住，打得動，轉得靈」，因此，最需要體會及中原則與節約的互各關係。

柒、機動原則與速度

　　我們明白要集中自己的力量全力打擊敵人，殲滅敵人，要能捕捉稍瞬即逝的戰機，更要明白機動與速度的重要。在行動上、思想上、計畫中隨時隨地保持「機動」。他亦可分戰略的機動與戰術的機動。按照克勞塞維茲的解釋，戰略機動沒有任何種類的準則可資依據，唯有以優於敵人的活動、精確、秩序、服從和勇敢等因素，方能在各種時機，運用極有利的手段屈服敵人。戰術的機動則指速度而言了。

　　第二次世界大戰初期德軍古德林與隆美爾漂亮的閃擊，一舉擊潰法軍。一九六七年六月以色列人再度讓阿拉伯人嚐到了閃擊戰的滋味，很多人便以為所謂的「機動」乃是裝甲和摩托化部隊的專

利。事實上步兵更需要強調機動！各兵種各有其優點也有其缺點。機械化部隊固然可以運用本身運動的衝力，切斷敵人的捕給線，擾亂敵人的指揮體系，向敵軍深遠的後方作深入的突破，破壞對方的後勤設施，反向席捲，促使敵人全面崩潰。在西歐、以阿、北非的確適宜這種作戰方式。西方的交通開發完善，土地高度利用，主觀條件上已利於機甲的使用，西方國家當然著重於裝甲部隊的編組與運用。

但是東西戰術思想有些差異，國情民族性也有不同，地理環境差異更大。我們打開中國的地圖，何處爲適合機械化部隊運動的地形？機動路線有無限制？橋樑道路是否允許？油料供應能否順利？

松遼、黃淮與長江三角洲可適合機甲部隊作戰，產油卻在甘肅新疆一帶，供油線太長，若完全依賴進口等於把手綁起來打仗一樣。其他東南丘陵、雲貴高原、青康藏高原、關中地區等等，都是屬於特種作戰地形，不利於重型裝備之運用。再者，最近中東的戰爭業已證明機甲不再是主宰地面戰場唯一的力量了。步兵有良好的反戰車武器，便足以致裝甲於死地。國軍以步兵爲軍中之主要兵種，若步兵的機動思想不能建立，後果是堪慮的！

機動的原則更要緊的是「思想上的機動」。思想上機動兵力、火力的運用必定活潑生動，才能「打甚麼」，「有甚麼」。但思想上機動觀念也需要實質上的機動來助其實現。確保己方交通線的暢達，補給運輸的靈活安全，一方面維持軍隊需求的滿足，一方面又能使我們的戰力充分發揮的條件下，靈活彈性的運用時空因素，殲滅敵人。就如總統蔣公昭示的：「注重機動教育，發揮機動力量；組合一切戰力，配合時間、空間，融合戰場全局，貫徹戰役方針，一至臨陣作戰，又能計利乘勢，應變利權，那就自然『如鎰稱銖』了！」

從以上我們不難明白機動的精髓在於指揮官的頭腦。單是運動

上，戰鬥中迅如飆風，神出鬼沒還不行，必須頭腦機動才可完全掌握戰機把握局勢。例如：一八六二年麥克米蘭在戰勝李將軍後，沒有進一步積極行動。反而給後者以其快速的行動及「適當」的部隊調度，在七日戰爭中以劣勢的兵力擊敗了前者。由此可知，唯有腦筋機動的人才會有「適當」的調度，利用唯一對己有利的「時間」擊敗強敵，保存自己。

除了腦筋要機動外，最能表現出機動內涵的便是速度。美國自介入越戰至去年撤出為止，前後十多年，虛擲了數以兆計的金錢，犧牲萬千的性命卻沒有獲得應有的勝利。「有限戰爭」的戰略指導，根本上的錯誤固然是最大的原因，越共的游擊與中南半島的氣候也有關係。但是美國處在這種極為不利的環境下，猶能支持那麼久，空中騎兵力量的貢獻是很大的。直升機的機動和速度，在無空中顧慮的情形下，隨心所欲的輸送部隊至交通不便的地方作戰，才保持住了他們天真的戰略思想。

拿破崙在十八世紀末葉，十九世紀初的時代，「一飛沖天」的橫掃歐陸為一世之雄。人們談論他時都稱他軍事天才，然而他在用兵時很懂得「動量乘速度」的原理，使他的部隊行軍速度較其他國家為高，又慣於集中他的砲兵在敵人戰線先行試射，以利用火力打開缺口，破壞敵陣地的平衡，才使得他的指導計畫能夠順利實現。法軍在行軍中是按每分鐘一百二十步的速度前進，而他們的敵人卻仍堅持每分鐘七十步的步速，所以法軍可以迅速調動，適時集中他的打擊力量於刀口上，贏得勝利。

另外，曾文正公於剿捻時，鑒於捻匪速度飄忽，僧格林沁的騎兵無法直接打擊，反而因中伏陣亡。於是採取「四老營」的部署，完成戰略包圍在戰略上遂行攻勢，戰術上採取守勢，步步為營，縮小包圍圈，使捻匪無法利用機動與速度來作戰，逼使他們分裂，終

於得以各個擊滅，敉平了捻亂。

由此可知，機動原則與速度不是專指攻勢作戰而言，曾國藩的剿捻，蔣公在江西的剿匪，都是在戰略上的使敵人無法發揮機動與速度的著眼，能夠因時因地而制宜，才是機動原則與速度的真義。

捌、奇襲原則與欺敵

1973 年 10 月 6 日，埃及趁以色列全國軍民在家贖罪的日子，突然對其發動奇襲，一舉突破巴勒夫防線，引發了以阿第四次戰爭，獲得初期的勝利。然不旋踵，其亦為後者窺破好機，派出特遣部隊，穿著埃軍服裝，駕駛蘇聯坦克，從第二軍與第三軍接合部的空隙，又以奇襲的方式渡過蘇伊士運河，占領橋頭堡，切斷埃軍的補給，包圍第三軍，逼得沙達特不得不坐下來和談。雙方都使用「奇襲」攻擊對方，亦獲得相當戰果！而一敗一勝，實在值得人們研究。我們也可從準則、戰史以及各家的戰術思想中，經常看到「奇襲與欺敵」的字眼，可見它在軍事家心目中的份量之重。

在我們熟知的「反攻五大戰法」中的遠程挺進，側背迂迴，都說明了「後之發，先之至」，以少數兵力藉欺敵、誘敵、誤敵等手段的運用，拘束敵人或轉移敵人注意力，對匪暴露的側翼以高速的運動，行大膽的迂迴，斷然地對敵發起奇襲攻擊，殲滅敵人。

構成奇襲的要件除欺敵外，還要加上祕密、機動、偽裝的配合。這些都是共匪慣用的伎倆，越南戰場上亦不乏例證。他們不僅對敵人未能警覺和準備之處實施戰術性的奇襲，並且在敵人有準備有警覺之時亦能實施戰略性的奇襲。以「和平共存」的口號為例，共匪的企圖就是要以偽裝、欺詐掩蔽自己的野心與目的，轉移敵人的注意力，使敵人在不知不覺中鬆懈下來，落入他們既設的陷阱！

我們面對著深黯奇襲之妙的奸匪，就要先對其步步為營，密切連絡，靈活通信，細密觀察，堅壁清野，使其無計可施，無處可攻。然後以其人之道，還治其人之身，克服之，殲滅之。

奇襲的本質是屬於智勇方面的問題。世界上任何事物和方法都有利有弊，要看我們能否去弊取利加以運用或發揮創造，因此，奇襲並不是機會主義。事前的精打細算不說，在實行上更要有克服萬難，堅定向目標前進的勇氣和信念。「攻敵不備，出其不意」是奇襲的最高原則，為此常需跋涉崇山峻嶺或河川森林等困難地形，身心十分疲勞，補給又不理想，有時還得在惡劣狀況下作戰，辛苦甚至犧牲自不在話下。只有毅然決然向危險困難與犧牲中挺進才能出敵不意，使之措手不及而束手就擒。

譬如三國末年，魏國鄧艾從陰平進攻蜀漢，將士攀木緣崖，魚貫而進，他亦自裹毛氈，推轝而下。直到他攻進成都時，姜維還在關口等待呢！若鄧艾沒有決心毅力，面對懸崖絕壁，叢林惡谷半途而廢，曹魏要能攻略蜀漢至少要用十倍以上的兵力才有機會成功。

中西戰術思想最大不同之點，可能是我們較側重鬥智不鬥力，西方則重視「力」的使用。《孫子》的「上兵伐謀，其次伐交，其下攻城」及「不戰而屈人之兵，善之善者」的思想，始終支配著我國古今的名將用兵之道。因此，奇襲與機動乃我國戰爭藝術的特長。早在西漢武帝時代，從元朔元年（西元前一二八年）至元狩三年（西元前一一九年）共十年的期間，共有六次與匈奴作戰的紀錄，造就了衛青、霍去病等不世功勳。其中除元朔六年，衛青未採用奇襲與機動的原則外，其餘的五次都是奇襲的殲滅戰。歷代戰爭中奇襲原則下的戰史，不勝枚舉。

但是奇襲與欺敵是密不可分的！從此次的以阿戰爭的教訓來看，雙方使用的武器範圍之廣，包括人造衛星和輿論在內，要達到

「形人而我無形」的境界，談何容易？欺敵的工作實在重要！虛虛實實的使敵人在構想上、判斷上、行動上產生錯誤，只有設法使他們陷入錯誤，我們才能從容中道，得心應手。近代規模最大，籌畫最久，影響最深遠的戰役當推諾曼第登陸戰了！

當初盟軍在策定「太上」（Over Lord）作戰計畫時，為了混淆德國人的視聽，廣泛的猛烈轟炸北歐地區，並且在地中海敷設水雷。更把巴頓將軍放在加萊對面的多佛，使得倫德斯特、希特勒等人誤判盟軍可能從那裡登陸。所以儘管隆美爾力爭請求將兩個裝甲師置於他的麾下，作為反擊諾曼第地區的主力，卻始終沒有如願以償！甚至在盟軍真正登陸後，希特勒還以為那是助攻的部隊而遲疑不決，等到採取措施時，已回天乏術了。

反攻聖戰是政治戰重於武力戰的。戰爭發展到熱戰，乃是最後一個攤牌的階段，早在武力戰開始之前，政治戰便已進行了，所以更要注重欺敵的工作。欺敵的手段積極的是藉製造假情報，引誘敵人上當；消極的是盡量把自己的意圖及部署保密與掩蔽。所謂：「能而示之不能，用而示之不用，近而示之遠，遠而示之近，利而誘之，亂而取之。」使敵人覺得我們不論在謀略戰、情報戰、心理戰上都如循環之無端，摸不著頭緒，無從擬定方案應付我們的攻勢！以寡擊眾固然要重視欺敵，以眾擊寡，奇襲的原則尤應重視此一原則的運用。

玖、安全原則與情報

蘇俄的軍事思想裡將「後方安定性」列入「作戰藝術」的五大要件之一。當然他特別強調「後方安定性」，主要是由於他的馬列主義殘民以逞，不合時代潮流與民情，懼怕人民當他在前方作戰時，

揭竿起義，推翻共黨政權。同時也指出後方基地與社會安定的重要。毫無疑問的，包括了前後方之間交通線的安全在內。現代的戰爭幾乎全仰賴後方的勤務補給，「因糧於敵」，奪取敵人物資作為大宗補給品來源之一的比率，正一天比一天下降中。武器的程式不同，操作的方式差異，服制的迥異，對作戰地區控制能力的強弱……等，不一而足，至少我們可以很肯定地說「第五類」的補給品，極不可能從敵人那裡獲得滿足的。

俄國人的懼怕不是沒有道理。

不過，「安全」的範圍十分廣泛，不單指關於軍旅之事而言，凡是涉及本國的一切事務，只要有危險或危害的都屬於安全的範圍。古人用兵最忌「勢窮力弱」四字，勢窮力弱則財竭民罷，內部空虛，疲病皆起，最易遭致傾覆。所以知其「安與危，虛與實」的將領才是國家安危知所繫。

總統蔣公早在南昌剿匪時，就諄諄告誡我們行軍時最應注意「搜索、連絡、偵察、警戒、掩護、觀測」六項陣中要務。也可以說是保護部隊安全的最佳方法。搜索、觀測、偵察可獲得早期警報，使主力能夠順利進入戰術位置，有足夠的時空展開或迴旋。連絡、警戒、掩護則是確保部隊上下左右的縱橫聯繫，使部隊渾然一體不可分割。無論在行軍或宿營，也不管部隊的大小，都必須奉行這六項基本中的基本，保障自己亦保衛友軍，各級互為表裡，相輔相成。

這對遠程迂迴的部隊更是重要，當在脫離友軍支援能力以外時，孤軍深入敵人後方，這六項要務就是保障他行動自由的手段力求貫徹，免得落入敵人的口袋或陷阱，落得被殲滅的命運。

戰爭是人類最殘酷的行為之一。受領作戰任務後，我們不能因一己之衝動，莽撞的任其與之、由之，而造成不可彌補的罪惡，必

須深思熟慮策畫最佳行動方案放手去做。但是安全的顧慮是有一定限度的,假如我們要求得到本身完整的「安全」,顧忌必定增多,反而礙手礙腳。「十全十美」雖然不錯,然而標準大可不必升至上限上綱的地步。作戰時,敵我先天都處於緊張的狀況,不安的心理比平時大得多。凡事過於求好,反而容易失去彈性,即使經過現地偵查,綿密蒐整敵情,得出的至當行動方案,也只適用於當前,爾後必須依據敵情變化而變。所以任何一個指揮官,都應有殲滅敵人,達成任務後,本身才有絕對安全的認知。

　　一個軍隊的安全與保防工作互為因果,是不言而喻的。「保密防諜」對我而言是鞏固自己的要件。對敵則是獲得情報的來源之一!情報工作乃是了解敵人行動與意圖的主要手段。勝利的基礎是建立在完整而正確的情報上,也是指揮官下達決心的基礎。

　　史達林曾告訴他的將領:「在戰時要想在一場會戰中獲得勝利,也許需要好幾軍的兵力,可是要想毀滅這一次勝利,只要在其軍部或師部中,安置幾個間諜,把他的作戰計畫洩露給敵人就夠了。」由徐蚌會戰中,吳石的角色就可以知道安全與情報之間的關係了。今天我們師敵克敵,更有數不清的血淚經驗擺在眼前,「謀成於密,敗於洩」,當應深切了解情報工作在我們心中的份量。

　　古人用兵總要「多問多思。思之於己,『問』之於人。」不論何時、何地,都能勤、速、確地派出蒐集敵情的人員與部隊,多方謀取情報。情報亦可分戰略情報、戰術情報、戰鬥情報三種。人造衛星,諜報人員主要是搜取戰略性的情報;地面觀測人員,搜索部隊所獲得的則屬於戰鬥情報,其他的均可納入戰術情報。

　　戰爭中一切行為莫不與情報有關。總統蔣公說:「我們的情報工作如能戰勝共匪,則在軍事和政治上的鬥爭,亦就可必操勝算了。反之,如我們不能在情報上戰勝共匪,那無論我們有多大的軍事和

政治力量，亦將要被敵人陰謀所算計了。」

《孫子》論兵，始于「計」終於「間」，將安全與情報貫穿其間，這其中的道理，我們真的要好好想一想才是。

拾、士氣原則與紀律

戰爭原則從目標與重點，談到安全與情報已是包羅萬象，然而軍隊若沒有士氣與紀律，再完美再簡單易行的計畫亦無法成功。這就是蔣公為何將西方的九條戰爭原則，加上這一條成為國軍的戰爭十大原則的原因。

艾森豪在〈論領導統御之道〉（What is leadership）一文中曾把「士氣」叫做「神秘的因素」（Factor X）。士氣不啻是獲勝的最大潛力，也是決定一切軍事行動勝負的主要因素。西洋人每喜談論所謂的「團結精神」就是士氣的泉源。

人人都知道「黃埔精神」乃「犧牲、團結、負責」的革命精神。國民革命軍就憑著這種精神，發揮了無比的力量，表現出「有主義、有思想、有組織、有紀律、有領導中心，而又能百折不回，奮鬥到底」的精神毅力，寫下了可歌可泣的史頁。

軍人士氣的最好表現是為了盡忠職守，不惜犧牲個人一切意志。培養之具體要領則在於「蓄養節宣，慎固安重」，精神與物質並重，使部隊常存有餘不窮之氣，勇於公戰，怯於私鬥，而後方可言戰。

士氣的衰弱或旺盛是以指揮官的精神與能力為轉移的。對士氣影響最大的莫若不誠不實。說話不負責任，任事不擔斤兩，猶疑兩可，前後矛盾，轉瞬間就能把部隊的士氣消磨乾淨。像這樣的人當然不可能企求他公正嚴明，賞罰中節了。「人心如秤，不平則鳴」，

一人發難，眾人鼓之，士氣自然低落。胡林翼說：「以權術凌人，可馭不肖之將，而亦可僅取快於一時。」其解決之道，「唯有以誠心求之，雖拂逆空泛亦不改其耿耿之初衷，終可為人共諒共解。」不過，「兵隨將轉」只要我們能莊敬自強，清明在躬，堅定沉著，誠實無欺的實事求是，部隊士氣沒有不高的。

士氣與紀律有密不可分的關係，但紀律不等於士氣，相反的紀律只是士氣的一部分。士氣由「精神、心理、紀律及人事勤務」四個要素總合而成。而其中精神與紀律是構成士氣的根本，因此教戰總則在說明建軍目的及軍人武德之後，跟著便提出：「軍紀者，軍隊之命脈也」的警語，可見其在軍隊中之地位。

軍紀的根源是出於對上的信仰，對下的信任與對己的自信，簡單的說是源於三信心。在上位的人，不斷的鍛鍊充實自身的意志與修養，克盡職責，不陽奉陰違，不等因奉此。凡事以身作則，人格影響所至我們自然而然對他產生高度的信仰。平時，我們帶士卒如子弟，解衣衣之，推食食之，疾病痛苦，時時留心，使部下生出懷德畏威，生死與共的熱情，情分交感渾然一體，對下還有甚麼不能信任的？上下同心一欲，精神一致，做任何事，打任何仗都會有信心。有了這三項要素後，具體表現在外的乃心悅誠服的服從，上下能為共同的目標而努力，方能保持常新的銳氣與朝氣而無往不利。

史記上記載周武王在牧野誓師時只有：「虎賁三千，車乘三百」，商紂卻有眾億萬。可是兩相比較之下，武王三千人唯一心，紂雖有億萬之眾，唯億萬心，號令不行，金鼓不聞，一戰而潰，造就了周室八百年王業。所以士氣與紀律的良窳就是前面九條原則成功的基石。

結論

　　〈大學〉上說：「物有本末，事有終始，知所先後，則近道矣。」用兵亦然，必先了解其本末先後才能活用創新。戰爭十大原則始於「目標與重點」，終於「士氣與紀律」，在思維理則上他的精神是脈絡一貫，條理分明，問題是我們如何將自己的體會，善加運用於軍隊的實務上而已。

　　亙古以來，中外名將方家留下的戰役不知凡幾，研讀戰史，發現每場戰役的手段亦各有巧妙。但從他們傑出的表現裡，只要略加探究，其成功之道都未逾越出戰爭十大原則的範疇。換言之，這十大原則應可視為兵家理則的根本，深值我們好好的領會，靈活的運用於各項任務中。

民國 63 年 11 12 月（中尉）

《黃埔月刊》271-272 期

三、如何做好一個連長

前言

當一位初級軍官進入部隊了解狀況後，連長一職就已經悄悄地等著他了！任何一個國家的軍制結構上，連長都算得上是與士官兵生活最密切的隊職幹部。他承上啓下，負責連隊一切成敗責任，連隊也以他爲中心，環繞著他展開各種活動，勝任與否，關係甚鉅。

我國自黃帝開國至今，江山代有名將出，佚名者更如恆河沙數。同爲將領，有成有不成！歷史上亦不乏以下犯上的記載；原因何在？追根究底是在於領導統御的方法而已。

說難聽一點，領導統御就是連長對連上官兵政治作戰的具體作法。政戰工作不單純爲政戰人員的專長，連隊主官若能有效的運用，必能如魚得水般的輕鬆自在，絕對不會發生意外事件和重大違法犯紀的情事。領導統御又可分對己、對人兩方面來討論。

人格、學術、修養

對己的涵養爲人格、學術、修養的綜合。這三種品性正如同一隻三腳架，各具有相等的份量，很難以分辨出孰重孰輕。

人格乃個人表現在外的特徵與事實或行爲，經過眾人客觀的觀察、批評及時間的考驗而給予我們的風評，因此爲連隊團結的主要力量。他的成長是由主觀的意識指使，受客觀的環境影響而定規。高尚的人格足以轉移連隊風氣，變化部屬之氣質。

　　學術則是本身知識、經驗的累積，為執行連隊事物的方法和步驟之泉源。它的充實隨著知識的爆發而日益的迫切。以今天社會活動的頻繁，大眾傳播的迅捷，任何人若是稍微駐足觀望，即刻便被摒棄在人群之外。學術就是力量，而其利鈍，則有賴我們本身無時無刻的進修。

　　修養是調和連隊的情緒、促進感情、增加活力的保障。修養繫之於自我淬礪，時時檢點，不妄動無名，不為人左右，不與自己妥協，亦是表現自我特質之方式。

　　質言之，「對己」的體認較「對人」的認識更重要，因為世上最難了解的人便是「我」。沒有自知之明的人，也許得花上十分可觀的代價才會對自己稍有印象，甚至還有許多付出生命後仍不知錯在哪裡的人，糊糊塗塗得來到人世走上一遭，豈不冤枉？

　　對己與對人，就是古人講的：「己立立人，己達達人」。在領導統御上，連長的服裝儀容、體態看起來並沒甚麼大關係，實際不然！當然見仁見智，各有千秋。他應該是連上最出眾的，一絲不苟，為弟兄表率。每天早晚他站在隊伍面前，就是大家的精神柱石。面對任何狀況能夠從容不迫，行止有方，雄赳赳，氣昂昂，自然而然有股頂天立地的氣概，弟兄們定是生龍活虎般的有朝氣。反之，儀容不整，給人的感覺則是萎靡不振，一片散漫，暮氣沉沉，難以凝聚連隊向心，而成一片散沙。所以，銅環、皮鞋、頭髮、鬍子及衣著、服儀等，雖屬小節卻千萬不可輕忽。

用人唯才，知人善任

　　用人唯才，知人善任，乃為主官推行事務要訣之一。連長主管全連一切，對人的認識是靠我們仔細、深入的觀察。要明瞭一位袍

澤，可從他的教育水準、家庭情況、生活環境、來往朋友與嗜讀書刊、喜好等處蒐集資料。緊接著初步的將全連分門別類地分好，按既定的腹案，逐漸的透視，以連隊的任務為核心，善加運用。連上的成員來自四面八方，素質與教養各自不同，只要能善加運用，沒有不可用的人，只有不稱職的「主官」。

知才善任方面，通常知識程度愈高，施教愈易，很快地就可以培養他們成為有力的助手。但容易恃才傲物，若運用調遣不當，往往貌似恭順，抓住機會出個狀況，叫我們一陣頭痛的收拾善後，必須恩威並用，不存私心，才可適得其所。

庭訓良好個性開朗的人，大多質樸善良，只要稍加輔導，便能自動自發。縱然有時教導他們比較費力，一旦有成，卻可省掉隊職幹部不少精神。對於反應較慢的弟兄，尤應該注意其心理，力求持平公允，以免不滿。

最怕的該是出身於生活環境複雜的部下了！他們大多是性格不穩，忽冷忽熱，變化無常。臉上常表露戒備、乖戾的氣息，讓人費心，很難突破他們的心防，容易陽奉陰違或敷衍了事。在善加鼓勵之外，必須有理有節，公正無私，不宜先入為主。

青年人的性格可塑性極高，朋友的影響更不可忽視。所以古人有：「損者三友，益者三友」之說。朋友是一面鏡子，也是人生旅途上重要夥伴。「物以類聚，人以朋分」，從交往朋友的身上不難較客觀的看清楚一個人，再從他的各種習慣支配的行為中，分辨出他的真貌。也有些城府深沉，表面工夫做得天衣無縫的人，一時之間很難加以捉模，非有相當的時日不能透徹明白，因此，特別須要注意他們細微的動作和不知不覺的行為。

至於說到處理連隊平常一些瑣事，或上級交代的重要事項，每個人的觀點不一，方法亦有不同。大體上說來仍可分成三種型態：

「中央集權」式、「地方分權」式以及「中庸之道」的方式。第一種型態是事無鉅細必定躬親，自己籌思妥當後，明快地發出一連串的命令，乾脆俐落，督導實施。其缺點為有時準備不周，浪費人力與時間，下級幹部沒有表現才能的機會，組織形同虛設。

「地方分權」型則動輒招開幹部會議，商討如何進行上級交付的使命，或將決定權下授，自己一概不管，坐享其成。推諉卸責的結果，致使幹部們猶豫不決，畏苦怕難，爭功諉過，拿不定主意，貽誤時機。表面上這個連的組織功能發揮得淋漓盡致，事實上是群龍無首，一盤散沙。

最後一種則是一些不須主官操心的事，讓值星人員或權責幹部直接採取行動，事後主官認可。碰上重大的事件，則由連長召集會議，研討辦法，下定決心，分工執行，大家向他負責，權責分明，各有所司，各有任務。有守有為，比較能眾志成城，凝聚向心。

這三種領導統御型態，因人成事，亦因人而定。當然連長最重要的是要學習本職的事務，具備雄厚的本職學能，運用從知識與經驗得來的判斷力下定決心，全力以赴。不管採取甚麼方法都得注意條理須分明，步驟要清晰，輕重緩急也要有個合理的安排，方不至於發生「將帥無能，累死三軍」有損領導威信之事。

最忌剛愎自用

領導統御並不是無往不利的。失敗的例子，血淚的教訓比比皆是，令人膽戰心驚。表面上當個連長並不難，人人也都可說出許多耳熟能詳的名言佳句，說明為將之道，知道帶兵要「作之君，作之師，作之親」，要剛柔並濟，賞罰嚴明。行之有常而迭生不幸者，其中原因主要關鍵在於「個人」。

49

在領導統御方面，韓信有云：「今之爲將者，或有謀而無勇，或有勇而無謀，或恃己之能而不能容眾，或外溫恭而內慢易，或矜貴位而賤卑下，或心驕傲而恥下問，或揚己之長而掩人之善，或藏己之過而彰人之非。」又「有智力尚優而遲疑者，有似謹愼而實怯懦者，有似勇而實殘暴者，有似果斷而實剛愎者，有似仁而實婦人之仁者，有似嚴而實苛者，有似誠而實愚者，有似通權而實狡猾者，此皆爲將之弊。」眞是一針見血的高論。

其中尤其忌諱者當推「剛愎自用」。這種人予智自雄，凡事自以爲是，不但不接受別人的忠告，反而常對提供意見的人亂發脾氣或加以諷刺。久而久之，人心渙散，軍未戰而已垮矣！

黃石公說的好：「將拒諫則英雄散，策不從則謀士叛，善惡同則功臣倦。專己則下歸咎，自伐則下少功，信讒則眾心離，貪財則姦不禁，內顧則士淫。將有一則眾不服，有二則軍無式，有三則下奔北，有四則禍及國。」

由上可知，韓信的對己，黃石公的對人，兩位先賢都是以「剛愎自用」爲戒。我們在討論之餘，自我省察是否有上述情形，對本身的幫助一定不少，就怕是一葉障目，自以爲是。

控制情緒，消除緊張

當然，誰都不能保證連隊能一直保持風平浪靜的安定狀態。部隊也像人的情緒一樣時高時低，起伏不定。連長有責任消弭不安因素，提高士氣，鼓舞熱情，率領全連爭取榮譽，安渡難關。先決條件在於先要控制自己的情緒，再設法消除大家的緊張心理。

面對棘手狀況，講話時不要太快，要顯得輕鬆自在；注意聲音的高度，隨時有所節制，因爲憤恨不滿的情緒最易敗事。主官如不

能自制，下級必更加恐慌，張皇失措之餘豈能成事？亦不要刻意表現自己的學問，用些日常生活中最普通，最簡單，大家都講的話，都懂得的字句溝通，自然有一分平易近人的感覺，既然主官大局在握，士官兵也有精神去想去試，「眾志成城」問題就簡化了。

此外，我們也必須明白，不要以為我們為士官兵的上官而看輕他們。我們所統轄的不乏知識、智慧都比我們強的人，更有不少體力技巧各方面都優於我們的人，我們之間的差異乃在於階級與隸屬關係而已，基本上人格仍是平等的。

何況，連隊的一言一行，日常工作與戰備任務，全都秉持我們的命令而行，因此連長更應感激弟兄們的付出。如果在漫不經心的情形下（或是存心的），在行為言語之間侮辱了他們的人格，就等於埋下了足以禍害全連安危的根源，這是一個指揮官最忌諱的狀況！

帶兵如帶虎

常言道：「帶兵如帶虎！」

人之所以為人，在於具有感情與靈性。獲得兵心的要領，說來千頭萬緒，卻也有個開始。連長不只須要以身作則，要能知兵、識兵、親兵，更要能夠愛兵。前三者是本身素養的具體表現，後者是凝聚官兵向心的要件。西方講「愛是把忍耐種植在心田，其根雖苦，其果卻甜。」弟兄們離開父母，生活方式劇烈改變，不習慣是理所當然的。平時還不怎樣，病痛時情緒低落，最需要我們的關懷。戰國時期吳起為士兵吸取膿瘡的例子，告訴我們這時能充分的照顧他、安慰他，必定有利於我們的領導統御。弟兄能體會你的周到體貼，其他人看到我們「人痛己痛」的精神，向心力亦相對增強。不刻意做作的「愛兵」是促進我們成為連隊團結核心的重要因

素。

這些事做起來並不難，但因要放入較多的心力，其他的事務又雜沓而來，有些人難免疏忽了。甚至認為在全連最忙最累的時候，他偏偏假借病痛逃避困難，若未能深入了解，不僅不體諒反而疾言厲色，強制要求，則違反了領導統御的真諦，看似公正實為失察。若能指派幹部送醫檢治，務使不延誤病情，縱然想鑽漏洞偷懶，加上我們殷勤的問候，應不至於難以處置。

當一個連長是要隨時處理各種已知與未知的狀況，解決問題完成任務是連長的天職。有時問題處理不當，其嚴重性比問題的本身還大，不可不慎。

人有「生而知之，學而知之，困而知之」。如果我們不適生而知之的天才，唯有學而知之，以別人為借鏡。萬一不幸連這個也做不到，那只有困而知之了。每滑一步，每摔一跤，及受一次教訓得一次經驗。結果都是一樣，代價卻有天壤之別，這就值得玩味了。

當一個連隊的首腦，因人、因事、因時、因地的不同，各人的方法也迥異！這是一門沒有準則的學問，它看不見也摸不著，可是確實存在！

士官兵的生命充滿了活力，成羊成虎，全看我們的領導統御是否得法了！

民國 67 年刊登於《黃埔月刊》

註：回憶 68 年夏，至砲校向總教官石生上校報到時，親口對我說：「他擔任步兵 93 師師砲兵指揮官時，叫每位連長都讀了這篇文章。」

四、拔都西征俄羅斯諸役之檢討

前言

元代自成吉思汗滅花刺子模建國後，歷經拔都、旭烈兀祖孫三代的三次西征，開疆擴土，電掣狂飆，橫掃亞歐大陸，先後建立規模恢弘之欽察汗、察合台汗、窩闊台汗與伊兒汗等四大汗國，其武功之鼎盛，堪稱空前絕後。

蒙古三次的西征其中又以拔都西征的功烈最偉，拓地最廣，聲威最遠，對歷史的影響也最大！尤其因為蒙古人極重視物權觀念，攻城掠地，稍有拂逆或宗王受傷而隕則大肆殘殺，於是兵鋒所至造成漢代驅逐匈奴以後的世界第二次人口大遷移。使人種地圖為之一變，其事略至今猶被西方稱之為「黃禍」。

元太宗七年（西元 1235 年），窩闊台滅金之後，遵奉成吉思汗遺訓，乃廷議派遣兀朮之次子拔都率諸王長子出征，以平伏欽察（Kipchakn）、俄羅斯為目標，史稱「長子西征」。

戰前態勢與作戰地域

窩闊台派兵西征，在本質上係為侵略戰爭，並不像成吉思汗征伐花刺子模，為報其商旅被殺之仇而師出有名。但因為欽察的叛附無常，以及俄羅斯內部自相爭鬥，疏於防範，而提供了蒙古用兵絕佳的機會！

本次戰爭作戰區概在烏拉山以西，黑海以北的歐陸地區。境

內河川縱橫，主要有伏爾加河（Volga R.）、頓河（Don R.）、聶伯河（Dnepr R.）等河流多南北走向。作戰境內一般地勢低平，春夏之交，積雪融化，淖沼泥濘，行軍運動頗受侷限。但至冬季河川冰凍，征騎奔馳無礙。對於蒙古而言，正可利用春夏牧馬，將養生息，俟其肥壯後，冬季馳騁征戰。

戰前準備與戰略判斷

此次西征，總兵力約十餘萬人馬，主要幹部俱是成吉思汗的孫輩。元太宗八年（西元 1236 年）春，諸王各自其封地率軍至吉爾吉斯草原，向拔都報到集結完畢。拔都以速不台指揮之鄂爾達部為前衛，先行出發抵達裏海以北，烏拉山西南，伏爾加河東岸地區，擔任集結地區之警戒與掩護。

秋天，全軍完成戰鬥前最後之集結。拔都召集諸將任務研討與狀況分析後，認為敵方彼此構怨傾軋，不相和睦；訓練落後，戰備欠周密積極，縱使作戰準備時間充裕，卻更足以擴大其內部之分歧。乃決心初期各以有力之一部，清除側翼之欽察、保加爾（Boulgar）兩大障礙，然後併力擊破俄羅斯之有生力量。

大軍西征

戰略議定之後，旋即派遣速不台於冬天領兵一部，向北進擊保加爾。次年春（元太宗九年，西元 1237 年），蒙哥軍負責次第攻略南部欽察諸地，滅其最強悍之巴古曼（Balchman）部，其地居民部分西遷，餘皆歸順。軍威所至，其東北部伏爾加河沿岸諸部，如波爾塔昔斯（Bourtasses）、莫度拉納斯（Mordouans）等均懾服！西征軍後顧無憂，乃指向次一目標瓦拉底米爾公國（Vladimir）。

該國共主尤利二世（Yuri II）令其二子守國都，自已率兵駐紮錫第河（Sitti R.）欲恃河川之險固守，以待諸藩援兵。外圍則以羅贊（Razan）、克羅姆納（Colomna）、莫斯科（Moscow）等公國倚之！拔都於隆冬十二月，利用嚮導開路，近迫羅贊，諭降不納後，遂圍之以絕俄軍後路，全力攻打五晝夜。十二月二十七日城破被焚，大軍繼向克羅姆納進逼，於城下和尤利的援軍相遇，敗之。是役，因蒙古親王闊列堅（窩闊台庶弟）受傷陣亡。故屠城甚慘，幾無活口。拔都自此長驅直薄莫斯科，攻五日而拔之。

元太宗十年（西元 1238 年），二月二日，蒙古回軍東指，進抵瓦拉底米爾公國都城近郊。拔都親率諸將偵察地形，並實施招降，無效。乃分兵北上，攻占數城，該城於是孤立被圍。二月十四日蒙古軍破城呼嘯而入，縱兵殺掠　空。又分軍數部，在極短時間內連下莫斯科附近十二個衛星城市。其中一部迂迴至尤利的大後方，遮斷敵軍北竄之路，形成一個大口袋，節節進逼，俄羅斯屢敗之際又無暇喘息，重新整補，至令俄軍士氣渙散，人人自危。不得不在四面楚歌之下接受會戰，一戰大敗，尤利二世陣亡。

蒙古軍續向西進，企圖攻占諾夫果羅爾（Novgorol），以貫通亞洲及波羅的海之間交通。但因春暖雪消，道路泥濘不堪前進，所以轉趨東南，擇水草豐美之地，休軍屯牧。

在撤退之時，蒙古另以一軍對郭爾再斯科城行牽制性攻擊，使俄羅斯人不敢躡於其後邀擊。未料蒙古軍傷亡慘重，首遭不利。拔都大怒，增兵助之。閱二月始攻克該城，彼等蹂躪四郊，盡屠其民，方徐徐歸建。

此時孤軍深入已遠，為確保後方安全，必須徹底掃清保爾加、欽察及其附近力量。氣候與泥水既迫使蒙古軍不得不南下牧馬，拔都便利用這段空檔回師，續向伏爾加河、頓河下游前進，清剿欽察

西徙之部。其酋長庫坦（Coutan）率帳四萬逃往匈牙利。

寒冬來臨，河川冰合，拔都並不急於西征。另遣數萬人北循瓦拉底彌爾國境，向東越過伏爾加河，從容收拾保爾加部，與先前迂迴阻止尤利殘部北上的兵力會師於烏拉山西北麓。同時派出布里（察哈台之孫）掃蕩黑海濱之勢力。

是年十一月，貴尤（窩闊台長子）、蒙哥（托雷長子）、布里等率軍圍攻亞速（Ases）部之篾卻斯城。至明年正月（元太宗十一年，西元 1239 年）破之，至此俄羅斯大部底定。

第一階段作戰結束，拔都於諸將任務達成後，一面避暑休兵，一面加強鞏固所獲土地之主權，以爲爾後攻勢之張本。

後續作戰階段

在蒙古軍征馳於俄境東南與北俄諸地期間，基輔（Kiev）國王雅洛斯勞（Yaroraslaw）趁機重新占據瓦拉底彌爾都城，哲爾尼可（Chernigor）國王米契爾（Michel）則入據基輔。

元太宗十二年（西元 1240 年），拔督軍至巴瑞雅斯拉爾（Pereyaslarl）城，降之。繼續攻打哲爾尼可城，此時北征保爾加之軍前來會合，軍勢大振。守城者以沸湯澆攻城人，蒙古軍多有傷亡，但終於攻克該城。立即分兵北旋，掠加婁雅城，東至頓河西岸，以絕基輔外援，主力直抵基輔。

蒙哥奉令率師前往偵察形勢及渡河點。由於河水未結冰，聶伯河之河防甚嚴而不得渡。只得於哲爾尼可之崖岸遙望基輔，羨其壯麗，思瓦全之。乃派人前去招降，不果，蒙古使者被殺。是年冬，聶伯河河水凍合結冰，拔都全軍俱渡，進圍該城，聲勢浩大。

蒙古軍於現地繕治攻城器具，全力攻城。十二月六日攻陷，其

居民猶巷戰不已。次日更戰，死傷慘烈，終不能禦。基輔既下，拔都揮軍指向加里西亞，該國王棄國而去，逃至匈牙利，俄羅斯全境遂概行平定！

大軍乃集結於加里西亞境內，隔著維斯杜拉河（Vistule）卡帕仟山（Carpathes）與波蘭、匈牙利交界。

至此，窩闊台賦予之使命，已然完成。

戰果擴張

元太宗十二年（西元 1240 年）拔都完成窩闊台所賦予之任務後，為鞏固戰果，速不台建議：「如不擊破中歐現有之力量，已敗之敵必求其主力死灰復燃，則彼等對占領區之控制必定困難。」而有進擊波蘭、匈牙利之戰，兵力所至，所向披靡，史稱「黃禍」。兩年後元太宗窩闊台之死訊經驛站傳至多瑙河畔，拔都遂停止西征，班師東返！沿途分兵，次第建立蒙古的四大汗國。

檢討與心得

蒙古人以游牧為業。「韋韝毳幕，以禦風雨。羶肉酪漿，以充飢渴。」一生自小到死都在馬背上活躍，民性嗜勇好鬥，彼此侵凌，是以時常備戰，生活於戰鬥中。全民皆兵，武器械杖、馬匹糧草全係自備，一年四季，旦夕逐獵。軍隊無餉，悉是騎軍，作戰之時肆行擄掠，驍勇善戰，機動快速，非當時其他諸國能望其項背。等到成吉思汗統一諸部後，散在四處的力量便匯集在一起，凝結成一個龐大的軍事武力，大軍所致，無人能禦。

蒙古族起先並無文字，世系事述全憑口耳相傳，無史冊可供徵信。自成吉思汗以後才以維吾爾文字將其法令、訓教等寫成蒙古

語，信史自此開始。但作戰紀錄仍不完整，考證不易。

此次西征之將領不是成吉思汗的後人，便是跟隨他很早深受親炙的部將之後，因此攻城野戰之法均頗有乃祖之風。特別是其軍隊後勤補給需求簡單，不需仰賴後方迢送運補，益增其機動性，飄忽不定，神祕莫測，令敵對者不知其大軍之所之。表面上蒙古西征軍在數目上是以寡擊眾，但敵人備多力分，在決戰點上變成以眾擊寡，才能一次又一次的擊敗優勢敵人。

我們在研讀戰史之餘，可知蒙古人利用騎兵的特性，在攻取一個目標之前，必先對其周遭做全面之破壞，孤立該城，以面圍點，斷絕援兵而後集中兵力攻之。例如，瓦拉底彌爾都城之役，攻擊尤利二世駐節的錫第河，以及圍攻基輔之役，都是以這種戰略獲勝的。因此，可以說蒙古大軍深入敵境作戰，雖無人知悉孫吳用兵之道，攻防卻暗合孫吳之理。

蒙古人為保持其攻略地域之安全控制，除將中華民族四大發明隨軍傳至西方外，以隨隊跟有負責戰地政務的行政官員與兵力，確保其後方之安全。稍有疑慮，即毀敵城堡，盡屠其民，將其倖存的青年男女挾持至軍中壯其聲威，驅迫他們充當「砲灰」！這樣毀滅、殘忍、野蠻的戰爭行為，在民族意識仍不十分強烈的中世紀，無情的癱瘓了歐洲人的抵抗，恐怖的瓦解他們的心理平衡，使得蒙古軍充分享有戰場主動之利，為所欲為的主宰整個戰場。

十三世紀歐洲人的眼光中，所謂戰略指導就使單純而直接的尋求正面決戰而已。戰術偏重守勢，戰備則倚仗城池之固。蒙古人又以血淚教訓了他們，無論在技術、編制、戰術、戰略的細節方面，以及素質及規模方面都超越他們甚遠。他們既難以預判蒙古軍可能採取的行動路線，以在事先防範或設伏，亦不在戰前機動保存實力待機而動，莫怪乎兵敗如山倒，喪師覆國，讓「黃禍」成為後世子

孫永誌難忘的慘痛。

　　蒙古軍每次作戰對迂迴包圍與口袋戰術的運用，非常巧妙，也是他們保全戰力的主要手段。雖然拔都西征俄羅斯階段沒有傑出的戰例表現這些特質。但在征服中歐平原時的作戰指導就令人佩服！

　　他大膽地派遣二將遠程挺進配合主力作戰。派貝爾達迂迴包抄以襲擊維斯杜拉河、奧得河（Oder R.）間地區，防止西歐援軍南下增援，並於里格尼志（Liegnitz）附近殲滅數目相當的波蘭、日耳曼、波希米亞三國聯軍。遣哈丹循阿爾卑斯山前進，掩護南翼。拔都則與速不台分軍兩路，將匈牙利軍從多瑙河誘至賽育河（Sayo R.）畔，聚而殲之。這南北兩支觸鬚與主力會師於布達佩斯。一年的時間便做了中歐的主人翁，若非窩闊台的死訊傳至軍中，必須班師回國另立可汗，中世紀歷史究竟會將如何演變將有無限想像。

　　大軍過後，匈牙利周邊地區匈奴居民大多絕跡，奧地利條頓民族取而代之，為日後奧匈帝國的濫觴。波希米亞的日耳曼民族則移民至西里西亞（Silesil）。殘存的欽察人遁入巴爾幹群山中，苟延殘喘，不復為害，可見其對未來的影響有多大。更重要的是在其作戰的過程中，拔都在用兵與目標上有絕對的自主權，以及西征的目標達成後速不台的建議，都是「將能而君不御」的典範。不論是朝廷鞭長莫及或蒙古諸將獨斷專行，都是戰史上的範例。

　　蒙古軍另一個特長是把外線作戰的優點發揮淋漓盡致，能在極準確的時間，把軍隊從各地迅速集中對敵突擊。一旦不利，則利誘敵軍離開有利位置，實施後退包圍，俟形成口袋之後，再擊潰敵人。賽育河的殲滅戰便是最佳例證。此外，元太宗十二年（西元1240 年）拔都攻占哲爾尼可之直前，遠征保爾加的部隊從遙遠的烏拉山前來會師，充分顯示他們用兵無誤的本能。這種融合東方戰鬥經驗的戰略素養，當時亞洲火力的威力，蒙古人堅忍節約的生活，

流浪的遊牧方式，減少將帥行政上許多不必要的麻煩，能夠專心致力於作戰，大軍得以深入萬里，愈見其武功之盛。

但當時的歐洲人並未體會出這些奧妙。至十八世紀末，拿破崙戰爭時期，約米尼還一再強調內線位置的優越。直到普法戰爭後，毛奇的外線作戰思想才成為主流。

古人有言：「無敵國外患者，國恆亡。」又云：「物必自腐而蟲生」。蒙古西征得力於俄羅斯之助也很大。俄羅斯聯軍曾於元太祖十八年（西元 1223 年）為哲別、速不台二人大敗於卡爾卡河（Kalka R.），然而俄羅斯諸王自相內鬨殘殺仍方興未艾，不慮及外患。且以地廣人稀，交通不便，缺乏一致團結對外的民族意識。何況守備未具，國防疏漏，提供拔都各個擊破的良機，終至亡國。

先是羅贊、克羅姆那之守將喬治、羅曼兩人，鑑於來犯之敵兇猛異常，以該城之力無法抗拒，乃乞援於尤利。未料渠以須兵守土為由見拒，及至喬治於羅贊被圍後，尤利又遣其子率兵兼程相助。為時已晚，兵至中道，喬治已死，只好改援羅曼，與拔都一戰而敗歸。後來尤利自身難保時，其他諸王亦以道遠而未派兵增援，即使親如手足的諾夫果羅特王也袖手旁觀。設若其能派兵前往，無形中增加尤利的戰略縱深，保障後方，同時給迂迴北向的蒙古軍極大威脅，尤利北竄之路未斷，拔都南下牧馬亦必受其干擾矣！

《孫子》曰：「小敵之堅，大敵之擒也」。許多戰史都證明防禦工事的不可靠，最佳的防禦只能維持不敗而已。對付機動性高的部隊，最好的方法即是本身亦在機動狀態，以敵人之道還治其身。何況說，部隊陷入重圍時，官兵心理上的挫折，比任何惡劣的情況都大。然而俄羅斯人卻一再地把自己關在城牆後面，讓蒙古軍肆虐四週後，甕中捉鱉。設若當時的俄羅斯能盡一切可能組成騎兵部隊與蒙古周旋，善用設伏或爾後慣用的焦土政策，迫使敵人無法因補給

於敵，拔都也許要大費周章了。

結論

俄羅斯地理環境惡劣，冬日寒風刺骨，堅冰遍野，夏天泥水處處，一年四季可供作戰的時間相當短暫。腹地廣大，補給困難，入侵軍隊的各項問題隨著攻勢進展而日益嚴重。拿破崙、希特勒均不曾克服「冬將軍」帶來的難題，唯有蒙古人因糧於敵，能識眾寡之用，因時因地而制宜。上下同欲，以敵人有生戰力為對象，務期徹底殲滅，粉碎其社會體制結構，根除所有可能危害，避免背腹受敵。

更重要的是將領受命統軍在外，戰陣之事君王從不節制，故能見利不失，遇時不疑，乘虛蹈隙，攻堅披銳。因而風雲變色，山川震眩，舉世同驚。其極端攻勢思想及銳氣之持久不衰，雖千里赴敵，如入無人之境，其成功實非倖致。

民國 64 年上尉於《黃埔月刊》

五、評法越「奠邊府戰役」砲兵之運用

前言

　　第二次世界大戰結束後，英法國力式微，殖民地紛紛獨立，蘇聯趁機崛起，拉下鐵幕，到處扶植共產政權，輸出革命。「越盟」主席胡志明即在匪、俄卵翼下，以民族主義從事推翻「保大王朝」之活動。自 1946 年控制越北各地要點後，屢創法軍，以期迫使法軍退出紅河三角洲。法國爲恢復對越南殖民地之軍政控制，乃於 1953 年 11 月以 5 個傘兵營及其戰鬥支援與勤務支援部隊，發起「卡斯特作戰」（Operation Castor），突擊占領越南北部奠邊府周邊寬約 3 英哩，長約 11 英哩之跨河空頭堡，並不斷增援，企圖誘致越盟之主力至其周邊而擊滅之。

　　越盟見機不可失，亦決定順詳敵意，包圍殲滅法軍於奠邊府地區，進而將法國勢力徹底驅逐出中南半島。因此雙方均有決戰之意圖，乃發生「奠邊府之役」。戰鬥自 1954 年 3 月 13 日 1700 時起，至 5 月 7 日止，爲期共 56 日。戰役結果法軍大敗，退出中南半島，同時亦埋下日後越戰以及高棉、寮國赤化的種子，對亞洲的地緣戰略影響至爲深遠。

　　此次戰役，法軍爲孤軍深入敵境，自陷死地，卻未採取積極的機動作戰，誘致敵軍至其周邊後而殲之；越盟雖有先處戰地之利以逸待勞，亦無戰略機動作爲而是等待包圍敵人之後，以人海戰術強行正面突破，付出慘重之犧牲贏得勝利。因爲本次戰役雙方都是以砲兵火力支援爲主要戰鬥手段，火力協調與運用之良窳爲本戰役之

決定性因素。在戰史上殊為少見,故以雙方之砲兵運用與得失為本文論述之主軸,以明白火力支援之運用對戰局之影響。

戰前雙方砲兵戰略態勢分析

依據野戰戰略分析的要素,就兵力、位置、補給線與爾後發展,比較態勢之優劣。

一、雙方兵力對比

法軍自建立空頭堡後,陸續增援,總兵力達 15,000 人,戰鬥及戰鬥支援部隊則約 12,000 人,其餘為勤務支援部隊。其中砲兵計有 155 公厘榴彈砲 1 連,火砲 4 門;105 公厘榴彈砲 6 連,火砲 36 門;120 公厘迫擊砲 3 連,火砲 12 門,各式火砲總計 52 門。

越盟之總兵力約 20,000 人。其中砲兵至少有 105 公厘榴彈砲 36 門;75 公厘山砲 48 門,及 104 門 57 公厘(含)戰防砲,各式火砲達 186 門以上,各類砲彈 103,000 發,火力為法軍之三倍。

就兵力對比因素而言:越盟有利。

二、雙方兵力位置及其戰略涵義

法軍戰場選擇不當。全軍侷促地布署於奠邊府峽谷周邊,寬 3 英哩,長 11 英哩,幅員狹窄,被四周高地所困缺乏機動空間,是《孫子》所謂的「死地」。全軍兵力散布於狹長谷地中,除北方之 B、G、J 以及南方之 I 據點為掩護外,主力集中於南北長 2000 公尺,東西寬 2500 公尺,面積約 5 平方公里的方圓內。部署重點置於南永河及 41 號公路以東地區,缺乏機動空間。砲兵則採分區配置,且多暴露於地面,僅構築簡易之人員掩蔽部,戰備不周。就戰略涵義言,法軍位居內線地位,卻無內線作戰所需兵力轉用之空間,地面交通

遭敵破壞無相互機動轉用之條件，兵力火力運用受限。

越盟則以其游擊戰手段，先行占領奠邊府四週高地，居高臨下，形成「高屋建瓴」之勢。東西之間相距僅約 5 公里，有利其觀測與射擊。其火砲均已經完成「地下化」，有良好之工事掩蔽，且已做好雨季來臨之各種防範措施。就戰略涵義言，越盟居外線地位，已完成戰術包圍與戰場經營，有機會將法軍逐次擊滅。

就雙方兵力位置及其戰略涵義言：越盟極有利。

三、雙方補給線與作戰正面之關係

法軍之補給線長達 200 餘英哩，而且軍品到達前線後，I 陣地與主力之間的地面交通已被敵人破壞，補給手段主賴 A 陣地南方之野戰機場實施空中運補，運量受限，彈藥儲備困難。補給線隨時有被截斷之虞，對法軍持續戰鬥之支援極為不利。

越盟之補給線長達 500 英哩。除當地民力之外，獲得共匪 5 萬民力的支援，每人以腳踏車平均可載運 600 磅補給品外，並積極修築通往戰地的便道，供其 800 餘輛俄製的莫洛托瓦（Molotova）輕型載重車之行駛，於作戰直前完成所需彈藥之堆積。

就本項而言：越盟極有利。

四、就爾後作戰之發展言

法軍居內線。欲誘致敵軍有生力量至其周邊決戰，但缺乏有力之預備隊，外圍各據點之戰力亦不足以拘束當面之敵軍。尤其是法軍指揮官作戰概念模糊，如何實施第一擊？如何確保敵軍處於分離狀態？均缺乏明確之指導。決心採取守勢持久，卻無機動打擊的相應準備，有違內線作戰的要旨。

越盟居外線。指揮官武元甲之作戰指導係逐次攻略，先攻占法

軍外圍據點，縮小包圍圈，將法軍壓縮至主陣地後，聚而殲之。兵力部署與作戰準備均暗合外線作戰要領。

就本項而言：越盟極有利。

五、綜合四項主要因素分析，**戰略態勢對越盟極有利。**

砲兵兵力部署與作戰準備

一、法軍

法軍指揮官卡斯特里上校之作戰構想為「以殲滅敵有生戰力之目的，於預想殲敵地區，依托535高地地形，構築5個據點群，實施陣地防禦（Static Defense）。併用兵力、火力及猛烈之反擊（Full scale of counterattacks），殲滅越盟，以利爾後作戰。」對砲兵之指導為：「每據點群均應能集中4/5之火力，以支援其戰鬥。」

砲兵指揮官皮若特上校（Col. Piroth）則未遵照此一指示指導火力之部署（參見要圖）。將主力配置於核心陣地，以兩個105砲兵連配置於南方之 I 據點。主力無法滿足前方掩護之 G、B 兩個據點的火力支援要求，除以120迫擊砲支援 B 據點外，G 據點缺乏砲兵之火力支援，且其後方與主陣地之道路已被敵破壞，形成孤立。此外，各陣地間均未做好野戰偽裝，僅於開闊地上挖掘環形陣地，作圓周射擊之準備。人員與彈藥僅構築簡易之掩體實施掩蔽。尤其是對即將來臨之雨季，亦毫無預防措施，戰備整備狀況顯然違背砲兵火力支援「兵力分散，火力集中」之基本原則。

在敵情判斷上，法軍判斷敵使用之火砲口徑在 75 公厘以下，且其最高彈道「不可能」超越法軍四周之高地。更主觀的認為敵軍不致於將火砲部署於前斜面上，因此，疏於防範與情報蒐集。僅於外

圍據點高地派出觀測組擔負目標情報蒐集，另以 6 架空中觀測機協助射彈觀測。在情報上對敵軍之防空能力及部署狀況亦毫無所悉。

二、越盟

武元甲之作戰構想為「以逐次攻略奠邊府，殲滅法軍有生戰力之目的，先期控領外圍要點，集中優勢之地面與防空火力，截斷敵軍外圍與主力間之連絡，先擊滅 B、G 兩據點後，在集中兵力擊滅法軍主力，並趁勢將其勢力驅逐出中南半島以外地區。」

越盟砲兵依據作戰指導，沿著南永河山谷兩麓形成環形部署，重點保持在北。火砲到達戰場即迅速構築深達 6 呎之地下掩蔽部，徹底偽裝與掩蔽，使砲口火光不致暴露。射口除射擊瞬間外，一律關閉以防止法軍之空中偵察。各砲陣地附近部署大量之防空火砲，同樣完成隱蔽、掩蔽，並且對雨季之來臨採取妥善預防措施。

越盟兵力、火力均已對奠邊府之法軍構成重重包圍，地面交通均在其火力瞰制之下。

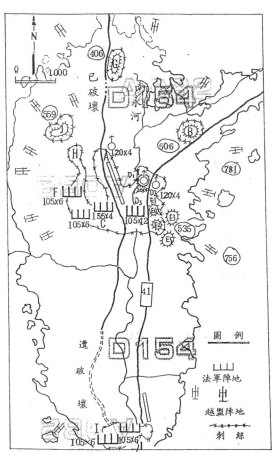

1954 年 3 月 1 3 日 1700 時法越砲兵兵力部署要圖

戰鬥概要

武元甲自決心要與法軍實施決戰以來，即積極從事各項戰備整備。於共匪協助下歷經數月之戰場經營，至 1954 年 3 月 13 日 1700 時，一切就緒，旋即發動第一階段作戰攻勢。首先將法軍外圍高地之觀測所及 6 架觀測機摧毀，繼而以濃密的火力制壓法軍主陣地內的砲兵，使法軍北方的 B、G 兩據點喪失火力支援，而於 3 月 15 日被越盟攻陷。

法軍企圖於無砲兵火力支援下發起逆襲，但損失慘重，傷亡約兩個步兵連後，逆襲失敗。同日，法軍砲兵指揮官皮若特於其掩體引爆手榴彈，引咎自殺。越盟則在滂沱大雨中迫近 A 據點百碼以內與法軍展開對壕作戰。法軍以「飛虎隊」之 C-119 運輸機空投運補，越盟則以每 6 秒一發砲彈的密度封鎖機場。3 月 25 日法軍以美國供應之 B-26 轟炸機，於其外圍投擲大量的燒夷彈，火攻越盟，乃暫時遏制敵之攻勢。

3 月 30 日 1800 時，越盟全線再興第二階段攻勢。先以砲兵實施長時間的攻擊準備射擊，以一部拘束南方 I 據點法軍 2000 餘人阻其向主陣地之增援，主力匯集 3 個師的兵力，猛攻法軍核心陣地，重點指向 D1、D2、E1、E2 及 E4 據點，實施突穿。雙方短兵相接，戰鬥至為慘烈，但越盟攻勢終為右翼之 D3 陣地內法軍之阿爾及利亞傭兵火砲的近迫射擊所阻，未能擴大突破口。4 月 1 日法軍奪回 E2 陣地，4 月 11 日法軍以 2 連之外籍兵團對抗敵 1 營之兵力，終於規復 E1 陣地。法軍並以零星之連級規模四度空降增援，其速度遠不如越盟為快。此時法軍乃以袍澤之屍體充當沙包，以蔽敵火。

4 月 6 日，法軍 155 公厘榴砲連直接命中越盟一處 75 山砲陣地，摧毀 3 門火砲及其砲手。但在敵之反復攻擊下，亦僅餘 155 榴彈砲一

門，彈藥 300 發。越盟並宣稱擊落法機 54 架。4 月 18 日，法國正式向美國提出空援申請，但是美國為求「與其他國家充分政治諒解」，至 27 日始到達戰場，參戰時機甚晚，已無補於大局。

第三階段作戰，4 月 19 日法軍核心陣地機場失守，武元甲旋即不失時機，集中其 1/3 之火力指向 H 據點，法軍被迫分離，內外交困，飲水不足，遍地屍體腐爛，臭不可聞，只得配戴防毒面具作戰。此時法軍已成強弩之末。4 月 21 日，西北方之 H 據點失守，武元甲全面完成對法軍核心據點群之包圍。至本階段止，越盟傷亡 1080 人，法軍 500 人。

4 月 28 日，克里維柯上校率 3000 人抵達奠邊府西南 35 哩之猛鎮，卻未依命令積極與該地部隊會師，猶疑遲滯形成戰場游兵。武元甲於 29 日，加速對 I 據點發起第四次之攻擊，阻止法軍之增援，最後再以俄製的卡秋沙火箭投入戰場，徹底瓦解法軍的防禦體系。至 5 月 7 日，卡斯特里准將以無線電向巴黎告別，力竭投降。I 據點突圍不成亦陷入敵手。奠邊府戰鬥終了。

此次作戰雙方傷亡人數高達 30,084 人。其中法軍陣亡 2,900 人，輕重傷 5,134 人，各型作戰飛機 57 架，被俘軍官 1,896 人，士官兵 8,000 餘人。受傷與殘餘悉遭拘禁，其中大多數在獄中被折磨死亡。越盟共發動四次攻勢，以人海戰術配合砲兵強大火力，正面強行突穿，以極其慘烈犧牲的代價，完成在戰術上逐次攻略法軍陣地之目的。進而達成在戰略上驅逐法國在中南半島勢力之目標。

雙方砲兵運用之得失及檢討

一、法軍

法軍砲兵陣地部署違背部隊指揮官卡斯特里「每據點群均應能

集中 4/5 之火力，以支援其戰鬥」之指導。皮若特上校將其 1/3 之兵力配置於南方之 I 據點，致使北方擔任掩護之 B，G 兩據點群之火力支援不足。戰鬥初起，其附近之制高點即爲敵軍掌握，並可對法軍核心陣地實施觀測射擊。法軍不僅無法發揚砲兵火力，更喪失外圍據點群屏障與互爲犄角之作用。法軍火力被壓制，只能實施直接瞄準射擊，砲兵指揮官毫無作爲，畏罪自殺，實爲法軍陣地防禦失敗之重要因素。

除作戰指導不當外，在戰備整備方面，法軍亦缺乏敵情觀念，驕傲自大。既無叢林作戰經驗，又不明作戰地區特性，不知敵人反砲兵戰能力，火砲放列於平坦開闊之地形，未加僞裝，未築掩體，以機動作戰之方式實施陣地防禦。尤其忽視雨季來臨時對作戰環境的影響，未採取必要的排水預防措施。一旦降雨，泥濘及腰，火砲無法機動，難以執行射擊任務。

在情報蒐集與運用方面，法軍戰略與戰術之目標情報蒐集能力薄弱。一則輕敵，過於低估敵軍補給能力及砲兵戰力；二則又高估本身火力支援能力，戰鬥直前拒絕河內增援一連砲兵加強其戰力。同時情報蒐集消極，未能發現敵方動員 5 萬民力，800 輛各式車輛從事戰略物資之運輸。更重要的疏失是不能及時偵查知悉敵軍砲兵及防砲兵力之大小、位置與部署儘早反制。作戰開始後觀測機構被摧毀殆盡，目標獲得體系失去功能，無法發揚火力，僅賴直接瞄準射擊之火力近距離支援部隊戰鬥，喪失火砲遠大射程功能，未能摧破敵之攻擊準備，迫敵過早展開，使敵軍戰力得以完整投入戰場。

在防空作戰方面，法軍之補給線在戰前已被敵軍截斷，全靠 H、I 據點之野戰機場實施空中補給，攸關作戰之成敗。依據常理，機場之防衛與敵軍防空兵力及其部署，應爲作戰情報蒐集要項中之首要。而且一旦發現必須竭盡一切陸空火力手段予以摧毀，以確保空

域與自身之安全。但是法軍作為消極，錯估敵軍防空能力。4 月 5 日，戰鬥已經三週，法國駐美大使狄倫方稱：「40 門雷達操縱之 37 公厘高砲，由中共自北韓增援」，情報傳來為時已晚。法軍在越盟層層包圍下，作戰空間日益縮小，補給品大都落入敵手，一旦機場失手，補給中斷，戰力便急遽下降，終致敗亡。

越盟事後宣稱擄獲火砲 50 門，各式砲彈 3 萬發。若非宣傳，則顯見法軍砲兵火力運用違背原則，徒有戰力而不知運用，未能發揮砲兵火力「集中、機動、奇襲」之要求，是為砲兵火力運用失敗之最佳戰例。

二、越盟

武元甲以極大之耐心與毅力排除萬難，動員大批民力於叢林中開闢可供車輛通行之道路，將 105 公厘榴彈砲與俄製火箭運抵戰場。且保密工作良好，戰鬥前採取沉默政策，使法軍毫無警覺。另外將 75 山砲分解後，以人力搬運至陣地隱藏，戰鬥開始不久，即造成法軍砲兵指揮官心理喪失平衡，在受到法軍指揮官卡斯特里責難後，自殺身亡。結果造成戰鬥間兵力、火力無法協調，使越盟得以運用火力主宰戰場。

越盟砲兵部署適切，除出乎法軍意料於高地之前斜面佔領陣地外，再輔以精良之工事與偽裝。射擊紀律良好，有濃厚之敵情觀念，其陣地縱然與法軍近在咫尺，亦無被偵知之虞，能夠充分掌握戰場之主動。

法軍雖經第二次世界大戰之慘痛教訓，戰後仍然無法揚棄其守勢思想，戰略上全面陷於被動。武元甲正確判斷法軍又將採取陣地防禦，而且不擅長於叢林作戰。因此，在其控制之戰爭面下，放心大膽的從事戰備整備，直至其認為有足夠之成功公算後，方發起攻

勢。法軍 75%的傷亡是爲砲兵所造成，火力對戰鬥之貢獻甚大。

越盟之補給品係由共匪供應，補給線長達 500 英哩。互作戰全期不但能保持補給能量之暢達，沒有「後勤支援限界」之困擾，作戰期間彈藥充足，每門火砲平均在 500 發以上，使其享有火力優勢，能夠發揚火力，支援部隊戰鬥，沮喪敵之意志。

經驗教訓

奠邊府戰役，就法軍而言是處於「敗兵先戰而後求勝」地位。孤軍投入於 33 平方英哩的「坁地」，進退維谷，動彈不得。遠離南方之後勤基地作戰，並且深入「重地」，戰場的選擇地形上對法軍極不利。但若以「誘之以利」的觀點分析，法軍自陷「絕地」以吸引越盟之主力決戰，予以殲滅以戡定北越，就戰略的觀點而論，並不爲過。前提是這三種地形之作戰，都必須保持兵力機動空間與主動以趨利避害爲首要。

法軍有決戰的企圖，卻無適切手段配合，將歐陸戰場的觀念用之於叢林作戰，目的與手段不一致。砲兵爲達到支援「陣地防禦」守勢決戰的構想，理應先求保存自己戰力的完整，講求疏散、隱蔽與掩蔽，並善用空中火力阻絕敵之補給與機動，以遲滯敵軍向戰場集中戰力。同時廣泛蒐集砲兵目標情報，決定優先攻擊之目標，以地空火力摧破敵之攻擊，支援部隊之作戰，以爭取決戰時之優勢。

簡而言之，此役砲兵之地位爲內線作戰中「分得開，頂得住」之決定性因素，爲法軍先求全軍，再求破敵之關鍵。但是法軍心存僥倖，到達戰地不積極從事戰備整備，臨戰不多方偵察當面敵情，不知敵之弱點，盲目追求勝利是所謂的「糜軍」。遂導致其自陷部隊於絕境，戰敗投降，自取其辱，深值吾人警惕。

砲兵火力之運用特重「集中，機動，奇襲」。法軍在兵力、火力均居於不利之態勢下，敵情不明身處險地，應先控領周邊重要地形，派出搜索部隊，建立掩護幕，以爭取戰場縱深，預先擬定火力計畫，依據指揮官指示將 4/5 之砲兵兵力部署在核心陣地，構築工事完成僞裝，統一指揮，以火力掩護外圍據點之戰鬥，爭取戰場縱深。然而，法軍採取分區配置，以 1/3 火力於 I 據點，第一線 B、G 據點則以迫砲支援，結果處處有火力，處處薄弱。作戰全期法軍砲兵根本沒有發揮火力集中與機動之特性，沒有周全之火力計畫作爲，使外圍據點轉眼之間淪陷於敵手，落入極不利之地位。

目標情報爲砲兵能否發揮戰力之關鍵。亙作戰全期法軍因偵蒐不到敵軍砲兵與防砲陣地，不知敵兵力部署與指通機構，無法分配火力實施反砲戰或摧破敵軍之攻擊。部隊逆襲時又不能提供適切之火力支援，使友軍蒙受慘重之損失後，逆襲失敗。反之，越盟則因法軍自曝其短，得以充分偵知各砲兵陣地位置，在戰鬥初期便集中猛烈火力，將敵軍砲兵徹底制壓，並在攻勢發起直後即全面消滅敵之觀通機構，使法軍無法獲得任何目標情報，造成敵方火力支援體系完全癱瘓，奠定其成功之基礎。

反游擊戰之主眼爲「摧破敵之戰爭面，使其失去生存空間，迫使其脫離有力地形與巢穴，再予以區分擊滅」。砲兵火力則配合兵力運用，先對游擊基地形成戰略包圍之態勢，以火力封鎖交通要道，發揮火力激動之特性，尤須隨時掌握敵情爲要。

1951 年法軍在紅河三角洲之華平（Hoa Binh）的戰鬥中，已然嚐到類似奠邊府地形戰鬥的苦果。在這場戰鬥中，華平是一個跨河谷的山谷小鎮，四周高山環繞。武元甲的作戰指導就是「四面包圍後，先摧毀敵之飛機，截斷其補給，再逐次蠶食而殲滅之」。此次戰役基本上亦未脫離此一模式，法軍受到教訓後不知自省，再蹈覆

轍，實在是不可思議。

法軍在越盟假借「民族主義」的名義，大肆擴張武裝勢力之下，其上策應當積極整備本身之戰爭面，輔導保大王朝，以內政、外交途徑削弱越盟勢力。在反殖民主義高漲之浪潮下，狀況不利時大可一走了之，不必眷戀其殖民權益，以維持其國家尊嚴。

不料法國不思此圖，不記取華平失敗之恥，繼續於奠邊府犯下更大的錯誤，不知戰時，不知戰地，是《孫子》〈始計〉中「無算」之典型戰例。

結論

「有不可戰之將，無不可戰之兵」。法軍士官兵作戰堪稱英勇，與越盟鏖戰毫不退縮，甚至以屍體當沙包，戴防毒面具戰鬥，越盟傷亡為其 3 倍。但是法軍高層計畫作為不當，兵力、火力不能相輔相成，戰略不能指導戰術，戰術亦不能支持戰略，指揮失靈，雖有精湛之戰技，卻無補於大局。

法軍於中南半島之作戰，「懸軍深入而無後繼」，且「將不能料敵，以少合眾，以弱擊強，兵無選鋒」。欲在極不利的戰略態勢下求敵決戰，卻又兵力不足，火力支援拙劣，復又無明確之目標，情報不靈，耳目失聰，不能計險阨遠近。其所犯之錯誤以及「既不知己，更不知彼」的愚昧。蓋棺定論：「非天地之災，將之過也。」

民國 80 年 2 月 16 日

《砲兵學術月刊》36 期

（319 師砲兵軍官團教育教案）

六、宋代戰略思想之研究

前言

語云：「以史爲鑑，可以知興衰」。尤其是失敗的案例中，對後人的啟示更是彌足珍貴。在我國歷史中，宋朝是一個非常值得研究的朝代，在文化、科技與經濟上有其輝煌的一面；然而在軍事方面卻是「重文輕武」極度保守與消極的時代。究其原因實爲各代皇帝的施政充滿矛盾，在軍事上既不能創機造勢，又不能守成自保，處處受制於人，讓敵國予取予求，除了害怕武將重演「陳橋兵變」的故事外，「偏安思想」更是失敗的根源，一言以蔽之，在於「戰略無知」是也。[1]

兩宋之戰略思想概可區分：北宋開國、聯金滅遼、宋室南渡與聯蒙滅金等四個階段。依靠「盟國」的結果，北宋連金滅契丹，被金滅；南宋聯蒙滅金，爲蒙亡。北宋因無知，自毀緩衝國，已足可悲；南宋不記前恥，重蹈亡國覆轍，更是愚昧。亡國之君不知審時度勢，引狼入室，自毀社稷，足以令後人引以爲戒。

但是，如果兩宋能夠延續其北宋開國與宋室南渡兩個時期的戰略思想，戰略指導之脈絡，仍有可圖，宋朝的歷史應不至於成爲歷代中最弱的一代。本文僅就兩宋之戰略運用，檢討其得失，供吾人參考。

---

[1] 鈕先鐘著《中國戰略思想史》（台北，黎明文化），民國 81 年 10 月，頁 412。

宋代戰略環境概述

　　趙匡胤繼五代十國之衰世，在人群道德墮落之際，假率領大軍出征抵禦北漢與契丹入侵之名，在其弟趙匡義與幕僚趙普之策劃下，於「陳橋」兵變，黃袍加身，回師開封，奪取後周孤兒寡婦之政權而稱帝。因其當初任節度使的地方是宋州，故改國號為宋，雖然趙匡胤道德與操守有虧，但是總算能夠打破當時戰略態勢，次第平定各方，與契丹對峙於燕山山脈，結束長期混亂的局面，統一中原，開創新高。

　　然而，若與漢唐、明清各朝相較，兩宋在政治上可謂「無內亂，少匪禍；權臣、外戚、女主、宦官等亂政因素都不存在，內政清明的時代。」[2]外患雖多，也不如漢唐時期的兇猛。換言之，地緣戰略上，其主客觀環境，都較漢、唐有利，何以宋朝不但不能恢復漢、唐雄風，反而版圖最小，幅員最蹙，國勢最弱，在歷史上以「貧弱」著稱？

　　世人嘗以宋之積弱，乃源於後晉石敬塘之割讓燕雲十六州於契丹，使宋朝北方無險可守，門戶洞開之故。然而何以底定中原國勢正盛之際，未能積極振作，在與契丹簽訂「壇淵之盟」之後，不顧心腹之患極思振作，反而偏安於一隅？

　　究其根本原因在於宋代之國防思想消極，國家戰略不當，上下不思振作，兵役制度多弊，人才培養無方所致。結果為「平時禁軍百萬坐食京師，戰時庸劣充斥難禦外侮；朝廷苟且偷生，君臣誤國誤民」，終至南宋末年陸秀夫於廣東崖山「負帝投海」，結束了宋朝的香火。北宋得之於孤兒寡母，南宋亦亡之於孤兒寡母，主要原因在於「偏安」兩字。從「水滸傳」、「楊家將」等民間故事，可以得

---

[2]同上註，頁 397。

知兩宋重文輕武的結果，士無選鋒，上下苟且偷生，誤國誤民，終至敗亡。

兩宋戰略思想概述

一、北宋開國階段

宋太祖趙匡胤於奪得後周天下，平定地方反對勢力後，爲避免奪權故事重演，以「杯酒釋兵權」之策，收回石守信等禁軍諸將之軍權，消除五代時期將領動輒專兵擅權，不聽號令之弊，免除部將「黃袍加身」篡位的威脅。雖不免有「卸磨殺驢」小人之譏，平心而論「攘外必先安內」的政策，亦是當時確保政治穩定的至當方案，無可厚非。

內部安定，政權鞏固之後，朝廷乃謀次第統一諸國之方略。針對當時南北各國之情勢，與宰相趙普策定「北守南攻，先南後北，先易後難」的戰略構想，爲其統一中國的指導方針。

（一）具體的戰略指導構想與目標優先選擇[3]：

對契丹：於各戰略要點，暫取守勢。俟南方諸國平定後，厚積國力，再轉移攻勢以圖之。在此之前，運用政略安撫，實施經濟攻勢，對其前來貿易者「免其稅收，優購其貨」。並同時「廣置間諜，以探其情」，使其入侵者，皆能設伏擊之，以固其北疆，避免腹背受敵之威脅。

對北漢：在戰略上亦暫取守勢，爲其北方之屛蔽；戰術上則採取攻勢，以削弱其國力。

---

[3]蔣緯國主編，《中國歷代戰爭史—卷十一》，（台北，黎明出版社），民國 65 年 10 月，頁 133。

對南唐：採取安撫為主，以政略羈縻之。俟平定長江上游諸國後，適時包圍而擊滅之，然後再轉圖吳越。

其餘南方諸國則國勢較弱為宋朝優先擊滅之目標。

（二）北宋之戰略運用：

宋太祖戰略方針既定，乃分遣驍將固守北方及西北方的戰略要點，以防備西夏、契丹與北漢等三國，另控制重兵於中央為「游軍」（戰略預備隊）以策應。[4]自己則以「南攻」為主，次第平定南方，逐漸壯大國力。

為此，趙匡胤對各邊防將領之統御，極其重視「養士」功夫，以各種措施禮賢下士。「使邊將皆富於財，得以養募死力之士，用為間諜，以求洞知敵情，而預為之備。[5]」以此為支持其戰略構想-先平定南方，再徐圖北方之契丹。

此外，對南方之經略，宋太祖趙匡胤依據各國戰力之強弱，以曹彬為大將，次第平定之後，採取安民歸農，優待降俘措施，服人以德，以有利宋朝對南方之經略，確保後方之安全。

除了在軍事上以驍將、重兵與「情報」防範北方之強敵外，對契丹則積極厚植國力，經濟與軍事雙管齊下。主張採取「欲使各庫所蓄滿三百萬，遣使謀於彼，倘肯以地歸於我，則以此酬之。不然，當散滯財，募勇士，以圖攻取也。[6]」亦即對燕雲十六州之「光復」政策，先以重利誘其談判，以避強敵之鋒銳，如不成，再採取軍事手段以對付契丹。平心而論，這是一個非常穩當的戰略構想，其前提則是能否貫徹「厚植國力，以為軍事後盾」的方針。宋太祖趙匡胤戰略思想的核心是在於「經濟攻勢，軍事守勢」。

---

[4]同註3。
[5]《中國歷代戰爭史-卷十一》，頁 134。
[6]同註5，頁 190。

俟趙匡胤薨，將帝位傳於其弟趙匡義爲宋太宗，繼續執行其戰略。連年連續的用兵，當消滅北漢達成國家階段目標時，宋朝已處於「饋餉且盡，軍士罷乏」的狀態。[7]他卻未遵太祖既定構想，先將養生息，厚儲國力，更未經準備妥當，即率爾對契丹用兵，因操之過急，大敗於高梁河，倉惶班師。經此慘敗後仍不思檢討，次年再度發動戰爭，又敗於岐溝關。兩次作戰的結果，不但戰略上的主動轉至契丹之手，而且宋朝之精銳損失殆盡，府庫枯竭，國力遂衰。

不過，於此主觀條件不利之狀況下，宋太宗仍未能審時度勢，修睦鄰國，反而又對西夏輕啓戰端，使國家陷入兩面作戰之窘境，完全背離了宋朝建國時的戰略構想，種下了國力積弱的遠因。

連敗之後，宋太宗又屢屢告誡守邊諸將勿輕易生事，戰略上自陷被動地位，在重文輕武的政治體系下，苟且之心一出，任何戰略構想都難以實現。殆至宋眞宗採取寇準建議，御駕親征與契丹簽訂「壇淵之盟」的和約，以錢帛換取和平，圖一時之苟安之後，宋朝上下不思振作，便不復再有對外征戰四方之能力。至徽宗時，意圖趁金之崛起，連金滅契丹，短視近利，自毀緩衝，戰略態勢急轉直下。傳位給欽宗之後，金兵大舉攻宋，朝廷和戰議論未定，徒然坐失戰機，反而遭致「靖康之亂」被敵俘虜，使北宋滅亡於金。

二、宋室南渡階段

「靖康之亂」，金兵俘擄徽、欽二帝劫掠開封之後北去，宋高宗南渡長江即位臨安，恢復政權掌握之後，首先面臨戰略問題的選擇是要先鞏固自己的帝位？還是抗金收復失土？在宋高宗即位之初，尚存有「力謀抗金以自存」的企圖，啓用李綱爲相，以河北、河東

---

[7]同註5，頁181。

（淮河）之殘餘爲牽制，渡江反攻。然而主力渡江作戰失敗，[8]於是在親信近臣之建議下，採取「先安內後攘外」及「彼入我出，彼出我入」的純守勢戰略構想，[9]偏安於長江以南，以維持其政權之指導方針。苟且偷安之心一起，南宋便不再有力圖歸復中原之企圖。

（一）南宋之戰略指導

1.運用地形之利，採取戰略守勢：

以有力之一部控扼長江、淮河兩道防線上之戰略要點，另以陝西、四川互爲犄角，以爲呼應；東西之間相互採取有限目標之攻勢，迫使金人只能於中原方面用兵，以有利其守勢作戰。朝廷稱此態勢爲「長江與秦川首尾相應」，「天下若常山蛇勢」，以保其政權穩固爲主。

2.避實擊虛，實施戰略機動：

南宋利用金人「因糧於敵」與「因脅於敵」，肆意擄掠屠殺，造成人民結寨反抗之情勢，以空間換取時間，避實擊虛，實施戰略機動。金兵鋒銳南下，則以敵後襲擾，敵前避免決戰以對之。一俟入夏，則相機而進，發揮水師戰力以擊之。因此，金兵雖三度發動大型攻勢，終究無法滅絕南宋。[10]

（二）南宋之戰略運用

宋高宗即位半年，金兵即發動第一次南侵。高宗一面與金爭奪淮河以北及以東諸城，一面準備南遷江南。金兵分三路南下，攻勢受阻於淮河之南，信王趙榛兵力則威脅於淮河之北，金之側翼暴露，乃無功而返。但高宗忌憚其弟被中原軍民擁立，危及其帝位，

---

[8]蔣緯國主編，《中國歷代戰爭史—卷十二》，（台北，黎明出版社），民國 65 年 10 月，頁 182。

[9]同註 8，頁 110、112、182-183。

[10]同註 8，頁 182-183。

於是「採用和金之策，誅戮宗室之堪疑忌者」，[11]私心自用之下，專務於帝位之鞏固，放棄「抗金復國」之宏圖。

此外，又有「慮欽宗之南歸，政府財賦匱乏，將領尾大不掉，可用兵力不足」等因素，[12]因此，高宗不顧金朝內政不安，中原人心動搖的客觀有利情勢，決議謀和，構陷岳飛於罪，苟安江南。此一決策既定，南宋從此即無恢復中原之企圖，一心維持現狀為滿足，任何積極的軍事作為，只會換來政治上無情的封殺。

兩宋戰略思想得失之研析

一、北宋開國全程戰略構想正確

唐朝末年朱溫篡唐之後，中國進入「五代十國」相互征伐的亂世。殆至宋太祖趙匡胤於群雄割據的狀況下，奪取後周政權稱帝。然而當時南北各地皆未臣服，因此，如何削平群雄，統一國家乃為其首要之戰略課題。

就宋朝而言，自唐末藩鎮之亂以來，節度一方之將領擁兵自雄，不聽號令乃司空見慣之事。趙匡胤靠軍頭擁立為帝，當然害怕「陳橋兵變，黃袍加身」故事重演。為此，抑制軍權，鞏固政權乃係第一要務，必須「先安內，後攘外」，以排除潛在的威脅。採取「重文輕武」與「強幹弱枝」的政策。其目的使前者「造成將不專兵，不能威脅中央」；後者使「地方戰力薄弱，無法割據稱雄」，因此，宋朝之政權即可免於內亂之禍，專務於統一之事。此一階段性以解決當前問題為導向之戰略作為，於當時堪稱允當。

內部既已安定，對外則採取「先南後北，避強擊弱」的戰略指

---

[11]同註8。
[12]同註8，頁 255-256。

導，其著眼乃基於宋之國力不如契丹，應避免過早與強敵決戰，折損戰力，影響其統一大業。因此，對北方暫取守勢，俟宋室壯大且戰略態勢有利後，再轉取攻勢，實亦爲當時唯一可行之方案。

如果從太祖平定南方（荊南、湖南、後蜀、南漢、南唐）的各種措施研析，都是環繞其戰略構想，力求貫徹。無一不是爲厚植國力而努力，其目的在支持其對契丹之經濟攻勢，希望能夠循政治談判途徑，解決或降低北方的威脅，由此可知宋代並不是缺乏有遠見的戰略思想。因爲他瞭解平定南方之後，版圖固然大增，但是久戰之後，兵力必然疲憊，不宜連續用兵。必須先用經濟的攻勢，緩和強敵的戒心。若經濟攻勢無效，再以軍事手段圖之。平心而論，在這種正確的戰略構想之下，若趙匡胤能夠久居帝位，或宋太宗趙匡義得以持恆貫徹，宋朝之局面將不至於窘迫如斯。

二、軍事制度無法支持其戰略構想

宋代的各種施政經常相互矛盾，各趨極端，反覆無常的結果一再的自損根基，其中尤以軍事制度爲然。

趙匡胤以禁軍領袖起家，重視其素質乃爲理所當然之事。宋代爲維持其禁軍的精壯，採「揀選汰除」之法，選優進人禁軍，最優者爲上軍，稱之爲「諸班值」，有時天子甚至親自校閱，非才勇絕倫者不能入列。換言之，宋朝最優秀之軍事人才全在中央，其優點是可拱衛政權；缺點則是地方戰力相對衰弱，使得全般戰力頭重腳輕，難以抵禦外侮。

宋朝的軍隊編制分爲禁軍、廂軍、鄉軍與藩軍四級。禁軍與廂軍（城廂之軍）爲正規軍，後兩者爲地方部隊，因爲資源分配不均，四者之中，唯有禁軍堪可一戰。廂軍雖爲正規軍隊，但是成員多爲禁軍淘汰者，待遇既差，素質又濫竽充數，冗員充斥，戰力反

而不如地方部隊，一遇戰事，大多無力抵抗，任由敵軍長驅直入，不能守土，徒然浪費糧餉而已。

更重要的是宋朝採「檢汰」制度，汰弱去劣，以保持禁軍的精壯，作爲軍隊的選鋒。但是在執行上卻極不落實，致使新陳代謝功能盡失。惡性循環的結果，愚庸拙劣不去，新進成員不斷增加，禁軍員額無限擴充，造成「禁軍百萬坐食京師」的怪現象。「養兵之費幾占全年歲入六分之五」，[13]財力困頓影響所及，朝廷便無力開展任何重大的民生建設，因此如果說因爲兵役制度執行的偏差，是造成宋朝積弱的根本原因，應不爲過。

此外，宋朝募兵、選兵的結果，除了造成禁軍驕奢，廂軍老弱之外，因爲禁軍駐紮京師附近，受政治風氣影響，平時訓練華而不實，戰力虛有其表，如此循環相因，自然難堪重任。重文輕武的政治制度，造成有才者集於中央，有志不得伸展，平庸者於四守，一遇烽火則四散。有如此的軍隊戰力，任何至當戰略構想，都無法獲得支持，宋朝各代君王無法與時俱變，墨守成規，制度無法支持其戰略，敗亡只在早晚。

三、戰略思想消極，戰守搖擺不定

宋初開國時期所訂「先南後北」的戰略構想，於宋太宗趙匡義竭盡力量平定北漢後，即應該告一段落，重新思考未來國家戰略方針。此時，雖然勉強統一了中原國力疲弊，但是宋朝立國的根基已然鞏固，主要敵人僅北方之契丹與西方的西夏兩國。就國家戰略而言，宋朝又面臨戰略優先目標選擇的難題。就全般的態勢而言，在沒有確定主從之前，宜依太祖原構想，對外實施經濟攻勢，分化強

---

[13]同註1，頁402。

敵；對內將養生息，厚植國力，先有一定的實力再決定優先擊滅之目標，以待時機之成熟。

不料，宋太宗在戰勝西漢之後，旋即輕率對契丹用兵，一敗高梁河，再敗歧溝關，大挫之餘，國力耗竭，從此消極無為，再無適當之戰略構想為施政之方針，種下未來宋真宗與契丹簽訂「壇淵之盟」的遠因。

因為宋太宗的躁進，既不能如漢高祖的忍辱負重，厚植戰力，以圖後舉；又不能效唐太宗積極雪恥之企圖，養精蓄銳，伺機突擊主要敵人。國家戰略指導無方，導致北宋一朝上下始終為攻守之事，爭擾不休，最終的結果：「朝廷議論未定，金兵已然渡河」。

由於高梁河之役，宋太宗因拋棄諸將而單車逃遁，威望大墜。諸將深恐軍中無主，而有謀立宋太祖辰子德昭之議。事後太宗因此展開一連串宮禁政變，將其母遺命之各帝位繼承人，逐一翦除。[14]一國之君專務於「清君側」，既不敢再言戰，又屢戒邊將不得妄生邊事。[15]戰略思想既趨消極，武德有虧，攻守又搖擺不定，於是「幽燕縱係尺寸之地」，亦永難有收復之一日。影響所及，造成北宋不再能夠爭取戰略之主動，和戰之權輕易操之於敵手，因此，不能奮發自強，成為北宋爾後敗亡之主因。

四、輕啟戰端，另樹強敵，兩面作戰

宋太宗趙匡義征北漢時，西夏尚未建國，不但未形成邊患，反而遣兵助宋作戰。論理應為其盟邦，可利用其地利之優勢威脅契丹之戰略翼側，協力恢復唐朝時之規模。然而由於西夏內部不和，太宗卻未能善加處置，調解糾紛，使其領袖李繼遷背叛宋朝，另建國

---

[14]同註3，頁250。
[15]同註3，頁256。

號為西夏，成為大患。

　　自此以後，西夏即以「和戰併用」之策，聯合契丹以對付宋朝，[16]使宋不勝其擾，不僅不能集中國力對付契丹，反而受其牽制，陷於兩面作戰之不利態勢。加上自太祖之後，宋朝即無雄才大略之主，不是失之於恍刻，就是失之於懦弱，[17]舉北宋一朝均無法開創新機，更遑論扭轉不利態勢。

五、矯枉過正，拘泥不化，貽誤戰機

　　宋朝開國後施政「重文輕武」乃源自於對藩鎮擁兵自重之恐懼。「強幹弱枝」則是盡收兵權於中央。雖然是當時鞏固政權之重要手段，然而後代之君主不知「世異則事異，事異則備變」之精義，[18]一味固執，拘泥不化，反而淪為政治上相互傾軋之工具。加上選將不以能力為標準，而以親疏為首要，[19]用兵之事交由外行領導，戰備自然廢弛，難有精銳之師，或韜略之才堪當大任。觀乎兩宋歷史，直至南宋亡國均未脫離此一模式。宋朝自太祖以後，因為選將不慎，任用不專，賞罰不公，輕率疏忽，加上戰略不定，因此，對外作戰，每戰皆北。

　　除軍事政治制度之缺失外，軍事將領一旦稍有戰功，則「言官稱事，肆意打壓」。如北宋狄青平定儂志高有功，官至兵部樞密使，卻屢次被糾舉彈劾，最後不得不出任青州（山東）刺史。南宋岳飛抗金迭有進展之際，卻被秦檜以十二道金牌召回，自毀長城，以「莫須有」罪名害死於獄中。

---

[16]同註3，頁266。
[17]王式智，《中國歷代興亡述評》，（台北，黎明出版社），民國65年10月，頁317。
[18]《韓非子》，〈五蠹篇〉。
[19]同註3，頁254。

　　軍事人才既無出頭之日，軍政大事，搖擺不定。文人又上下朋比為黨，相互爭利，彼此傾軋。史家對北宋之評論為朝廷「決策乍和乍戰，用人乍賢乍否」，百官大抵「稍急則恐懼而無謀，稍緩則為苟且偷安之計」。最著名的案例就是面對大軍逼近的危急之秋，朝廷「和戰議論未定，金兵已然渡河」，[20]倉促迎戰，結果徽、欽兩帝被擄，徒然令後人恥笑。

兩宋戰略運用之檢討

　　兩宋貧弱的根本原因在於領導無方，妒才忌能；人才缺乏，難堪大任。兩者互為表裡，因為決策者的無能，宋太祖的戰略構想自其死後，立即落空。由於人才缺乏，所做的任何決策大多草率無知。相互作用的結果使得「重文輕武，強幹弱枝」的弊端，益形惡化。為消除藩鎮之惡的分權制衡，成為政治傾軋的工具，縱然耗盡國家財力，擁有史上最龐大的禁軍，卻毫無戰力可言。在政策與人才兩缺的狀況下，任何戰略構想與國家目標都必將落空。

一、領導者左右戰略之成敗

　　國家權力、國家領導與主客因素的配合，能夠決定國家戰略的成敗。國家戰略的決定係基於生存安全，考量全民福祉，掌握主觀力量，善用客觀情勢，以爭取國家利益為依歸。宋太祖趙匡胤於國力尚弱之時，將契丹列為最後目標，採取「北守南攻」的戰略構想，為當時宋室統一天下唯一可行之方案。就當時的環境而言，這些作為也符合這三項條件的要求，而能順利建立其基業。

　　然而由於國家戰略的期程涵蓋較長，具有相當之縱深性與融通

---

[20]同註8，頁89。

性。在實施的過程間，有賴國家領導者審時度勢，針對當前與未來之變化，運用國家權力適時調整目的或手段，以符合國家之需要。客觀環境或主觀力量發生對宋有利變化之時，宜握機趁勢以增加達成國家目標的機會；反之，則應適切降低國家目標或調整手段爲之因應。因此，國家領導者能力之強弱在三者中實居關鍵地位，所謂創機造勢，也只有領導者有此能力，這是千古不變的眞理。

宋太宗所指導兩次對契丹的作戰失利，在敗軍殺將之餘，又使西夏離心，兩面樹敵，種下北宋亡國之遠因，根本原因在於領導者之無能，後繼者既無雄才大略之士，當然無法改變全般戰略態勢。第一次高梁河戰役，宋太宗只想挾平定北漢之餘威攻擊契丹，卻不能審時度勢，不知兵疲力竭，不明敵我虛實，結果大敗，主帥棄軍而逃，精銳盡失。而後更未能記取教訓，率爾操觚，再敗歧溝關，從此失去與契丹爭雄之能力。其兄趙匡胤曾經點評太宗見識不夠深遠，認爲「不出百年，天下民力盡矣」。[21]

除了對宋太宗的器識狹窄不幸而言中外，更有甚者，由於君王的無能與退縮，造成群臣有功則爭，有過則諉。國家權力機構彼此相互攻訐，朋黨之爭爲歷代之最，宋太宗之過也。

在軍事方面，《孫子》曰：「將能而君不御者，勝。」宋太宗志大才疏，宋將表現平庸，部隊戰力不強，在高梁河戰役前，〈始計篇〉：「道天地將法」的各種條件均不如契丹，主觀條件已屬不利，理應審愼從事，以待良機。然而更愚昧的是在作戰中，「猶屢以陣圖授諸將，以指導戰鬥」，[22]居中遙制，致使諸將不能因敵而制宜，因此縱有戰機亦不能掌握，盡失戰場主動，處處受制於敵。於歧溝關

---

[21]同註3，頁166。
[22]同註3，頁252。

連敗之後，府庫財源日竭，積弱積貧遂交互而至。太宗既無法守經達變，無力支持僵化的國家戰略，又不能審時度勢，開創國家新機。死後五年契丹入侵，真宗無力抵抗被迫簽下「壇淵之盟」，以「歲幣」購買國家安全。獲得喘息之機後，上下之間卻瀰漫著苟且偷安之心，安逸驕侈，毫無振作企圖，最後留下「靖康之恥」以供後人警惕。

至於南宋，自高宗即位以來，就存偏安苟且之心，不圖復國，缺乏一貫的戰略思想與作為，態度消極，其後代君王猶有過之，毫無作為。南宋之所以能夠殘喘苟延者，為其每於存亡之秋時，有岳飛、韓世忠等將苦撐堅忍，憑藉江淮天險為恃，與敵周旋，俟金兵銳氣一失，北方多事，無暇南顧，方得以生存。換言之，南宋政權之所以存在，不是本身國力強大而是金兵小弱。南宋開國之時不乏可與金兵周旋之能臣幹將，卻沒有一位君主有北伐收復故土之心，領導者無心又無能，岳飛、陸游等文武也只有空存悲切之心了。

二、兩宋各代均無人才執行戰略構想

蔣公訓示：「中興以人才為本」。曾國藩一再強調「軍隊以得人為第一要務」，《孫子》以「將」為五事之一，人才之重要性已不待言。

宋太祖趙匡胤能夠平定南方，統一中原，在於其見識遠大且厚以待人，有趙普、曹彬等人才為其所用，能夠執行其擬定之戰略構想。然而，自太宗以後因缺乏有識之士，國家政策往往自相矛盾，史家質疑「既以外患頻仍而須對外用兵，對內政策何以苟且偷安而重文輕武？」[23]致使「將不知兵，士不知戰」，守邊人任不以才能為

---

[23]同註3，頁 323。

準而「選懦自居」？[24]軍事人才在兩宋始終被埋沒，朝中既無可戰之將，愚庸空談之士在國家有事之時自然「難當四守」。

軍事方面固不堪言，朝廷施政更是僵化。縱使國家冗官、冗員充斥，十倍於開國初期，甚至入不敷出，但是君臣動輒以「祖宗家法，不宜變更」爲由，阻礙變革。和戰大計，舉棋搖擺不定，朝廷施政文武君臣上下反覆無常，稍有振作者則群起而攻之。劣幣驅良幣的結果，在對契丹作戰失利後，竟有將收復幽燕之地的「祖宗心願」，謂爲「尺寸之爭」主張放棄者。[25]對北方之防衛輕忽與無知居然可以至斯地步，實在難以想像，雖係爲苟安心理作祟，但是可充分看出宋代君臣器識之短淺，沒有人才可以擔當時代之重任。

宋朝採取募兵制，爲防止逃亡不論官兵均必須「黥面」，稱之爲「刺」，禁軍、廂軍刺面，鄉軍刺臂。羞辱軍人，重文輕武的結果，在「好男不當兵」的社會環境下，稍有自尊心的人民都不願意當兵，軍中招募的大多是無業遊民或以罪犯充任，因此，軍隊素質低落，無法培育優秀人才。平時軍隊缺乏訓練，終日「遊戲於廛市間，以鬻巧誘畫爲業，衣服舉措不類軍兵」，軍紀渙散，素質低劣爲歷朝之最。偶有傑出人才如狄青，縱然官至樞密使（國防部長）時，猶有文人當宋仁宗之面說其爲「黥徒」，不願受其節制，卻未見皇帝斥責，維護將領尊嚴。君臣之間如此輕視軍人，惡性循環，陳陳相因，導致將才難覓，兵無選鋒，平時縱有百萬禁軍坐食京師，戰時亦難有鉛刀一割之用。

總而言之，兩宋的文武人才可用「內無賢相，外無良將」一語概括。古時戲劇多爲事實之反映，平劇中以宋朝爲背景之名劇如

[24]同註3，頁323。
[25]台北，正中書局，《宋史研究》第九輯，頁71。

「四郎探母」、「穆柯寨」、「楊排風」等一向膾炙人口。表面上看來是「教忠教孝」，實質上卻另有一層諷刺的深意。「四郎探母」講的是人才被陷害，後兩者則是楊家女將一再掛帥領軍，拯救國家於危亡。無一不是極度譏諷宋朝上下無男兒可擔當大任。奪孤兒寡婦之國者（趙匡胤），國運民脈亦須賴孤兒（楊宗保、楊文廣）寡婦（佘太君、穆桂英）以周全，可見其意義之深遠。北宋如此，南宋也不能記取祖宗慘痛教訓，幡然悔悟，依舊排除忠良之士，任由小人當道，如此這般，不亡其國者，幾希。

三、南宋再蹈亡國覆轍，為戰略無知的典型

北宋眞宗自「壇淵之盟」後，朝廷即無任何手段對付契丹之意圖，後者則因對付金之崛起而無暇他顧，因此雙方都獲得假性之和平。俟金壯大後，北宋採取「連金滅遼」之策，消除了百年心腹大患，但也將未金之間的緩衝藩籬盡撤，結果自曝其短，失去戰略預警空間，使金兵得以窺伺中原，並在北宋為戰為和決議未定前，渡過黃河，擄徽欽二帝北去。

南宋不記前恥，不思圖強，又再度「聯蒙滅金」，重蹈祖宗亡國覆轍，戰略無知至此，最後亦以孤兒寡婦而亡國，宋太祖若地下有知，亦唯有仰天長歎而已。

結論

歸納而言，兩宋歷朝人為造成之積弱與積貧，無主觀力量貫徹宋太祖開國時期的戰略構想，又不能創造客觀有利環境，自陷於兩面作戰的地位。除「重文輕武」，「強幹弱枝」的制度不良外，其中的關鍵在於領導無能，人才匱乏。太宗即位不久未能妥善處理西夏

問題導致兩面受敵；對契丹則急功冒進，輕啓戰端，打沒有準備的仗，結果敗軍殺將，每戰皆北。宋眞宗時期則「饋強敵，養冗兵」，貧弱而無作爲，戰略主動操之敵手。由此可知在上位者不能察納忠言，不會禮賢下士，苟且偷安，雖孫吳復生，亦無能爲力。

　　兩宋之各項作爲多違反戰略的精義。由領導階層決策的草率與無知，充分反映出人才爲一切根本之眞諦。從兩宋兩度「聯合次要敵人，消滅主要敵人」，最後亡國的結果來看，證明靠人打仗必然失敗，因爲盟國是靠不住的。

　　面對國家的沉痾，有賢君良將如能適時改進制度的不良，扭轉態勢之不利，可以免禍。若缺乏雄才大器之君，無深謀遠慮之徒，有爭功諉過之輩，苟且偷安之士，國家必亡。

《國防雜誌》第 10 卷第 2 期
82 年兵學研究所對鈕先鍾老師《中國戰略思想史》研究報告

七、「中日戰爭」國家戰略之研究

前言——「可以原諒，不可忘記」

　　我國自明朝中葉以來，即飽受日本倭寇侵擾海疆之苦。因為朝廷不重視海防，屢犯屢掠，難綏難靖，烽煙不斷，民生塗炭。至「明治維新」之後，日本決議「脫亞入歐」，提倡「軍國主義」，開始對外侵略。滿清中葉時期因政治顢頇，國力積弱不振，遂為其主要目標，侵華野心，變本加厲，「甲午戰爭」割據台灣。民國成立後內憂不斷，在袁世凱軟弱，北洋軍閥驕橫的交互作用下，簽訂喪權辱國的《二十一條約》，日本政府更肆無忌憚，日益驕橫，到處藉機生事。國民政府完成北伐統一全國後，因採取「攘外必先安內」的國策，雖然忍氣相讓，但日本步步進逼；此期間歷經陸軍的「九一八事變」、「長城」、「塘沽」戰役，海軍的「淞滬一二八」衝突等事件，循序蠶食。直至「七七事變」發生，終於迫使我全民忍無可忍之下，於先總統蔣公的領導下，奮起抵抗，八年浴血抗戰，國軍前仆後繼，人民不計犧牲，乃能於民國 34 年 9 月 3 日，打倒日本帝國主義的侵略，收復台澎失土，贏得抗戰的勝利，一雪百年國恥。

　　中日八年戰爭的結果：日本慘敗，國亡家破，自明治、大正以來經營，悉成焦土，淪為美國附庸；我國慘勝，自此國力凋蔽，「力屈財殫，中原內虛於家」，中共趁機坐大，開始全面叛亂，國軍戡亂失利，大陸淪陷，政府輾轉來台，造成今日兩岸分裂分治之事實。抗日戰爭是因日本的無知與貪婪而引發的一場不應該發生的戰爭（Inadvertent War），造成兩國軍民死傷無數，我們至今猶受其害。

　　一甲子後，撫今追昔，回首前塵，無限感傷。日本自唐代以來，即受中華文化薰陶，創立文字而開化。但是，自清末以還，對中國之傷害最深，爲禍亦最烈。因此，我們對這場關乎中華民族存亡的戰爭，縱然可以原諒，但卻不可忘記。「滅日本者，日本也」。如果我們能夠團結自強，日本亦無力侵略我們。因此，如果我們不能記取教訓，「徒然哀之，而不鑑之。亦使後人復哀後人也。」[1]

　　在戰略態勢上，我國對日抗戰是一場「以弱敵強」的戰爭。戰場上日軍「勝多敗少」，戰爭的結果卻是中勝日敗！其理安在？在「戰略、戰術、戰鬥、戰技」上而言，我國是戰略成功，但戰具、戰技無法支持戰術、戰略；日本則反之。結果就成爲戰爭曠日持久，雙方均不堪承受的消耗戰。一言以蔽之，戰爭指導失敗，縱然戰術成功，無補於戰略之失敗。

　　本文謹從國家戰略的角度，以日方資料爲主，就日本帝國主義以及侵華政策之形成，國家權力分析，戰爭指導得失，由宏觀的立場，綜合研析雙方戰爭指導與勝敗關鍵因素，略述心得體認，以惕勵來茲。

國家戰略之定義

　　在戰略層次的區分上，針對大戰略與國家戰略之間的關係，基本上可分爲三種不同的觀點：

一、大戰略層次在國家戰略之下

　　此觀點認爲國家戰略是國家的總體戰略，大戰略則爲其中有關國家安全的部分，亦稱爲國家安全戰略。美國對國家戰略（National

---

[1]杜牧，〈阿房宮賦〉。

Strategy）之定義為：「係在各種情況下，運用國家力量的一門藝術與科學。藉威脅、武力、間接壓力、外交、詭計以及其他可以想像之手段，對敵方實施所望之各種程度與各種方式的控制，以達到國家安全利益與目標。」——約翰柯林斯（John M. Collins）。[2]

二、大戰略層次在國家戰略之上

本派觀點主張大戰略是國家集團或聯盟戰略，國家戰略則是一國本身之戰略，係指「國家政策階層對於統合國力之建立與國家戰略之運籌而言」。[3]其定義為：「國家戰略為建立國力，藉以創造與運用有利狀況之藝術，俾得在爭取國家目標時，能獲得最大之成功公算與有利之效果。[4]」——蔣公、孔令晟。[5]

三、大戰略層次與國家戰略一致

日本則認為大戰略層次與國家戰略一致，兩者之關係，前者「對外」，後者為「對內」。——伊藤憲一。[6]

中共學者（吳春秋）則將其綜合，更廣義的定義為：「大戰略是政治集團、國家或國家聯盟發展和運用綜合國力，以實現其政治目標的總體戰略。」[7]

這三種理論之定義，各有其觀點，但都脫離不了地緣關係與國家利益的主觀立場，而無法認定誰是誰非。由於「中日戰爭」發生於第二次世界大戰太平洋戰爭之前，主要交戰者為中日雙方。世界

---

[2]吳春秋著，《大戰略論》，（北京，軍事科學出版社，1998 年 12 月），頁 15。
[3]《中華戰略學刊》，1985 年春季號。
[4]《陸軍軍隊指揮-戰略之部》，（陸總部，民國 64 年 6 月 10 日），頁 73。
[5]孔令晟著，《大戰略通論》，（台北，好聯出版社，民國 84 年 10 月 31 日），頁 96。
[6]同註 2，頁 16。
[7]同註 2，頁 17。

戰史對「中國戰場」之作戰亦甚少著墨,而且,戰爭在蔣公指導下,對日抗戰的戰略態勢在「武漢會戰」後,基本上並無重大之改變。換言之,事實發生於第二次世界大戰與太平洋戰爭爆發之前,故爾,本文以先總統蔣公之定義為主要論述依據。

日本軍國主義與侵華政策之形成

一、日本軍國主義之形成

日本偏處於亞洲東北一角,自號「日出之國」。自古以來因為地緣上的限制,養成深重的自大與自卑雙重交互作用的民族性。「不論表現為武士的強毅、冷靜、自制與軍事侵略的兇殘頑惡或經濟上的囂張跋扈」皆出自於此,[8]也是造成亞洲百餘年來烽火不斷的主因。

近代日本對外之侵略,起於 1592 年 4 月,豐臣秀吉對朝鮮之入侵,並抱持「居寧波,征服印度」之美夢。[9]1823 年,佐藤信淵以「八紘一宇」的神武建國思想,高倡「尊王攘夷,富國強兵」,主張:「皇大御國乃天地間最初成立之國,為世界各國之根本。」「根據這一天理,皇國要首先併吞滿州,繼而將中國全部領土劃入日本版圖,而後從東南亞進軍印度,合併世界各國。」[10]

1853 年美國海軍准將培理(Matthew Perry)率隊,至江戶灣的浦賀港「黑船叩關」,要求幕府開港通商之後,日本民族主義運動日益興盛,在「尊皇攘夷」的論點上,「以國家統一為前提,以富國強兵為手段」,揚棄原有的制度,全面「文明開化,脫亞入歐」,展開

---

[8]何懷碩著,〈自卑的罪孽〉,(1974 年 6 月 27 日,讀《菊花與劍》隨想)。收錄於黃道琳譯,《菊花與劍》,(台北,桂冠圖書公司,1991 年 10 版),頁 18。
[9]林明德著,《日本史》,(台北,三民書局,民國 79 年 9 月,3 版),頁 152-154。
[10]井上清著,《日本帝國主義的形成》,(台北,華世出版社,1986 年 12 月,1 版),頁 1-3。

「明治維新」意圖與歐美列強並駕齊驅。[11]自此以後，明治天皇在幕府「大政奉還」掌權的第一年，權力尚未鞏固之際，便以「責問無禮」為藉口，制定了侵略朝鮮的計畫，其直接目的是為了藉「攘外」迅速增強中央的軍備以「安內」。[12]由以上史實可知，日本這種天皇制度下以軍事為手段的侵略思想，已然根深柢固，開始逐步實現佐藤信淵的「戰略構想」。

其後，明治政府展開「廢藩置縣」、「制定憲法」，積極加強集權的作為；建立徵兵制度，統一軍權；「殖產興業」，採行資本主義經濟制度，全力發展軍需工業；「改正教育」以教化國民，改革軍制以培養人才；[13]「脫亞入歐」為政策，以「文明開化」為手段，力求與歐美列強並駕齊驅；在明治的勵精圖治之下，政府與知識分子均主張「耀皇威於海外」為其基本國策，[14]不斷地透過戰爭以達成其政治之目的，與列強搶占亞洲的殖民地。

1874 年日本首度侵擾臺灣。1878 年明治贏得「西南戰爭」，救不西鄉隆盛之勢力。政權獲得鞏固後，比照德國成立參謀本部，以鄰國為目標，走向軍國主義，在此戰略指導下，1887 年起開始對外侵略。1890 年山縣有朋提出「保護利益線」之理論，要旨為主張陸軍向亞洲大陸發展，海軍則向南洋諸地發展。前者在取得朝鮮之後，為保護其安全並防範帝俄，就必須奪取中國東北；後者則必須取得臺灣、澎湖與菲律賓，為保護其安全則必須繫於我國之福建。[15]

一旦對清朝作戰（甲午戰爭）獲勝後，簽訂條約必須將六大要

---

[11]李永熾著，《日本近代史研究》，（台北，稻禾出版社，民國 81 年 5 月），頁 2-4。
[12]同註 10，頁 7。
[13]林子候著，《甲午戰爭前日本之內政與備戰》，（嘉義，大人物書店，2001 年 10 月 30 日），頁 3-13。
[14]同註 13，頁 59。
[15]同註 13，頁 24-25。

域納入日本掌握：「旅順（遼東）半島、山東登州府管轄之地、浙江舟山群島、澎湖群島、臺灣全島與揚子江沿岸左右十里之地。」[16]這也就是日本「大陸政策」的源起，爾後的甲午戰爭至「七七事變」的演變，大多不出此一構想之範圍。

就日本《政治學事典》一書，其學界對所謂的「大陸政策」之定義係：「為日本自明治以來對中國、朝鮮進行侵略的政策。明治政府成立後，為緩和國內保守勢力對立之險惡風潮，乃不斷利用對外危機以轉移國內沒落士族不平之氣。此後逐漸蛻變成為帝國主義本質的侵略主義。」[17]

由此定義可知，初期係為藉攘外以安內，消滅幕府餘孽，鞏固天皇帝位。然而因為軍方握有「帷幕上奏權」，可以直達天皇，對外用兵亦多所斬獲，日俄戰爭獲勝之後，軍方更為志得意滿，日益驕恣，難以脅制。「軍閥在制度上和最高的國家政策上都獨立於政府，並優越於政府」，[18]長此以往，於是就形成了日本肆意對外侵略，擴張領土的軍國主義。

1927 年（民國 16 年），陸軍大將田中義一，繼山縣有朋、桂太郎、寺內正毅等軍閥之後，擔任日本首相。於 7 月 25 日提出有名的「田中奏摺」，詳述「滿蒙」之戰略地位，以及日本之侵略構想。其中最重要的一段話為：「欲征服支那，必先征服滿蒙；如欲征服世界，必先征服支那。倘支那完全被我國征服，其他如中、小亞細亞及印度、南洋等異族之民族，必畏我、敬我而降伏於我。」[19]抗日戰爭日本失敗之後，日本人極力否認有此奏摺之存在，認為是中國陷

---

[16]同註 13，頁 72。
[17]陳豐祥著，《近代日本的大陸政策》，（台北，金禾出版社，民國 81 年 12 月），頁 2。
[18]同註 10，頁 244。
[19]李則芬著，《中日關係史》，（台北，中華書局，民國 59 年 4 月），頁 542-544。

日本於不義而捏造者。[20]然而，日本的詭辯無法自證其實，但是，此一地緣戰略的論述，與自「918事變」至抗戰勝利近二十年的以來日軍侵華史實的論證，無不證明「田中奏摺」中的「大陸政策」在日本國家戰略之地位。如果前推至甲午戰爭以後日本的一切政治、經濟與軍事作為的脈絡來看，就可得出結論：「大陸政策」就是日本軍國主義對外侵略的全程戰略構想。

二、日本侵華政策之形成

就地緣戰略觀點分析，日本偏處亞洲大陸東陲海外，海上對亞洲的戰略翼側受朝鮮與中國大陸的箝制。因此，日本如欲在亞洲大陸有所發展，從軍國主義的立場而言，「征韓侵華」，確實是有效維持生命線安全的方案。但是，研讀日本歷史之後，即可發現這種思想的發皇，早在明治維新之前，日本侵略東亞的「北進」與「南進」思想，就已經是豐臣秀吉的美夢了。

佐藤信淵「北進」的目標是清朝統治下的中國。他主張：「當今世界萬國之中，皇國較易攻取之土地，莫過於中國之滿州，何者？蓋滿州之地與我之山陰、北陸、奧羽、松前等隔海（日本海）相對者。凡八百餘里，其勢固易擾，可知也。」[21]其對中國之侵略構想則計議兵分九路，次第吞併中國領土。再以此為基礎，使「全世界均為皇國郡縣，萬國君長亦悉隸臣僕。」[22]不論其言是否為取悅當權者而有意為之，此一理念成之於1823年之幕府時期，比1853年歐美帝國主義的勢力開始伸入日本之時間，早了30年。

---

[20]黃文雄著，《日中戰爭》，（台北，前衛出版社，2002年6月），頁2-4。黃氏為旅日台獨人士，本書內容極盡對民國歷史扭曲詆毀之能事。
[21]同註17，頁430。
[22]同註17，頁431-436。

「南進」則是以南洋諸國爲對象。佐藤針對西方列強對世界落後地區的蠶食鯨吞，作「防海策」一書。提出「海外雄飛論」，主張開發南洋，從事殖民與農業。其中之要旨爲：「以琉球爲犄角，出不意之舟師，攻取呂宋、巴塔握亞（Batavia）（爪哇巴城，時爲荷蘭屬地）兩國。並置重兵於此，以武備鎮護之，爲圖南之基礎……若能以軍事揚威於南洋，則縱使英人猖獗，亦不得窺視東洋。」[23]1867年明治維新之後，這兩項以士大夫爲建立日本對西方列強侵略的「緩衝區」爲主軸的思想，便成爲日本政府向外發展，以擴張日本防線之濫觴。

1871 年起，日本便開始派人調查滿清的情勢。獲得「政府腐朽不堪；軍隊人愚兵弱、武器不整、戰法不精」之結論。同年 11 月，琉球島民 66 人在海上遭遇颱風，漂流至臺灣恆春附近登陸，其中 54 人爲山民所殺。日本藉機興師問罪，派遣西鄉從道率兵侵臺，史稱「牡丹社事件」。[24]由於清廷的顢頇愚昧，處置失當，結果演變爲清廷賠款 50 萬兩，琉球變成日本屬國等喪權辱國的情事，導致日本政府自此即大膽展開侵略中國之陰謀。[25]1882 年 7 月 23 日日本與朝鮮的「壬午軍亂」之後，日本正式以中國爲假想敵開始動員擴軍。[26]自1887 年起，陸、海軍即不斷分別舉行以滿清爲目標的軍事演習。1890 年俄國鋪設西伯利亞鐵路，日本備戰日亟。至 1894 年（甲午年，光緒20 年，明治27 年）時，日本軍隊完成現代化與對滿清作戰之準備。[27]同年，日本眾議院大選，政爭浮現，政府爲渡過危機，乃

---

[23]同註 17，頁 60-61。
[24]同註 9，頁 246-247。
[25]陳在俊，〈日本軍閥侵略中國史實紀要〉，《日本研究，2004 年冬季號，446 期》，頁 4。
[26]同註 13，頁 59-68。
[27]同註 13，頁 28、75。

藉朝鮮「東學黨之金玉均事件」，對朝鮮用兵，誘使滿清派袁世凱出兵保護，進而發動甲午戰爭，[28]擊敗清軍，揭開 50 年侵華之序幕。

自 1905 年日俄戰爭之後，日本加速其侵華之腳步，民國成立，對北洋政府之欺壓，無日無之。更無理壓迫袁世凱簽下喪權辱國的 21 條款，導致全國不滿情緒高漲，民間抗日運動興盛。日本無視於此一現象，陸軍的軍閥一廂情願的認為「中國不願意和日本共同防衛亞洲，缺乏為亞洲共謀生存，抵抗歐美列強的道義感。」為了維持並擴大日本在中國的勢力，乃不斷的製造藉口，滋生事端。[29]在北伐完成統一之前，日本軍人因為對北洋軍閥所戰皆捷，產生一種只要日本一旦出兵，中國必將屈服的主觀意識。[30]蔣公率國民革命軍北伐，先後擊敗吳佩孚與孫傳芳，張作霖歸順中央之後，全國統一。1930 年石原莞爾大佐擔任關東軍參謀時，稱：「拯救中國民族的天職在於日本」，[31]由此可見日本之侵華，存在予取予求之心態，已非政府與軍部精英分子之思想，而是「全民共識」。

蔣公幼時留學日本士官學校，學習軍事，對日本早有深刻之認識。民國 17 年，蔣公曾以「國民革命軍總司令」的身分，訪問日本與首相田中義一晤談中日兩國相處之道。會後，嘆曰：「余此行之結果，不可能轉移日本侵華之傳統政策。」「然可窺見日本政府之真意，亦未始不是一種收穫。」[32]

因此，我們可以說日本侵華政策是「一以貫之」的：萌芽於幕府，成熟於明治，大成於昭和。「田中奏摺」內涵的敘述，則為其軍國主義比照英國麥金德（Halford John Mackinder）「陸權論」的地緣

---

[28]同註 13，頁 116-119。
[29]同註 11，頁 324-325。
[30]同註 11，頁 340。
[31]同註 11，頁 325。
[32]同註 19，頁 545。

戰略模式，實施無限制擴張國策之基本概念。

戰前影響雙方國家戰略主要因素之比較

中華民族對日抗戰之轉折點，應為民國 20 年日軍強占東北，扶植溥儀成立「偽滿州國」之「九一八事變」。此事件讓國人徹底看清日本面目，終於能夠在蔣公「攘外必先安內」的國策下，凝聚全國民心，發憤圖強，明恥教戰，積極圖謀抗日大業。

日本則見到中國民心已然覺醒，領導中心隱然呈現，忌憚之餘深怕夜長夢多，乃不斷挑起紛爭，阻撓國軍剿共，妨礙國家建設，加速期侵略之腳步。爾後歷經「淞滬事變」、「長城之戰」等事件，日軍狂妄之程度未曾稍減。日本一再進逼，任意製造糾紛的結果，民國 26 年在蘆溝橋與宋哲元的 29 軍發生衝突，守軍吉星文團長起而抵抗的「七七事變」，終於引發了中華民族的「八年抗戰」。

以下就戰前影響雙方國家戰略的主要因素：國家目標、國家利益、國家安全、國家威脅、戰爭目的、盟國及與國關係（附表一）、國家權力（附表二）作比較。

附表一：戰前影響雙方國家戰略主要因素比較表

項目		中華民國	日本帝國
國家目標	目標	外求國際之自由平等；內求實現民有、民治、民享之民主共和。*	建設東亞新秩序（大東亞共榮圈）。**
	手段	對外力求廢除不平等條約；對內推動訓政，厚植國力。	先謀「滿蒙」再促成華北自治，以為緩衝，鞏固防共態勢。**
國家利益		謀求國家之生存發展。	求得帝國之永續發展。
國家安全	安全	內有中共作亂，軍閥政客爭權奪利；外有日、蘇侵略與列強剝奪。	有於太平洋與美國發生爭霸與衝突之可能。
	手段	生聚教訓，先安內再攘外。	擴大「生存空間」，掌握帝國之生命線。
國家威脅	威脅	主要：中共作亂。次要：日、蘇侵略。其他：列強租借剝削。	無立即之威脅。但是資源不足，軍部專橫，不受政權節制。
	手段	推行訓政，喚起民眾，救亡圖存，先安內再攘外。	對外發動戰爭，轉移國內視聽，掠奪海外資源。
戰爭目的	目的	確保國家主權獨立與領土之完整。	藉軍事支配政治與外交，以有利對外之擴張。
	手段	政治上忍辱負重，力求外交解決；軍事上應戰而不避戰。	藉各種理由挑起紛爭，假自衛之名行侵略之實。
盟國及與國		雖與列強有外交關係，唯各國對中央政府評價不高，難以獲得各國實質支援助。***	為東亞強權。與德國、義大利結盟。但因悍然退出國際聯盟，地位有日益孤立之虞。

資料來源：*蔣緯國總編著，《國民革命戰史第三部-抗日禦侮第二卷》，（台北，黎明書局，民國 67 年 4 月 5 日），頁 3。**同上註，頁 174。***陳豐祥，《近代日本的大陸政策》，（台北，金禾出版社，民國 81 年 12 月），頁 284。

綜合分析：

蔣公的五次剿匪因「西安事變」受到頓挫之後，當時歐美列強

均對國民政府的能力存有疑慮。美國商務部長胡佛更認爲「中國無力從事政治獨立與領土安全」，卻對日本的肆意侵略視若無睹，沒有任何譴責之意。因此抗日戰爭前，我國在國家戰略上係處於內憂外患交相煎迫之極不利地位。訓政尚未完成，國力仍待復甦，不平等條約猶待廢除。爲避免陷入「內剿共匪，外防日本」兩面作戰的困境，在國家戰略上唯有「安內後方能攘外」之一途可循。手段上則唯有在將共匪圍堵於延安一隅，防止亂竄之餘，藉「忍辱負重，生聚教訓」團結國人，積極建設，厚植國力以待機。

附表二：戰前雙方國家權力比較表

項目		中華民國	日本帝國
國家能力	人口	人力充裕，兵力補充無虞。	人力短拙，兵力補充較難。
	資源	幅員廣大，極富戰略縱深，居內線作戰地位。	偏處亞洲東北。唯已侵占中國東北，占領台灣，居外線作戰地位。
	人民	素質差，被譏爲一盤散沙。	崇尚武力，雙重民族性格。
	政治	國家統一不久，內憂外患，私鬥不已，不能團結對外。	君主立憲，帝國主義，軍部驕橫，不受節制。
	社會	施行訓政，排日情緒高漲。	人民支持對外侵略。
	科技	輕工業發達，有自製輕重兵器能力，機艦則有賴外援。	重工業發達，有三軍武器自製之能力。
	心理	訓政見效，民心逐漸統一。	三軍戰力強大，軍部驕恣難御。
	外交	不平等條約束縛，外交孤立，缺乏國際支持。	與歐美列強交往，有日英同盟、日德義友好條約。
	經濟	工業不發達，國力薄弱。	工業發達，占有東北與台灣
	軍事	以陸軍爲主，海空軍薄弱。	三軍船堅砲利，訓練精良。
	領導	北伐統一，領導中心浮現。	日皇地位鞏固，軍部驕橫
國際形象		積弱不振、勇於內鬥、自私自利。	法西斯軍國主義，肆意侵略，驕橫狂妄。
盟國		無。	有德日防共協定、英日同盟

資料來源：鈕先鍾譯，《大戰略》，（台北，黎明書局，民國 64 年 6 月），頁 18。柯

林斯（John Collins）「戰略模型」之「力量」諸因素，由作者自行調製而成。

綜合分析：

民國 17 年北伐完成統一之後，國家開始依據國父遺教，次第展開建設，民智漸開，國力亦逐漸成長，在抗日戰爭前有「黃金十年」之說。唯因「淞滬戰役」、「長城戰役」、「五次剿共」與「閩變」之用兵消耗，國力厚植不易，國家基礎建設落後，三軍戰力薄弱。在戰爭開打之前國家之總體權力不如日本，無法支持國家目標與國家利益。但是國民抗日情緒與國家建設之進展，已使日本軍閥與政客感到憂慮。

戰前雙方戰略態勢與國家戰略主要課題

一、概述

民國 25 年冬，國軍已將共匪殘餘勢力逼進陝西延安，楊虎城受共匪蠱惑發動「西安事變」，迫使蔣公停止剿共，要求政府全力對抗日本侵略。雖然「安內」之舉功虧一簣，種下爾後共匪坐大的隱患，不過此一時期因為匪患已成次要威脅，民心抗日「攘外」情緒正逐漸高漲，國家再度面臨戰略優先選擇之難題。有利的是國家已初步有了領導中心，有機會推行國父「三民主義」、「建國方略」與「建國大綱」之實施，展開國家建設，為抵禦外侮之張本。

日本則於同年確立其基本國策為：「對外確保其在東亞大陸之地位，向南擴張為其基本方針；對內擴張軍備，統制國家軍備，加強以軍部為中心的政治體制。」由於當時受到列強關稅壁壘之阻止與中國民眾抵制日貨，經濟遇到困難。不過在重工業與國防預算方面，均呈現大幅度增長，為突破經濟困境與內外僵局，日本的國家

戰略選擇為「唯有訴諸武力，對華侵略。」[33]

　　換言之，民國 26 年也是中日雙方戰略態勢的轉換點，雙方也都面臨國家戰略走向選擇的時刻。

二、戰前雙方戰略態勢

　　就附表一、二的分析兩國的國情，我們可以得到以下結論：在抗戰軍興之前，我國雖然地大物博，廣土眾民，北伐完成統一，進入軍政時期，開始有復甦的跡象；但是政治上仍有滿清長期累積的積弊，各地仍有軍閥割據（四川的劉湘、楊森、山西的閻錫山）的餘緒，共匪叛亂以及汪精衛奪權主導的「寧漢分裂」等情事，各種惡因的累積，國民政府仍然為國家的生存在掙扎，影響國家發展甚巨。

　　民國 20 年結束軍政時期，全面實施訓政以後，全國的局勢是「外患頻仍，內憂不斷；國事如麻，百廢待舉」，亟待自立自強，救亡圖存；加強建設，厚植國力以禦外侮。簡而言之，中國是個大國，然而是個弱勢的，被列強歧視與被日本欺侮的弱國。

　　至於日本，自 1872 年軍隊改制，實施全民皆兵，發展資本主義，積極「脫亞入歐」，因為科技進步，輕重工業發達，軍隊武器精良，國力日益雄厚，不斷的以其「船堅砲利」，侵略鄰國以來，已然成為亞洲強權，為奉行歐美帝國主義的國家。[34]等到明治天皇逝世，在「大正時期」日本因為軍部的抬頭與政黨政治的沒落，唯武力是尚。到了「昭和時期」進入到法西斯的軍國主義，[35]日本軍閥念茲在茲的挾「爭取生存空間」之名，行侵略中國之實。

---

[33] 同註 9，頁 360-361。
[34] 同註 9，頁 313。
[35] 同註 9，頁 355-356。

在戰略態勢的評估上，戰前中日兩國是一弱一強。我國統一不久，對內忙於整合不同勢力，平定內亂，對外生聚教訓，救亡圖存。日本則「食髓知味」在國際姑息主義的浪潮下，無視於國際制裁，肆意侵略鄰國。因此，雙方在戰略態勢上，呈現出「日長中消」的現象。戰前日本朝野上下雖然普遍抱持「窮兵黷武」的心態，輕視中國。卻又對蔣公能夠逐漸統合全國民心士氣，成為領導中心，全國朝氣蓬勃，銳意加強建設的現象感到憂心。黃金十年的累積，使日本軍閥害怕中國一旦富強，必然會阻斷其稱霸東亞之路，因此，變本加厲，任意製造事端，終至如脫韁之馬，無法控制，蘆溝橋的烽火引發了八年的中日戰爭。

就軍事戰略方面，戰前雙方態勢概要如下：

（一）我國：

蔣公領導率領北伐，統一全國已近十年，然而領導中心尚未鞏固，國內各派系與政客爭權奪利於朝，共匪叛亂於野，日、蘇外敵虎視於外，除政治軍事之難題外，還有長江水患的問題交相而來。政府於推行訓政之餘，為賑災、剿匪等內政所困，導致對政經心軍等各項建設有極大之影響，國力薄弱；戰略部隊戰力不一，號令不齊，亟待爭取時間，厚植國力，以應付各種內亂外患。唯國家基本戰略物資對外依賴較小，極富作戰縱深，有利於持久作戰。

（二）日本：

日本自明治以來，即以侵華為其主要之國策，政經心軍四大戰略均以此為主軸。已達「上下同欲」之境地。民初利用北洋軍閥（奉系）弱點，趁列強無力東顧之際，強占中國東北，扶植偽滿，侵入內蒙，組建關東軍，建立侵華的軍事基地。三軍武器裝備精良，訓練有素。並利用外交特權於北平、天津、上海等地駐紮海陸軍精兵。此外，於朝鮮亦駐有重兵，可依據軍事之需要南下入關，

或北上支援。唯國家戰略物資對外依賴甚大，不利持久消耗作戰。

評述：

戰前戰略態勢對日本有利。但是我國如能依據訓政時期施政之方針，排除內外干擾，順利地從事國家建設，將有漸次改變此不利態勢之可能。

就以上之分析，雙方國家戰略之主要課題，在我國方面爲如何避免戰爭，爭取時間加速從事國防建設，凝聚國家力量與全民意志。若戰爭爆發後，則如何有效運用廣大空間，形成戰爭面，爭取國際與國之支援，以最低之消耗，拖垮日本，贏得戰爭勝利或迫使其知難而退。

在日本方面，則爲如何於中國未完成建設，戰備未臻完善之前，掌握主動，迫使或誘致中國陷於不利的狀況屈服，以避免陷入長期作戰之泥淖，導致戰爭之失利。

戰役階段劃分與國家戰略指導

一、戰役階段劃分

中日戰爭的作戰期程，自我國正式宣布全面抗戰時起，即長達八年之久。若以「九一八事變」爲起點，實際作戰之時間更早於此，爲了便利分析，本文以蔣公於廬山發表談話，正式宣布全國動員抗戰時起，就國家戰略指導，依據戰爭的進程，概分三個階段，加以評析：

第一階段：七七抗戰軍興至武漢會戰結束。

第二階段：武漢會戰結束至太平洋戰爭爆發。

第三階段：太平洋戰爭爆發至日本無條件投降。

二、各階段之國家戰略指導：

第一階段：七七抗戰軍興至武漢會戰結束。

（一）我國

1.下達「全面抗戰到底」的決心（政治戰略）

「七七蘆溝橋」烽火既起，29 軍宋哲元率部奮力抵抗，日軍節節進逼。蔣公洞察全局，認為和平已然絕望，民族存亡關頭已到。決心為求國家生存，唯有全民奮起，全面抗日圖存。一旦抗戰，則犧牲到底，抗戰到底，絕不能與日本妥協，否則國家必然陷入萬劫不復之地步。

2.號召「全民團結一致」共同抗日：（政治戰略）

民國 26 年 8 月，蔣公於江西廬山發表宣言，號召全國民眾「地不分南北，人不分老幼」，均能捐棄成見，毀家紓難，致團結在政府四周，齊心共同抗日。喚醒民眾，呼籲「意志集中、力量集中、軍事第一、勝利第一」，達到「令民與上同意」的要求，讓日軍陷入我民族主義總體戰的「泥淖」中，無法自拔。

3.以「空間」換取「時間」：（軍事戰略）

蔣公深知外援可盼卻不可恃，必須以獨立抗戰之精神，先求國家之生存。國家存亡的關鍵則在於如何奠定長期抗戰之基礎。因此，必須善用廣大的空間以換取足夠之時間，將沿海的戰略物資西遷至四川、西康等後方基地，以利爾後之作戰。

4.持久消耗，避免決戰：（軍事戰略）

蔣公研析日軍雖然戰力強大，但是國家資源不豐。經不起

長期消耗，必須速戰速決盡快結束戰爭。爲此，國軍應竭力避免於不利的狀況下與日軍實施決戰，保存有生戰力，以使日軍無法達成速戰速決之目的。

5.轉變作戰線，迫使日軍追隨我之意志：（野戰戰略）

抗日戰爭係國軍於不利的戰略態勢下，被迫應戰，既未完成戰爭準備，軍力亦不足以擊敗日軍。因此，必須以爭取戰場的主動爲首要，使日軍追隨我之意志。

蔣公乃於戰爭初期，利用日軍下級跋扈，不聽號令，並迫使上級追隨之弱點，以一連串之積極作爲，於淞滬地區利用「中央軍」作餌，誘使日軍主力逐次投入江淮地區，終於強迫日軍將以平漢、津浦兩條「由北向南」的作戰線，改爲「由東向西」溯長江仰攻的方向，避免我之補給線被截斷之危險，更迫使敵軍追隨我之意志。

同時置重兵於山西，威脅日軍戰略翼側，以解除武漢腹心之威脅。日軍的作戰重心既然被迫改變，不能截斷我軍之補給線，即失去迫使我軍於不利狀況下決戰之機會，同時，亦使得政府爭取到戰略物資西遷至內陸，建立抗戰基地的時間，奠定長期抗戰的基礎。

（二）日本

1.力求控制戰爭規模於華北地區：（政治戰略）

日本參謀本部面對蘆溝橋不預期發生「七七事變」武裝衝突之初，決策階層因爲害怕美國與英國之干涉而力主「不使事態擴大」之立場。[36]但是陸軍卻持「藉機膺懲中國軍」

---

[36]陳鵬仁譯，《日本昭和天皇回憶錄》，（台北，台灣新生報出版社，民國 80 年 9 月），頁 34-36。

的態度擴大衝突，不願平息事端。雖然上下之間心態有所分歧，日本軍部與陸軍之戰略目標，均同意力求將戰爭之規模控制於華北地區，以利儘速結束「戰爭事態」，

2.以「自衛權行使」為藉口，爭取國際諒解：（政治戰略）
「七七事變」發生，舉世譁然，日本面臨國際譴責壓力。為求得國際間之諒解，便以「自衛權之行使，為確立東亞百年之和平，要求南京政府反省」等三項理由，對國際宣示日本之立場，[37]以意圖建立其對華用兵為義戰之正當性。

3.迴避戰爭狀態，以確保戰略物資來源無虞：（政治戰略）
日本率爾發動戰爭，不斷增派大軍至華作戰，但是軍部卻反對「對華宣戰」。其所持之理由：「如布告宣戰，雖可阻止中國與第三國間的貿易。但日本從國外進口軍需物資將變得非常不自由，對國防力量產生莫大的缺陷，而使事態更加嚴重。」[38]日本這種「戰而不宣」迴避戰爭狀態的掩耳盜鈴心態，主要目的是確保美國對其戰略物資（鋼鐵與煤）的來源，能夠不受政府影響，同時希望能因不對華宣戰而擺脫侵略他國的罪名。

4.以擊滅中國野戰軍為目標：（軍事戰略）
日本陸軍大學教育思想係以「取攻勢，求決戰」為主旨。因此，陸軍部之主要目標即為中國之野戰軍，並以「使中

---

[37]日本防衛廳編撰，《日軍對華作戰紀要叢書-蘆溝橋事變前之海軍戰爭指導》，（台北，國防部史政編譯局，民國76年6月），頁542-544。
[38]日本防衛廳編撰，林石江譯，《日軍對華作戰紀要叢書——從蘆溝橋事變到南京戰役》，（台北，國防部史政編譯局，民國76年6月），頁582。

央軍喪失戰志」爲對我政府施壓之主要手段。[39]

5.由北向南，控領華北要域：（野戰戰略）

民國 26 年（昭和 12 年）日本陸軍對華的作戰計畫爲：「河北方面軍：以主力沿平漢鐵路地區作戰，擊破河北省南部的中國軍，占領黃河以北各主要地區。依狀況以一部自津浦鐵路南下，且依狀況推進至山西及綏遠以東。山東方面軍：登陸青島，擊破中國軍，占領山東省各主要地區。」[40]就其內容分析，日軍的主作戰線係以平漢鐵路爲主，以津浦鐵路爲輔。在作戰目標選擇上：有生戰力是以我駐防河北及察哈爾的 29 軍爲主要目標；戰略地域則以控領華北爲目的。由於主、支作戰線都是採取「由北向南」的態勢，一旦成功，確實有強迫國軍於不利態勢下決戰之公算。

（三）研析

1.我國：

我國於未完成訓政時期建設的狀況下，被迫於極不利的戰略態勢下，舉全國之力投入戰爭。面對日本陸軍於東北、華北之重兵威脅於北；海軍艦隊遊弋於東海港口，兩面相呼應的態勢。蔣公採取「以空間換取時間」的「持久消耗以待機」全程戰略構想指導，爭取國家的生存。

對內：在政治上浩朝全國民眾一致抗日；在軍事上說服山西的閻錫山，以重兵將「共匪」封鎖於太行山以西，使其無法阻撓國軍之抗戰。

對外：在政治上爭取國際之奧援，降低英日同盟的作用；

---

[39] 同註 37，頁 325。
[40] 同註 38，頁 189-190。

在軍事上以積極的作為，順詳敵意，將中央軍之有生力量主動投入淞滬地區，誘使日軍主力逐次投入，終於迫使日軍改變其作戰線，進而減輕並扭轉國軍於華北、華東兩面受敵之不利態勢，爭取到一年的時間，得以將戰略物資轉進，完成四川與西康抗戰基地之整建，從而奠定抗日戰爭勝利的基礎。

此一階段，在戰略指導上，由於國軍戰力與日軍相去懸殊，導致戰鬥不能支持戰術，戰術無力支持戰略，因此，始終無法形成有利之戰略態勢，迫使日本主動結束戰爭。

2.日本：

日本自強迫袁世凱簽訂 21 條約以來，雖然蠶食鯨吞不斷，卻根本沒有考慮過中國有全面抗戰的可能性。因此，「帝國」縱然有既定之對華作戰計畫，但是其作戰目標為有限目標：「只是想給中國強大的一擊」，並無完整的對華全面作戰之準備。而且對於戰爭之發展過於樂觀，自認勝券在握，其陸相認為戰事兩個月即可解決，參謀本部則斷言只要占領南京，即可迫使中國屈服，[41]從上至下，輕率用兵，難以節制，大言「三月亡華」，軍閥姿態高傲，無視國際間停火之呼籲。

在政治上：日本政府口頭強調「寄望就地解決」，卻又不斷增兵華北，對中國政府之交涉態度極為強硬，無法談判。[42]

在軍事上：日本絕對攻勢的軍事教育，使得下級在戰場上一味追求戰術目標，一再逾越野戰戰略的指導，進而上級

---

[41]同註 9，頁 362。
[42]同註 9，頁 362。

無力控制第一線部隊之行動，[43]戰術上成功之假象造成之誤判，在戰略上陷入被動之地位，導致無法達成儘早結束戰爭之目的。

此一階段，日軍所戰皆能達成其戰術目標，但因其國家戰略與野戰戰略指導失敗，戰場上所獲具體成果，不足以達到屈服中國戰爭意志之目的。

第二階段：武漢會戰結束至太平洋戰爭爆發雙方之指導。

（一）我國：

1.苦撐堅忍，持續大後方之整備，拒絕與日本和談：

日軍攻略武漢、廣州後，已然達到其戰力之極限，無力再擴張戰果，為有利其爾後作戰乃透過德國駐華大使陶德曼（Oskar Trautmann）斡旋，積極推動代名「桐工作」的和談，但是氣焰高張，條件嚴苛，難以讓人接受，而無結果。[44]此時，國民政府已經完成疏遷，抗日戰爭基地已初具規模，蔣公拒絕與日本和談，號召全國人民奮起堅持抗戰到底，絕不屈服，使日本國力日窘，愈陷愈深。

2.堅持百忍，自立自強；得道多助，爭取與國：

蔣公深知我國欲贏得對日戰爭之勝利，先決條件是必須堅持百忍，自立自強。若想得道多助，爭取與國，則必須先能自助而後人助。由於全國軍民的不屈不撓，奮戰到底的精神，我國循外交途徑向國際聯盟控訴日本侵略暴行的作

[43]國防部印發，《日軍在中國方面之作戰記錄-第一卷上冊》，民國 45 年 2 月，頁1。
[44]同註 11，頁 342。

爲，才能獲得國際的認同，使得國際間交相指責日本，界
定其爲侵略國之地位，爭取到爾後收復台澎與廢除百年不
平等條約之契機。

3.發動總體戰，逐次消耗日軍：

除國軍主動出擊，牽制、消耗日軍有生戰力外，更全面的
以游擊戰術實施總體戰，迫使日軍疲於奔命，無力發動大
規模的作戰。[45]進而達到逐次消耗日軍，無法遂其利用占領
地物資「以戰養戰」之目的。[46]

（二）日本

1.認清事實，改採持久：

日軍攻下武漢、廣州時，攻勢已達頂點，後繼無力。在威
逼蔣公接受「幾近戰敗國條款」的和談失敗後，知道中國
已然改變以往對日本容忍的態度，國軍雖屢戰屢敗，卻依
舊不屈不撓與日軍周旋到底。[47]至此，日本終於了解中國已
非日軍所能征服，然而軍閥卻又不肯放棄在中國戰場上的
既得利益。於是大本營不得不在軍事上改採以「確保占領
地域，促進其安定，以堅強長期圍攻態勢，努力制壓殘存
之抗日勢力，使其衰亡」之持久方針，指導對華之作戰。[48]

2.積極扶植傀儡政權，以華制華：

日本侵華久戰無功，政府急於謀和，但是條件過於苛刻，
爲蔣公嚴峻拒絕。日本政府乃改以政治攻勢爲主，軍事作

---

[45]同註9，頁364。
[46]同註11，頁338。
[47]同註11，頁341。
[48]同註43，頁13。

戰為輔的策略,「培植並加強汪精衛偽政權,使國民政府趨於沒落」。[49]其著眼一則可成為分化我國軍民之工具,對國民政府施壓;二則可協力其統制淪陷區之中國百姓,利用漢奸達到「以華制華」之目的。

3.全面封鎖中國對外交通,窒息戰略物資來源:

日本海軍兵力強大,戰爭開始之後,旋即對中國沿海各港口實施全面封鎖。除協力陸軍之作戰外,主要目的是遮斷國軍之補給線,窒息我方海外戰略物資來源,雖然僅存滇緬公路與空運的途徑,外界資源極其有限,但是並未能阻止我抗戰到底之決心。日本逐次擴大規模的結果最後演變成「為達成遮斷對方補給線之目的,遂進入越南(法國殖民地),因此刺激各中立國,成為引發太平洋戰爭原因之一。」[50]

(三)研析

1.我國

蔣公於抗日戰爭初起,即決心以四川、西康為基地,貫徹「持久消耗」的戰爭指導,使日本無法一廂情願的主動結束戰爭。此階段為我國抗戰最艱苦時期,內有汪精衛的偽政權助紂為虐,外有日本三軍重兵侵略,國事內外交迫,孤軍抗日之餘,全賴蔣公不為勢劫,不計毀譽,團結軍民,「勝利第一、軍事第一」,使日本無計可施,陷入戰爭之泥淖。為尋求戰略物資來源,不得不將目標轉向中南半

---

[49]栗原健著,陳鵬仁譯,《昭和天皇備忘錄》,(台北,國史館,民國89年8月),頁72-74。
[50]同註43。

島，美其名曰：「建立大東亞共榮圈」，侵略英、法、荷蘭之殖民地，最後反而將戰場擴大，引發太平洋戰爭。

此一階段，我國雖然已逐漸在戰場上扭轉不利之戰略態勢，但是因為國力未復，三次長沙會戰屢挫敵軍，亦只能與日軍僵持無力擴大戰果。

2.日本：

由於陸軍不斷擴大戰爭，戰線愈拉愈長，兵力需求超出其國力負荷。日本軍閥急於求成，利用荷蘭、法國淪陷之機會進軍中南半島，與德國、義大利結為軸心。結果造成廣樹強敵，與英美衝突，進而引發太平洋戰爭，陷入兩面作戰之極不利地位。

第三階段：太平洋戰爭爆發至日本無條件投降。

（一）我國

1.增長國力，與盟軍並肩作戰：

抗戰進入僵持階段後，蔣公率領全國軍民整軍經武，力圖增長國力，以待機反攻。在負責統合亞洲大陸作戰事宜之時，為顧全大局必須派遣最精銳之青年軍遠赴印度與緬甸作戰，於美方史迪威將軍多方之掣肘下、解救被圍殲於緬甸之英軍。在苦撐堅忍之同時，逐次建立戰力，完成國軍總反攻之準備，使國軍由守勢轉為攻勢。

2.廢除不平等條約，解除百年枷鎖：

蔣公一面對內指導全民對日抗戰，一面在國際間積極對外爭取廢除不平等條約。終於在國際上得以解除清廷自鴉片戰爭以來帶給國人的百年枷鎖，恢復我國際地位之平等，

完成國父遺志。

3.使台灣澎湖重回祖國懷抱：

蔣公於中、美、英、蘇四國領袖召開「開羅會議」時，力
主戰後必須收回台灣與澎湖之主權，回歸祖國懷抱，完成
真正的統一。

4.「以德報怨」終戰指導，確保亞太長久和平：

蔣公於日本無條件投降後，採取「以德報怨」的終戰指
導，結束中日戰爭，盡速完成遣返日軍、日僑的工作，結
束戰爭以獲得亞洲較長久之和平。

（二）日本

1.建立「大東亞共榮圈」，以支持其對外之侵略：

日本經過一連串的會戰，雖然在戰場上有所斬獲，卻無法
如其所願的解決戰爭，在國力日見枯竭之時，為了爭取戰
略資源，於是趁歐洲姑息主義高漲之際，作戰重點開始轉
向南方。[51]

喊出「基於『八紘一宇』之開國精神，確立世界和平為根
本。以帝國為核心，強固結合日、『滿』、『華』（偽南京汪
精衛政權）為根基，以建設大東亞新秩序」的口號為其國
是，[52]不顧國際規範，向中南半島侵略，肆意奪取戰略資
源，以支持其持久作戰之所需。

2.藉口「ABCD 包圍論」，發動太平洋戰爭：

---

[51]同註 43。
[52]蔣緯國總編著，《國民革命戰史第三部-抗日禦侮第二卷》，（台北，黎明書局，民
國 67 年 4 月 5 日，初版），頁 157。

1939 年歐戰爆發，翌年德軍席捲歐陸，日德義三國結爲軸心聯盟，日本決意利用法、荷亡國，英、蘇無力東顧，美國戰備未周之際，「趕搭巴士」，趁火打劫。[53]乃藉日本生命線遭「美（A）英（B）中（C）荷（D）」包圍之名，發動太平洋戰爭，奪取英、美在南洋的殖民地，切斷對中國之支援。[54]期能以南洋之資源，增長國力，建立防衛圈。並希望於兩年內解決中日戰爭之僵局，之後藉中國之資源，與美國對峙於太平洋。

3.「偷襲珍珠港」，奪取戰場先制：
日本海軍戰略係以與美軍太平洋艦隊決戰爲目標。艦隊總司令三本五十六大將主張，爲達戰略持久之目的，應以消滅美軍艦隊爲前提，有利爭取解決中日戰爭所需時間。爲達此目的必須於對美國開戰之同時，突擊珍珠港，擊滅美軍太平洋艦隊有生戰力，奪取戰場先制，以利爾後作戰。

4.持續對華封鎖，降低作戰目標：
日本將海、陸軍主力投入太平洋作戰之同時，採取持續對中國沿海各主要港口實施封鎖，攻擊菲律賓，侵入中南半島，切斷滇緬公路的補給線，企圖徹底遮斷我對外之交通。在對華兵力不足的狀況下，將原有積極之「摧毀敵之抗戰意圖」的作戰目標，降低爲消極的「努力摧毀敵之抵抗」。[55]不過，這樣的野戰戰略指導顯然與其「優先解決中

---

[53]同註 49，頁 83。
[54]同註 11，頁 360-366。
[55]日本防衛廳編撰，方志祿譯，《日軍對華作戰紀要叢書-開戰與前期陸戰指導-大本營陸軍部（三）》，（台北，國防部史政編譯局，民國 78 年 6 月），頁 81。

日戰爭僵局,再與美國於太平洋爭雄」的軍事戰略旨趣相
違背。

(三)研析

1.我國:

此階段我國已逐漸扭轉戰略態勢,在戰場上與日軍相持不
下。蔣公在積極準備發起總反攻作戰之際,出任盟軍中國
戰區司令,為將抗日戰爭與世界大戰結合,不惜派出最精
銳之青年軍進入緬甸,解救英軍以免除被日軍殲滅之命
運,取得國際地位,進而得以要求英、美解除百年不平等
條約之束縛,使台灣澎湖重回祖國懷抱,奠定對日抗戰勝
利之基礎。

此一階段,我國戰略態勢雖已逐漸有利,但是英軍於中南
半島作戰失利,國軍應盟軍請求,抽調精銳分別由印度與
雲南入緬甸援救被困之英軍,導致總反攻期程延後,至民
國 33 年方計畫從貴州都勻發起戰略反攻。

2.日本:

日本參謀本部的戰爭指導課(作戰)於「七七事變」發生
後第三天,就懷疑日本是否有向中國戰場無垠的曠野無限
期進軍之能力,力主謹慎,不要擴大事端。[56]但是,戰場上
的成功,使日本對自身戰力估計過高,「三月亡華」不成而
陷入戰爭泥淖。歐戰爆發後對德國戰力研析錯誤,與德、
義結為軸心。在太平洋戰場對美國戰爭潛力估計過低,未
解決中國戰局之前,決心突擊珍珠港,促使美國宣戰。雖
然在戰爭初期,能獲得相當之戰果,但是,日軍必須於中

---

[56]同註 55。

國、太平洋與南洋從事三面作戰，同時尚須以重兵布署於我國東北防範蘇聯之入侵，結果造成備多力分，國力枯竭，處處受敵之窘境。

此一階段，日本國家戰略錯誤，自蹈多面作戰之錯誤，各地戰場均逐漸陷入被動，政治上無力解決任何一方戰局，戰場上之戰術與戰鬥又不能支持其戰略，避免不了敗亡之命運。

我國在國家戰略上戰勝日本之關鍵指導

戰爭是雙方自由意志發揮之場所。在抗戰之初，我國被迫進入戰爭狀態，國軍所處戰略態勢極其不利，緒戰又迭遭失利，人民開始流離失所，在如此狀況下，何以日軍無法完成其消滅中國野戰軍之戰略目標？反而一再增兵，逐次投入戰場，終致演變成全面之總體戰？而無法結束戰局？

就中日戰爭之前，兩國國家戰略與國家權力觀之，於戰前我國內有「共匪」作亂、地方軍閥為患於野，汪精衛「寧漢分裂」於朝，全國難以團結對外；外有列強不平等條約束縛，備受國際歧視，經濟亟待自強。日本則為東亞強國，入侵東北扶植偽滿，駐軍青島，有先處戰地之利，兩相比較我國顯然係處於極不利之地位。

戰事一經爆發，日軍旋即做出增兵華北之決定，我國軍亦於極短時間內被迫放棄平津要域。國軍在倉促之下被迫應戰，緒戰失利，導致日本政府與軍方乃至於民間，都對我國抱持歧視輕慢之心態。陸相杉山元大將稟奏日皇謂：「戰事兩個月即可解決。」[57]民間甚至認為「即使中國抵抗，只要三、四個師團的陸軍與河川砲艦就

---

[57]同註9，頁362。

已綽綽有餘」，[58]「三月亡華」之說，甚囂塵上。然而事實卻不但未能如其所願，最後反而使日本無條件投降，成為美國之附庸至今！其中的關鍵就在於兩國國家戰略指導的良窳。

依據《昭和天皇回憶錄》記載，他認為日本戰敗主因有四：[59]

一、兵法研究不夠，不知「知己知彼，百戰不殆」的道理。

二、太重視精神，輕視科學的力量（物質）。

三、陸、海軍之不一致（各行其是）。

四、軍部沒有擁有常識的首腦，缺乏政軍兩略的人才，無統帥部下的力量，造成「下剋上」之情況。

他認為日本陸軍教育有「如以武力予以威嚇，對方一定會退縮的毛病」。[60]但是，卻又不行使天皇權力，放任而未對此心態加以抑制，使得狀況變本加厲，難以收拾，一旦中國全力抵抗，不肯妥協，日本即無法善了。因此，戰後日本的檢討，也承認日本戰敗的決定性因素是「中國的徹底抗戰」。[61]

因此，在總體戰爭上，我國是在蔣公的卓越領導及全國軍民同仇敵愾，將士用命，不計犧牲之下，方得以劣勢裝備對抗優勢敵軍，苦戰八年，贏得最後之勝利。

研析對日抗戰蔣公在國家戰略上之關鍵指導，有：

一、洞燭機先，爭取備戰時間

國民革命軍北伐，次第平定三大軍閥，完成國家統一後，蔣公盱衡中日兩國的狀況，深知終將不免與日本一戰。因此，建設國家

---

[58] 同註 11，頁 340。
[59] 同註 36，頁 15-16。
[60] 同上註。
[61] 同註 49，頁 68。

首要之務在於推行國父遺教，團結國人，努力建設，徐圖雪恥。成敗之關鍵則在於忍辱負重，避免日本之挑釁，爭取備戰的時間。為達勝兵先勝的目的，蔣公採取以下之作為：

（一）對國際間

運用國際聯盟，控訴日本製造「九一八事變」，侵略中國東北，扶植偽滿政權，以凸顯日本侵略的本質。日本於極盡狡賴之能事時，陸軍卻持續進犯遼寧錦州，海軍則於上海製造「一二八事變」，日本失信於國際之餘，悍然退出國際聯盟，使得日本被國際間指責為「侵略者」，我國則爭取到兩年的時間，積極從事戰備整備。

（二）對日本

統一之後國家建設百廢待舉，對日本的侵略只有採取「忍辱負重」的方針。基本國策是：「和平未至絕望時期，絕不放棄和平。犧牲未至最後關頭，絕不輕言犧牲。」其目的在於避免給予日本任何藉口，以避免戰爭過早爆發，對我國不利。[62]

民國 23 年 10 月，蔣公發表「敵乎？友乎？」一文，誠摯忠告：「中日兩國，生則俱生，死則俱死。」[63]對日本朝野產生極大的影響，暫時壓制了軍閥的氣焰，減輕侵略我國領土與主權的行動。[64]

（三）對國內

國父建國之後，國民民智日開，社會排日禦侮呼聲益盛，完成北伐統一全國後，對日政策有「強而後戰」與「立即宣戰」的路線之爭，[65]並因此導致「寧漢分裂」。蔣公高瞻遠矚，為爭取備戰時間，於舉國上下群情激憤之際，忍辱含垢，不怒而興師，不慍而致

62抗日戰史第一冊，頁 271。
63同註 62，頁 281-282。
64同註 62，頁 64。
65同註 62，頁 242。

戰。以「十年生聚，十年教訓」，對外緩和日本侵華步調，對內蓄積抗戰實力。雖然國內因共匪作亂而烽火不熄，但是卻爭取到「黃金十年」，使得國家總體建設有了初步的成效。

二、深知中日戰爭的本質，積極戰爭準備

蔣公深知日本不可能放棄侵華的野心，未來之中日戰爭在本質上是中華民族生死存亡之戰爭。如果戰爭失敗，以日軍之殘暴，中國之境遇將無從想像。並有鑑於清廷輕啓戰端導致喪權辱國之教訓，蔣公積極的循多條途徑從事國家戰力之蓄積：

◎實施政治改革，健全政府體制；制定五五憲草，召開國民會議。

◎以國父的建國方略爲基礎，從事經濟建設。[66]

◎推行「新生活運動」，實行文武合一教育，以明恥教戰，激發民族大義。

◎訂頒兵役法，建立徵兵制度；成立軍事委員會，整建三軍戰力；統一軍事教育，提升部隊素質。

◎自力製造軍品，逐步更新裝備；選定川康基地，籌謀持久抗戰。

◎整頓海陸交通，實施戰區規劃；構築國防工事，整建江防要塞。

以上各項一連串的戰備整備措施，其工程及規模均甚爲浩大，[67]雖然因「共匪作亂」與「閩變」之亂而未臻理想，但其進展已使日本心生恐懼，加速了侵華的步調。

---

[66]同註 62，頁 302-304。
[67]同註 62，頁 287-362。

三、「攘外必先安內」，清除抗日障礙

「攘外必先安內」的決策，無疑是政府戰前各項戰爭準備中最重要的戰略決定。中共製造「寧漢分裂」，謀奪政權失敗後，即於江西井岡山武裝叛亂，爲禍國家。爲反制政府的圍剿，假抗日之名，煽動民眾，誹謗政府，污衊蔣公。並藉政府應付日軍侵略之機會，擴大赤化範圍，爲武裝奪權之準備。

蔣公認爲每當日本侵華之時，中共不但不與政府一致對外，反而處處掣肘，成爲抗日之最大障礙。爲求於政治上能夠維護社會安寧，經濟上有利國家建設，軍事上避免陷入內外同時受敵無法兼顧的極不利態勢，在戰略選擇上必須先將最具危害之內亂解決後，方能一致對外。因此，蔣公以明末對付倭寇的史例，說明「攘外必先安內」的重要性，認爲剿匪是抗日禦侮的初步，是抗戰勝利的基礎。因爲「只要能夠將共匪清剿，全國團結一致，無論倭寇怎樣侵略，國家都能穩固自強，終究是可以挽救轉來的。」[68]事後驗證，就國家當時的處境，此一不計個人毀譽的決策，也是關乎國家存亡最重要的決心。

四、洞察全般局勢，正確指導戰爭：

民國 26 年「七七烽火」既啓，日本旋即分別從東北、朝鮮與本土三路調兵入關增援，威脅華北。蔣公洞察全般局勢，認爲和平已經絕望，最後關頭已到，8 月於江西廬山發表談話，昭告國人：「最後關頭已到，只有犧牲到底，抗戰到底。地無分天南地北，人無分男女老幼，都有守土之責。」[69]8 月 6 日，軍事委員會舉行國防會

---

[68]張其昀編著，《中國國民黨黨史概要第二冊》，（四川重慶，民國 32 年 4 月），頁458。
[69]同註 19，頁 583。

議，決定對日抗戰方針，採取以長期抗戰爲原則，避免與日軍大規模決戰，實施持久消耗戰略以待機。

這種「以空間換取時間」的軍事戰略，是弱勢大國對抗優勢敵軍時不得已的手段。爲達此目的，付出的代價是我國淪陷區百姓遭受日軍欺凌達八年之久，國家的人力、物力損失難以估計，大別山淪陷區成爲中共假游擊抗戰之名，以「一分抗日，兩分應付，七分發展」的方針經營戰場。於抗戰勝利後百廢待舉的狀況下，給了共匪死灰復燃，全面武裝奪權的機會。

五、因勢利導，迫敵追隨我之意志：

中日戰爭爆發，蔣公分析全國地略，爲使國土不能任由日軍蹂躪，不使日軍野心得逞，判斷「武漢要域爲我國腹心，係中日戰爭的決勝地區。」[70]若日軍攻略平津之後，沿平漢鐵路南下，直指武漢，將可截斷我軍補給線，逼迫我軍於不利態勢下決戰。爲扭轉此潛在威脅，蔣公運用「日軍下級跋扈，上級無力約束」之習性，以及日軍追求克勞塞維茲「絕對戰爭觀」的弱點，其開戰指導決定以之我有生戰力作餌，採取「進軍南口，使敵北向察綏；置重兵於山西，威脅日軍戰略翼側，迫其向西仰攻；發起淞滬會戰，強使敵軍增兵，改變其作戰線」[71]，多管齊下，粉碎日軍求敵決戰之企圖。

以中央軍主力誘敵的結果，民國 26 年 10 月 5 日，日本參謀本部決定：「自華北方面轉用兵力，將主作戰轉移至上海方面。」[72]此後，日軍即不得不追隨我之意志，雖然武漢最終不免淪陷，但我野

---

[70]蔣緯國著，《蔣委員長如何戰勝日本》，(台北，黎明書局，民國 77 年 12 月)，頁 17-19。
[71]同註 70，頁 21-23。
[72]同註 39，頁 552。

戰軍依然存在，日軍卻落入持久作戰，無法解決戰局的困境。

此項戰略指導所獲得的利益為我政府爭取近一年的時間，得以將物資遷往川康，奠定長期抗戰的基礎。日軍則錯失於戰爭爆發初期，未廣樹強敵之前，儘快依既定方針，迫我於武漢要域決戰，達到以武力迫我屈服，結束戰爭之唯一機會。

結論

總結中日兩國之國家戰略指導，其要點如下：

我國：

「知己」——忍辱負重，不慍而致戰。

「知敵」　　長期抗戰，逐次消耗。

「知友」　　瞭解世局，爭取盟國。

「知彼」——獨立抗戰，人助自助。

因此，得以爭取時間，逐漸扭轉敵我之戰略態勢，化被動為主動，終能獲得最後勝利。

日本：

「不知己」——窮兵黷武，輕啓戰端。

「不知敵」——錯估敵國，深陷泥淖。[73]

「不知友」——擴大戰爭，廣樹強敵。

「不知彼」——高估自己，低估敵人。

因此，唯武力是尚，積非成是，一錯再錯，無限擴張，終至國破民疲，財耗力竭，最後不得不無條件投降，至今淪為美國附庸。

總之，蔣公於抗戰前十年，誓師北伐，於濟南歷經「五三慘案」之後，即知日本不可能放棄侵華之野心。北伐統一全國之後，

---

[73]同註 12，頁 340-341。

乃忍辱負重，不計譭譽，奉行國父「三民主義」，極力謀求各民族之團結，改變社會之風氣。於艱難困頓之中，依據《建國方略》《建國大綱》，銳意建設，獲得所謂「黃金十年」的成就。殆至戰爭爆發，不爲勢劫，不爲利誘，號召全民一致對日抗戰到底，絕不妥協。在戰爭中，利用日軍下級專擅，自以爲無敵之心理，阻敵南下，誘其至東，改變日軍作戰線，粉碎日本速戰速決，「三月亡華」之迷夢，以全面總體戰爭逐次轉變敵我戰略態勢。進而利用抗戰與盟國並肩作戰之機會，解除列強百年來不平等條約之束縛，達成國父遺願，恢復我國際地位之平等。戰後則採取「以德報怨」的政治指導，迅速結束中日戰爭，從事國家建設。

　　吳子〈圖國篇〉曰：「天下戰國，五勝者，禍」，「是以數勝得天下者稀，以亡國者眾。」[74]日本自明治以來，即以武力侵華爲其國策，在「八紘一宇」的思想下，「文明開化，脫亞入歐」開始對外侵略，自此其軍政部門，無不依此方針，肆意對外侵略。

　　自甲午戰爭之後，日軍對清廷可謂「予取予求」，遂養成日本全國上下自以爲無敵於天下之驕狂心理。任意於無成功之公算下，進入戰爭狀態，[75]肆意用兵，只著眼於一時，罔顧大局，又因爲清廷與北洋軍閥之昏庸顢頇而得利，以爲兵鋒所向，中國必然屈服，實爲典型之「敗兵先戰而後求勝」之例。

　　等到國民革命軍北伐成功，統一全國，推行「三民主義」之後，整個亞太地緣戰略態勢已然有變，日本仍然不知收斂，輕啓戰端。中華民族決心抗戰到底，前仆後繼，不計犧牲，全力與日軍周旋，使日軍陷入泥淖，終致超出其國力負荷，國勢日窘，在勢竭力

---

[74] 潘光建，《吳子兵法新解》，（桃園，陸軍總部，民國 70 年 10 月），頁 42。
[75] 賴德修譯，日本防衛廳編撰，《日軍對華作戰既要叢書-南進或北進之抉擇》，（台北，國防部史政編譯局，民國 78 年 6 月），頁 4。

屈之下，日本陷入既不能戰，又不能和的困境，不招致敗亡者，戰爭即無規律可言矣。

民國 94 年
「紀念抗戰勝利六十週年學術研討會」

八、由第二次世界大戰看軍事事務革命
——以歐洲戰場為例

前言

　　二十世紀對世界文明影響最重要的一場戰爭，即是第二次世界大戰。這場戰爭不但用兵規模空前，戰爭地域廣袤，軍民傷亡無數；而且，戰爭的結果，在國際政治方面，結束了西元一八一五年「維也納會議」（Congress of Vienna）建立的以歐洲為主體的「權力平衡」多極體系，[1]英國失去了調合歐洲權力均衡的能力與地位；「雅爾達會議」（Yalta Conference）則形成以美蘇冷戰為主體的「東西對抗」兩極體系，幾乎將世界帶入核子大戰的邊緣，如今蘇聯雖已解體，餘波依然盪漾。

　　在軍事科技方面，這場戰爭則將西元一七八五年起工業革命開啓的機械化，[2]大規模消耗的總體戰爭型態，帶至最高峰，歐洲各國雖已不堪戰爭的損耗，但是戰爭時期所發展的科技，則成為下一次軍事事務革命的張本。

　　有關軍事事務革命的定義，各家說法大同小異，以美國國防部

---

[1]拿破崙戰敗後，德英奧俄四大戰勝國為重新劃分權力範圍，於 1814-1815 年於奧地利首都維也納舉行會議。在奧相梅特涅倡導下，主題為建立均衡力量，避免任何一個大國存有野心，吞併或獨霸歐洲。亦有人稱此為維也納和約。在此體系下，英國擔任平衡者的角色；其力量大於雙方當事國時，她扮演仲裁者（arbiter），如不及時，則擔任調停者（mediator）。
[2]鈕先鍾譯，《西洋世界軍事史Ⅲ》，（臺北，軍事譯粹社，民國 65 年 12 月）頁 1-4。

淨評估辦公室的內容最為簡約:「凡因軍事準則重大變化、作戰組織徹底改變,以及新科技運用等,造成戰爭本質之改變者,謂之軍事事務革命。」其內涵概要有:[3]

一、它是思想與科技相互作用下的產物。

二、它必然涉及作戰方式、組織編裝等軍事領域各部門,產生與以往截然不同的變革。[4]

三、它一旦發生,必然會改變社會與軍事之間的關係,國際的體系將遭到破壞。

四、它的改變不是「量變」,而是「質變」。

五、發生後,影響範圍不侷限於某一國家,而是全世界。凡不能調整或適應的國家, 一旦發生戰爭必將以失敗收場。

其實,「革命」一事,千百年來隨著人類文明,在「時間、科技、知識」三者之間,以「函數」的關係,[5]相互激盪下,一直是個「現在進行式」的事物,不論其演進的路線是曲是直,在「時間」軸上,從未中止,現在如此,未來依然如此,只是顯現的方式與程度不同而已。

物種的演進,因為沒有歷史的知識傳承,不會運用工具,沒有科技可言,因此,物種的「革命」是以「優勝劣敗,弱肉強食」的方式,適應環境,演進的時間漫長,是以「突變」的模式呈現。

人類則將前人的智慧結晶,累積成知識,根據現實的需要,加上自己的創見,運用「有系統的技術,解決實務上的困難。」[6]管見

---

[3] 曾祥穎,《第五次軍事事務革命》,(臺北,麥田出版社,2003 年 9 月)頁 38-42。

[4] 朱小莉、趙小卓《美俄新軍事革命》,(北京,軍事科學出版社,1996 年 9 月)頁 3。

[5] 同註三,頁 16。

[6] 同註三,頁 11。

以爲「科技垂直成長的速度與知識水平運用的幅度是成正比的」，[7]
這兩者的權重愈大，則「時間」的權值相對變小，產生「革命」的
周期愈快；而且，每當知識「成熟」到某種程度之後，必然會促使
新的技術萌芽，隨「時間」之累積，成爲對未來造成深遠影響的
「科技」；一般而言，它的進行大多是由「數量」的改變，逐漸演變
至「本質」的改變，一經「質變」後，即成爲「革命」之事實，亦
不可能再回到以前的型態。

　　戰爭的演進亦復如此，是循「人力、火力、機械力、智力」的
程序，以「冪次方」相乘的方式，*(戰力=物力x 人力x 火力x 機械力*
x 智力) 朝向 2^N 的「空間無限寬廣，時間急劇壓縮」的境界，[8]（如
附圖）以知識爲利基，向前向上螺旋發展。

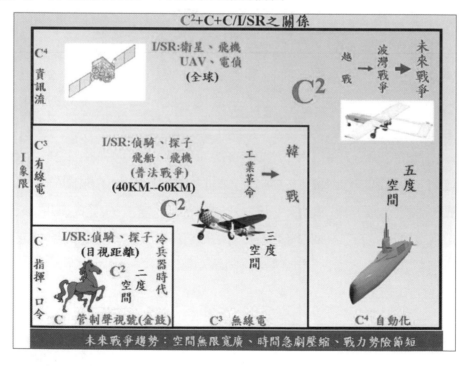

[7]同註五。
[8]同註五。

未來的戰爭型態不再是「以量制敵」，必然是「以質剋敵」。因為「時間」不會停止，只是恆定的被「知識」與「科技」推動向前，因此這是個不可逆與不可擋的過程，只有順勢乘勢而為，方能持續的生存與發展，否則即是敗亡。但是，人類在處理事物的理則上，大多喜愛以自己最熟悉的已知方式，去面對陌生的未知，如無足夠的誘因或刺激，往往因循苟且，抱殘守缺，等到不得不面對現實的時候，不是太遲，就是失敗。個人失敗，猶可有東山再起之時；戰爭失敗，國家民族難有復興之日。因此，對軍事事務革命的態度是正是負，不但對軍隊之建軍備戰有重大意義，對國脈民命之影響，更是深遠，不可不慎。

孫子〈虛實篇〉曰：「戰勝不復。」西洋亦有言：「不能以上一次戰爭的戰法，打贏下一場戰爭。」本文謹以「科技、時間、知識」為經，戰史為緯，就第二次世界大戰時，歐洲戰場之「法蘭德斯戰役」（Flanders）與「不列顛戰役」的成敗，探討同一時代，科技概同，知識不同之下，軍事事務革命對德法與德英兩國戰爭與國運之影響。

第二次世界大戰對未來軍事事務革命之影響

一、對第一次世界大戰經驗教訓體認不同，雙方戰具相當，組織編裝與戰術戰法不同，戰爭結果一勝一敗之例——1940 年法蘭德斯戰役

（一）戰爭緣起：

第一次世界大戰德國戰敗。1919 年 5 月 7 日，協約國未經與德國協商，片面的發表了《凡爾賽條約》的內容，並訂下簽約的最後期限，內容除將以往得自於法國、比利時、丹麥、波蘭等國之領土

歸還，巨額賠償及發動戰爭之責任追究外，在軍事上規定德國的陸軍總兵力不得超過 10 萬人，不許擁有飛機與坦克，禁止設立參謀本部，不許建造潛艇與一萬噸以上之艦艇，等於實際上解除了德國的武裝，[9]由於協約國對戰後國際政治之處理不當，德國於 1919 年 6 月 28 日簽署了屈辱性的和約，也埋下了第二次世界大戰的種子。

1935 年 3 月，希特勒片面宣布德國重整軍備，恢復徵兵制度，爲加速擴軍，決定從優秀之組織與領導方面入手。陸軍除將原有之 10 萬人擴充外，將有限之兵力集中，10 月 15 日編成 3 個裝甲師與第 16 裝甲軍。[10]1936 年在姑息主義彌漫之際，希特勒決心重新占領萊茵河地區，英法因戰備不周，沒有作爲，爾後德國故技重施，依次併吞奧地利、捷克之蘇臺德區（Sudetenland）與捷克，英法等國坐視事態發展，並未以實際行動加以制止，德國乃逐漸坐大。1939 年 9 月 1 日，德國入侵波蘭，英法同時對德國宣戰，第二次世界大戰正式爆發。

（二）戰役經過

德軍攻陷波蘭直後，10 月 9 日，希特勒即下達準備西線作戰之訓令。初期德軍意圖以色當爲軸，主力右旋，擊破比境英法聯軍，指向英倫海峽。[11]此一計畫神似第一次世界大戰「希里芬計畫」（Schlieffen Plan）之精神，除遭受到德軍將領之反對外，亦將落入英法盟軍策擬之「D 計畫 B 變化」之預期。所幸受天候之影響，攻勢一延再延。1940 年 1 月 10 日，德軍第 7 空降師作戰科長搭乘之傳令

---

[9]William L. Shirer，董樂山等譯，《第三帝國興亡史 第一冊》，（臺北，麥田出版社，1998 年 12 月 15 日），頁 108-109。
[10]鈕先鍾譯，《閃擊英雄古德林-上》，（臺北，星光出版社，中華民國 83 年 12 月），頁 28-30。
[11]鈕先鍾譯，《失去的勝利-上》，（臺北，星光出版社，中華民國 83 年 12 月），頁 100-110。

機，於比利時美荷連（Mechelen）迫降，作戰計畫外洩。[12]德軍乃將作戰重點轉移至南翼，穿越阿登（Ardennes）森林指向色當（Sedan），突破後直達索姆河（Somme）下游之加萊（Calais）。

　　1940 年 5 月 10 日晨，德軍於空中支援下，全面發起攻勢。盟軍依計畫向比利時推進，阻止北翼德軍之攻擊。南翼德軍主力突破敵陣，攻下色當，於 5 月 13 日，渡過繆斯河（Meuse），排除英法部隊的零星逆襲後，直趨英倫海峽，將盟軍南北分離。5 月 31 日，盟國大軍被包圍於法比邊界周邊，因希特勒下令暫停，英國遠征軍及盟軍約 37 萬人，棄置所有裝備，得以由敦克爾克（Dunkirk）逃回英國。德軍向南續行第二階段攻勢，法國無力抵抗，6 月 22 日，法國投降，戰役結束，西歐淪陷。此役英、法、比、荷盟軍被德軍殲滅者計 61 個師。[13]

　　（三）戰役檢討

　　綜合檢討本次戰役，德國於上次大戰戰敗之後，國力凋敝，雖經 5 年之重整軍備，除師級部隊與盟軍概等外，火砲（1.9：1）、戰車（1.4：1）與反裝甲戰力均居於劣勢。[14]何以能於六週內達成第一次世界大戰無法完成之目標？在「科技、時間、知識」三者之間，雙方在軍事思想上，德軍編成裝甲師以集中打擊為主，英法則視為支援步兵作戰之工具平均分配各師級部隊；德軍之戰車速度較快，便於機動，英法的戰車鋼板較厚，行動緩慢；對「戰車」的認知不同，所產生不同之編裝與戰法，迥然不同，而有以致之。

---

[12]Stephen Badsey Ed. *Atlas of World War Ⅱ Battle Plans ─before and after*（Barnes & Noble Books New York. USA. 2002），p22.

[13]同註十二，頁 26-29。

[14]Martin Davidson & Adam Levy，曾祥穎譯，《決定性武器》（臺北，麥田出版社，2000 年 4 月），頁 93。

1.德軍「打、裝、編、訓」一以貫之；英法反之：

第一次世界大戰戰後，德國陸軍總司令塞克特上將（Col. Gen. Hans von Seeckt）挑選優秀的人才編成了戰後的德軍，他認爲德國地緣上受敵環伺，下次戰爭還是不免陷入兩面作戰之困境。必須利用「內線作戰」之地位，能於拒止一方敵人之同時，擊滅另一方之敵，並得以在所望之時刻改變主力之指向，以因應戰況，避免重蹈覆轍。[15]以「機動、打擊、奇襲」爲作戰信條，[16]從人才培育上著手，以此爲骨幹，重建德軍。

其中古德林（Heinz Guderian）認爲由於德國基本上是處於無防禦能力的狀態，兵力過於薄弱，若有任何新的戰爭發生，必須依賴機動作戰以爲因應，解決的辦法，就是「裝甲車輛」。[17]於是不斷吸收博洛德（Charles Broad）、富勒（John Fuller）等人的戰車運用思想，並將李德哈特（Basil Liddell Hart）的「使用裝甲兵作遠距離的突擊，向敵人的交通線發動攻擊」的觀念具體化，[18]積極的發展出聯合兵種作戰的戰術與戰法，其間雖然遭到保守的騎兵部隊極力反對，但在國防部的高層支持下，裝甲兵所需之車輛、無線電與光學儀器，組織編裝，方得有成。

爾後德軍之裝甲部隊分別於併吞奧地利與捷克之蘇臺德區時，均曾出動，證明其編裝可行，並根據經驗教訓，立即改進缺失。德國於入侵波蘭時，決定戰爭勝負的主要因素

---

[15]同上註，頁100。
[16]范健講授，《大軍統帥之理論與例證-第三卷》（臺北，國防部作次室，中華民國56年5月），頁1。
[17]同註十，頁8。
[18]同上註。

即為德軍在空中火力支援下，裝甲部隊之快速衝刺之縱深突擊。[19]德波戰爭創造出了「閃擊戰」（Blitzkrieg）的名詞，此次戰爭迅速且輝煌的勝利，也使德軍上下對此戰術有了一致的認同。簡言之，德國有軍事事務革命之動機與動力，並能在高層之支持下，努力實現。

反觀英法兩國，雖有李德哈特與戴高樂（Charles de Gallue）等有識人士，提倡機動作戰之理念與裝甲師編組之呼籲；並且早自戰爭爆發前三年，即已獲得法駐德武官對德國裝甲部隊建軍之報告，[20]但是兩國都沉緬於 1918 年光榮的勝利，以及戰車初次投入戰場之不良印象，軍政兩界的心態極度保守，認為戰車在推進中會因機械故障而失去動力，[21]頑強的堅持守勢的戰術思想，過度依賴「馬奇諾防線」，無視於白西班牙內戰以來，戰車運用的各種經驗與教訓，拒絕接納德波戰爭中德軍將戰車、無線電與飛機結合的結果，不單純是戰法的表現，而是已成為戰爭新的知識與科技之事實。

2.英法高層觀念守舊，思想傲慢，反應遲鈍，排斥不同意見與創新；德軍反之：

更不可思議的是，德波戰爭的結果，已明白顯示在即將來臨之作戰中，戰車居主宰地面戰場之地位。法國駐波蘭軍事代表團團長亞門高德（Paul Armengaud）與其情報處長高

---

[19]Basil II. Liddell Hart，紐先鍾譯，《第二次世界大戰戰史第一冊》（臺北，麥田出版社，1995 年 1 月），頁 72。
[20]Charles de Gallue，蔡東杰譯，《戰爭回憶錄-卷一-喚回榮耀》（臺北，左岸文化，2002 年 11 月）頁 27。
[21]同註二十。

希（Manuice Gauche），於戰後立即提出對德軍之戰法詳盡分析之報告，並指出德軍之作戰目標係以「擊滅波蘭的野戰軍而非占領華沙」，[22]法軍應以此為其準則與對德戰法檢討之重要參考才是正確因應之道。但是法軍總司令甘末林（Maurice-Gustave Gamelin）拒絕承認德波戰爭的教訓，認為波軍之失敗是「領導不佳，缺乏天然疆界」所致。[23]

然而，1940 年 3 月 20 日，法國的「D 計畫-B 變化」（Breda Variant）作戰計畫中，還是將戰車作為支援步兵之用。在敵人呈現以快速機動的戰法遂行下一場戰爭時，法軍仍然以上一次戰爭緩慢的步調與靜態戰法「坐以待敵」[24]，以致於至戰役爆發前，有七個月的時間，毫無作為，將主動權拱手讓人，一廂情願的希望敵人由自己預期的方向與作戰方式，負擔發動攻勢與戰爭責任的代價坐失戰機。

等到敵軍勢如破竹，潮水般的湧至時，依然不顧眼前的變局調整戰略部署，仍舊執著地因循舊有的攻擊理論，[25]企圖部署大規模的反擊，這種在錯誤的基礎上，做出的錯誤決策，豈能適應瞬息萬變的戰況，使得戰機一逝再逝，終至不可收拾之地步。

這場戰役，德軍是以英法不熟悉的戰略與戰術，施加於遲鈍呆板不知變革的敵人之上。能創機造勢，自然能掌握戰

[22]Eliot A. Cohen & John Gooch，紐先鍾譯，《軍事災難——戰爭失敗之剖析》（臺北，國防部史政編譯局，中華民國 84 年 9 月），頁 246。
[23]同註二二，頁 245-248。
[24]同註十一，頁 124。
[25]John Williams，劉立群譯，《粉碎巴黎防線》（臺北，星光出版社，中華民國 84 年 9 月），頁 7。

場的主動，以少勝多。換言之，沒有軍事事務革命的動機
與動力，（如附表一）昧於認清事實的結果，即是國家的敗
亡。

附表一：軍事事務改革動力模式要項分析

國別		德國		英法
改革急迫感	有	戰爭失敗 裁軍產生脆弱感	無	戰勝國 未檢討準則
建立權責組織主導改革	有	參謀本部主導	無	高層未能察覺改革必要性
制定未來願景與執行策略	有	由參謀與專業人士組成數個委員會，檢討大戰得失，參謀本部據以發展作戰準則	無	高層對未來無願景與執行策略 英法於戰前未完成戰備對德宣戰後無力出擊
進行溝通	有	陸軍總司令一再宣教機動作戰準則，政、軍高層採納其願景與準則	無	未制定戰爭願景或提出改革，故無可溝通
權責下授鼓勵創新	有	參謀本部鼓勵辯論、創造力與想像力，並對準則構想進行全面的實測	有	在授權上偶而為之，授權程度取決於參謀總長
組織內改革制度化	有	陸軍總司令鼓勵軍官團公開討論，以確保改革之持續	無	高階幹部不能持續貫徹缺乏完善的聯兵準則

資料來源：《美國陸軍轉型：美國陸軍戰院的觀點》頁 139-154。

3.閃擊戰是以兵力、火力、智力（力），於單位時間內
（時），對敵之某一有形或無形定點（空）之飽和攻擊：
由此可知，閃擊戰有兵力與火力閃擊，也有心理與精神之
閃擊，其精義其實就是創造並掌握主動，以敵人不熟悉的
戰法，在單位時間之內以極大的動量，對一個「定點」實
施各種層面的飽和攻擊，擊滅敵之有形戰力，摧破敵之無

形戰力，使敵無法因應作戰的步調，失去平衡，進而失去戰爭。因此，縱然在整體上是處於劣勢，但在局部上便可以形成優勢，質言之，這就是「戰略思想」的奇襲，以一個敵人完全陌生的思想理念，對敵人所造成的奇襲，往往是敵人無以應對的。這種事實在戰史上也一再的出現過，德軍的裝甲部隊的運用方式，與蒙古西征時，成吉思汗將騎兵部隊集中運用，以與歐亞當時各國不同的編裝與戰法，實施作戰，結果所向無敵，德軍如此，第一、二次波灣戰爭時美軍亦如此，由此可知，對未來戰爭而言，「資訊電子的閃擊戰」之作戰型態，亦復如此。

二、對軍事思想體認不同，導致戰爭延宕，曠日持久，最後失去勝利之戰例——不列顛戰役（Battle of Britain）

（一）戰役緣起：

法國投降後，歐洲大陸除蘇聯外（德蘇已簽訂互不侵犯條約），德國基本上已無可與其對抗之武力。但是英國仍然頑抗不屈，並積極尋美國之援助。德國認為有繼續採取軍事行動之必要，否則即可能喪失政治之主動。乃於 1940 年 7 月 16 日，頒布元首第 16 號命令，代名「海獅作戰」（Operation Sea Lion），[26]指示三軍擬定入侵不列顛群島之相關事宜。陸、海軍因徵集登陸船艦費時，初期無法發揮戰力，因此，當時能夠為登陸作戰創造有利條件的手段，就是空中武力。

德國空軍認為在空戰上以其數量、裝備與訓練，不足以達成速決之目標；英國之西部與西南部主要港口，亦在其空軍航程之外，

---

[26]鈕先鍾譯，《第二次世界大戰決定性會戰》，（臺北，軍事譯粹社，中華民國 66 年 3 月）頁 69。

無法摧毀英國海上武力，因此，對英國空軍之攻擊，成功之先決條件為「摧毀英國空軍以及支援它的航空工業」，成功後始可考慮攻擊英國之港口與船隻。[27]前者為創造戰役成功之必要條件與防衛德國之生存空間，後者為切斷英國之補給。

8月2日，戈林下達攻擊命令，列舉目標依序為：「擊滅英國空軍，贏得英格蘭南部之制空權，攻擊英國艦隊」。戰前德國空軍之戰力為轟炸機 949 架、俯衝轟炸機 336 架、戰鬥機 869 架、雙引擎戰鬥機 268 架，總計 2422 架。英國戰鬥機 704 架、轟炸機 646 架，總計 1350 架。德軍兵力悉可投入戰場，兵力比 1.8：1，德軍較優。

戰前雙方各有不同之優勢；德軍採攻勢，所有機種與兵力均可投入作戰；英軍為守勢，可用於防空之戰鬥機數量雖不如德軍，但已利用雷達之預警能力，建立全國性之防空作戰管制中心，可靈活調整兵力，主動決定出擊之時機與戰場。

（二）戰役經過

附表二：自 1940 年 8 月 7 日至 1941 年 5 月 22 日

階段	時間	德軍戰略目標	英軍作為
緒戰	0807 前	獲得海峽制空權	保存實力
奪取制空權	0807-0823	攻擊機場、組織與航空工業	以德轟炸機為目標，不與戰鬥機交戰
	0824-0906	攻擊倫敦迫敵戰鬥機決戰	
攻擊英國戰爭潛力	0907-0919	攻擊倫敦工業設施	
	0920-1113	攻擊全英發電廠與工業設施、港口	
	1114-0522〈1941〉		同上

資料來源：鈕先鍾譯，《第二次世界大戰決定性會戰》頁 90，參考德軍卡門胡貝〈Kammhuber〉將軍分類。鷹日〈攻擊發起日〉為 0813。

[27]同上註，頁 77-78。

經過月餘作戰，雙方互有損耗，英國之戰鬥機飛行員每月平均損失爲 480 人，補充僅 260 人。[28]德國之飛行員則以補充轟炸機爲主，戰鬥機之人員補充不足。至 9 月 17 日，希特勒認爲英國空軍並未被擊敗，加上未來天候不適於登陸作戰，決定將入侵日期延期，次日，將集中之船隻開始疏散，10 月 12 日，「海獅計畫」延至次年春季。德軍戰爭物資重點開始轉向，不列顛之役亦轉對英國有利。1941 年 6 月 22 日，德國入侵蘇聯，不列顛戰役結束。至 1940 年 10 月底止，雙方戰損：德機損失 1733 架，英機損失 915 架。

（三）戰役檢討

1.德國未完成對英作戰準備

1937 年 6 月，布侖堡（Von Blomberg）元帥任德國三軍總司令時，曾經考慮到對英作戰之事宜，但是在赫斯巴哈（Hossbach）備忘錄中，卻無對英作戰之計畫。1939 年 5 月，希特勒雖曾提示「切斷英國對外補給來源，即可迫其投降。」[29]但是，德國於法國投降後，「希特勒相信只要予以英國有利條件，英國即一定會同意接受一個妥協的和平。」因此，在大戰略上並無一個完整的對英作戰計畫與準備。德國陸軍從未受過海運以及登陸作戰訓練，受命後，只能臨時徵集船隻駛向海峽各港口，實施裝載訓練；海軍則不曾因欲達成登陸英國之目的而建造登陸艦艇，入侵英國所需之艦船徵集費時。儘管如此，因英軍主力已於法國戰場喪失其主戰之武器裝備，守備兵力與戰力相對薄弱，如能獲取制空權後，確實有成功入侵英國之可能。[30]

---

[28]同註十九，頁 183。
[29]同註二六，頁 75-76 。
[30]同註十九，頁 173-177。

因此，德軍唯一行動方案，只有依靠空軍摧毀英軍之意志與戰爭之資源，迫其求和。此為杜黑（Giulio Douhet）空權論之要旨，但是是否有實施之能力與所需之資源，直至戰爭爆發時為止，德國空軍並未做過圖上兵棋推演，以驗證對英國發動空中戰爭的可行性與成功公算。[31]

希特勒認為「英國是戰爭意志的代表，打敗英國是最後勝利的先決條件。」[32]然而其既無全程之構想，亦未授權軍方草擬相關之「戰爭計畫」。德國因未完成作戰準備，因此，「海獅作戰」於一開始，即已缺乏成功所需之條件。

2.德國對英作戰之目的與手段不能配合

德國於不列顛戰役之狀況，戰前未就英軍能力與限制，做過客觀之研判，未對其戰鬥機之防空能力做深入之估計，未予「海獅作戰」成功所需之軍備給予優先，致使作戰之目的與手段無法配合。

英國則深知本次戰役關乎其國家存亡，對英國而言是其本土唯一一次的決定性會戰，故全國上下一心，苦撐堅忍，以卓越的領導與巧妙的避戰，保存戰鬥機實力，不與德軍戰鬥機決戰，而以轟炸機為目標，避免不必要的損失，並加速戰鬥機之生產，遂使德軍無法獲得渡海攻擊所需之制空權。

3 德國於未達成作戰目標前即追求第二個目標

決策者同時追求兩個以上目標，乃作戰指導之大忌。在大

---

[31]同註二六，頁 77。

[32]馮克譯，《資源與戰爭指導》（臺北，國防部編譯局，中華民國 61 年 4 月），頁 73。

戰略指導上，希特勒始終希望英國政府會投降求和，其實心中念茲在茲的卻是對蘇聯的作戰，對於不列顛戰役的計畫與執行全權委之於空軍總司令戈林，未能以統帥之意志貫徹全程。後者則雖對入侵英國之可能性抱持懷疑之態度，但是卻好大喜功，誤用杜黑之空權理論，不斷的分散與浪費空軍兵力，資源無法集中於主要目標之上，導致未能完成德國之作戰目標。

在戰術上，戈林對德軍之指導亦犯下嚴重缺失。1940 年 8 月 1 日，德國之作戰命令明白表示：「空軍應以其一切可用戰力儘速擊滅英國空軍。主要指向為敵方飛機、其地面組織與補給系統，并同時指向航空工業以及生產防空之工廠。」[33]基本上此一作戰指導為唯一可行之方案，第一階段奪取制空權之作戰，對敵軍機場與指管站臺之攻擊，雖未澈底摧毀英軍，但是已使英軍之飛行員補充產生困難，「許多飛行員早晨跳傘安全回家，晚上又駕機升空。」[34]新人經驗不足，舊人過分疲倦，有生戰力傷亡率居高不下，英軍高層只有採取適當的避戰，以投入最需要之戰鬥為限，就在英國空軍飛行員、飛機及機場已抵無法支持之臨界狀況下，德國為報復英軍空襲柏林，於9月7日，轉移目標，轟炸倫敦。雙方之反應不一，德軍之戈林對其妻說：「倫敦已是一片火光」；英國空軍副元帥帕克（Keith Park）則說：「謝天謝地，德國人終於將攻擊火力由我要害機場調

[33]同註二六，頁 87。
[34]Clayton Roberts/David Roberts，賈士蘅譯，《英國史》（臺北，五南圖書出版，中華民國 75 年 10 月），頁 1070。

走。」[35]足見戈林作戰指導之錯誤，是為不列顛戰役無法達成之主因之一。

英國認為不列顛戰役之勝利，原因有三：戈林的由機場轉移目標到城市，皇家空軍戰術之改進（雷達支援下）與英國人之英雄主義。[36]如德軍不改變其作戰目標，其結果將如何，仍未可知，但目標一經改變，資源分配亦變，戰機卻一去不復返矣。

4 德國忽視新科技（雷達）對防空作戰之重要性

英國知道在地緣戰略上，「英格蘭的任何部分距離海岸都不超過 75 哩」，[37]所以除非有能力早期預警，使戰鬥機來得及升空應戰，否則其制空權即將不保。此種對空權論之認知，使英國積極研發雷達，以極大的精力與資源沿著海岸建立一條雷達警報系統，供其防攔作戰之用。

1938 年德國雖已獲知英國人正在進行雷達測試。1940 年 5 月於布倫（Boulogne）的灘頭上，曾俘獲一座機動雷達站。但是德國的科學家與戈林對此一新科技的功能並未加以重視。至 1940 年 7 月戰役發起之直前，德國人才發現雷達對其入侵作戰之重要性。但對其涵蓋範圍與作用評價甚低，也不曾對其實施有效的干擾或摧毀。[38]英軍則藉此系統之助力，成立防空資源集中管制體系，所有發現敵機的單位、個人（雷達站、對空監視哨、飛行員）都將資料報告至同一地點，由管制中心，掌握兵力運用之主動，此為英

---

[35]同註三四。
[36]同註三四，頁 1071。
[37]同註二六，頁 99。
[38]同註十九，頁 185-186。

軍能以寡擊眾之關鍵。[39]

不列顛戰役既啓，英軍是第一個將雷達與敵我識別器裝備到夜間戰鬥機上的國家，以使戰鬥機在夜間知道敵我之相對位置，以便攔截敵機，[40]並在戰爭中不斷的精益求精，終於使德軍無法得逞。德軍如能儘早加以攻擊並摧毀英國之雷達系統，使英軍無法統籌兵力之調配，同時，堅持其初衷，以英國空軍有生戰力爲目標，則制空權之掌握亦不過是時間的問題而已，然而德軍卻不思此圖，受英國之引誘而轉移目標，簡言之，對其忽視之結果則是失去了戰爭。

第二次世界大戰之科技、思想與訓練對軍事事務革命之關係

一、科技：

一般共同的看法，認爲科技的研發，對本次大戰的結果有決定性的影響，其實絕大多數第二次世界大戰歐陸戰場上使用的裝備，如新型的戰車、飛機與無線電等，都是在 1930 年代開始服役或設計的。在戰時因爲作戰的需求，而不斷的精益求精。所以基本上與其說是創新，不如說是改良，包括：「全面改進基本的型式、火力，增大機動力，研究替代物資與以較佳之工具設計增加工廠的產能，以達到增長戰力，補充戰耗之目的。」[41]

第二次世界大戰打了 5 年，至 1944 年底，才有噴射引擎、巡弋飛彈（V-1）、彈道飛彈（V-2）、長程火箭（德國）與原子彈（美國）

---

[39]曾祥穎譯，《數位化戰士》，（臺北，麥田出版社，1998 年 5 月）頁 289-290。
[40]同上註。
[41]曾祥穎譯，《世紀大決戰》，（臺北，麥田出版社，1997 年 2 月）頁 160-161。

等新發明問世參戰。[42]但是等到德國的新科技武器能夠參戰時,為時已晚,而且品項與數量均不足以扭轉戰局。然而,飛彈與原子彈的問世,爾後經過不斷的改進,威力月增,精度日進,給人類帶來文明毀滅的危機,亦給了杜黑的空權理論,於未來有實現之契機。成為戰略空軍與核武系統之濫觴。

二、思想:

第二次世界大戰在歐陸戰場,初期的戰場指揮,基本上可分為德軍的分權指揮與英法的集中掌握,前者為機動作戰快速分合之下必然的結果;後者則為拘泥於上一次大戰的觀念,墨守成規有以致之。兩者之間究竟孰優孰劣,可由戰史的結果來論斷。

在軍、兵種聯合作戰方面,新的戰術思想與作戰指導,如德軍的閃擊戰,是為現代建立了陸空聯合作戰的雛型,但在歐陸戰場的陸空作戰,大多仍是呈現軍種垂直本位,協調不易的現象,英國的防空司令部受陸軍之抵制即是一例。[43]三軍水平聯合,而且對未來戰爭型態影響最大的是盟軍的諾曼地登陸作戰。實際上,此次登陸作戰之準備上,也是吸收了不列顛戰役之經驗教訓,先擊滅德國之空軍有生戰力及其戰爭之策源地工業設施,獲取英倫海峽之海、空優後,方挾盟軍龐大的資源與人力、戰力遂行登陸作戰。

在空權理論實踐方面,平心而論,英德兩國對杜黑之理論所持之觀點概同。不列顛戰役中,英軍之作戰指導是以德軍轟炸機為主要目標,儘量避免與其戰鬥機接戰,以充分發揮其機動力與火力之優勢。德軍則苦於戰鬥機航程不足以掩護轟炸機遂行任務。然而戈林始終重轟炸而輕戰鬥,將主要資源投入轟炸機與俯衝轟炸機部

---

[42] 同上註。
[43] 同註十九,頁 189-190。

隊，對戰鬥機部隊則有諸多貶抑，[44]兩者之間難以相輔相成，自然不易獲得所望之戰果。英軍則於戰役結束後，至諾曼地登陸前，以空中戰力為手段，與美軍協力對歐陸德國之工業相關設施，實施戰略轟炸。但是初期並未吸取德軍失敗之教訓，誤以為其轟炸機之飛行高度，能夠避開德軍從英國人那裡學來的將雷達、攔截機與高砲結合在一起的反轟炸之高空攔截與防空火力，[45]致使轟炸機部隊損失慘重，1943 年時英美聯軍每次空襲平均損失 30 架，每架機員 10 人。[46]至 1944 年 3 月 4 日，方以 P-51 野馬式（Mustang）戰鬥機加掛副油箱護航，[47]方能有系統的摧毀德國之空防，創造登陸作戰所需之條件。

三、訓練

在人員素質上，法蘭德斯戰役，德軍之武器裝備均不若英法聯軍，其致勝之關鍵在於優異之人員素質與統一之戰術思想，使指揮官之用兵意志得以貫徹。其成功之原因除受益於塞克特上將之以具備高兩級素養，使人人可為幹部之人才培育基本方針外，德軍因規模受限，軍士官於基層歷練之時間甚長，人人嫻熟小部隊戰術戰法，因此，以新的戰術思想奇襲英法聯軍時，在部隊的指揮掌握上並無重大之窒礙，故能發揮以寡擊眾之戰力。

在戰具壽限上，不列顛戰役揭開今日電子戰之序幕。德英雙方在空戰武器之無線電電戰系統上，彼此是呈現「矛與盾」的關係，以螺旋的方式，向精益求精方向發展。英國將雷達縮裝到戰鬥機

---

[44]同註十九，頁 183-184。
[45]同註十四，頁 124-125。
[46]同上註。
[47]同註十四，頁 129-130。

上，開啓今日空用雷達之先河。無線電科技因實戰之需求，日新月異，由於一旦敵方產生新的反制手段，己方之電戰系統即無用武之地，必須更新或另謀反制之道。因此，戰具之壽限因電子戰之故，急劇縮短，到了第二次世界大戰末期時，科技與電子戰的發展，已預見到未來戰具是朝壽限愈來愈短，功能愈來愈多與威力愈來愈大之發展趨勢。

四、小結

檢討第二次世界大戰時之科技、思想與訓練對軍事事務革命之影響，在思想與訓練方面，法蘭德斯之役，雙方戰具概同，戰略思想與戰法不同，其結果德勝法敗；更可見孫子兵法中「戰勝不復」的真義。英法兩國在對德宣戰後，有 8 個月的時間毫無作為，不思主動出擊之道，而將戰場上的主動權，拱手讓敵。一味的「坐以待敵」，期望敵人會以上次大戰相同的戰略與戰法，以劣勢的兵力由其預期的方向對其發起攻勢。可以說英法聯軍的失敗是典型的「以上一次的戰爭經驗，準備下一次戰爭」的惡例。其愚至此，自陷被動，覆軍殺將，亡國滅家，實咎由自取。

在科技方面，第二次世界大戰中三軍之主戰裝備，外形上並無重大變化。但是由於無線電科技之突飛猛進，使得戰具更迭之周期變短；海空戰具因雷達之運用，指揮管制之問題得到初步之解決，遂使作戰之地域與空間不斷的擴大，克勞塞維茲所謂的「戰爭之霧」，自此以後則有逐漸改善或質變之可能；至於新兵器的運用，大多在因應戰爭之需要，應急投入戰場之後，多能收一時之效，唯其對戰局之影響，則視其後續之資源與作為，能否支持其作戰而定。

對我未來建軍之啓示

一、自古以來軍事事務革命之腳步未曾稍歇，知識與科技愈進步，改革之速度與幅度愈大，對我們的衝擊也愈大

未來的建軍，在武器系統上必將朝向「遠距、精準、小型、隱形」方向發展。以目前言，前三者已初見成效，現有之三軍武器載臺在電腦設計與線傳操控（fly by wire）之輔助下，亦已近乎達到物理性能之極限，任何新式武器系統欲超越目前之性能，所付出之代價，並不見得能與所得成正比。例如，美國之十字軍火砲（Crusader）與 RH-66 科曼契（Comanche）武裝直昇機，研製迄今，前者已然停止研發，後者則量產期程未定最後決定主動放棄，即可見其中困難重重。

未來之趨勢應將以「隱形」爲重點。在新舊武器系統上之研改與發展，藉奈米材料之「介觀」特性，針對現有之偵蒐感測系統之作業方式，反其道而行，使其無用武之地，以達到光學與電學之隱形；在思想上則講求以極高的「決策速度、打擊速度」，於不同之時間地點，在敵人決策循環圈內，對其實施瞬間飽和攻擊，達到「時間」的隱形。如同德軍之閃擊戰對英法高級指揮官造成之「心智」上之迷盲，大軍陷入癱瘓。換言之，此即爲孫子的「人皆知我所以勝之形，而莫知吾所以制勝之形。」才能「戰勝不復，而應形於無窮」之眞意

二、人才之良窳關乎建軍之成敗

「天下強兵在將。」「有不可用之將，無不可用之兵」。《孫子》說：「夫將者，國之輔也；輔周則國必強，輔隙則國必弱。」未來不論科技如何進步，思想如何創新，擬訂計畫，運用武器克敵制勝的

關鍵，還是繫之於「得人與否」，有此可見人才之培育對建軍之重要性。曾文正公治兵以「得人為第一要務」；《吳子》則說：「三軍之眾，百萬之師，張設輕重，在於一人。」[48]以此證諸於法蘭德斯與不列顛戰役失敗之一方，實屬適切。

前者，英法既已錯失阻止希特勒坐大之時機，一意姑息，最終仍不免一戰。就盟軍立場言，理應趁德軍主力尚在波蘭無法抽調南返之前，向北取攻勢，迫使德軍放棄既得之戰果或減輕波蘭之壓力。唯法國只以象徵性的出兵，稍遇抵抗，立即撤回國境，諉過於建軍未完成應有之戰備，不足以執行攻勢。軍隊作戰不力而以此為藉口，實為軍人之恥。及至德軍全面發起攻勢時，英法高級指揮官均不能審時度勢，一味的拘泥於錯誤之作戰計畫，一誤再誤，導致國家敗亡，生靈塗炭。

附圖：人才的具體要求（作者自繪）

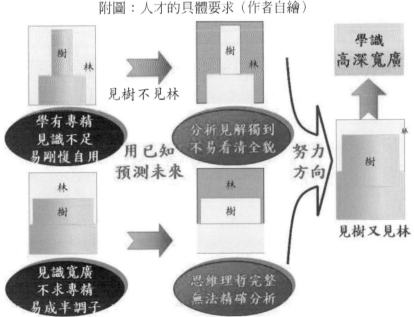

　　至於不列顛戰役中，戈林元帥無能預見對英作戰之兵機於先，又無力貫徹擊滅英軍有生戰力之作戰指導於後；復又虛矯自滿，大言侉侉，不能認清雷達與防空作戰關係，致使作戰目標無法達成，未能創造「海獅作戰」所需條件，是為「一將之無能，千機填溝壑」之典型，良以有也。

　　人才之獲得，有「轉移之道，培養之方，考核之法」。定國安邦文經武緯之士如曼斯坦等人的器識，是在國家需要的時候，面對危疑震撼的狀況下，能夠不慌不忙，穩當妥慎解決問題，維護國家主權與人民福祉的人。所得非人，如甘末林之流，不論是國家、軍隊與企業，平時也許孜孜矻矻，能夠得過且過於一時；一旦遭逢危急存亡之時，才具不足，在作戰指導上無能「策之，作之，形之，角之」，[49]必將坐視戰機流失，甚至不知有戰機何在，那才悲哀。

　　未來對人才之要求，標準只會愈來愈高，所要接受的挑戰也愈來愈大，必須具備跨領域「高深寬廣」，專業要高深，通識要寬廣的複合性的宏觀器識，接納並消化新的觀念，轉為我用，才能「求之於勢，不責於人」，在紛紛紜紜之中，鬥亂而不亂，為民之司命，國家安危之主也。

三、未來戰爭，空間不再是空間，敵我距離是「一鍵之遙」

　　未來戰爭的特質是綜合運用思想、科技、資訊與武器之下的「非接觸性」的「不對稱戰爭」。[50]戰爭的手段不限於軍事武器系統；戰爭的目的也不是藉由摧破的方有生戰力；而是以各種手段，從各種時空，「以非接觸的方式，粉碎敵國之經濟」，[51]迫其屈從我之

---

[49]《孫子》，〈虛實第六〉。
[50]張鐵華主譯，《第六代戰爭》，（北京，新華出版社，2004 年 1 月）頁 36-50。
[51]同註五十。

意志。

在資訊革命促成往網際網路與扁平式的網狀化作戰的環境下，美伊戰爭中第二次「斬首行動」（decapitation）從發現目標，至執行與戰果評估，僅需時 45 分鐘的事實，所顯現的作戰模式，預告了未來作戰方式為：在整合式的 C⁴/I/SR 系統與「遠距、精準、有效」的武器系統支援下，「一鍵在手，無遠弗屆」，空間已不再是空間，障礙亦已不再是障礙。我們不可再存有任何「天險可恃」的過時心態，因為在網狀化的資訊與遠距遙攻武器的作戰環境中，敵我之間的距離，業已超越地理的限制，僅只「一鍵之遙」而已。

四、如何不蹈前車覆轍，唯有知變制變於機先

第二次世界大戰歐陸戰場上法蘭德斯戰役，最讓後人議論的是英法高層在戰時的徒然墨守成規，不能知變、制變於機先，致使兵敗山倒，國破家亡。

第二次世界大戰之後，戰場環境與作戰方式日益變動不居，戰略、戰術與技術，都是朝由「機械式」至「有機式」的方向轉變。資訊科技帶給我們未來的課題是：人員、組織、思想、科技與社會都在變動的前提下，完成建軍備戰，保護國家生存與發展的任務。換言之，「變」是個常態，尤其是當「敵人」在變的時候，我們不能知變應變，而拿「不隨魔鬼的節奏起舞」作為藉口，那就是抱殘守缺，自取滅亡。

結論

《韓非子》的〈五蠹篇〉中說：「世異則事異，事異則備變。」「兵形象水」，講求的是「先為不可勝」與「因敵制勝」。軍事事務

革命的腳步是愈來愈快，我們無力在武器系統的硬體上隨時保持最新，但在思想觀念上則應永遠與時俱進。我們未來將面對的是一個新舊交替的混合而又充滿變化的軍事領域，其幅度之大，往往會超出我們既有的認知，（如飛彈防禦的課題）而讓人不知何去何從。

　　然而，問題不在於我們要不要、肯不肯改變；而是我們已被這股潮流推動著不能不改。滿清末年之「師夷長技以制夷」失敗案例殷鑑不遠，如果我們心態不改，瞻前顧後，甚至冥頑不靈，在全球戰略態勢改變與軍事科技飛快發展的衝擊下，面對中共的發展其結果如何，實不寒而慄。

民國 93 年 11 月 3 日
「二十世紀的戰爭與軍事事務革命」學術研討會

九、軍事科學工程在未來戰爭之地位

前言

　　《孫子》:「兵者,國之大事;死生之地,存亡之道,不可不察也。」《戰爭論》:「戰爭是政治另一種手段的延長。」這兩句是中西兵學的提綱挈領,也是大家耳熟能詳的話。但是古今中外對於其中內涵的體認,以及對於未來戰爭理論與實務的研究,到底是屬於「哲學、科學、兵學」的那一個領域,則受到文化傳承的主導而因人、因事、因地各有不同。

　　國軍認為「戰爭是人類為求生存而引起」,是敵對雙方自由意志的活動領域,具有「雙方性、暴力性與政治性」,其目的是為了保障人類福祉與人性尊嚴。[1]中共則主張「戰爭是流血的政治,政治是不流血的戰爭」;「戰爭是為政治目的而服務」,其目的是「保存自己,消滅敵人」。[2]兩岸都沒有採取《孫子》的思想,不過,兩相對比,不可否認中共的觀點雖然直截了當,卻也說明了無論各式各樣的立論如何,戰爭在人類的歷史上有其重要的地位,換言之,戰爭的發生在未來仍是不可避免。羅馬人說「要享受和平,先準備戰爭」(si vis pacem, para bellum),《司馬法》說「忘戰必危。」,[3]因此,研究並準備因應未來的戰爭,實在是關乎到國家生死存亡與民族絕續的

---

[1]國防部印頒,《國軍軍事思想》,(臺北:國防部,民國 71 年 5 月,再版),頁 71-74。
[2]陳培雄,《毛澤東戰爭藝術》,(臺北:新高地出版社,1996 年 6 月),頁 114。
[3]《司馬法》,司馬穰苴:「故國雖大,好戰必亡;天下雖安,忘戰必危。」

大是大非之事。

再者，歷史告訴我們在人類的文明發展的過程中，凡是任何關鍵性的科技有重大突破，例如火與鐵時，便必然會影響並改變人類的生活方式與社會的型態。有道是：「科技始終來自於人性」。[4]當這種變化需求動能逐漸由「點」擴張至「面」，累積到達某一個臨界點時，便會從「量變」轉爲「質變」，進而引發當代的社會產生革命性的變化。以往這種作用的催化劑主要是來自於戰爭的軍事科技需求，因爲要打仗除了編組軍隊爲「工具」外，更必須依賴當時可用或正在發展中之各種科技，打造供軍隊使用之武器系統，以克敵制勝，引導這種轉變的媒介則是被國家徵召的「軍民百工」（工程師們）。[5]因爲軍事的需求不是由市場利潤決定，而是因國家安全利益，敵情的威脅強弱，甚至君王間的恩怨而來（如歐洲歷次的王位繼承戰爭）。我們從東、西方中古世紀的歷史中就可以看得非常清楚，工程的能量愈強大，領導創新與改變人類生活軌跡的能力就愈大，但是受限於知識傳播與政治體制，軍事科學進展緩慢。[6]

這種現象在 18 世紀西方工業革命以後有了變化，軍事科技發展的速度與周期雖有加快與變短的趨勢，基本上還是能夠走在民生科技的前面。不過，等到冷戰結束，世界大戰的陰影一旦消除，軍事

[4]Nokia's slogan: "Human Technology. "手機大廠諾基亞的標語口號。
[5]「百工」一詞出自《周禮》〈考工記〉，描述當時之職業與工業；明朝崇禎 10 年（西元 1637 年），宋應星將中國古代百工之所做整理而成《天工開物》一書，其下篇〈佳兵章〉即對弓箭、弩、桿等冷兵器，以及火藥、火砲、地雷、水雷、鳥銃和萬人敵（旋轉型火箭彈）等武器製造方法有極完整之敘述，可謂是最早的一部工程百科全書，可惜未納入四庫全書，而使清朝中葉以來中國之軍事科技落後於西方。
[6]在「文藝復興」之前，西方受教會之箝制，陷入千年的「黑暗世紀」；東方則在中華文化薰陶下「柔遠人，來百工」而日益昌盛；可惜清代「固步自封」而使我國失去領先地位，落後至今。

科技發展的動力就弱化了；1990 年代進入到資訊科技時代之後，資訊產品的日新月異，不但帶動了社會的變化，市場龐大的能量也間接的促使軍事科技腳步相對的落後，而從主導變為相輔相成地位，使得軍事科學逐漸摻雜了民生科技的因素，在電子系統方面更有變本加厲之勢。

就《軍制學》的理論而言，國軍是循「打、裝、編、訓」思維理則，配合國家的綜合國力與科技發展，來從事軍隊之建設的。戰時經由戰爭的實踐，來檢驗其建軍之成敗。但是，在相對承平的時期，則必須藉由其武器裝備之發展，依據敵人之裝備之性能、部隊之訓練與編組之特性，找出敵人之弱點與強點，俾能本著「打什麼，有什麼」的理念[7]，並密切掌握敵情之發展趨向，以充分運用國家資源，先期預謀因應之道，建軍備戰防止或打贏下一場戰爭。

然而時代是一直向前向上推進的，新的科技必定會改進當前系統的缺陷，並淘汰失去競爭力的技術；從 1991 年以來的波斯灣戰爭、巴爾幹半島科索沃衝突、美國對伊拉克與阿富汗戰爭之經驗教訓觀察，可知在軍事上亦復如此。因此，對任何一個國家的軍隊而言，未來的戰爭都具有極大不可預測的變數，如何有效的掌握並利用這些變數，有利於我贏得戰爭，則端視「軍事科學工程」在其中發揮的作用與其地位如何，這也是本文研究之主要目的。

軍事科學工程與未來戰爭之定義

由於上述兩者，均未見於國軍的軍語，為有利於研究，作者擬

---

[7] 先總統蔣公所謂「打什麼，有什麼」之理念，係指一個國家先要預想未來應會面對什麼樣型態的戰爭，然後建造所望之武器系統，據以從事其國防武力建設與建軍備戰之謂也。例如第二次世界大戰之前的德軍「閃擊戰」，以及 21 世紀美軍之「網狀化作戰」思想。

先定義出「軍事科學工程」與「未來戰爭」之內涵，以做爲本文後續研究之基礎。

一、軍事科學工程之定義

軍事科學（Military Science）係研究戰爭的理則與規律，以指導戰爭之準備與逐行之科學。在軍事上其內涵包括：思想準則、組織編裝、教育訓練、系統裝備與戰場整備等學門，是作爲國家依據其固有之軍事思想制定戰略指導，從事建軍備戰，維護國家安全與保障國家利益之科學。

至於「工程」（engineering）一詞，在我國遠自周朝以來，「知者創物，巧者述之，守之，世謂之工」；[8]《周禮》〈考工記〉曰：「審曲面，執以飭五材，以辨民器，謂之百工」，[9]來代表各類的工人（科學家），「來百工」招攬各行各業優秀的人才，是我國自古以來「治國九經」之一，[10]因爲「工是技術性質之工作；程則有度量、尺度、數量、法式、考察、計算等義」，[11]工程師稱之爲「將作」。[12]目前通用之「工程」是明末外來語，源自拉丁文的 ingeniarius 指的是「內在資質而自生之意」，羅馬人將其引申到軍事上而有「智慧、機巧與熟練之性質」[13]，衍生至 18 世紀而爲「幕後策畫；技巧的操縱」之意，[14]在理則上就是「工夫之進程也」。[15]職是之故，作者認

---

[8] 李約瑟，陳立夫主譯，《中國之科學與文明-八》，（臺北：臺灣商務印書館，民國 69 年 8 月，3 版），頁 22。

[9] 同上註。

[10] 《中庸》，〈哀公問政章〉。

[11] 同註 8。

[12] 李約瑟，陳立夫主譯，《中國之科學與文明-八》，頁 18。

[13] 李約瑟，陳立夫主譯，《中國之科學與文明-八》，頁 17。

[14] 梁實秋主編，《遠東英漢大辭典》，（臺北：遠東圖書公司，民國 74 年 10 月），頁 675。

[15] 王雲五主編，《辭海-上》，（臺北：中華書局，民國 69 年 3 月），頁 1516。

爲「工程」在我國指的是「一種合理安排實務本末先後與輕重緩急的思維理則」。

因此，在本文中定義的「軍事科學工程」（Military Science Engineering）是「以人類社會對戰爭準備與實施爲研究對象，並以軍事科學爲體，工程爲用，彼此相輔相成的知識體系。」

二、「未來戰爭」之定義

進入 21 世紀以來，由於戰爭的型態明顯與以往不同，美國、中共與俄羅斯乃依據自己的國情與威脅，幾近於同一時期，紛紛提出各種理論，可謂百家爭鳴，如雨後春筍。相對的北大西洋公約組織（NATO）卻未見有任何突出的新戰爭理論出現，面對未來西歐的軍事地位也明顯有弱化的趨勢。[16]這些思想如果從野戰戰略層次（含）以上的著眼來觀察，未來戰爭的主流型態，從野戰戰略層次來看，較著名者有美國的將網際網路的思維與概念，應用到軍事行動上的「網狀化作戰」（Network Centric Warfare NCW）；[17]中共的將《孫子》「奇正相生」概念極大化，實施「不對稱作戰」（Asymmetrical Warfare）的「超限戰」；[18]以及俄羅斯主張的「高科技無人載具正規非接觸戰爭」的「第六代戰爭」等。[19]

另外，在戰術層面則有美軍主張的盡諸般手段以達戰略效果的

---

[16]英法德義等國自 18 世紀以來，屢見新的軍事思想，引領世界潮流；二次大戰以後則黯然失色，淪爲美國之附庸。近期克里米亞紛爭，北約不但無力制裁俄羅斯，反而投鼠忌器，一再姑息。

[17]David S. Alberts, John J. Garstka & Frederick P. Stein. "Network Centric Warfare "US. DoD C⁴/I/SR Cooperative Research Program. Feb. 2000. pp88-93.

[18]喬良、王湘穗，《超限戰》，（北京：解放軍文藝出版社，1999 年 2 月），第 6、7 章。

[19]張鐵華主譯，《第六代戰爭》，（北京：新華出版社，2004 年 1 月），頁 42、394。

「基於效果作戰」（Effects Based Operation），[20]陸戰隊軍事與戰地政務結合的「五環論」，以及將特種部隊用於小型目標的「震撼與威懾」（Shock & Awe）；[21]中共的以「空天制勝」為未來戰爭雙方所必爭的「太空戰」；[22]雖然各有其立論之基礎，但是卻並不周延，有其侷限性。然而，不論各家理論的著眼如何，都沒有脫離以資訊科技為其後盾的範疇。

如果以實戰觀察以上的戰爭思想；美軍將「網狀化作戰」的概念，初次運用到 2003 年對伊拉克發起的「自由伊拉克作戰」（Operation Iraq Freedom OIF），獲得極輝煌的戰果；旋即俄羅斯也發生二次的「車臣內戰」，但為城鎮戰型態而沒有驗證「第六代戰爭」思想的能力與條件；中共則尚在「理順軍隊的關係」也沒有供其驗證理論的機會。不過俄軍傷亡慘重的表現，被拿來和美軍在伊拉克與阿富汗戰場上那種「風林火山」，動如雷霆，分合自如的行動對比，[23]引起共軍高度的注意。認為俄軍的勝利是用犧牲官兵生命換來的，美軍的成功則得力於網狀化資訊將戰力的整合。[24]這樣的經驗教訓，使中共在 2006 年「制定『三步走』發展策略，走以機械化為基礎，以信息化為主導的跨越式發展道路」之建軍路線，[25]以「打贏信

---

[20]郁軍、貢可榮等譯，《基於效果作戰》，（北京：電子工業出版社，2007 年 8 月），頁 1。

[21]李育慈譯，《論 21 世紀戰爭-超級震撼與威懾》，（臺北：國防部，民國 99 年 3 月），頁 6。

[22]李大光，《太空戰》，（北京：軍事科學出版社，2001 年 11 月），頁 2，第九章。

[23]《孫子》，〈軍爭篇〉，「兵以詐立，以利動，以分合為變者也。故其疾如風，其徐如林，侵略如火，不動如山，難知如陰，動如雷霆。」

[24]秦思，《俄羅斯軍事改革啟示錄》，（北京：解放軍出版社，2008 年 1 月），頁 333-338。

[25]中共國務院，《2006 年中國的國防》，〈第二章：國防政策〉段。「三步走」指的是 2010 年打下基礎，2020 年初步完成建軍，2050 年實現國防現代化。

息化條件下的局部戰爭」爲目標。[26]

在戰爭的規模方面，我們依據目前國際戰略情勢分析，雖然不時有衝突的發生，根據統計 2000-2009 年間，局部戰爭和武裝衝突共發生 405 件，[27]卻大多以內戰或準軍事行動爲主，沒有超出聯合國「維和作戰」（peacekeeping）以外的程度，未來發生大型武裝衝突或者類似美國與伊拉克之間規模戰爭的機率不高，仍以小型或局部地區衝突的可能較大。

不過，值得注意的是，對如美國、中共、印度與俄羅斯等地廣人眾，資源豐富國家而言的局部戰爭（Local War），對小國寡民資源緊俏的國家則應該是生死存亡的戰爭（Fatal War）。因爲前者有足夠的縱深，後者卻無迴旋之餘地[28]。對美國而言，指的是於境外實施「大型戰爭」（Major War）以下，作戰層次（含）規模的作戰；[29]中共是需動員一個以上軍區戰力的「中戰」；[30]俄羅斯則是對一個共和國（如車臣、喬治亞、烏克蘭）的戰爭；這些國家的局部戰爭縱然失利或陷入「費留」[31]－如美國之於越戰；前蘇聯之於阿富汗－固然會對其社會與經濟造成極大的傷害，卻還是有復原的機會；但是對

---

[26]中共國務院，《2008 年中國的國防》，〈二、國防政策〉段。新時期積極防禦的軍事戰略方針－立足打贏信息化條件下的局部戰爭。

[27]蕭石忠主編，《2010 年世界軍事年鑑》（北京：解放軍出版社，2011 年 1 月），頁9。

[28]美國有兩大洋做天然屏障；毛澤東的積極防禦是「誘敵深入，後退決戰」；俄羅斯則是可以烏拉山爲依托，將拿破崙與希特勒大軍拖垮在冬天惡劣的氣候。

[29]冷戰時期美國的軍事戰略：「同時進行兩場大規模地區性戰爭」；指的是東北亞、臺海、西歐、中東以及西南亞等地。

[30]李乾元上將，1999-2007 年擔任蘭州軍區司令員達 8 年之久；1985 年任第 1 集團軍軍長時（尚未授少將階）提出陸軍應有「打勝小戰、遏止中戰、防止大戰」之能力；「小戰」指只動員一個軍區的戰力；「中戰」則需動員一個以上軍區的戰力；「大戰」則是全面的實施反侵略戰爭。

[31]《孫子》，〈火攻篇〉，「夫戰勝攻取，而不修其功者凶，命曰費留。」師老兵疲，徒勞無功之意。

伊拉克、阿富汗與車臣等國家則是《孫子》所謂「存亡死生」的大
義。

　　因此，就我國的立場探討未來的戰爭，則是應該做好因應「下
一場戰爭」（The Next War）的準備。唯有如此軍事科學工程才能在
未來戰爭中發揮知識所累積的力量。同時過去十年來也未見有比較
值得注意之思想出現，因此，吾人可以得出以下的結論：「未來戰
爭」對大國言是「網狀化的局部戰爭」；對我們則是「軍民結合的網
狀化戰爭」，而且是決定國家命運的戰爭。

軍事科學工程對未來戰爭之重要性

　　根據本文的定義，「工程」是統合事務的本末先後，輕重緩急的
科學與藝術，因此，軍事科學工程的內涵是一種「系統體系」
（System of Systems）的學門，[32]這種思維是藉由共同遵照標準的規
範，將各個不同的子系統－無論是「資訊系統武器化」，或「武器系
統資訊化」－整合成為一個大的體系，以發揮聯合戰力最大的功
能。[33]中共將這種理念稱之為「系統集成」，是美軍「網狀化作戰」
的核心思維。

　　在軍事科學上，世界各國軍事成敗關鍵之差異，在於對科技變
革的思維理則與優先順序之體認與作為，尤其是科技與國力相當的
國家之間更是如此。以下三個戰例便是明證。

---

[32] 曾祥穎譯，《軍事事務革命－移除戰爭之霧》，（臺北：麥田出版社，2002 年 3
月），頁 121-126。
[33]「資訊系統武器化」指的是以資訊系統用於作戰如實施電子戰、網路戰（Cyber
Warfare），以癱瘓敵軍之指管通情監偵體系；「武器系統資訊化」則是將資訊子系
統加裝在武器平臺上使之具有新的功能與戰力，如「聯合直攻彈藥」（Joint Direct
Attack Munitions JDAM）將 GPS 加裝在傳統的炸彈上，使「笨彈」（dumb bomb）變
成「精靈炸彈」（smart bomb）。

　　例如，1870 年的「普法戰爭」（Franco-Prussian War），儘管法國兵多將廣，武器精良，飽經戰陣，卻在「色當戰役」（Battle of Sedan）一敗塗地，棄械投降，任憑普魯士宰割；[34]普軍的勝利固然有賴於老毛奇（Helmuth von Moltke）優異之將道，但是主要因素則是充分利用了當時的民生科技，法國也有，但卻不會用：民間的鐵路。[35]致使當法軍還抱持著拿破崙時代「內線作戰」的各個擊破思想時，普軍已運用鐵路採取了「外線包圍」的戰略，以誘使法軍解麥茨之圍（Siege of Metz）為餌，分進合擊，一舉擊滅法軍主力，迫使法國屈服，簽訂了「法蘭克福條約」，將亞爾薩斯-洛林（Alsace-Lorraine）兩省割讓給普魯士，德國統一，卻埋下第一、二次世界大戰的種子。[36]

　　在一個世紀以後，美國與蘇聯亦復如此。1977 年美國國防部高層開始共同思考如何將科技運用到軍事上，引誘經濟陷入停滯的蘇聯與其競爭，使其不堪負荷而衰亡；同一時期前蘇聯總參謀長歐加科夫（Nicolai Ogarkov）元帥見到美國的變化，也主張提倡「軍事技術革命」（MTR），來對抗以美國為主的西方。結果美國提出雷根時期的「星戰計畫」（SDI），其基礎研究奠定了美軍未來數十年無可匹敵的地位；後者則被外放到「華沙公約組織」當一個傀儡總司令，冷凍人才的後果，蘇聯旋即瓦解，接著，俄羅斯歷經兩次車臣內戰，百廢待舉。

　　第三個則是伊拉克的例子。1979 年海珊（Saddam Hussein）掌權後，1980 年 9 月在美國的授意，及波斯灣國家的支援下與伊朗打了近九年的戰爭，也是冷戰結束直前，規模最大時間最久的傳統戰

---

[34]1940 年法軍又再度兵敗色當，此次則是對戰車運用之不清。
[35]曾祥穎譯，《軍事事務革命－移除戰爭之霧》，頁 24-26。
[36]都德的〈最後一課〉。

爭；在這場戰爭中，兩伊的軍隊都是戰備不周，訓練不足，指管不當的部隊，自古以來中外戰史上所有發生過的錯誤，都可以在「兩伊戰爭」中發現，堪稱是一場典型的爛仗。只不過讓人匪夷所思的是海珊在戰前、戰時與戰後都不顧大局，一再的整肅高級軍官，[37]培養私人軍隊，弱化伊拉克軍隊的戰力。[38]自 1980 年代的兩伊戰爭至 1991 年的波灣戰爭，以至於 2003 年的美伊戰爭，海珊都是採取同樣的方式與不同的敵人對抗。結果便是將伊拉克帶向今日國破家亡，慘不忍睹之境地。

以上三個戰例，就軍事科學工程的角度觀察，對我們啓示最大的，應該是美軍兩度對伊拉克的用兵，因爲雙方的武器裝備並沒有重大的改變，但是整個作戰的方式卻爲之丕變，深符《孫子》「戰勝不復」之旨意。

美軍今日的轉變起自於越戰失敗後的全面檢討。以「星戰計畫」的研究爲基礎，每一場戰爭都促使美軍有新的改變；1991 年第一次波灣戰爭是正式將資訊與尖端科技結合知識，運用到軍事領域的準數位化戰爭。1998 年的科索沃戰爭，美軍將「網際網路資訊」野戰化的雛型用之於戰場，2001 年對阿富汗的用兵則以「系統體系」的概念將此一戰法更完善，2003 年第二次的波灣戰爭，成爲「網狀化作戰」的試金石，戰後美國陸軍戰爭學院即全面展開案例之研究與檢討。[39]美伊兩次在波灣的交戰，相隔了 12 年，美軍初步

[37]1979 年 7 月，海珊掌權後即整肅復興黨與什葉派之軍官計 68 人；1982 年中，撤職 300 餘名將級軍官，其中 15 名遭到槍決，由其家鄉遜尼派軍官取代。見 Anthony H. Cordesman & Abraham R. Wagner. *The Lessons of Modern War Volume Ⅱ: The Iran-Iraq War* ,p27;44.
[38]除了建立「共和衛隊」外，正規部隊營級指揮官大多以其家鄉之遜尼派軍官取代；後者雖願意對伊朗作戰，但是將宗教信仰與政治忠誠置於軍事專業之上，根本不事訓練與作戰。
[39]毛翔、孟繁松譯，《美軍網絡中心戰案例研究－作戰行動》，（北京：航空工業出

完成「從機械化轉型到信息化」。[40]以資訊科技將三軍戰力整合之後，從軍事科學工程的角度，兩相比較美軍與伊軍變化，我們可以清晰的見到尖端資訊科技與精密技術對戰具的影響，也見到聯戰準則對統合戰力與指揮管制的功效，這種影響與功效相乘產生戰力倍增的結果，僅以第一線戰場狀況圖像傳輸演進為例，即可說明其中的差異。

1991 年第一次波灣戰爭時，美軍各級指揮所之作戰圖是以商用大型彩色印表機，將衛星傳來的伊拉克地理圖像列印下來，上面覆蓋透明膠布，描繪兵力部署與戰況之進展，方式與以往大同小異，這些都是我們熟悉的作戰方式；通信係以有、無線電話之語音聯絡為主，容易口誤；戰區之數據通信與管道則被各部隊間大量的通信，以及國際駭客以丹麥為跳板的入侵，造成頻道壅塞，指揮體系無法發揮預期功能。

2003 年第二次的波灣戰爭，美軍各級指揮所是以大型下板顯示器，直接接收衛星圖像，代替彩色作戰透明圖，第一線部隊以筆記型野戰電腦（FBCB[2]）連線，[41]狀況回報、接收命令、情資傳遞與後勤支援，簡明扼要；通信則藉數據網路為主，有、無線電為輔，完成上、下、左、右之間部隊的聯繫工作[42]。後者這種近乎即時（near real time）的戰場狀況覺知（situation awareness）整合式狀況圖，已然超出我們一般中、高級軍官所熟悉的部隊指揮掌握方式。事實上

版社，2012 年 4 月），頁V。
[40]張召忠，《怎樣才能打贏信息化戰爭》，（北京：世界知識出版社，2004 年 6 月），頁 119-120。
[41]Force 21 Battle Command Brigade and Below （ FBCB2）：21 世紀旅級暨以下部隊戰鬥指揮系統。
[42]王力行、刁明芳，〈執行力大師，統領鴻海－郭台銘〉，《遠見雜誌五月號》，（臺北，天下遠見出版公司，中華民國 92 年 5 月 1 日），頁 53-54。

其功能有如砲兵之集火射擊時「測地統制」的功能一樣，是統合兵力、火力、後勤、保修運用成功的必要條件。任何一個指揮官若能「知天、知地、知敵、知我」，能夠判明敵我相互之間重要關係[43]，理論上便比較能夠精準的用兵，尤其是在「敵不知我之所知」的狀況下為然，能較敵軍更快作出正確的抉擇，下達決心，更迅捷的調整部署，自然能爭取時效，創造戰機，發揮戰場透明化帶給指揮官的效益。

反觀伊拉克的指揮管制體系在被美軍「打聾、打癱、打瞎」之極不利的狀況下，海珊仍然維持已往的型態，以上次失敗的作戰指導方式指導未來作戰，用錯誤的人來打錯誤的仗，導致伊軍處處貽誤戰機，任憑美軍宰割，終至部隊無人指揮而棄械、棄職逃亡，伊軍宛如人間蒸發。

時日至今，又是一個十年。美軍雖然在阿富汗與伊拉克贏得了勝利，但是不能順利的結束戰爭。美軍不顧兵家大忌，長期停留於戰地不回的結果，反而使昔日的敵人有了可乘之機，以簡單的工具，發揮「軍事科學工程」創意，運用戰時失散於民間的軍火與美軍遺棄或盜賣的軍用物資，[44]製造各式各樣的「急造爆裂物」（Improvised Explosive Device IED）－例如汽車炸彈－從容觀察美軍行動的規律，以「遠伏、誘伏、待伏」或幾種手段併用的方式，利用無線電與行動電話遙控引爆，伏擊美軍，成為美軍傷亡的主要原因。[45]這種美軍受制於低科技，無謂犧牲官兵性命最後不得不撤軍的反諷現象，更是值得我們深刻的思考。

---

[43] 曾祥穎譯，《軍事事務革命：移除戰爭之霧》，頁168。
[44] 美軍在阿富汗、伊拉克征戰多年，大量物資流落至黑市或跳蚤市場，撤離時則幾乎全留在當地。
[45] 2009年8月，美國防部公布自2003年至當時止，美軍於伊拉克陣亡4337人，傷3100人。

　　平心而論，無論美軍的「網狀化作戰」或阿富汗、伊拉克的「土製炸彈」，都是當代資訊科技興起與社會演變帶來的戰爭思想；前者是一種「打什麼，有什麼」的「螺旋演進」觀念，也是強國軍隊因應資訊時代戰爭的作戰方式。這種作戰思想有其實施的先決條件，一經提出即面對實戰的考驗，但仍屬人性與組織化的作為，只不過是轉變了我們思考的方式[46]—在思維上，應將「煙囪式」的軍事體系視做「扁平化」的企業體系；在戰力上，要從武器載臺轉到資訊整合上來[47]。美軍之所以有這種概念，主要是來自於要解決第一次波灣戰爭中資訊互連互通不足，不能同步作業的缺失，要在緊縮的預算與兵力限制之下，充分發揮資訊科技帶來的優勢，贏得戰爭的勝利。後者則是弱小的一方「有什麼，打什麼」，以有限的物資，利用現有的科技與條件，發揮軍事科學無限的創意，以獨特的「革命戰法」造成敵方難以接受的損失，無法達到其所望之政治目的，而不得不妥協或撤軍。前者是建軍應走的發揮集體智慧之正常道路，能夠贏得戰爭的勝利；後者則是個別展現弱勢一方的創意，為抵抗優勢之敵，不得以而行之的奇兵，難以收到實際的成效。不過兩者成效之優劣與評價都要視軍事科學工程在其中發揮的作用而定。

　　美軍經過了在伊拉克的實戰經驗與檢討，比照「網際網路」的觀念，建設強固的「網狀化作戰」體系，將三軍各種不同的太空、空中、地面、水面與水下各類型 C⁴/I/SR 系統與武器及人員整合起來，用之於野戰的環境，使其產生相乘的效果，得以在指揮管制上「知天、知地、知敵、知我」，並在後勤支援上能「適時、適質、適量、適地」，俾發揮整體戰力，以克敵制勝。其目的在於要能夠達到

---

[46]David S. Alberts, etc. 《前揭書》p.88。
[47]同上註。

孫子所說：「知戰之地，知戰之日，則可千里而會戰」的要求。[48]這
種軍事科學的理念已經廣爲世界各國所接受，中共也在 2006 年確定
了要走這條路，只不過名詞不同而已。

　　然而，在當前國防預算縮減與外在威脅減低的戰略局勢下，世
界各國在建軍的軍事科學上便產生了究竟是應採取「最佳、最好、
最先進」，還是「經濟可承受、技術可滿足」或者「兩者兼顧」的路
線考量[49]。也就是說，資訊科技的進步雖然促成了新的軍事事務革
命，蔚爲風潮，在軍事領域得到了共識，使軍事科學工程有了新的
方向，但是主觀的制約（裝備壽命周期太短）與客觀的環境（需求
與威脅）卻使得其發展的腳步，不如預期。

　　而且從智慧型資訊產品（由滑鼠點擊、觸控選項到語音指令）
用之於人們生活之現實證明，尖端科技與知識經濟運用於各種領域
及軍事的步調愈來愈快，市場的變化不停的挑戰我們既有的認知與
作業程序，也迫使我們不斷的從事變革與轉型。這種主觀的事實，
使得軍品軍用規格的訂定，武器系統的升級，永遠趕不上市場商品
的變化，而使得我們不得不從商用現貨市場上找尋適宜的產品以因
應戰況之需要。因此，「市場現品野戰化」與「商用服務軍事化」的
「軍民通用」便成爲一種未來軍事科學工程的途徑。[50]

　　以智慧型資訊產品與家庭電器用品以人工智慧結合的趨勢，以
及「AH-64E 阿帕契」（Apache）武裝直昇機的智慧型頭盔射控系統的
例證來看，可知不久之後新的武器裝備系統往「人員、武器、通

---

[48]《孫子》，〈虛實篇第六〉。

[49]依據作者研究觀察：美國以追求創新爲主以可負擔爲輔；德法是以可負擔爲考
量；中共則力求兼顧。

[50]「商用現品野戰化」指的是在戰場上直接使用市場上有的現貨，如瓶裝水取代工
兵的給水作業；「商用服務軍事化」指的是美軍利用「聯邦快遞」與「貨櫃運輸」
減輕後勤尾巴的負擔。

資」一體化乃是必然的現象。[51]然而，一般人的資訊與家電大都是有新有舊，在經濟能力有限的現實下，隨時全面汰舊換新，不符實際；軍隊亦然，在平時現有配備的武器都是舊式的居多，部隊的武器裝備系統也存在「新老並存，高低搭配」的情形。市場上的作法是將新產品預留硬體成長空間，以利促銷。[52]舊品則以「外掛」（plug-in）或「外加」（add-in）程式提升性能使彼此相容，以延長使用年限，等到消費者換機時，這些外加功能全都變成「內建」（embedded）程式。美軍則是比照這樣的思維理則，用「貼花」（Applique）概念以模組，[53]或「人機介面」提升現有裝備的性能－如美軍在對伊作戰期間臨時增撥「友軍追蹤系統」（Blue Force Tracker BFT）以避免誤擊友軍[54]－使我軍之「短板」不成為弱點，戰力能夠相輔相成而不致於產生「木桶效應」，[55]由此就可以知道軍事科學工程在其的角色有多麼重要了。

產生與運用知識戰力是軍事科學工程影響未來戰爭的張本[56]

一個人，再天才也好，都比不過一群人的智慧，尤其是多少年傳承下來的智慧，簡單來說就是知識。所謂「聞名為知，見形為

---

[51]AH-64E 阿帕契武裝直昇機、M1A2SEP 戰車與 M109A6 自走砲，其操縱與射控都是採取視窗對話的方式；並可以依據戰況提出相對合理的建議，供乘員在戰火下參考。
[52]如購買電腦時「免費」加裝記憶體的促銷手法。
[53]意指為一組特定之「數位化提升套件」。
[54]其作用類似戰機與防空系統之「敵我識別器」。
[55]指一個木桶裝水的容量不是由最長的而是由最短的木板決定的，又稱「短板效應」。部隊武器系統與整體素質的高低亦然，不是取決於最優秀的，而是取決於一般或最弱的素質。
[56]「豫為後日地步」謂之張本。

識」。[57]「知識就是力量」（knowledge is power），如果用在軍事上可以解釋爲「知識就是戰力」。人的才智有「生而知之，學而知之，困而知之」三種，人文科技的進步使得「學而知之」成爲獲得知識傳承的主要手段，然而知識是我們自己對事務的一種詮釋，能否轉化成爲所望的戰力，端視其能否利用主客觀條件，融合知識去創新與統合可用的戰力克服所面對的狀況。

　　知識戰力究竟取決於經驗還是學識？在我國戰史上，戰國時期趙國的趙括與宋朝時的岳飛就是兩個極端的典型。前者飽讀兵書，卻不知用兵之道，在「長平之役」被秦軍坑殺趙卒四十萬，留下「紙上談兵」的笑柄；[58]後者雖然被其上官宗澤認爲不喜兵書，卻能深黯「陣而後戰，兵法之常；運用之妙，存乎一心」成爲一代名將；[59]可見自古以來知識能否轉化爲戰力不在淵博與否，而在能否審時度勢，以其慧眼明覺，發揮知識戰力的優勢，因敵制勝；不過這種條件在現代與未來的網狀化的作戰環境中，已不是爲將者之專有，而必須講求軍事科學工程集體知識的優勢才行。

　　我們都知道在戰場上從各種途徑與偵蒐系統獲取的情資，只是一堆無意義的資料，需要透過我們的分析、比對與思考，進行內化（內心思維或系統分析），情資才能轉化爲可運用到作戰上的情報。軍事科學工程已藉由 C[4]/I/SR 系統與觀念，使得情報的產生與分析比以往更有效率，卻也埋下新的變數。而且，軍事科學工程的難，就難在我們面對變化不拘的未來，習慣以老的思維來駕馭新的知識或

---

[57] 王雲五主編，《辭海-中》，（臺北：中華書局，民國 69 年 3 月），頁 3175。
[58] 公元前 260 年趙括率大軍與秦將白起於韓國上黨郡發生「長平之戰」，結果趙卒被坑殺 40 萬。
[59]《宋史》之評價：「善以少擊眾。欲有所舉，盡召諸統制與謀，謀定而後戰，故有勝無敗。猝遇敵不動，故敵爲之語曰：『撼山易，撼岳家軍難。』」乃是集眾人智慧以發揮戰力的典型。

遲疑不決去做新的嘗試,也就是說很容易以上一次的戰法來打下一次的戰爭。第二次世界大戰之前法國的「馬奇諾防線」,中共的「懲越戰爭」都是例證。其次則是只想把「舊酒裝新瓶」卻缺乏全般的概念,或不求甚解,只知單一的系統,而不知配套的體系,以為將所有的新舊系統湊在一起就是「系統體系」了。美軍在阿富汗與伊拉克的作戰,以及恐怖份子的作為,都告訴我們資訊科技變化的快速,未來的戰爭的方式,武器系統與軍事體系,必然會超出我們現有的認知,可以說資訊時代的知識定義已然超出以往「聞名見形」的範疇,而是將所掌握的資訊「轉化成為使一個系統或系統體系如何以我們所望方式運作的指令」,[60]因此必先要改變我們的觀念,不宜對軍事科學工程有「先入為主」或「以偏蓋全」的偏執,[61]才能夠吸收新的知識,將「精準、意外、備份、餘裕、容錯、除錯」觀念與個人及團體的知識結合,[62]取精用宏,而後融合成為運用到軍事科學工程的知識戰力。

軍事科學不只是科技的範疇,更應重視人文的領域,因為以往戰力的提升大多是藉新式武器系統的部署,或性能重建等有形的手段來達成,如美軍的「未來戰鬥系統」(Future Combat Systems FCS),但是在威脅降低,預算縮減的前提下,其資金、技術甚至構想都難以支持,而不得不終止項目的研製-如 RAH-66 科曼契(Comanche)武裝直昇機;[63]未來則逐漸轉向依據資訊科技發展的

[60]例如各系統情資之傳輸融合-射擊解算-系統建義-指揮指令-系統發射-系統回報流程。

[61]以「漢光演習」中要求陸航出海攻擊為例。論者只見直昇機暴露風險與導航困難,而不見如何解決問題,以及以地獄火飛彈迫使登陸船艦往外海退後 8 公里增加其登陸失敗機率的戰略利益。

[62]曾祥穎譯,《軍事變革之根源-文化、政治與科技》(臺北:國防部譯印,民國 94 年 11 月),頁 308-309。

[63]由波音與塞考斯基合作開發,搭配「匿蹤」科技,預定取代 OH-58D。2004 年 2

進程，以知識與無形的方式更換模組，融合人工智慧等來達到所望
之目的。

從 1965 年硬體的摩爾定律[64]，與 1995 年網路的梅特卡夫定律
[65]，到今日之雲端網路、大數據乃至人工智慧的實踐，我們已然認識
到未來社會一直在變，知識過時的速度也必定非常快速，必須要在
不對稱的狀況下求得相對的平衡，商品與市場的競爭如此，收關建
軍備戰的軍事科學工程又何嘗不是，這種平衡現代與未來的法碼，
只有在人文領域中尋找。

近年來，資訊科技的進步與功能表現，社會隨著通信基礎建設
的日益完善；資訊的硬體設施與軟體系統的普及；網際網路的興
起；人們與社群之間知識流通、交換的方式與速度，可謂到了「一
鍵在手，無遠弗屆」的地步，相對而言，空間已不再是空間，障礙
亦不見得是障礙。這種社會體系依賴於資訊科技的互動，不但改變
了人們對生活的認知，更重要的是各種資料庫的建立與運用，使得
各行各業的活動，得以實現將異地資源整合與運用的理想，在「成
本效益」的驅使下，也已然成為當前作戰、學術、經濟和商業行為
的常態，更重要的是這種社會行為模式呈現出變本加厲之趨勢。

尤其是「公有雲」的建立與蘋果公司 iPhone 的「微型應用程
式」（Application Portability Profile APP），自 2007 年上市之後，各種
「臉書」（Facebook）、「線上」（Line）「即時通」、「推特」的免費服
務，即迅速打入了社會生活型態。各種大型資料庫建立，使得現代
的知識獲得由人工智慧程式提供的將愈來愈多，未來的問題不在於

月中止計畫。

[64]1965 年，英特爾創辦人之一，摩爾（Gordon Moore）於美國電子學會 35 週年會
中提出晶片會以 2^N 發展的理論，積體電路迄今已發展至近奈米極限的產品。

[65]1995 年由以太網路（Ethernet）協定設計者梅特卡夫（Robert Metcalf）提出之理
論，又稱為「網路定律」。

不易取得資訊，而是在從海量的資料—大數據—中如何找出，以及辨別與其命題有關的資訊與其眞假，再轉而成爲我們解決問題所需要的知識。

　　値得我們憂慮的是我們進入雲端社會之後，當前「懶人包」固然造成了極大的便利，過度簡化的現象卻也使用戶只接受極其膚淺的知識。[66]同時，對數位網路之依賴，系統提供的「點選、跳過、掠過、下一步」等觸控動作，在方便之餘也改變了許多人思考的方式。[67]如果一旦習於在網路上找答案，或只接收「社群近親繁殖」來的資訊，而不是盡心蒐集各種資料仔細研究、分析與歸納、批判與思考、想像與反思，這樣的發展現象對深層記憶與思維理則之建立是有極不利影響的，[68]然而這種記憶與理則，卻是軍事科學工程之所繫；不事思考的結果，可以預期未來將產生許多對事務的本質「知其然，而不知其所以然」，乃至「不知其然」的人，將不在少數，未來的兵源如來自知識過度依賴網路這樣的背景，再加上我們的教育檢驗學習成果的考試以選擇題爲主，沒有堅實論述與辯證的基本歷練，甚至連文字的表達能力都不足，在獨自面對問題時便很容易失去獨立思考的能力，從當前學術「抄襲」與「剪貼」的案件不斷暴發的例子，[69]以及不積極查證網路提供資料的正確性就草率引用的情

---

[66]'Lazy Buntu'懶人包是用來調整 Ubuntu 的軟體，自動從網路下載多媒體編碼器、安裝更好用的燒錄軟體、字典、廣播收聽軟體、BBS 連線程式等，讓 Ubuntu 更容易使用。亦即是以系統代替人的思考與行動，如果習以爲常，就難以有自主或獨立思考之能力，容易人云亦云。

[67]羅耀宗譯，《2050 趨勢巨流》，（臺北：天下雜誌出版社，2012 年 12 月 12 日），頁 315-316。

[68]IBM 的口號：「深思」—THINK 孔子：「學而不思則罔，思而不學則殆。」

[69]李宗佑、胡清暉，〈錯字也抄，論文抄襲去年 23 件〉（臺北：中國時報電子報，2013 年 2 月 9 日）民國 98 年以前，每年違反學術倫理案件僅個位數，101 年增加到 23 件，成長 2.83 倍。

形觀察，這種放棄「學而知之」的厚積與「困而知之」的務實，只想「直接獲取」的取巧心態，換言之，這就是海倫凱勒（Helen Keller）所說的「睜眼瞎子」，[70]對軍事科學工程而言是極大的警訊，平時還有補救的餘地，戰時則就不堪設想了。

由以上的分析，我們知道軍事科學工程要面對的事未來作戰變動不居的狀況，有許多的挑戰是不可預知的，能供指引的答案可遇而不可求，要靠自己能夠想像與思考以解決問題，就應該要有堅實的知識統合與思維理則的素養，軍人必須具備「高深寬廣」—專業要高深，通識要寬廣—跨領域的知識，不斷的接納並消化新的觀念去蕪存菁，知識戰力才能洞察與掌握問題的本質，這樣的適應力（adaptability）便是軍事科學工程的張本。

軍事科學工程在未來戰爭之地位

前文已經提到我們要打的未來戰爭，是一場依托於臺、澎、金、馬地區社會結構的「軍民結合的網狀化戰爭」。未來主要的敵人仍以中共對我之威脅最大。雖然我們知道中共要打的未來戰爭則是「信息化條件下的局部戰爭」。不過，對兩岸未來的戰爭來說，其中的關鍵因素之一便是：美國是否會依據「臺灣關係法」實施干預。

以兩岸綜合國力的消長情形來看，中共的國防經費每年都以兩位數的百分比成長，不包括其隱藏的預算，[71]2004-2013 年即從 2,200 億人民幣增加至 7,202 億（約 1,163 億美元），十年就達三倍以上，而且這種高成長的趨勢還將持續下去。[72]反觀我們的國防預算則受到

---

[70]「世界上最可憐的莫過於擁有視力，卻沒有想像的人。」—海倫凱勒
[71]包括：國防科學研究、武器外銷收入、武器採購經費、國防工業營利與武警部隊經費。
[72]《前揭書》，頁 43-44。其隱藏之預算國際公認應以 2-3 倍計算。

其他項目的排擠，始終無法達到所望之要求，一長一消之間，在可見的未來，我們面對軍力失衡的局勢必將更為嚴峻。

在兩岸的兵力對比方面，在 2014 年兩岸的兵力對比約為 21.5 萬人：227 萬人，中共的兵力居十倍的絕對優勢。[73]而且其海、空軍以及第二砲兵，基本上都已完成第二代武器系統的換裝以及指揮管制體系的聯網，[74]顯然可以依據其國防白皮書所揭示的初步完成其「國防現代化」。另一方面，中共三軍有武器裝備自主的能力，我們的主要裝備則有待於外求，自主研製之關鍵組件也容易受到美國以政策為挾制，兩相消長，我們不利的趨勢益將擴大。

在戰略情勢判斷上，中共認為其內部雖然「疆獨」與「藏獨」之威脅有上升之趨勢，武警與國家安全預算雖大幅度增加，[75]爆炸事件頻傳，都屬於單一狀況，尚不到發生類似俄羅斯「車臣戰爭」的程度；但是和美國之間則存在著「臺灣問題」，因此，中共的戰備方針係將與美、日在臺海地區之衝突為首要，其他戰略方向的局部及地區衝突次之。[76]然而為了減少對美、日的刺激，在軍事戰略上，中共還是一直打著「積極防禦」的口號，但是已跳脫當初毛澤東的內涵－戰略退卻、戰略相持、戰略反攻－向「遠戰速勝，首戰決勝」的目標發展。[77]

美軍認為共軍之發展是為了建立：「震懾臺獨的能力；威懾、阻

---

[73]《前揭書》，頁 51。

[74]平可夫，《中央軍委最高地下指揮所的機密》（加拿大：漢和出版社，2010 年 10 月），頁 40-41。

[75]國防部，《中華民國 102 年國防報告書》（臺北：軍備局 401 廠北印所，民國 102 年 10 月，初版），頁 46。另據 BBC 報導 2014 年中共公共安全預算達 2,050.65 億人民幣，較前一年增加 6.1%。

[76]王海濱，《前揭書》，頁 257。

[77]國防部，《中華民國 102 年國防報告書》，頁 41。

滯及抵消美國干預的能力；在軍事對抗中打敗國軍的能力」。[78]我軍
也認為「共軍已完成全軍組織改制與整併。在『基地化、實戰化』
及複雜電磁環境背景條件下，從事新式武器編裝及準則建立」。[79]而
且「其整體戰力已具備封鎖臺灣及奪占我外、離島」之三棲登陸作
戰能力。[80]這些主觀的條件在未來還將會繼續向中共傾斜，因此，對
軍事科學工程與未來戰爭來說，便存在著極大的挑戰。

　　平心而論，除了國防經費與三軍兵力的絕對優勢外，中共目前
對我採取「和平統戰，經濟攻勢」的手段也已經收到了某種程度的
效果，美國對「臺灣關係法」的立場已有鬆動之跡象，[81]中共「三種
政治作戰」的攻勢，[82]就建軍備戰的立場，這種「溫水煮青蛙」的戰
略態勢對我軍是極其不利的。如何因應這樣的困局，就軍事科學工
程的角度，必須深切體認到《孫子》〈虛實篇第六〉：「策之而知得失
之計，作之而知動靜之理，形之而知死生之地，角之而知有餘不足
之處」的精義，[83]要能夠「雜於利害」，「知其雄，守其雌」，「修道而
保法」，以為勝敗之政。簡單的說，軍事科學工程對未來戰爭的展
望：就是要能在於戰前便做好「補短和防短」的準備，[84]以使我軍具
有「以弱敵強」之戰力，方能獲得生存的機會。

　　如果我們要打的未來戰爭就是「軍民結合的網狀化戰爭」的前

---

[78]美國國防部，《2012 年度中國軍力報告》，〈第一章：中國的軍事戰略和理論〉段。
[79]國防部，《中華民國 102 年國防報告書》，頁 42。
[80]《前揭書》，頁 50-51。
[81]美國智庫有紅藍之分，作者於喬治華盛頓大學研習時，即已有棄臺之說，如今更甚囂塵上。
[82]中共三戰策略起於江澤民對美伊戰爭觀察心得，提出共軍需要展開輿論戰、心理戰、法律戰，以此作為對台軍事鬥爭之準備。
[83]以現代之術語即必須精於 SWOT 分析法，知道敵我的強弱優劣，以能揚長避短。
[84]喬治史賓斯（George Spence），《木桶定律》（臺北：海鴿文化出版社，2005 年 1月），頁 127。

提成立，那麼就要我們能夠打破既有的思維，將軍民體系的「長板」與「短板」重新組合或調整，並且運用系統體系的觀念，對各「壁板」進行整合，[85]以便容納更多的水或承受更強的衝擊，方能在以弱敵強的狀況下，爭取生存的機會。因此，應該有以下作為：

一、培育出具備整合跨領域系統與體系概念的領導幹部

國家的武器裝備無法全面保持最新，是各國建軍備戰上共同的現實，軍事裝備從成軍服役到老舊汰除，就像微軟文書作業系統（windows office）一樣，始終都會有新舊系統互動與相融的問題，而且，許多由各種系統組成的體系（如地面作戰與通信）是永遠存在的，是隨著科技的發展與作戰需求的改變而變，要如何使得武器系統所組成的體系在生命周期的各階段都能夠合理的發展，並可以被使用者接受，就必須在軍事科學工程上建立一套跨領域決策邏輯程序，考量現況透露出的線索，參酌外國或敵軍的經驗教訓，我軍官兵的想法，再做有憑有據的推斷。[86]

自有戰爭以來，武器系統與資訊科技就是結合在一起的，黃帝發明指南車戰勝蚩尤，便是明證。依據這十年來資訊科技發展的軌跡（如附表一）顯示出小型機動的智慧型手機、裝置、網路與行動電源，建構出來的虛擬社群，在不旋踵之間使我們進入了後 PC 時代，緊接著更「輕薄短小，功能強大」的「穿戴裝置」又將成為未來的主流，社會與文化一旦轉變，也必將影響到未來的作戰，面對這樣可預期的變化，軍事科學工程如果沒有「掌握全般，抓住關節」，具備整合跨領域系統與體系概念的領導者為之掌舵，其結果便

---

[85]蕭石忠主編，《2011 年世界軍事年鑑》（北京：解放軍出版社，2012 年 8 月），頁 379。
[86]吳家恆等譯，《數位新時代》（臺北：遠流出版社，2013 年 6 月），頁 251。

是永遠得不到「理想」的系統，建構「所望」的體系，迫使部隊不得不以過時的武器裝備與戰術戰法來應付未來的戰爭。

附表一：21 世紀網路資訊通訊之演變

年度	網路資訊通訊發展進度	軍事思想與行動
2000	關鍵字廣告與智慧型手機問世	超限戰；第一次車臣內戰
2001	維基百科與 itune,ipod 問世；XP 上市	網狀化作戰；911 恐怖攻擊
2002	智慧型照相功能手機問世	第六代戰爭；美國出兵阿富汗
2003	MySpace 發表	美國出兵伊拉克
2004	FaceBook 正式發表；Web2.0；設計 iphone	第二次車臣內戰
2005	YouTube 發表	以巴、以黎衝突；蘇丹內戰
2006	Twitter 發表；彈性計算雲概念提出	北約接替美軍阿富汗維和
2007	iphone 問世；IBM 雲端運算；XP 市占 76%	菲律賓兵變與平亂
2010	Ipad 發表；	美國撤軍；北韓砲擊南韓
2011	觸控面板進入消費端；Line 發表	敘利亞內戰；擊斃賓拉登
2012	4 核心手機與平板問世；Win7 取代 XP	土耳其塞普路斯衝突；俄喬衝突
2014	穿戴式行動裝置問世；XP 終止服務支援	南北韓交火
2020	大數據、人工智慧、人臉辨識、智慧網路	美軍以 CUAV 攻擊塔利班

資料來源：1.鄭功賢、林文義主筆《財訊趨勢贏家 33》（臺北：財信雜誌社，民國 102 年 12 月），頁 47。2.2000-2011 年《世界軍事年鑑》（北京：解放軍出版社），由作者綜整。

從附表一的演變，以及近年來我國電子產業榮枯的狀況，並以我軍自製的 CS/MPQ-90「蜂眼雷達」（PODARS）為例，即可以體認到知識戰力在軍事科學工程中的加權比重有多麼大。當初在概念設計時，專案小組即將「構型管理」與「性能提升」的系統工程納入規畫，將其做為整合各種子系統成為完整體系的媒介平臺；由權責單位召集「計畫、研發、使用」等相關人員實施講習，溝通整個體系的運用構想，預做構型及性能提升的預測與準則戰法之修訂。經過

了十年的研製與測試評估，先導型已撥交部隊服役，後續正依計畫進行中。在研製的過程中，縱使已經將許多元、組件爾後可能會失去獲得的管道（如 CPU、射控模組）的狀況列入考量，但是，觸控面板與視訊科技的衝擊，卻促使原先設計的「滑鼠」提早納入下一階段性能提升汰換之品項中。持續螺旋發展下去，未來必將成為三軍目標獲得與空域指揮管制體系中之要角。

再加上創新性的科技－行動網路、知識工作自動化、先進機器人、自動駕駛、3D 列印、能源儲存與再生、先進材料－又將進入我們未來十年的社會與生活，進而影響到軍事作戰。[87]從這種快速的變化中，我們就能深刻的瞭解到幹部具有前瞻觀念與開擴思維之重要性。因此，軍事科學工程在未來戰爭中的第一要務，便是培育出具備整合跨領域系統與體系概念的領導幹部，以具有「高深寬廣」素質的人材來適應未來變化多端的挑戰。

二、軍事科學工程應靈活運用系統工程與人因工程調適戰力整合的比重

有戰爭以來，軍事科學的發展都自有其相對獨立的體系與規律，[88]而且其基礎研究的成果（如冶金、火藥、核能與電子）往往會帶動社會生活型態的演進，不過進入 21 世紀之後，這種現象卻有反轉被民生科技牽引的趨勢。2012 年美軍於阿富汗的維和作戰，海軍陸戰隊 AH-1W 攻擊直昇機飛行員，捨機上內建的導航系統不用，而用自己的 iPad 看地圖，顯示出作戰人員認為機上軍用導航系統的更新不如 Google Map 快速與準確，飛行員為執行其任務而斷然棄而不

---

[87]鄭功賢、林文義主筆《財訊趨勢贏家 33》（臺北：財信雜誌社，民國 102 年 12 月），頁 50-56。
[88]劉戟鋒，《軍事技術論》（北京：解放軍出版社，2014 年 2 月），頁 4-6。

用，就是一個很有力的例證。[89]

　　同時，各種武器系統的性能發展至今，如歐洲的 EF-2000 颱風戰鬥機（Eurofighter Typhoon），從 1971 年概念提出至 2006 年部署服役；美軍取代 F-16 的 F-35 雷霆攻擊機（JSF Lightning）自 1990 年代提出要求，飛行測試階段要到 2015 年中才能完成，最快交機給美軍的時程表比預定延宕了二至三年，可見航空動力學已經近乎其物理的界限，期程甚長且其成本之高已使各國為之卻步。於是，以電子莢艙或模組提升現有系統航電功能，延長服役年限便成為一個重要的選項。

　　另外民間以車用電子利用點煙器做為接口，加裝行車記錄器、GPS 或行動裝置等充電套件，使其具有所望功能以滿足實際需求的系統整合的作法，也說明這是系統工程是系統最佳化的手段。不過，再以 Windows XP 作業系統從問世到退出市場只不過 15 年為例，[90]可知無論以商用科技封包（pack）或外掛「貼花套件」（applique module）作性能提升，都受到現有或舊型系統電腦主機能量的制約，而有其極限。換句話說，雖然未來國防科技採用市場現貨產品，做武器系統性能提升的比例將愈來愈大，然而這種途徑雖然解決了研發的困擾，節約了國防經費，卻也產生了「數位延遲」（digital delay），甚至「數位分離」（digital divided）的問題，增加了武器系統整合的難度。

　　另一方面，我們也知道網狀化的「系統體系」都各有其需求發展，資源分配和獲得程序過程既複雜又重疊的管理，有時還牽涉到

---

[89]吳家恆等譯，《數位新時代》，頁 255-256。
[90]Windows XP 的支援服務於 2014 年 4 月 8 日終止，微軟會為使用者提供售後更新支援，到 2015 年 7 月 14 日。15 年的壽命周期對武器系統而言尚在初期階段，可見以後電子系統軟體更新之問題必將是軍事科學工程之一大挑戰。

跨軍種或部會之間文化與作業流程的扞格。但是不論採取什麼手段，不管如何定義，系統或系統體系都必須與其他系統或體系互動，體系規模愈大作業互通力要求愈高，在資源有限的情形下，有時不免因為律定優先順序而犧牲掉或暫緩次要的部分，[91]因此，如何以使系統或系統體系最佳化使戰力得到整合，在軍事科學工程上來說，便要講求跨軍種、跨系統、跨社群的系統體系工程，從宏觀的視野來調適，防止體系因為意外、複雜性與混沌狀況而跨越「門檻點」（threshold point），或到達「混沌邊緣」（edge of chaos），以免系統因為各種微小變化綜合累積成為不可預期的變數，[92]並解決系統體系間「數位延遲」的差異，以及避免產生「數位分離」情形。

「墨菲定律」（Murphy's Law）告訴我們將上述情形發生的機率降至最低，就必須假定·「人是一定會在關鍵的時間地點犯下致命錯誤的」。畢竟武器裝備再精良，網狀化的指管體系再靈通，都是需要「人」在戰場景況下來發揮系統的性能，以完成使命，達成任務，所以特應重視「人因工程」（Human Factor Engineering）對系統體系的影響。

更重要的是軍隊的武器系統和系統體系，最終都要在戰場嚴苛－疲勞、恐怖、緊張、危險、匱乏－環境下接受敵人的考驗。軍事科學發展的趨勢告訴我們，未來的戰場的特性是「空間無限擴大，時間急遽壓縮，戰力分合無常」。要在極短的「窗口」（window），掌握機會下達至當的決心，做出正確的處置，不要失誤，唯有人機結合才能發揮系統與系統體系整合的戰力。「萬事簡約而又精練者，始

---

[91] 周茂林譯，《因應複雜的世界-發展明日國防與網狀化系統》（臺北：國防部譯印，民國 99 年 11 月），頁 97-106。
[92] 曾祥穎譯，《軍事變革之根源-文化、政治與科技》，頁 288-291。

可期其成功」，[93]太精緻的系統絕對不是好的系統，太繁複的體系絕對是一個會出大錯的體系；靈活運用系統工程與人因工程調適戰力整合的比重，考量「人為失誤」（human error）的因素，[94]以使用者為本而設計出的能夠輕易操作，確實掌握，人裝合一，人機合一的系統與系統體系，才是軍事科學工程所要追求的目標。

三、軍事科學工程應有深厚的人文素養為後盾

任何一種體系越單純，越可以用工程的科學方式解決潛在的問題；越是複雜龐大的體系，可能就必須講求哲學的人文理則來預防或容許某種程度的錯誤。網狀化的作戰體系必然會和「意外、複雜與混沌」的因素相互牽連的。因為各種體系不會有正確的「知識」－個人、組織與體系文化－足以精確的指出將於何時、何地會發生何種的錯誤，而預先加以排解，所以我們在設計工程或體系時，都會依據需求及狀況加上一定程度的彈性，以確保安全。但是以下的情形使得對「安全係數」必須依照系統與系統體系的複雜性，從科學往人文方向發展：

（一）敵情、友軍、天候都一直在變；所以任何的系統與系統體系，都不可能獲得所有所望的參數。

（二）科技的演變速度可能會超出我們的認知；所以任何的系統與系統體系的軟體，都不可能完全適應所有使用者的需求。

（三）所有使用系統或納入系統體系的人，無論經驗多麼豐富，都不可能完全瞭解未來將會面臨的狀況。

---

[93]國軍教戰總則第十八條。

[94]作者在指導T-91步槍研製期間，除瞄準子系統多功能化外，要求兵監與研發單位在測評時必須納入「近視新兵、體能不佳、二等射手」，並重視其測試之回饋，著眼就是「人因工程」。

（四）所有使用系統與系統體系實際運作的人，其所具備的知識不可能完全一致，因為人的自由意志與部隊素質的不一，每一個人對指令或知識的解讀就會產生差異。[95]

（五）系統與系統體系愈大，成員愈多，連結愈複雜，在運作時產生時間上的延遲愈久－被駭、當機、關機、故障、離線、連接不當－錯誤的機率就愈大。

（六）使用系統與系統體系的成員，都不免因為疲勞、緊張、甚至粗心而有「板錯按鈕滑錯標」的時候。

以上所作者列舉的都可以列入訓練、準則、補保、戰場心理等「非線性」的因素，以網路頻寬為例，考量到作戰時各部隊同時使用網路造成的尖峰負載，就必須要有「超過想像」（more than imagination）而非「超過足夠」（more than enough）的準備（如增加頻寬、加人處理速度），除非我們未來的敵人是像伊拉克的海珊那麼笨，否則軍事科學工程就必須在嚴謹的科學基礎下，以深厚的人文素養做為後盾，才能構建出較適用於當時的系統與系統體系。

結論

美軍計畫在 2015 年構建一個由：戰場覺知、數據鏈路、資訊傳輸、敵我識別、導航定位、視訊會議、數位地圖、模式模擬與數據中心等系統，整合而成「全球資訊電網」（Global Information Grid GIG），（如附圖一）做為 2020 年實施網路中心戰之基石[96]。

---

[95]如第一次世界大戰中的第一次馬恩河戰役；小毛奇遠離戰場，對前線戰況不明、指揮不當，各軍團缺乏協同，導致「史利芬計劃」失利；然而英法聯軍行動遲緩，坐失戰機，使德軍保存了實力。
[96]蕭裕聲主編，《21 世紀初大國軍事理論發展新動向》，（北京，軍事科學出版社，2008 年 8 月），頁 1-2。

附圖一：美軍全球資訊電網示意圖

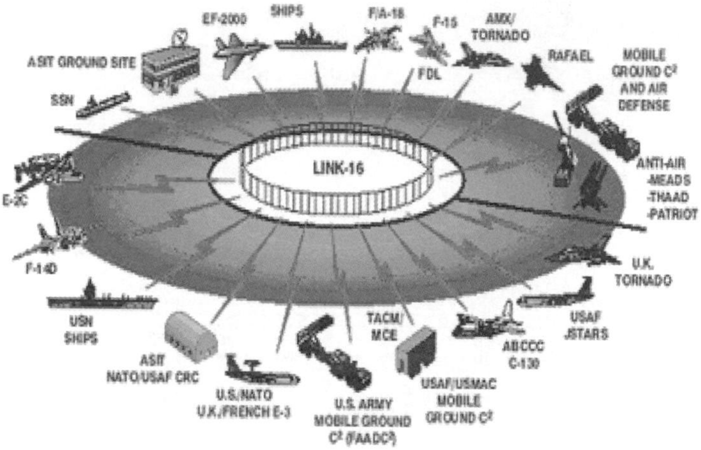

資料來源：維基百科，作者整理。
說明：係以數據鏈路將各軍種子網、盟國網路、各武器系統、野戰單位乃至單兵，依層次連成一個無縫蜂巢式電網。

　　以當前的世界戰略情勢而言，這也為中共與世界各國提供了軍事科學工程一個發展的方向，只是各國依據國情，必須有不同的取捨而已。自從網際網路成為生活中的一部分之後，網狀化的基本理念並不難瞭解，網狀化的社會亦是大勢所趨，難的是因為變化太快而導致文化與認知的難以認同。

　　1981 年第一個商務網路開始問世、1993 年有了網際網路、2003年美軍將此理念化為網狀化作戰以來，至今又過了是另一個 10 年，全球網路交織，雲端科技成熟，智慧型手機數量暴增、行動通信無所不在，觸控模式與穿戴式人工智慧已逐漸成未來的主流，上網、電子郵件、簡訊、「臉書」、line 等社群，已成為生活的一部分，「一鍵在手，天下我有」，這樣的潮流勢不可擋，而且目不暇給，這些現象都是我們在軍事上未曾預料與學習過的異常演變。因此，軍事科

學工程在其中是居有「承先啓後」的地位，其重要性隨著兵力不斷精簡、經費難以增加、科技日新月異而有日漸加重之趨勢。

我軍與共軍雖各有其不同的條件，都是一個「雲端網路」的社會，未來要打的是一場「軍民結合的網狀化作戰」。但是「橘逾淮爲枳」，軍隊與民間的體系因爲建置的著眼不同，一定有相當的差異性，建軍要講求因時因地而制宜，有些核心的系統就必須自行籌建，不假外求。如何師法敵軍優點，避免其缺點，預留足夠的思想與組織的彈性，並針對敵人的「短板」從而儘早利用「人的因素」做爲媒介，善用「附加」、「貼花」的手段，縮短新舊系統與系統體系之間的差距，消除彼此「相互作業」上的障礙，使現有及未來之思想準則、武器系統、人員編裝、戰術戰法能夠因應未來的挑戰，達到「適者生存」的目的是軍事科學工程重大的挑戰。

再以「樂高」積木爲例，系統就如各種人人小小的單元，以通用的運接規格，發揮創意使可以組合出各種巧思的玩具，成爲一個系統體系。說明了對建軍備戰而言，有許多系統早就存在，如何發現並規劃運用，就要看我們在未來戰爭中把軍事科學工程放在什麼樣的地位了。

最後，本文的結論是軍事科學工程在未來戰爭中自我的地位：便是要能走在軍事科技與人文變化趨勢的浪頭，甚至能超前一步。

民國 103 年陸軍軍官學校 90 周年
「基礎學術研討會」

'On the importance of Military Science Engineering to Future Warfare'

MG Shiang-ying Tzeng（Army ret.）

Abstract

The future warfare has a great of unpredictable variances. Therefore, how to grasp and apply those variances as much as possible to win the war depends on how we look upon the effectiveness of military science engineering and its position on military building and readiness.

In this article the author's define on military science engineering as "the research of human societies about warfare preparations and practice, the subjective is military science and the objective is engineering, to interact and complement military knowledge system of systems each other as a whole. "The future warfare we might fight is an interactive and interoperate of militaries-civil network centric warfare. "

The role of military science engineering is to insight the strengths and weaknesses of one's militaries building and readiness, then to regulate and integrated the military system and systems as we needed. The goal of military science engineering is avoided to created or induced "short panels of militaries barrel "to utilize by enemies.

To create and capitalize the trend of future military knowledge power is the prerequisite how military science engineering will be affected on future warfare.

The position of military science engineering on future warfare is vital because it will be set the order and adjust the priorities about one's militaries build up resources. It will be to integrate the power of nowadays and future systems and system of systems.

How to utilize the military science engineering to affect future warfare, we should be：

 to cultivate and bring up the wealth of talent leaderships who have a great deal of integration concept about inter-system and system of systems.

 flexible to utilize system engineering and human factor engineering as means to adjust the weighted of military power integration as needed.

 military science engineering should be backed by solid humane studies and cultural science not only on military science but also on military philosophy fields.

 Roman's maxim "si vis pacem, para bellum "because there is no substitute for victory.

十、就「螺旋理論」談未來建軍

前言

　　未來之戰爭著重「時效、精準、遠距、節約」，講求立體作戰、三軍聯合，戰時需將極大的空間，所獲得之情資，於極短時間內，適時、適地將此情資傳輸至適切的單位，俾「以我之合，擊敵之分」，然後再「以我之分，避敵之合」以克敵制勝，因此，亟需要高度協調，戰力整合，以充分發揮力、空、時之特性，達成「全軍破敵」之目標。

　　波斯灣戰爭之後，美國陸軍檢討兵力結構，認為其設計與編組不能充分支援國家賦予他們的任務；重裝部隊戰力強大，但所需資源與維持亦大；輕裝部隊反應快速，然持續戰力與機動力不足。[1]為因應 21 世紀的挑戰，在軍事事務革命的前提下，實施轉型。揭櫫其願景為「成為一支具戰略反應之兵力，可從事各種作戰，反應快速，部署靈活，編組多樣，戰力強大，生存力佳，持續力強的部隊。」為達此目的，採取三個階段的建軍策略（如附圖一）：未來部隊成軍後，再依威脅、科技、資源等因素，進入另一個循環。

---

[1] *Weapon System 2001*. United State Army 2001. pp 1-5.

附圖一：美軍現代化轉型策略

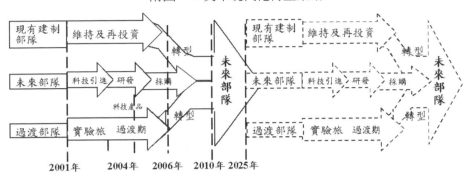

資料來源：Weapon System, U.S. Army 2001。未來部隊成軍後，再根據威脅、科技、資源等因素，進入另一個循環。

以目標兵力為轉型之核心，維持與性能提升現有重裝兵力，組建機動快反之過渡兵力（Interim Force），初期彌補重裝太重，輕裝不足的缺失，爾後再分別轉換成目標兵力，完成建軍。[2]

就兵力規劃而言，最常用的方法論有兩種：由上而下（Top Down）與由下而上（Bottom up）。前者以國家戰略為考量，向下決定兵力的結構與選擇，使用的時機是國家未受重大威脅時；後者以當前部隊能力與眼前的威脅為主，向上推論未來部隊需求，使用的時機為國家有動員應戰之需時。[3]但是美軍為應付威脅的擴散，軍事科技演進，資源的縮水，與新任務新伙伴等環境的變遷，在建軍方法論上採漸進的方式，為達成其願景，揚棄傳統，提出「螺旋理論」（Spiral Methodologies），希望其數位化的系統，能以最適化的開發，以降低風險，並確保系統部署時，最能符合當時與可見未來的作戰需求。

---

[2]同上註。

[3]*Foundation of Force Planning-concept and issues*. Naval War College Newport, R.I. 1986, p-214.

　　有人誤以爲「螺旋理論」基本上是美式的「摸著石頭過河」。對其有諸多誤解。爲此，本文即以系統工程爲基礎，說明其對未來建軍之影響。

背景

　　在未來的戰爭中，不但要告訴下級部隊如何去，怎麼去，還得告訴他那裡不能去或何時可以去，資訊的需求以及時效，必然與時俱增。爲了有效地管理戰場，向上需要與戰略通信網相連，俾能夠獲取戰略指導及人力、物力之支援；對下須與各級部隊長甚至關鍵之第一線基層連繫，回報現場狀況，即時下達指示，或予以支援。因此，指管體系上要求必須具備即時了解密度高、變化快的作戰態勢及資訊，必須在指揮所與作戰部隊之間交換大量的資訊，這種需求作業量之大，遠超出人工作業的語音通信之負荷，只有經由指揮管制體系（ATCCS）的數據分發系統才能完成作業與交換，提供指揮官下達決心，立即採取行動所要的情資，使作戰態勢對我軍有利。

　　未來武器系統的趨勢是裝備愈精密，壽限卻愈短（飛彈平均爲 10 年），新戰具的研發風險、成本、時程與單價愈來愈高，（如十字軍自走砲、B-2 隱形轟炸機、洛杉磯級潛艦）但是國防財力有限，而且受計畫、時程與預算之限制，無法支持武器系統永保常新。通常，若無重大的國防安全顧慮下，多以在國力限度下，逐次、逐批漸進汰換之方式，從事軍隊之建設；此外，現代戰具的平臺在電腦輔助設計下，其戰力均已達物理限制的上限，如欲超越，所付出的代價與所得的效益，不成正比。再者，由於戰略預警體系已日趨完備，天網無所不在、戰略奇襲難度增加，因此，各國在建軍上多以改進現有武器系統性能，使其達到最佳化爲主，軟體與通信技術之

精進與其潛力，便成爲優先考量的選擇。俾能於爭「電磁權」的前提下，爭取戰術奇襲，開創戰機。

從波灣戰爭之後，政治、經濟、心理、軍事四大戰略領域，關連的程度，愈來愈高的現象來看，建軍在戰爭準備與計畫作爲上，必須講求高度集中，由國家權責機構實施緊轡統制，以確保上下意志與作戰指導之一致。戰爭一經發起，則由各級指揮官於既定的戰略指導之規範下，依其權責靈活的因應狀況，適切的下達決心，以最小的代價達成爭取戰爭之目標。換言之，「緊轡與弛轡」統帥之界定，已日益模糊。

陸軍之作戰幅度與時空範圍，表面上看來問題較海、空軍簡單，其實在系統設置上，海、空軍的戰力策源地爲母港與機場，載臺及作戰環境相對單純。陸軍在作戰需求上，兵力、時間、空間之變化，因爲參與的成員多、層面廣、時間長，任務地區的性質反而較海、空軍更複雜，系統功能更精密。

現實上，美國陸軍所面臨的問題不是兵力的大小（How much is enough），而是資訊科技飛躍的進展，（摩爾定律指出電腦的功能每18 個月一變）[4]往往使得武器系統部署時，原任務需求的概念與功能均有過時之虞。美國太空總署爲太空梭於舊貨市場蒐購過時（286、386）的晶片，以維持其運作最後不得不中止之例證，指出精密系統後續維持的窘境在於是否能夠滿足晶片 2^N 演進的需求。再者武器系統單價太高，籌購不易，而預算有限，因此，建軍不可能一次到達定位，必須在「安全」（How safe is enough）的考量下，逐次發展。「螺旋理論」則可解決美軍當前的困境。

---

[4]曾祥穎譯，《軍事事務革命－移除戰爭之霧》（臺北，麥田出版社，2002 年 3 月），p77。

「螺旋理論」與系統工程

「螺旋」指一動點接近或遠離一固定中心點或軸時所生成之軌跡。[5]螺線是繞在一固定的極點上然後不斷的鬆開，由該線上的一點描繪出的平面曲線。[6]它圍繞著核心展開，卻又不斷遠離核心。簡單的說就是圍繞著核心，藉引入新科技不斷的演進（evolution）優化現有的設計，滿足新增的條件，相輔相成進而至於產生革新（revolution）的理念。

軍隊是人員與武器系統經由訓練組合而成的超大型系統。軍隊的組織與指揮體系則按其任務與特性，以遞階與分散結構，再分解成不等的子系統，但無論是樹枝狀的傳統體系或神經網絡狀的扁平體系，「數位化」是將三軍部隊現有及未來的各類型通信和偵蒐器材、單位整合在一起的關鍵。[7]依目前發展分析，未來的系統人機之間的互動必將愈加複雜，未知因素也更多。變數增大，如何善用系統工程，在預算、時程與科技條件許可下，以人機最佳組合，藉「已知推未知」，儘快的將新科技的潛力投入，完成所賦予的目標，[8]是建軍上重要的理念。

美軍的《2010 年聯戰願景》一書，提出四大作戰綱要－主宰機動、精準接戰、全方防衛、焦點後勤－為軍事事務革命的主題。[9]陸軍的武器裝備之籌補是以全功能為目標，依目前與未來的威脅態勢與科技條件，集合使用、計畫、研製者於一堂，首先，評估作戰需求，如無法以性能提升或準則運用的方式滿足之後，確定作戰需求

---

[5]《大美百科全書》（臺灣，光復書局，中華民國 80 年 4 月），第 25 卷 p366。
[6]《英漢雙解科技大辭典》，p1561
[7]曾祥穎譯，《數位化戰士》（臺北，麥田出版社，1998 年 5 月 1 日），p171。
[8]《大美百科全書》（臺灣，光復書局，中華民國 80 年 4 月）第 26 卷，p135。
[9]同註四，頁 265。

確有其必要時，先確實找出設計上關鍵的議題，從事系統架構規劃；然後，進入系統設計，評估架構及設計上的問題，找出解決方案與整合上的問題；其次，開發/實施技術整合，驗證系統互通性；最後，先以小批量生產（LRIP）實施初期作戰測評，將使用心得回饋，掌握最新科技，分析/解決缺失，研擬準則，再循環定義下一階段的能力。如此「螺旋」的規劃、設計、整合、研製的過程，（如附圖二）對於高價值、高精密的裝備之籌獲，除可降低部署的風險外，亦可確保能配合最新的科技，不斷的精進與提升，我們所見到的美軍武器系統部署之後，有各種不同的構型（Post Deployment Build PDB），其實就是系統工程最佳化的問題，也就是廣泛的「系統體系」（System of Systems）的概念。

附圖二：螺旋理論開發之標準程序

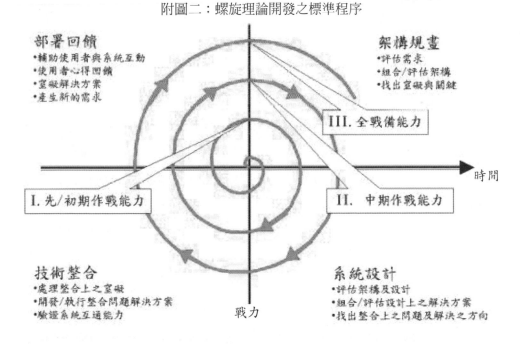

以往美軍採行的武獲政策是經過概念設計、展示確認、工程發展、生產部署四個階段評審點（Milestone）的審查，從作戰需求提

出，至生產部署，一般武器系統發展約需 12-15 年。（如附表一）

附表一.美軍武器獲得所需時程案例

| 系統名稱 | 第 0 階段 | 第 1 階段 | 第 2 階段 | 第 3 階段 | 總年數 |
	概念設計	展示驗證	工程發展	生產部署	
方陣快砲	6.5	5.5	1.5	1.7	15+
海射巡弋飛彈	3.7	3.0	4.0	1.5	12+
愛國者飛彈	5.0	3.0	8+	2.0	19.5+
刺針飛彈	7.0	-	4.0	2.0	13
A-10 攻擊機	4.5	2.0	3+	1.7	11+
KF-111 電戰機	7.5	5.0	-	4.7	17.2

資料來源：張連超，《美軍高技術項目的管理》，（北京，國防工業出版社），頁 205-206

　　就現實的科技研發的速度而言，要求一步到位的全功能系統，確實有緩不濟急之慮。美軍採用「螺旋式」發展理論的著眼在於縮短武器系統發展的周期，加速部署的時程。為此，新的系統大量引用「現貨商品」（COTS），降低研發風險，預算壓力與時程。其缺點為部隊在此模式下所獲得的裝備，並非「軍規化」的規格，較難以肆應戰場惡劣的環境。優點則為現貨商品來源容易，而且最新資訊科技來自於商業市場的愈來愈多，風險也較易掌握，可利用其既有的功能，快速構建其概念裝備，提供部隊實驗，藉此驗證研發方向與架構之正確性，並在「螺旋式」的驗證過程中，逐次強化使其符合戰場環境。因此，部隊與計畫、研製單位間緊密的配合，建立良性的「回饋」（Feedback）制度，達到用兵與造兵一體，便成為成功的必要條件。「螺旋理論」系統工程，最難的部分是在於系統的整合。有了部隊在使用過程中發現的各種問題，提供研製與計畫管理單位「完整且正確」的資訊，以收集思廣益之效，下一個「螺旋」循環開發的方向就不致於有大的差錯。（作者於美國砲兵學校參訪

時，即眼見製造者與使用者相互研討進手性的問題。）

例如，美陸軍發展旅級以下指管系統（FBCB2）時，先以商用桌上型及筆記型電腦，運用貼花（Applique）觀念，作為初期少量部署與持續驗證之用。經過幾次螺旋周期發展之後，確認此觀念具體可行，而且所構成的戰術網際網路（Tactical Internet）架構無誤，後續的裝備就逐次將軟硬體改為軍規的構型了。如果一開始就要求一步到位，可能會因硬體的難度遲滯時程，反而延誤了驗證系統架構的方向是否正確，或過晚發現錯誤，來不及改正，甚至必須放棄或另起爐灶。就其發展而言，確實是個成功的案例。

美國陸軍為了要達成可在 96 小時內，於世界各地部署一個旅，120 小時部署一個師，30 天完成 5 個師部署的要求，[10]其過渡部隊 6 個旅的建軍，就是以 C-130 運輸機的載重為限制條件，採購現貨市場上合乎其快速反應，靈活機動要求的裝備（如加拿大製的 LAVs-25 甲車），加以整合，第　個旅已然成軍。現役的裝備如 M-109A6 自走砲，AH-64D 長弓直升機實施延壽與 C 構型研改，預期用至 2026 年。目標兵力則以陸航部隊（科曼契、無人載具、陸航空中指管系統 A2C2S）為轉型的核心，[11]三管齊下，以因應國家賦予陸軍的任務。

這種「螺旋式」的建軍理念，不免有「新舊裝備混雜，構型程式不一」的現象，增加作戰訓練與裝備保養負荷的缺點；優點則是部隊可保持最新科技，以免招致敵之「新兵器奇襲」，[12]節約國防經費。但相對的，整個系統始終都存有一定程度不穩定的隱憂。

從美軍對阿富汗用兵的經驗觀察，也可能有不利的作用－武器系統未經周延的測評，就投入戰場－其後果的良窳，對指揮官用兵

---

10 同註一，頁 1。
11 〈美國陸軍航空部隊與陸軍的轉型〉《國防譯粹》第 29 卷第 4 期，頁 15。
12 國防部頒，《戰爭原則釋義（全）》，中華民國 48 年 12 月 30 日，頁 188-189。

當然會有一定程度影響。

但是，在後冷戰時期，除非國家實施動員，投入大規模的戰爭，始有全力生產現役裝備的可能。否則部隊中新、舊武器併存之現象，乃是不可避免之現實。因此，如何提升現有系統之功能，整合新舊武器之間的差異，發揮其最大戰力，延長其服役年限，肆應未來作戰需要，減輕財力負擔，乃建軍之重要課題。由波灣戰爭之後十餘年中、低強度衝突戰例顯示，此為世界各國共同之現象，其結果則視對未來作戰之前瞻思想與戰力整合之良窳而定。

中共主張打一場高科技的局部戰爭，強調「首戰決勝」，對未來戰爭的看法，認為 21 世紀初，戰爭演變有四大趨勢：[13]

精準化：精準打擊，精準作戰，以最低風險與代價，達成最佳的作戰效果。

網絡化：網絡力量，兵力分散，火力集中，節點打擊。

即時化：共享資訊，即時協同，聯合作戰，同步打擊。

不對稱化：以謀克力，以智取勝，不戰而屈人之兵。

在建軍上，中共主張以技術密集型，廣泛運用新的能量遂行整體作戰。將戰爭勝負的關鍵因素，置於參戰人員素質提升和科學研發的創新。[14]從強調「質量建軍」與「科技建軍」理論及積極外購基洛級潛艦、SU-27 戰機、S-300 防空飛彈等「高、新、尖」的先進武器系統為借鑑來看，可知中共新軍事革命已是不可逆的現象。目前中共所面臨的困境與挑戰在於自美、俄、法、德、以等國引進及自製（或合作）的先進武器系統的品質與數量，換裝的能力與人員素

<hr>

[13]中共編，《世界軍事年鑑 2001》，（北京，軍事科學出版社，2001 年 11 月 1 日），頁 283-284。
[14]林宗達，《赤龍之爪》，（臺北，黎明文化，中華民國 91 年 2 月），頁 320。

質是否匹配。[15]就中共仿造俄製武器系統的建軍過程推論，在國家尊嚴及國家安全的顧慮，歐美科技的管制之下，對涉及國家重大利益的系統（制電磁權），必將造成中共加重國內自力研製的份量。未來必將走上美軍的路線，不斷的局部更新，漸進式的螺旋向上向好的方向發展，到達一定的程度之後進入另一種全新的構型。

啓示

一、「螺旋理論」是未來武獲策略之主流

高科技戰具標誌著高單價，籌購不易；電子資訊科技進步的幅度，已然告訴我們未來武器系統研製，其中有難以掌握的風險；但需要整合的主次系統卻不勝枚舉，既然不確定的因素與構型管理的難度增加，為避免投資浪費或錯誤（如系統壽限為 20 年，依據摩爾定律至少應有 4 次的構型提升）即不宜躁進。因此，未來武器系統的籌獲，必定是採漸進式的策略：先籌建核心戰力後，再以螺旋式的發展，依據敵情、威脅、戰略、資源與科技等因素綜合考量，逐次增加與改進系統的能量，使國家的資源作最佳的運用。

二、「專案管理」的好壞始終是武獲成敗之關鍵

從美軍「架構規劃、系統設計、整合測試、部署回饋」的螺旋循環的過程觀之，任何武器系統最終都必須同時考量其載臺、設施、資訊處理、資訊傳輸等子系統的開發及其未來發展願景，才能構成有效的「系統體系」。當整體架構開發完成之後，各子系統即以其為根據，進入各自開發的程序，此時，任何一個環節的錯誤都會對體系產生連帶的影響。因此，如何「管制要徑、追蹤現況、找出

---

[15]同上註，頁 330-338。

變異、採取對策」的專案管理良窳，始終是武器系統獲得成敗之關鍵。為此，美國陸軍的建案，不是兼職的任務編組，而是以專職專責的「矩陣編組」，由專案辦公室總其管理與協調之責，以確保如期如質的完成任務。

三、「通資整合」攸關未來武器系統戰力之發揮

三軍與兵種聯合作戰，靠的是建立「共同作戰圖」（Common Operational Environment COE）作為策擬決心之依據。主要的媒介是資訊傳輸，先可達到情資共享，才能有聯合作戰的條件。因此，通信格式（Protocol）之統一與標準化，便攸關三軍武器系統戰力之發揮，無庸置疑，這也是目前我軍的一大缺點。因為，在通資傳輸與處理上，每一個層級都受限於下一層級之功能特性之左右。除了基礎的網路建設外，更重要的是要有共同的資料庫與資料結構，共同的訊文傳輸格式與作業環境、應用軟體，才能提供上一層級所需之服務。各主次系統在「螺旋開發」的各階段，須以此為主要考量因素，俾能將各處所傳來的資料彙整後（Cueing And Fusing），成為有用的情資傳送至所望的單位，有效的執行，三軍聯合作戰方可以實現。

四、「實驗回饋」是系統整合的要件

美軍軍事事務革命的基本建設業已完成，接下來的重點是擺在「系統整合」。除了將新的科技整合至武器系統外，更重要的是將整合的觀念結合部隊編組與兵力結構之內。[16]但是，不可諱言，每項改變，都是挑戰。為解決疑慮，美軍是以高素質的「實驗編裝部隊」綿密的「實驗回饋」，消除紛爭。有了適當的機制，從事新觀念與新

---

[16]同註四，頁 285-287。

武器系統的實驗，在「存同求異、化異為同」的過程中，縱然發現重大風險，（例如，十字軍自走砲案、科曼契武裝直升機案）由於規模不大，或未進入量產，斷然中止，也能承受一定的損失，[17]但是卻不致於大幅影響未來的建軍。

五「知識管理」是螺旋/漸進理論成功之張本

資訊改變了戰爭的型態，已是不爭的事實。人才是建軍的根本，軟體在未來作戰之地位日益重要；知識則推動科技與資訊的演進，兩者都是未來戰爭的決勝因素。分析電子戰發展的歷史，我們知道基本上它是循非線性的曲線進展的。就經驗顯示，未知因素對武器系統研製的風險，可以經由模擬加以預先發掘，但無法完全排除。解決窒礙的手段，以往美國是以財大氣粗多頭並進的方式，彼此競爭，找出最佳的武器裝備。然而，目前的系統已不宜採用此法，須以螺旋/漸進策略降低投資之損失。因此，模擬、實驗其至使用部隊，都必須具備豐富的科技、軍事知識背景，妥善「知識管理」，才可以精確的「回饋」所見與所需，否則每一螺旋周期，會因缺乏足量且精確或「不實的回饋」的測試資訊而失真。更甚而至於演變成只有研製單位本身自我螺旋式的發展，與用兵脫節，不但形成封閉而且必定會延誤期程，大幅增加研製的風險。

結論

以往的武器系統結構簡單，設計、製造相對容易，如今則不然；資訊市場非線性演進的事實，使我們已經預見今日所定之規

---

[17] 史編局譯，《軍事事務革命與美軍轉型》，民國 91 年 1 月，頁 113-114。

格，有不能滿足未來作戰需求之隱憂，而且 10 年前生產的電子零組件，不但來源已然中止，成為補保上重大的問題，而且與新的科技有數位分離（Digital Divide）不能相容的情事。所幸後續裝備大多依據運用經驗與缺失，加以研改，都能將既有之系統容納，但新舊裝備混合使用時，新裝備的功能與速度則受到舊裝備一定程度的制約。這種事實告訴我們必須在設計時，便應預留系統成長能量的空間與融通，以便掌握最佳的切入點，適時地將最新的科技融入既有的系統，俾延長服役的年限，因此，螺旋理論的精義，值得吾人深入研究。

但是，美軍的國情、文化、財力、實驗、訓練場地、部隊素質與裝備研製之能力，並非各國得以比照，應因國情之不同而審慎考量，以求得最適於自己國家的方式為要。

國軍武器系統獲得的途徑不外自製、外購與合作生產三種。大型購案的期程涵蓋甚長，因此，除深思熟慮相關的作戰訓練與補保維修外，尤須顧慮有建案時所訂的規格，因科技與威脅之變化，於交付時未必符合軍種未來作戰需求之可能性，故應密切掌握軍品研製的發展，引進最新的系統，並應妥為規劃後續性能提升之方案，以保持常新。自力研製之系統則可採螺旋/漸進模式，做好整體規劃，先獲得核心能力，再分階段不斷精進，避免因「軟體」進步帶來後續戰力維持的困境。

《陸軍學術月刊》39 卷 449 期

十一、美陸軍網狀化作戰之檢討與展望

前言

　　波灣戰爭結束之後，美、俄，中共等國為因應未來之軍事思想如雨後春筍[1]，雖依其戰略局勢之判斷與國情而各有其立論之基礎，不過都未經深入之探討；而且，各種理論除了必須在邏輯上合理化外，還必須經過實戰的驗證方可做為支持未來建軍之方針。其中美國率先提出「軍事事務革命」之說，繼而決定以「網狀化作戰」為其未來建軍之指導，並旋即將之付諸實現於 2003 年的美伊戰爭，由於美軍之作戰思想一向是世界各國重要參考的對象，此次戰爭的結果證明「網狀化作戰」理論是可行的，未來發展受到矚目的程度則尤勝以往[2]，儼然成為當前軍事思想主流。

　　我國已然邁入資訊化的社會，網路基礎建設與雲端科技政策，都已為國軍「網狀化作戰」建立了實施的條件；然而，各國的國情不同，威脅各異，是否可將其概念直接移植？是否應加以修正？為能將有限之資源做最充分之利用，美軍的作戰檢討就是一個重要的參考依據，也是本文研究之目的。

　　因受篇幅之所限，本文不討論美軍「網狀化作戰」的技術架構與問題，而是從地面作戰之立場，以美伊戰爭中美軍第 5 軍及機械

---

[1] 如美軍的效能戰、網狀化作戰；俄羅斯的第六代戰爭；中共的超限戰等；北約則無創新。

[2] 英、法、澳、印等國各自對其表示關注，中共則密切注意其發展並有比照實施之趨向。

化第 3 師之作戰檢討主，就「網狀化作戰」之要旨，研析美國陸軍對「網狀化作戰」未來之展望，俾供我軍之參考。

美軍何以提倡「網狀化作戰」

1991 年春，以美軍為首的多國聯軍，發起「沙漠風暴」作戰，將伊拉克軍隊逐出科威特之後，當世界仍以為將重回美蘇兩極對抗體系之際，後者卻發生「819 政變」，雖說有如曇花一現，卻使蘇聯一夕之間瓦解。冷戰正式結束，新的地緣戰略時代於焉來臨，巴爾幹半島與中東受壓抑的民族紛爭，旋即爆發烽火，因為戰略局勢改變太快，各國的軍事思想及作戰概念都來不及調整，而陷入了進退維谷的境地。如北約在前南斯拉夫的科索沃（Kosovo）內戰中，師老無功的處境就是一例；經過 76 天的轟炸卻無法結束戰爭，縱使其自詡為空權的勝利，但是卻被論者譏諷為這是一場「不真實的戰爭」（Virtual War）[3]。北約的困境證明冷戰時期的軍事思想，已不能應付當前的狀況，因此，美軍有識之士認為「世界在變，應以新的眼光去探索戰爭」[4]，不可抱殘守缺；同時在「沙漠風暴作戰」結束之後，美國陸軍員額急遽縮減，影響到兵力的調度；換言之，無論客觀的環境或主觀的條件，都顯示出未來之建軍備戰已經到了必須改弦易轍的時候，然而，問題是自第二次世界大戰以來美軍以蘇聯為假想敵的建軍政策已然不再適用，未來建軍方向與重點究應將何去何從！

---

[3] By Michael Ignatieff, *Virtual War-Kosovo and Beyond* Metropolitan Books New York 2000. Pp3-4 美軍克拉克（Wesley K. Clark）上將對此直言論斷：「質言之，此非戰爭也。」

[4] 曾祥穎譯，《軍事事務革命-移除戰爭之霧》，（臺北，麥田出版社，2002 年 3 月），頁 80-84。

　　由於「沙漠風暴作戰」之役，多國聯軍是在 1983 年美國雷根總統提倡的「星戰計畫」（Strategic Defense Initiative SDI）所研發的太空資訊科技成果支援下，方得能以極小的代價擊敗了師承蘇聯的伊拉克軍隊而獲得戰爭的勝利。這場戰爭也顯示了「工業時代戰爭的終結，資訊時代戰爭的開始」[5]。因此，1992 年美國陸軍便開始推動「數位化」的建軍規劃[6]，1994 年以駐德州胡德堡（Fort Hood）之機械化第 4 師為實驗部隊，探討如何運用資訊時代的科技增強部隊的戰力，因為當時的思維仍不脫既有之窠臼，所以雖然得到了正面的結論[7]，卻並未能有一個完整的構想可供依循[8]。同時，其他軍種亦基於本位，各自提出其新的理論，雖然都各有千秋，但是也各有其不足之處[9]。

　　到了 1996 年，時任聯合參謀會議副主席的海軍上將歐文斯（Bill Owens）提出了「系統體系」（System of Systems）整合性的概念[10]。主張以新舊的資訊科技，將軍民兩用的科技，利用「系統整合」的手段，將各系統整合成為一個完整的體系，俾能移除「戰爭之霧」，進而發起新一波的軍事事務革命，以轉變軍事力量的本質，並在聯

---

[5] 曹錦城，《下一場戰爭？中共國防現代化與軍事威脅》，（臺北，時英出版社，1999 年），頁 39-40。

[6] 係以 2003 年可用之資訊科技為規劃考量之依據；主其事者為陸軍部長威斯特（Togo West）與參謀長蘇利文（Gordon Sullivan）上將。

[7] 機械化第 4 師之作戰速度與火力支援可提高 6 倍，計畫作為時間縮短一倍。孫義明、薛菲、李建萍編，《網路中心戰支持技術》，（北京，國防工業出版社，2011 年 11 月），頁 12。

[8] 曾祥穎譯，《前揭書》，頁 270-274。陸軍之改革進度不如預期，亦甚受國防部之責難，陸軍參謀長辛世齊（Eric Shinseki）上將甚至因此去職。

[9] 如空軍甚囂塵上的基於效果之作戰理論（Effects Based Operations）；美軍近期對此有所檢討，認為該理論違背了戰爭的基本規律，不能有效指導美軍當前的軍事行動。見〈美軍緣何反思「基于效果作戰」理論〉，2010 年 8 月 6 日，中共解放軍報。

[10] 中共則稱此為「系統集成」。

參內部經過激辯後，將這個概念那入到《2010 聯戰願景》遠程戰略規劃之中[11]，才有了一個較明確的發展方向。

美軍認為 1990 年代美國已經成功的籌建並部署了核心的情資蒐整系統、通信系統與精準導引武器，用之於波灣戰爭戰果輝煌[12]；繼而在中東、巴爾幹半島衝突中，所實施的軍種之間高層次指揮系統的整合，也頗為順利；下一階段的重點就是將新的科技整合至部隊編組與兵力結構之內，把握「協同重於專業」與「資訊導向，三軍同步」的理念[13]，使其成為一個完整的「系統體系」，才可以繼續爭取國會的支持，獲得維持與更新體系所需之經費。但是在實施上面臨的困難是：除了很難將新的軍事科技做合理的預測與整合外，更牽涉到戰爭的指導，新的聯合作戰編組以及兵力結構之重組；更困難的是必須打破軍隊文化的桎梏與官僚利益的糾結，才能達到預期之效果[14]。

1997 年 4 月美國海軍部長提出了「網狀化作戰」的構想[15]，做為海軍建軍與備戰之指導。1998 年 1 月海軍更進一步的將這種「網際網路野戰化」的概念加以闡釋[16]；1999 年在聯六（J6）計畫主導下，美軍完成「網狀化作戰」（Network Centric Warfare NCW）具體的計畫指導作為。2001 年由國防部提交國會備案，並將原先的遠程建軍規劃擴充為《2020 聯戰願景》，明確的指出聯合作戰的四大目標－主宰

---

[11]曾祥穎譯，《前揭書》，頁 278-280。
[12]曾祥穎譯，《前揭書》，頁 284。
[13]曾祥穎譯，《前揭書》，頁 284-287。
[14]同上註。
[15]1997 年 4 月 23 日海軍部長詹森（Jay Johnson）上將，假海軍官校於 123 屆海軍年會中提出。
[16]海軍戰院院長塞布羅斯基（Arthur Cebrowski）中將與加斯卡（John Gartska）兩人於海軍戰院發表「網狀化作戰」之概念；爾後在前者退役後，由其領導集眾人之智，提出「網狀化作戰」一書，完成國防部之專案委託研究。

機動、精準接戰、全面防護、後勤為先－做為未來 20 年三軍建軍的準據。

在美國的社會與人文方面，當於美軍之 C⁴/I/SR 體系已燦然大備之同時，因為網際網路的推動、電腦科技的發展與用戶的普及，也使美國社會的資訊軟、硬體基礎建設與運用體系逐步完善，資訊產品的操作已經不限於科技人員，幾乎人人都可以上手。資訊硬體設備價格下降，軟體功能變大，而且繼續簡化朝著「傻瓜化」方向發展，資訊科技進入到「由量變到質變」的轉換點[17]。依據摩爾、梅特卡夫與吉爾德三大定律之推算[18]，「網狀化社會」應是指日可待之事。正當此時，不料，卻因為投機風氣盛行，過度炒作的結果，大型網路公司紛紛倒閉，導致「網路經濟泡沫化」[19]，社會人眾一時之間對網路未來的發展前途也都不免心存一些疑慮。

國防部與聯參，卻在此時此刻「由上而下」的發起以網路為中心「網際網路野戰化」的建軍指導[20]，雖然已經有了全般概念，而且當前只有美軍具備了實施的條件[21]，不過這種思想畢竟關係到美軍未

---

[17]1995-2000 年間，網路公司風起雲湧，個人數位助理（PDA）盛行，投機風潮瀰漫全球；2000 年底，美國上線的用戶約達 1.22 億，占其人口之 44%；梅特卡夫定律之效果開始顯現。

[18]摩爾定律（Moore's Law）：「在可預見的未來，電腦晶體的密度與運算性能，每 18 個月將增加一倍」。（在保持同等性能的前提下，售價則以每年 30%-40%的幅度下降）；梅特卡夫定律（Metcalf's Law）：「網路的效用性（價值）會隨著使用者數量的平方（N²）成正比」；吉爾德定律（Gilder's Law）：「網路頻寬每年將增加 3 倍」；預估至 2020 年以前此三大定律都還能左右網路之發展。

[19]許多網路公司股價被投機炒作，因過度擴張卻沒有實績支持而崩盤，後人稱「網路泡沫化」。

[20]本書不僅在海軍受到重視，陸軍高級軍官亦然，作者於 2002 年隨前總司令陳上將參訪美國太平洋總部時，美太平洋陸軍司令即親筆簽名贈予作者此書。

[21]在精準武器與 C⁴/I/SR 方面，俄羅斯因內戰自顧不暇；北約無力振作；中共則尚未成氣候。前俄羅斯戰爭學院院長史利普欽科將軍在其《第六代戰爭》中即指出當前只有美軍有此條件。

來的發展，按理而言，應經過一段波折與醞釀後，才能塵埃落定。然而，此一「網狀化作戰」思想在還未受到嚴厲檢驗與討論之前，恐怖份子便率先以非正規「網狀化作戰」的型式，策動「911 恐怖攻擊事件」，重創美國社會，證明美國本土並非絕對安全。

美國為了報復「基地組織」之攻擊以及平息國內的民憤，小布希總統便立即決定假「反恐怖主義」之名，逕自宣布對阿富汗與伊拉克用兵[22]，三軍部隊乃積極依「網狀化作戰」指導從事戰備整備，旋即先後對兩國發動戰爭。戰事既啟，所有的爭論一時之間全然消失，2002 年 8 月美軍宣布開始全面實施「網狀化作戰」[23]，至此，其成敗得失也只能視美國在伊拉克之戰果而定。

因此，我們可以說美軍之所以提倡「網狀化作戰」固然有其前瞻之考量，實際上，也是主觀軍事條件與客觀戰略環境之必然。就主觀軍事條件而言：美軍的 $C^4/I/SR$ 體系建設已經完成；許多三軍主戰裝備已然改用「視窗對話」的模式[24]；各軍種也已習慣於在此架構下實施作戰；部隊之成員都具備相當的資訊知識；更重要的是高層有推動軍事事務革命之決心，這些都是有利的因素。不利的因素則是因為國防預算縮減與裁軍，對伊阿戰爭使得兵力運用捉襟見肘，一旦開戰，部隊便將疲於奔命。

就客觀戰略環境而言：對美軍不利的是冷戰之後，除英國之外，美國與北約漸行漸遠，軍事行動難以獲得盟國的支持，甚至反對；盟國裝備及武器系統更新的速度因為威脅減輕而放緩，國防預

---

[22]911 事件發生後一週，9 月 17 日美國即在未經聯合國授權下，三軍兵分 4 路進襲阿富汗。

[23]孫義明、薛菲、李建萍編著，《前揭書》，頁 25。

[24]如作者在美參訪時親身操作 M109A6 及 AH-64 Long Bow Apache 之體驗；以往之儀表都已改為視窗，對當前狀況亦有相當之人工智慧提供適切之建議供砲長或射手參考。

算劇減，無意亦無力出兵支援美軍之作戰[25]，迫使美國更傾向單邊行動。有利的是因爲資訊科技的進步，模糊了傳統上時間與空間的界限，可以將三軍各級成員以網路型態密切結合，使整個軍事體系對戰場景況有一致的體認與共同的認知，能使美軍在「適當的時間，適當的空間，集結適當的戰力」，形成決定性之優勢，這是「網狀化作戰」的眞諦，美軍完成上級率爾交付軍事任務之唯一手段，也是資訊科技進步帶給社會文化演變的必然結果。

網狀化作戰概述

一、網狀化作戰之要旨

最早的「網狀化作戰」定義乃：「係一種以網路爲中心的思想用之於軍事作戰；置重點於能將諸般戰力有效連結或成網，以發揮其戰力之作戰。[26]」在此定義中特別強調三個要點：須排除地域對兵力之限制；須分享情資與瞭解指揮官之意圖以利主動作爲；以及須將戰場上各級部隊有效的連結，自動自發的同步更新狀況，依命令或獨立自主採取至當作爲，以發揮統合戰力[27]，重點不是構建通信網路而是情報與資訊的流通[28]，將資訊化爲知識，以支援作戰任務之達成。（見附圖一）

---

[25]黃文啓譯，《2010 美國四年期國防總檢討報告》，（臺北，國防部史政編譯室，中華民國 99 年 11 月），頁 186。

[26]David S. Alberts,etc., *Network Centric Warfare-Developing and Leveraging Information Superiority* p.88 其原意乃比照企業對網路之運用移植到軍事作戰上；亦即作者所言之「網際網路野戰化」。

[27]David S. Alberts,etc. ,《前揭書》pp.90-92。

[28]David S. Alberts,etc. ,《前揭書》p.93。

附圖一：美軍「網狀化作戰」概念

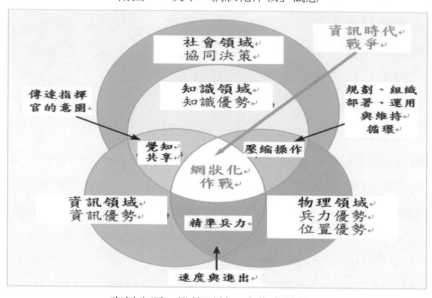

資料來源：維基百科；由作者綜整。

社會領域：人類社會資訊交流、覺知理解、協同決策之領域，軍事行動應獲得此領域之認同（令民與上同意）。

知識領域：係指揮官與參謀之決策思維、軍事素養、作戰指導、領導統御、教育訓練等知識的存取、比對、分析與融合（戰場管理）。

資訊領域：情資指導、蒐集、整理、分發與運用（通電/情/監偵）。

物理領域：兵力部署調動、火力支援、補保運衛、社會資源（指管）。

四者經過戰場覺知的共享與融合，產生知識的交集，俾能精準用兵，克敵制勝才是 BM/C4/I/SR 網狀化作戰之要義。

至 2001 年美軍對網狀化作戰定義為：「一種資訊優勢致能的作戰概念，藉由網狀化的感測器、武器平臺與指揮決策系統之運用，

大幅提高作戰效能[29]。」簡而言之，網狀化作戰是當代資訊科技興起與社會演變帶來的戰爭思想；它是一種「螺旋演進」的觀念，也是軍隊因應資訊時代戰爭的作戰方式。這種作戰思想有其實施的先決條件，雖然一經提出即面對實戰的考驗，但是仍屬人性與組織化的作為，只不過是轉變了我們思考的方式[30]－在思維上，應將「煙囪式」的軍事體系視做「扁平化」的企業體系；在戰力上，要從武器載臺轉到資訊整合上來[31]。美軍之所以有這種概念，主要是來自於要解決波灣戰爭中資訊互連互通不足，不能同步作業的缺失，在緊縮的預算與兵力限制之下，以充分發揮資訊科技帶來的優勢，贏得戰爭的勝利。

質言之，就是比照「網際網路」的觀念，建設強固的「網狀化作戰」體系，將三軍各種不同的太空、空中、地面、水面與水下各類型 $C^4/I/SR$ 系統與武器及人員整合起來，用之於野戰的環境，使其產生相乘的效果，得以在指揮管制上「知天、知地、知敵、知我」，並在後勤支援上能「適時、適質、適量、適地」，俾發揮整體戰力，以克敵制勝。其目的在於要能夠達到孫子所說：「知戰之地，知戰之日，則可千里而會戰」的要求[32]。

由以上分析可知，美軍「網狀化作戰」的要旨，應該從三個層面來思考[33]：在國家戰略層次是軍隊文化與傳統因應未來戰爭的轉變；在軍事戰略上是一種軍事思想與軍事體制的革新；在野戰戰略則是以「網際網路野戰化」的觀念，運用資訊科技之優勢支援作戰

---

[29]毛翔、孟凡松譯，《美軍網路中心戰案例研究 1-作戰行動》，（北京，航空工業出版社，2012 年 1 月），頁 17。
[30]David S. Alberts,etc. 《前揭書》p.88。
[31]同上註。
[32]《孫子》，〈虛實篇第六〉。
[33]孫義明、薛菲、李建萍編著，《前揭書》，頁 1。

任務之達成。

二、網狀化作戰之內涵

雖然未來的科技發展必然會超越並克服當前軍事上的制約，但是野戰用兵的三大要素－時間、空間、兵力－仍然未變，所差異的是三者的權重在各個狀況中有所不同而已。美軍的《2010 聯戰願景》與《2020 聯戰願景》發布的時間，間隔很短，就建軍的規劃而言，這是不合常理的。理由是因為在當前與未來的作戰中，戰力三大要素中的「時間」因素的權重變大了；根據分析，美軍除了提出四大建軍目標外，最主要的修正是將前者的「尋求資訊優勢」改為後者的「尋求決策優勢」，以掌握戰機；在企求上則將四個「任何」（any）變成五個「正確」（right）；即從「在任何時間、任何地點、將任何情資、送交每位需求者」，變成「在正確時間、正確地點、將正確情資、以正確的型式、送交給正確的需求者」，使得各級部隊的「狀況－決心－處置－報告」決策循環能夠及時而正確[34]。因此，在內涵上美軍的「網狀化作戰」是以「時間」為核心，將三者有效的結合形成有效的戰力，以克敵制勝。在這樣的理論基本路線之下，「網狀化作戰」就有架構的具體方向了。

三、網狀化作戰之建設

由於網狀化作戰不是狹隘的 C⁴/I/SR 系統構建與資訊戰，而是美軍軍事轉型－整體化聯合作戰－的核心指導理論，因此，美軍網狀化作戰之建設是先從統一觀念著手，將各軍種提出的作戰理論與其結合，以排除本位主義；其次在戰區以上高司單位設置「網狀化作戰」之專責人員，以統一事權；第三則是在全球構建上層的「全球

---

[34] 亦即美軍之「觀測－定向－決心－處置」（OODA）。

資訊電網」（Global Information Grid GIG）體系，先以網路節點與通信協定將各軍種的指管通情系統整合，成為一個可以互通、互用、互容之有機體制[35]，將「相互作業」（interoperability）列為系統作戰需求文件中的必要條件；第二步是要求三軍未來所有之系統都必須與此網路兼容，謂之「網路備便」（Net-Ready）；第三步則是將各種武器系統、作戰平臺、各級部隊甚至單兵，都比照「網際網路賦予IP」的方式納入管理，用戶所要的情報資訊，只要以建制之終端，透過「軍用雲端」之融合、分析、比對後，即可進行存取與運用[36]，依據所提供的情資，下達決心、處置與通報[37]。（附圖二）

附圖二：全球資訊電網示意圖

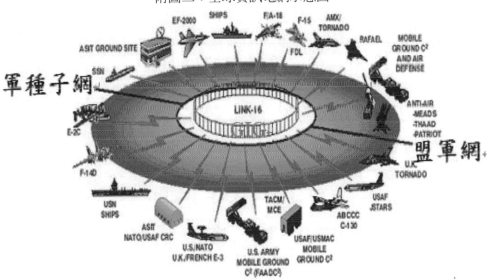

資料來源：維基百科，作者整理。

說明：係以數據鏈路將各軍種子網、盟國網路、各武器系統、野戰單位乃至單兵，依層次連成一個無縫蜂巢式電網。

---

[35]潘清、胡欣傑、張曉清編著，《網路中心戰裝備體系》，（北京，國防工業出版社，2010年10月），頁21。

[36]孫義明、薛菲、李建萍編著，《前揭書》，頁40。

[37]即所謂的 sensor-to-shooter。

在國防部的「全球資訊電網」理念與架構之下，三軍各自有其軍種之整體規劃。陸軍則以五個司令部－北方、南方、中央、歐洲、太平洋－做為「網路勤務中心」（Network Service Centers NSC）[38]，與「全球資訊電網」構連，以企業總部的型態在全球建立美軍的「陸戰網」（Land War Net）[39]，將目前陸軍所有的作戰網路、基礎架構、通信設施與應用系統[40]，結合成為一個全球性標準，保密又經濟的網狀化作戰體系。師級（含）以下則是以「勇士戰術資訊網」（WIN-T）為核心，運用「聯戰無線電系統」（JTRS）與「聯合網路節點」（JNN），支援「旅以下作戰指揮系統」（FBCB2）之作業，使得美軍自軍團至連級甚至單兵，可以透過建制或商購的通信器材與資訊設備，基本上在野戰的環境下都具備了某種程度運用網路之能力。

四、美伊戰爭美軍網狀化作戰之準備

美國陸軍的作戰準備早在「911 事件」直後即行展開。2002 年 1 月底，在阿富汗戰場尚未結束之際，駐德國海德堡（Heidelberg）的美國第 5 軍軍部，即受命以網狀化作戰理論為指導，在現有的「陸軍作戰指揮系統」（ABCS）架構下，展開對伊拉克作戰之準備。該軍遂以「勝利」（Victory）為代名，實施一系列的高司演訓，與「狀況覺知」（situation awareness）驗證[41]，俾使各級主管及參謀能熟稔如

---

[38] 除供戰區內之連線外，可支援 3 個師之作戰。

[39] 參閱 America's Army-The Strength of the Nation 網站；太平洋地區則分別位於關島之布克納堡（Ft Buchner）與夏威夷之瓦希瓦（Wahiawa），及西岸之羅伯斯基地（Camp Roberts）相互構連。

[40] 包括 GCCS-A, ABCS-FAADC2I, ASAS, MCS, AFATDS, CSSCS-五大子系統，以及後備與國民兵之系統。

[41] 毛翔、孟凡松譯，《前揭書》，頁 27-29。

何從中獲取資訊，並瞭解系統之運作[42]，時間長達 14 個月。

附圖三：「陸軍作戰指揮系統」示意圖

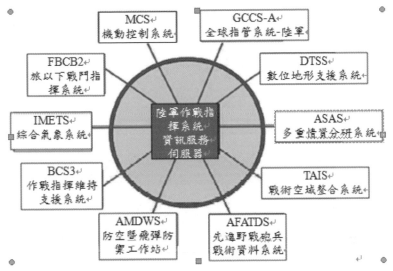

MCS
機動控制系統

GCCS-A
全球指管系統-陸軍

FBCB2
旅以下戰鬥指
揮系統

DTSS
數位地形支援系統

IMETS
綜合氣象系統

陸軍作戰指
揮系統
資訊服務
伺服器

ASAS
多重情資分研系統

BCS3
作戰指揮維持
支援系統

TAIS
戰術空域整合系統

AMDWS
防空暨飛彈防
禦工作站

AFATDS
先進野戰砲兵
戰術資料系統

資料來源：維基百科。
說明：軍師級對上以陸軍全球指管系統連絡；對下以旅以下戰鬥指揮系統管制；
各級戰鬥與勤務支援之協調則透過此網為之。

在此同時，美陸軍的第一個史崔克（SBCT）實驗旅已然成軍，
但是初具雛型，並未形成有效的戰力。駐喬治亞州史都華堡（Ft.
Stewart）的機械化第 3 師，所使用的仍然是傳統之重型裝備，在駐
地、加州歐文堡（Ft. Owen）（國家訓練基地）以「旅以下作戰指揮
系統」（FBCB2）為主，從事演訓與戰備整備。置重點於師級 M4 指揮
車（M4C^{2}V）、旅級戰鬥指揮車（BCV）之換裝訓練，以及各級指揮
所在新舊（軍規與商規並用）通資裝備支援下建構之「共同狀況
圖」（Common Operational Picture COP）的體認與運用[43]，其目標為使
各級部隊指揮官「能擺脫傳統指揮所之羈絆，又能保持對戰況之指

---

[42] 如 2002 年 8 月 2 日之「C^{2}研討會」即是一例。
[43] 毛翔、孟凡松譯，《前揭書》，頁 29-31。

揮掌握」[44]。

美第 5 軍及納編之戰鬥序列部隊經年餘之戰備整備，並參酌阿富汗戰場之經驗，「由下而上」的提出通資裝備與網路需求予以補強後，便已初具網狀化作戰之能力。至 2003 年 3 月第 5 軍之主指揮所從德國移轉至卡達完成開設，機械化第 3 師則完成部隊訓練至科威特集結，與師後勤支援區之建立。其餘友軍亦依戰略部署次第前運集結[45]，各自從事戰前最後之協調與準備，待命出擊。

因此，可知美伊戰爭中之網狀化作戰架構在軍事戰略層次是「全球資訊電網」；野戰戰略層次則是「陸軍作戰指揮系統」；在戰術層次為「旅以下作戰指揮系統」；彼此相輔相成，將野戰的情資蒐整、指管通信、兵力機動、火力支援與補保運衛整合為一體，以利其任務之達成，在作戰整備上頗為符合《孫子》「勝兵先勝」的旨意。

五、美軍網狀化作戰之檢討

2003 年 3 月 19 日，美軍對海珊實施「斬首行動」失利[46]，旋即於次日以機械化第 3 師與陸戰隊第 1 師為主力發動地面攻勢，揮軍直指 540 公里以外之巴格達，進展順利，除因沙塵暴而頓兵 3 日外，至 4 月 9 日即攻占目標，為期僅 3 週便達成推翻海珊政權之任務，進軍之速，堪稱勢如破竹。

雖然伊拉克在前次戰爭失敗後，總體戰力薄弱，裝備老舊，缺乏訓練，指管僵化，無完善的資訊基礎建設，空中亦難以對美軍產生威脅；但是正規與非正規地面部隊仍有 35 萬人，計 23 個師，戰甲

---

[44]毛翔、孟凡松譯，《前揭書》，頁 38-39。
[45]機械化第 4 師、裝騎 2、3 團仍在陸續部隊接收/集結/前送與整合中。
[46]海珊至 2003 年 12 月 13 日方在伊拉克北部提克里特南方 15 公里處被美軍捕獲。

車 4,600 餘輛與火砲 4,000 餘門[47]，仍應有一戰之力，而且是在本土作戰，守土有責，有先處戰地之利，北部雖有庫德族之內患隱憂，但是土耳其政府不支持美軍借道的態度，亦使其未落入兩面作戰之地位。美軍則係遠渡重洋，深入敵國「重地」[48]，兵力上有「攻勢楔形」之虞，後勤上則有「支援界限」之慮[49]，何以能夠使伊拉克「前後不相及，眾寡不相恃，貴賤不相救，上下不相收，卒離而不集，兵合而不齊」？其戰勝攻取之道為何？

　　戰爭結束後，2004 年 3 月，美軍委託學術單位根據其定義以「提升感測器性能、系統連結以及網狀化資訊科技，增強了部隊在伊境攻勢作戰階段之作戰效益」為假定之前提[50]，全面問卷訪查第 5軍與機械化第 3 師，自中將至少尉軍官計 539 人[51]，分別就作戰行動、C⁴/I/SR 系統與 6 個重要戰例，研究網狀化作戰之成效，以做為未來建軍之主要依據。

　　經過二年之研究，美軍在作戰方面得出的結論為：「網狀化的力量提高了資訊共享的程度；資訊共享和協同提升了資訊之品質並強化了狀況覺知之共享；狀況覺知之共享使協同作戰與自我同步過程得以實現，進而提升指揮速度及作戰之連續性（參閱附表一）；因而能提升執行任務之效能。（參閱附表二）」[52]。

---

[47]穆儉譯，《美軍網路中心戰案例研究 3——網路中心戰透視》，（北京，航空工業出版社，2012 年 1 月），頁 23。
[48]《孫子》〈九地篇第十一〉「入人之地深，背城邑多者，為重地」。「重地則掠」（速戰速決）。
[49]對此，美軍在計畫作為中在其預想地區設立「紅色統制線」，以管制部隊行動。
[50]穆儉譯，《前揭書》，頁Ⅴ。
[51]穆儉譯，《前揭書》，頁Ⅸ。
[52]毛翔、孟凡松譯，《前揭書》，〈8.研究結論〉，頁 85。

附表一：狀況覺知之共享有利協同作戰－新舊系統之比較

區分	以往經驗	新系統	比較	舊系統	比較
戰場態勢之理解	3.29	3.56	+0.27	3.15	-0.14
戰場空間作戰圖	3.17	3.51	+0.34	3.09	-0.08
其他作戰要素狀況覺知	3.01	3.28	+0.27	2.90	-0.11
可供即時決心之狀況覺知	3.08	3.45	+0.37	2.88	-0.2
與友軍之協同作戰	3.13	3.48	+0.35	2.94	-0.19
作戰/目標資訊	3.40	3.55	+0.15	3.06	-0.34
協調作業/武器系統	3.37	3.61	+0.24	3.01	-0.36
作戰節奏/速度	3.10	3.42	+0.32	2.99	-0.11

資料來源：《美軍網路中心戰案例研究 1-作戰行動》，頁 48-49，作者綜整。

說明：數字分為 5 等分－1 為從未，3 為有時，5 為始終。

研析：舊有系統狀況覺知之共享均未達以往之經驗 3%-11%；新的系統則高出以往約 4%-10%；新舊系統兩相比較差距達 9%-21%。顯示出美軍採取網狀化作戰概念後，指揮決策循環變快，以往之系統已不符作戰需求。

附表二：網狀化作戰對部隊作戰計畫作為之分析

區分	旅/旅以下	旅/師部	軍部
戰場空間作戰圖	3.23	3.62	3.91
計畫作為與修訂	2.89	3.35	3.38
完整之戰場狀況覺知	3.04	3.23	3.59
戰場態勢覺知	3.32	3.60	3.90
作戰/目標資訊	3.20	3.65	3.59
協調作業/武器系統	3.33	3.67	3.66
與友軍之協同作戰	3.15	3.55	3.54
可供即時決心之狀況覺知	3.11	3.66	3.77
作戰/決策風險降低	3.18	3.51	3.52
作戰/決策風險覺知	3.06	3.36	3.50

說明：數字分為 5 等分－1 為從未，3 為有時，5 為始終

研析：在計畫作為與戰場覺知方面，部隊層級越高，網狀化作戰效益越大；在戰

術作為與火力協調方面師優於旅級，軍、師層級則概同。顯示出指揮決策明確，下級可用時間增多，可應付不預期狀況之能力增加。
資料來源：《美軍網路中心戰案例研究 1-作戰行動》，頁 60，作者綜整。

　　美軍在作戰方面的假定得到了正面的結論，證實網狀化作戰是正確的建軍方向。但是在支持這種思想理論的 C⁴/I/SR 系統方面，則發現軍隊的要求與規格，遠遠落後於現貨市場，而且部隊網路伺服器的數量暴增，資訊的流通呈現出水平發展的趨向，使現行的「從上到下，從左至右，從支援向受支援」通資準則失去了作用。

　　在 2003 年 1 月，攻勢發起前 2 個月，第 5 軍在對通信連長的講習當中，即指出軍、師建制之通信系統如「機動用戶裝備」（MSE）的大、小節點能量不能滿足本次作戰之需求[53]，必須抽調其他軍級和戰區現役之通信旅支援，以與「三軍聯戰數位通信系統」（TRI-TAC DGM）、「21 世紀部隊通信系統」（Force 21）構成軍之戰術通信網路[54]，並利用商用現貨（例如友軍追蹤收發器、全球廣播系統），方可以支援軍之作戰。

　　戰後，美軍在 C⁴/I/SR 系統方面的檢討是「摩爾定律」使得通資裝備在建案完成至撥交部隊使用時，已有過時之虞。為解決此一問題「決策者與採購者必須認識到軍用網路數據傳輸除軍用衛星外，應以新的制度來保持網狀化系統與商用科技之與時俱進[55]。」必須建立一個開放式的架構來容納部隊與作戰日益增加的網路需求，方得以因應未來之網狀化作戰環境。

　　美軍認為如果軍隊的建案仍維持現有的時程不變（約 10 年）；

---

[53] 轟春明譯，《美軍網路中心戰案例研究 2-網路中心戰時代來臨之際的指揮、控制、通信與計算機架構》，（北京，航空工業出版社，2012 年 1 月），頁 23-26。
[54] 轟春明譯，《前揭書》，頁 42-44。
[55] 轟春明譯，《前揭書》，頁 68-81。

商用現貨更新的周期按照「摩爾定律」則為 2 年，就目前商用衛星的功能與精度而言，則必須有敵人靈活獲取的科技將比美軍所用的先進「2^5」的認知[56]；證諸於「911 事件」，「基地組織」利用網路為工具，規劃劫持大型航空器，無中生有，運用「革命戰法」異地同時的對美國本土重要目標實施攻擊之例觀察，此一結論不失客觀。因為這不但是第二次世界大戰日軍偷襲珍珠港以來，美國的第一件本土遭受到外力攻擊的事件，更證明了縱然在極端劣勢下，「網狀化作戰」不必藉諸武裝力量亦有其可行之道。

　　因此，美軍認為「網狀化作戰」沒有現狀和前例可循，戰場通資系統隨著科技發展不可避免的朝著「更快、更小、更輕」方向發展[57]，對 C^4 系統的第 4 個 C（電腦）而言，目前所擔憂為網路頻寬不足的問題[58]，可從「網路壅塞」的經驗得知，其實是美軍對網路依賴日深，用戶日多，使頻寬需求成等比級數成長[59]，以及通資產品「性能提升」對頻寬的要求增加[60]，更重要的是戰時用戶「同時上網」或遭受到「惡意駭客」攻擊，使系統不堪負荷必然的結果[61]。這個問題可以依據吉爾德定律概略推算出未來頻寬的變化實施規劃，必須在需求之外應預留足夠的餘裕度，以應戰時不意之需，同時在資訊的管理與安全上的挑戰，更是一大要務。職是之故，除了要求要有足夠的頻寬之外，美軍對「網狀化作戰」提出了四個需求[62]：

---

[56]轟春明譯，《前揭書》，頁 91。
[57]轟春明譯，《前揭書》，頁 88。
[58]轟春明譯，《前揭書》，頁 79。
[59]美軍整個體系目前約有 15000 個大小網路，700 萬臺電腦在運作；主要作戰網路 170 餘個。
[60]iPhone, iPad, Smart Phone 等視訊產品問世，3G 之頻寬 384kb/s，3.75G 則為 7.2Mb/s；中華電信家庭用「光世代」與雲端網路所需頻寬不斷增加，即是例證。
[61]如 2008 年 11 月，美軍中央司令部電腦被駭客入侵之例。
[62]轟春明譯，《前揭書》，頁 87-90。

1.應有我軍當前需有一種更快的 C⁴ 發展計畫。

2.重新架構 C⁴ 計畫的採購和部隊管理程序。

3.利用海軍開放式架構研究解決陸軍 C⁴ 系統之問題。

4.在全球資訊網路基礎上,遷移與整合美軍 C⁴ 架構。

除了肯定網狀化作戰之概念外,美軍也坦承此次作戰係在開闊沙漠地形,其經驗不能適用於複雜地形或城鎮地區;同時因伊拉克軍隊無海空軍支援,無力干擾美國之「全球定位系統」,也未試圖攻擊美軍之通資節點[63]。亦即是如果與科技能量與部隊素質相差無幾的敵人作戰,其結果如何,殊難逆料,因此,只可供參考,而不能就此定論。同時也警告因為上級掌握之資訊較下級為多而逕行干預時,則會降低網狀化資訊體系及完善狀況覺知帶來之作戰優勢,應依其職責,各盡本分為要[64]。

研析

由於「網狀化作戰」只是美軍提出來的概念,在當時無具體的準則可以遵循;但是碰到「911 事件」爆發,美國為轉移國內怒火而對外用兵,美軍就正好可藉實戰來檢驗其「網狀化作戰」理論之可行性。然而,這個代價太大,實非一般國家可以承受。

如從國家與軍事戰略的角度分析,美軍對阿富汗與伊拉克的戰爭是典型的「敗兵先戰,而後求勝」的例證。從美國贏得了戰爭卻未能贏得和平,就可以看出美國戰前因為報復恐怖份子之攻擊「怒而興師」;軍事行動「戰勝攻取」之後卻「不修其功」,當斷不斷,落國際之口實。雖然美軍戰鬥部隊終於在 2010 年 8 月撤離伊境,但依然在此兩國境內面對《孫子》:「鈍兵、挫銳、屈力、殫貨」的窘

---

[63]毛翔、孟凡松譯,《前揭書》,頁 4-5。

[64]同上註。

迫之局[65]，致使國家財力困頓，縱有智者亦難以善後，違背「慎戰」
的精義，自陷「費留」之不利地位[66]，足可供謀國者戒。

　　就野戰戰略的角度分析：美國並未獲得聯合國之授權即率爾動
武；用兵之理由亦過於牽強而不受盟軍之支持[67]；美軍又分別勞師遠
征，在西亞的山地與中東的沙漠地區作戰；地面部隊可用之兵員則
僅只 10 年前的 60%，因此，戰略態勢美軍是居於不利的地位；不
過，從另一方面來說，美軍所面對的敵人是處在殘破與孤立的狀
況，未能善用先處戰地之利，並未在國際間發起政治攻勢，遂使太
阿倒持，難獲外援，予美國可趁之機。因此美軍作戰層次（野戰戰
略）最重要的課題就是速戰速決，「全軍破敵」，以避免不預期狀況
的發生與國際輿論之譴責。不過，就野戰戰略而言，卻是提供了一
個絕佳的實兵驗證「網狀化作戰」理論與精進的機會。

　　在戰術與戰技方面，「網狀化作戰」能夠整合戰場景況，提供指
揮官即時的情資，得以充分發揮「資訊外線優勢」帶來的分進合擊
之利，是未來正確發展的方向，應該是軍事實務方面的共識。

　　除了美軍的檢討之外，我們也可以說美軍之所以提倡「網狀化
作戰」，起初是因應主觀條件之不足，後來則是受制於客觀戰略環境
的需要。縱使美軍終將完全撤出阿富汗與伊拉克戰場，但是從其運
用武裝無人飛行載具（CUAV）執行高風險任務的例證觀之，「網狀化
作戰」的戰法與戰技，仍會繼續隨著資訊科技的進展，不斷的實
驗，並以「螺旋」漸進的方式演進。

　　就其發展趨勢研析，目前網際網路方面所面臨的問題，也都將

---

[65] 《孫子》，〈作戰篇第二〉。

[66] 《孫子》，〈火攻篇第十二〉；美國近年財務困窘，經濟不振，主因之一為軍費高
居不下。

[67] 除北約之反對出兵外，美軍原計畫以機械化第 4 師假道土耳其庫德族之地域進入
伊境，形成南北夾擊之勢，唯未能如願。

會投射到「網狀化作戰」的體系之中。然而，資訊科技在「摩爾定律」之下，發展的步調遠大於軍事投資建案所耗費的時程，蘇聯崩解後世界上已經沒有能與美軍同步更新裝備的國家，這個差異便將使美軍與其他盟國產生「數位落差」乃至「數位斷層」，導致無法聯盟作戰的問題；再加上各國政治戰略與國家利益的考量，「網狀化作戰」的概念有其制約之因素，並非一體適用於所有國家，美國對北約的抱怨就是一個例子[68]。

未來展望與對我軍之啟示

美軍經戰後檢討預期未來的敵人將「採用並適應在新的資訊環境中與美軍交戰，並向不對稱作戰模式轉化，以抵銷後者之資訊優勢」[69]。戰後即加速其腳步從強化「全球資訊網」—消除頻寬限制、部署可靠服務、改進狀況覺知—著手[70]，構建一個由「戰場覺知、數據鏈路、資訊傳輸、敵我識別、導航定位、視訊會議、數位地圖、模式模擬與數據中心」等9大系統，計畫在 2015 年完成 92 個光纖網路節點之聯網[71]，做為 2020 年實施網路狀化作戰之基石[72]。除科技手段以外，在政策方面之作為例如，2006 年 10 月，美國防部宣稱：「正向網狀化部隊轉型，實施聯合網狀化作戰」[73]。2007 年 11 月，統一三軍通用標準，整合三軍通資系統，系統研發必須能與上下級

---

[68]盧福偉編，《軍事轉型與戰略-軍事事務革新與小國》，（臺北，國防部史政編譯室，中華民國 100 年 8 月），頁 201-208。
[69]毛翔、孟凡松譯，《前揭書》，頁 91。
[70]童志鵬主編，《綜合電子信息系統-信息化戰爭的中流砥柱》，（北京，國防工業出版社，2008 年 7 月），頁 99。
[71]潘清、胡欣傑、張曉清編著，《前揭書》，頁 21。
[72]蕭裕聲主編，《21 世紀初大國軍事理論發展新動向》，（北京，軍事科學出版社，2008 年 8 月），頁 1-2。
[73]孫義明、薛菲、李建萍編著，《前揭書》，頁 30-35。

網路數據兼容；2008 年 11 月，國防先進研究計畫局（DARPA）預計在未來 10 年，以 20 億美元資助網狀化作戰科技項目。次年 3 月，美國提出法案指導國防部與聯參研究如何解決採購政策、程序、組織和管理上之限制[74]。另一方面則成立「網路司令部」（Cyber Command）以年度大型演訓來驗證其相關之概念與能力[75]，可見美軍很認真在落實對伊拉克網狀化作戰所做之檢討意見與改進措施。

因此，可以預期的是美軍未來會將三軍的情報整備、計畫作為、後勤支援、人事管理、感測平臺、各級部隊、武器系統、乃至於單兵都納入「全球資訊電網」的「雲端環境」運作，在保密的前提下，依其權限與任務性質，以賦予之 IP 進入「網狀化體系」，進行資訊的收發存取與處理應用，建立「協同情資環境」（CIE）支援的「共同狀況圖」，統合三軍之情報、兵力、火力與後勤之運用[76]，以執行其任務或作戰。

但是，國際局勢的發展，美軍未來對外用兵的機會與規模，應該都不會比對伊拉克作戰來得大，而且受到商用市場的牽引，軍用與商用系統規格有趨於一致，前者甚至有追隨後者發展之可能，這種趨勢值得我們密切注意。

就在國防部的主導下，美軍所有的網路資訊技術和安全系統，都以第 6 版的網際網路協議為基礎之舉措分析[77]，展望未來「網狀化作戰」運作的方式，基本上其實與目前商務人士「行動辦公室」的理念應該相去不遠。因此，合理的推論：其系統的節點應將採取固

---

[74]孫義明、薛菲、李建萍編著，《前揭書》，頁 36-38。
[75]潘清、胡欣傑、張曉清編著，《前揭書》，頁 23。
[76]David Alberts，李耐和等譯《信息時代美軍的轉型計劃-打造 21 世紀的軍隊》，頁 133-134。
[77]David Alberts，李耐和等譯《信息時代美軍的轉型計劃-打造 21 世紀的軍隊》，（北京，國防工業出版社，2011 年 1 月），頁 145。

定與機動「智慧雲端」設施的方式；大小終端則應為「短小輕薄」的智慧型觸控系統；其行動電源將會比照商用模式，採取通用接口和車用電源或輕便型太陽能轉換。更何況根據世界銀行 2012 年 7 月的調查「全球使用手機的人口有 77%，數量高達 60 億部，約為 2000年時（29%）10 億部的 6 倍，未來其數量有超過人口總數的可能」[78]，這種市場商機牽引的力量，會為作戰帶來什麼樣的衝擊，值得我們深思。換句話說，未來的「網狀化作戰」環境，是非常靈活多變，充滿臨機創意的，如果各級部隊指揮官以商用「智慧型手機」實施指揮與管制，應該不是奇怪的現象。

當然，除「網路戰」（Cyber war）之安全攻防外，網狀化作戰並不是一味的有其利其，也有許多缺點，舉其大要如下：一是對資訊過於依賴或盲從，使敵人得以藉此設定欺敵或誤導，如美軍對伊拉克核武研製情蒐失真之例；二是高估自己低估敵人而導致無謂傷亡，如戰後美軍在阿富汗與伊拉克境內一再遭受到襲擊之例；三是因為情報資訊過於豐富，濫下決心而有使油彈供應難以為繼，後勤補保過度延伸之危險；四是網路節點強大的信號將足敵方各式飛彈「主動歸向」之標的，一旦節點被破壞則必將影響到作戰之順利進行。此外，網狀化作戰的程度越高、範圍越廣、反應越快，管理就越困難，漏洞越多，對各級幹部的素質要求就越高，人才培育、安全維護與系統經費需求壓力也越大，但是通資系統的服役壽期卻越短。這也是英國、法國、澳大利亞等國目前將其主要發展方向置於戰術層面的原因。

亞太地區之日本正與美國聯合發展其附屬之軍事雲；南韓則運

---

[78]鞏玲，〈世界銀行：全球手機數量已達 60 億部 3/4 的人擁有手機〉，取材自澳大利亞「每日電訊報」，2012 年 7 月 18 日。2000 年為 29%；2007 年約 50%；2012 年75%；2011 年共有 300 億個手機 APP 程式被用戶下載。

用 500 餘位民間駭客以因應北韓之攻擊[79]；中共除了積極研製新一代的三軍主戰武器系統之外，其太空戰力發展更是不遺餘力，氣象、偵察等衛星體系業已運作多年，已然形成戰力。「神舟系列」太空船以及天宮太空站之成就，顯示出中共已具備與美軍實施「網狀化作戰」的主觀條件。同時其北斗導航衛星體系已然成形，將逐漸擺脫美國與俄羅斯的掣肘，自成一格。而且其國防與航空科研部門，對美軍之「網狀化作戰」學術研究著力甚深，2011 年成立第一個「軍用雲計算技術實驗室」與「中國移動通信研究院」，由後者提供自行研發的「雲海」與「大雲」系統，展開研究[80]，判斷會比照美軍「網狀化作戰」的理論，依其地緣戰略特性，成立有中國特色的 BM/C⁴/I/SR「軍事資訊電網」，初步之時間點應在 2015 年「北斗導航系統」完成部署之後[81]。目前中共大軍區級的海、空軍與第二砲兵指揮所已經完成連網，雖然美軍認爲除非共軍改變其「歷史包袱與戰略文化」，否則難以在未來對美軍形成威脅[82]，但是從中共的六級（戰略、戰區、軍、師、團、營以下）、四類（陸、海、空軍、二砲）、六大功能（指揮管制、情報偵蒐、預警監測、通信導航、電子對抗、綜合保障）的體系架構，朝著固定與機動系統相互結合的方向發展觀之[83]，可以肯定的是中共已具備了軍事戰略層次「網狀化作戰」的能力，未來臺海兩岸若發生戰爭，我軍所處之地位將極爲不

---

[79]紀暄，〈網路軍事化，各國紛紛加入「網路建軍潮」〉，2011 年 6 月 30 日，新華網。

[80]熊家軍、李強編著，《雲計算及其軍事應用》，（北京，科學出版社，2011 年 10 月），頁 i。

[81]即美軍之「全球資訊網」（GIG）；北斗導航衛星具有簡訊功能，每則可達 120 字以上，未來應將會依吉爾德定律而提升至圖型或視訊。

[82]楊紫涵譯，《中共對美國軍事變革之反應》，（臺北，國防部史政編譯室，中華民國 99 年 2 月），頁 182-194-2。

[83]童志鵬主編，《前揭書》，頁 13-14。

利。

對我軍而言，因受限於規模與科技能量，武器系統之更新進度緩慢。無論是「最佳、最好、最先進」，還是「經濟可承受、技術可滿足」或者「兩者兼顧」的路線，都不是我們可以自主選擇的，軍品採購處於被動的景況也是不爭的事實。因此，我軍要有未來武器系統可能落後於中共之認知與準備；另就美軍的經驗與檢討顯示，戰時的資訊流量與通信需求必將遠遠超出現有最大流量的經驗值，而且戰爭的規模愈大，通資的需求量越大，即便抽調軍公民營的資源，都不見得能支援作戰需求。因此，想要與美軍一般將所有的武器系統實施資訊整合，實在是一大考驗。

對於我軍有利的是：臺灣是世界資訊產業的重要地區，資訊建設已具備相當的基礎，網路普及率高，社會體系依賴於資訊科技的互動，不但改變了人們對生活的認知，更重要的是醫療、電信、教育、製造與金融等領域，各種資料庫的建立與運用，使得各行各業的活動，得以實現將異地資源整合與運用的理想。在軍事運用上而言，戰略的涵義則是我國具有自行建立伺服器之能力。而且我們是一個開放的社會，未來的兵員是來自數位科技的世代，作戰環境是高度數位化的城鎮。這些都是我軍可以借鏡美軍「網際網路野戰化」—「即時需求、即時獲得」的做法—以及商界「雲端科技客製化」—「隨選即用，隨需應變」—的思維，有效運用先處戰地之利以及海峽天險，結合或借鏡民間網路業者智慧，建立我軍的網狀化作戰環境參考的有利條件。

結論

自從網際網路雲端化了後，網狀化的基本理念並不難瞭解，網

狀化的社會亦是大勢所趨，難的是因爲變化太快而導致文化與認知的難以認同。1981 年第一個商務網路開始問世、1993 年有了網際網路、2003 年美軍將此理念化爲網狀化作戰以來，至今又將是另一個 10 年，全球網路交織，雲端科技成熟，手機數量暴增 6 倍、行動通信無所不在，這些現象都是我們未曾預料與學習過的異常演變。如今新一代（2^N 記憶體）智慧型手機與平板電腦出現後，觸控模式與人工智慧已逐漸成未來的主流，上網、簡訊、「臉書」、電子郵件已成爲生活的一部分，這樣的潮流勢不可檔，其中有利亦有弊，取捨與適應，全在於自抉。

我軍與美軍雖各有其不同的條件，但是都是一個「雲端網路」社會，未來要打的是一場「網狀化作戰」。但是「橘逾淮爲枳」，建軍要講求因時因地而制宜，網路既然是不斷呈螺旋方式朝向多功能、類智慧、快速服務進化的，有些核心的系統就必須自行籌建，不假外求。因此，我們除應要存有至 2020 年時，武器與通裝系統必會和數位化社會的商用現貨產生巨大落差的認知外，重要的是該如何師法其優點，避免其缺點，預留足夠的思想與組織的彈性，從而盡早利用「人的因素」做爲媒介，善用「附加」、「貼花」的手段，縮短新舊體系之間的差距，或消除彼此「相互作業」上的障礙，以因應未來的挑戰。換句話說，我們的「網狀化作戰」環境（思想準則、組織編裝、情資融合、指揮作戰、教育訓練、人事後勤等軟硬體設施），是不待外求，亦無法外求的，必須善用自己的條件自行構建與運用。

沒有這種認知，就沒有網狀化的作戰。

民國 101 年 10 月
《陸軍學術雙月刊》第 48 卷第 526 期

224

十二、「戰爭之霧」與「摩擦」在未來戰爭之地位

「戰爭之霧」與「摩擦」之關係

自「普法戰爭」以來，西方的兵學理論中，執其牛耳者，非克勞塞維茨的《戰爭論》莫屬。在其精要中除了「戰爭是政治的延長」之名言外，常讓人引用的便是戰場上會產生「戰爭之霧」（Fog of war），並且會發生不同程度的「摩擦」（friction），兩者之間關係，互為因果。

前者，克氏認為戰爭是敵我雙方自由意志之互動的行為，「具有變動不居、難以捉摸、複雜多變與模稜兩可的天性」。[1]因此，指揮官會經常處在因為情報不明而產生或濃或淡的「戰爭之霧」之中。[2]另一方面情報是戰爭中「天、地、敵、我」知識的代名詞，也是敵我一切計畫與行動的基礎。然而克氏認為在戰爭中依據所獲得情報構成的似乎完整的畫面，其實是矛盾、虛假（敵方的欺敵作為）與錯誤的組合，使得「正確研判情報的困難，實為戰爭中最大摩擦的來源」[3]（亦即「絕對戰爭」或「紙上戰爭」的摩擦）。同時在真實戰爭中，部隊是由許多個人所組成，「每個人都各自有其自己的摩擦，並指向各種不同的方向」，[4]因此，戰時因為各種無法預知或預

---

[1]Williamson Murray, *War, Strategy, and Military Effectiveness*, Cambridge University Press, 2011。
[2]克勞塞維茨，《戰爭論》（臺北：三軍大學，民國78年1月），頁47。
[3]鈕先鍾譯，《戰爭論精華》（臺北：麥田出版社，2010年9月2版），頁103-104。
[4]鈕先鍾譯，《前揭書》，頁105。

測「危險、疲勞、機會」，會使最簡單的事情變得最為困難。這些困難的累積就會產生實戰與計畫之間的「摩擦」而無法達到指揮官所望的意圖（亦即「現實戰爭」的摩擦）。[5]

同時，再加上不測的天候、敵軍的欺騙、先制奇襲、我軍的錯誤、拙劣的情蒐、指揮無能、誤解、大意甚至愚昧等交織的結果，[6]因此，摩擦是無所不在的，而且戰爭規模愈巨大，作戰系統愈複雜，戰爭之霧產生的摩擦也就愈能干擾作戰的行動。[7]

就以上的論點分析，我們可以得知「戰爭之霧」與「摩擦」愈大，戰爭失敗的機率也愈大。這也是《孫子》所說：「知己知彼，百戰不殆」的精義。所以，誰能掌握即時而詳實的情報，比敵人更早的做出正確的決策，有效整合三軍發揮統合戰力，便有消除戰爭之霧與所帶來的摩擦，進而能夠獲得戰爭的勝利。波灣戰爭「沙漠風暴」戰役的經過與結果，便讓美軍看到了在資訊科技支援下，可以大幅改進戰場的資訊互動，藉以驅散這兩者帶來不利影響的可行性。[8]

然而，從美軍這十年來在伊拉克與阿富汗的作戰觀察，表面上是完全掌握了戰場的主動，三軍協同作戰良好，沒有發生克氏所謂的「戰爭之霧」與「摩擦」，但是實際上卻陷入進退兩難的困境，最後不得不因政治考量而退出戰場。因此，這是一個很值得探討的課題。

故爾，本文先概述這兩者的關係，再以《孫子》的「十二詭

---

[5]鈕先鍾譯，《前揭書》，頁 105-107。
[6]Williamson Murray, Ibid p.50
[7]鈕先鍾，《西方戰略思想史》（臺北：麥田出版社，1995 年 7 月 15 日），頁 267-269。
[8]並不是說要「完全」消除，而是要即時的從未知轉向已知，以趨利避害。

道」爲經，[9]「數位化作戰」（Cyber Warfare）爲緯，來探討「摩擦」在未來戰爭之地位，俾提供我軍在建軍備戰上之參考。

美軍消除「戰爭之霧」與「摩擦」之動機

　　1990 年伊拉克入侵科威特，聯合國安理會決議採取軍事行動恢復國際秩序。以美軍爲首的多國聯軍，旋即依授權發動「沙漠之盾」（Desert Shield）戰役，在外交斡旋之掩護下，先採取戰略守勢，利用冷戰後期與蘇聯軍備競爭的資訊科技支援，於阿拉伯半島逐次增兵，耗時數月完成攻勢基地之建立。在多國聯軍最脆弱之際，伊軍卻按兵不動，未能採取任何作爲，坐失戰機；聯軍則俟戰力集結完畢，便轉取攻勢實施「沙漠風暴」（Desert Strom）作戰，發動歷時 38 天的先期作戰，摧破伊拉克的軍事有生力量，爭取戰略優勢，以利爾後作戰。[10]地面戰役（G 日）發起直前，多國聯軍爲避免正面攻堅，[11]冒著野戰戰略上的大忌，在敵前實施橫向調整部署，以巴斯拉爲軸，採取左翼包圍。[12]然而，大軍在爲期七天的運動中，電視媒體與《新聞周刊》（News Week）雖然有了極翔實的報導，伊拉克當局卻因不作爲，而並未發現任何異常的狀況，[13]並且適時的實施先發制人或反制，使多國聯軍能夠順利完成戰略包圍之部署，發起攻勢。

---

[9]《孫子》〈始計篇第一〉「兵者，詭道也。故能而示之不能，用而示之不用，近而示之遠，遠而示之近，利而誘之，亂而取之」（戰略層次）；「實而備之，強而避之，怒而撓之，卑而驕之，佚而勞之，親而離之。攻其不備，出其不意。」（戰術戰鬥層次）。
[10]譚天譯，《身先士卒》（臺北：麥田出版社，1993 年 3 月 29 日），頁 472。
[11]譚天譯，《前揭書》，頁 620-621：多國聯軍預期將會遭遇到伊拉克軍之地雷、火牆、戰防武器乃至毒氣之縱深防禦工事抵抗。
[12]譚天譯，《前揭書》，頁 672-673。
[13]譚天譯，《前揭書》，頁 658-659。海珊是否處在戰爭之霧中不無疑問，但其革命衛隊與正規軍摩擦嚴重卻是事實。

在一百小時內斷敵歸路，摧枯拉朽的擊潰了以蘇式裝備與戰法爲主的伊拉克大軍，不愧「沙漠風暴」作戰代名。

總結這場戰役，在整個作戰期間，多國聯軍仍然有許多「政治、外交、軍事與作戰」上折衝的「摩擦」，[14]但是在「作戰指導」上，卻能夠使伊拉克軍隊失去了「先處戰場之利」，全然陷入濃厚的「戰爭之霧」之中，無法因應戰況的變化，坐失最後爭取主動的戰機；多國聯軍則在相對明朗的狀況下，大膽的調兵遣將，而能以極小的傷亡獲得戰爭勝利。

因此，既然美軍享有極大的情報資訊與行動自由的優勢，在戰後面對「沙漠風暴」之役被友軍誤擊官兵的家屬提出的「何以我們不能防範誤擊友軍於未然？」「難道美國的科技沒有辦法克服戰場的混亂與戰爭的迷霧，以保護其部隊之安全嗎」的質疑，對此美軍高層實在無言以對，[15]因而有以資訊科技爲基礎，增進戰場覺知（situation awareness），加強明敵知敵，消除軍種隔閡，藉由創新科技結合軍事準則與作戰概念，使軍隊組織與作戰行動產生根本性的改變，從純「軍事技術革命」（Military Technical Revolution MTR）往全面軍事事務革命（Revolution Military Affairs RMA）方向發展，以因應未來之挑戰的省思，[16]此一思想一經發皇，便逐漸凝成共識而成爲建軍思想之主流。

質言之，美國這波軍事事務革命主要的著眼之一，就是想藉正

---

[14]這些政治與軍事的摩擦有：蘇聯的折衝、敘利亞的消極、以色列對飛毛腿飛彈攻擊的反應與美軍對友軍的誤擊。

[15]曾祥穎譯，《軍事事務革命—移除戰爭之霧》（臺北：麥田出版社，2002 年 3 月），頁 195-198。

[16]「軍事技術革命」一詞係前蘇聯總參謀長奧加科夫元帥在 1979 年提出的；波灣戰爭之後，當時美國國防部「淨評估辦公室」主任馬歇爾（Andrew Marshall）認爲其定義已不符當前狀況而進一步的提出了「軍事事務革命」之說。

確利用數位化資訊科技的力量，以洞察克勞塞維茨的「戰爭之霧」，削弱甚至消除戰爭中的「摩擦」為著眼，[17]以達全軍破敵之目的。

　　2001 年「9/11 事件」發生直後，美軍為捕殺賓拉登與摧毀海珊政權，先後對阿富汗與伊拉克用兵，在這樣必須「能夠巨細靡遺掌握戰場狀況」的思維主導之下，這十年軍事事務革命的成果，便很實際的顯現在美軍計畫作為上，2003 年第二次「美伊戰爭」6 個戰術層次的案例，每一個作戰計畫處處都是以「統制線」及時間，來管制和協調各部隊的行動。[18]不過，和十二年前的「沙漠風暴」作戰相比較，最大的不同則是後勤支援不再「移山動岳」（Moving Mountains）先期屯積，[19]而是以「快遞專送」的方式，實施「客製因應」（sense and respond）的前推，即時支援部隊快速的推進。[20]這樣的方式在戰略涵義上則是代表了「戰爭之霧」已然相當程度的被移除了，戰場上的「混亂」及「摩擦」已可有效的控制。雖然美軍在戰後陷入「費留」的困境，[21]不能夠迅速的結束戰爭，但是這是「政治戰略」上的錯誤，並無損於美軍當時之戰果，因此，主觀的條件與客觀的事實都證明美軍的建軍方向是正確的。

　　然而，值得吾人深思的是：如果資訊科技、軍事思想、作戰準則、組織編裝、武器系統、部隊訓練都能如期如質的依預定計畫時程如期完成，屆時就真的能夠全面的消除「戰爭之霧」嗎？對於弱

---

[17]曾祥穎譯，《前揭書》，頁 16-18。

[18]穆儉譯，《美軍網路中心戰案例研究 3-網路中心戰透視》（北京：航空工業出版社，2012 年 1 月），頁 28-29。

[19]Lt. Gen William G. Pagonis. "Moving Mountains-Lessons in Leadership & Logistic From the Gulf War "

[20]Paul Needham and Christopher Snyder, *Speed and the Fog of War: Sense and Respond Logistics in Operation Iraqi Freedom-I*, Case Studies in National Security Transformation, Number 15. January 2009. P13

[21]《孫子》〈火攻篇第十二〉：「夫戰勝攻取，而不修其功者，凶，命曰費留。」

小或無力自主發展軍事理論與武器系統的國家而言，大國的軍事事務革命的經驗能夠全盤套用嗎？如其不然，「摩擦」在未來戰爭中的地位為何？個人以為即便是以美軍單方面具有兵力、火力與資訊之優勢，戰場上的「戰爭之霧」與各式「摩擦」依然無所不在。

美軍消除「戰爭之霧」與「摩擦」的理則

美軍認為未來的戰爭作戰方式有三種型態：傳統正規戰、非正規戰以及資訊戰，[22]其成敗都將視資訊科技之支援及對其提供能力適應之良窳而定。1996 年參謀聯席會議副主席海軍上將歐文斯（William Owens），歸納出三個基本概念：首先，要能夠有強大而全面的偵察與搜索（SR）之體系與戰場情報之整備，提供各級指揮官有全面的「知天、知地、知敵、知我」的「戰場覺知」圖像，能夠「明敵知敵」，以利其決心與處置；其次，必須構建無縫的自動化之「指揮、管制、通信、情報」（C⁴/I）融合與彙整（cueing and fusing）的「系統體系」（system of systems），以便統合戰力之發揮；第三，則是「精準用兵」的武器系統，以減少我軍與平民無謂之傷亡。[23]最低的目標是要求可以「不分晝夜，不管天候，不論時間，都能清楚且隨時隨地的看清大約伊拉克或韓國這麼大小，約二百哩平方的戰場」。[24]

有了這樣的概念與具體的目標，就必須把握「協同重於專業」的要領，以及「資訊導向，三軍同步」的理念，[25]利用美國資訊建設

---

[22]李耐和、李盛仁、李欣欣、拜麗萍等譯，《信息時代美軍的轉型計畫》（北京：國防工業出版社，2011 年 1 月），頁 20-22。

[23]曾祥穎譯，《前揭書》，頁 18-19。

[24]曾祥穎譯，《前揭書》，頁 17。

[25]曾祥穎譯，《前揭書》，頁 284-287。

的優勢，將軍民兩用的科技，透過「系統整合」的手段，將三軍納入至一個大的聯合作戰體系，成為一個天衣無縫的「系統體系」，要「駕馭資訊連結的力量」，[26]變成「知識戰力」，以整合三軍整體戰力，增進其聯合作戰與指揮管制之能力，這一個概念也廣為人接受，這是移除「戰爭之霧」，消除「摩擦」的必要條件。[27]

1997 年 4 月美國海軍將這種「哲學」思維理則轉換到「科學」與「兵學」上，認為將以武器平臺為中心的觀念，轉換到以資訊網路為中心的思維上，將「網際網路野戰化」，把「社會、資訊、物理」領域的優勢，轉化為知識優勢，共享覺知，美軍便能夠做到彼此協同，上下同意，明敵知我，握機趁勢，以鎰稱銖，克敵制勝的要求，提出了「網狀化作戰」（Network Centric Warfare，NCW）思想，[28]作為美軍軍事轉型－整體化聯合作戰－的核心指導理論。

1999 年，美軍完成了「網狀化作戰」計畫指導作為的委外研究。[29]2001 年由國防部提交國會備案，提出 C⁴/I/SR 系統體系的構想，並將原先的遠程建軍規劃《2010 聯戰願景》擴充為《2020 聯戰願景》，明確的指出聯合作戰的六大目標－主宰機動、精準接戰、全面防護、後勤為先、資訊作戰、資訊指揮與管制－做為未來 20 年三軍建軍的準據。這種非常完整的構想與實施方案，經過美國三軍在阿富汗與伊拉克戰場的實驗及陸軍的「伊拉克自由作戰」（Operation

---

[26] 蕭光霈譯，《2006 美國四年期國防總檢報告》（臺北：國防部部長辦公室，民國 96 年 5 月），頁 112-116。

[27] 曾祥穎譯，《前揭書》，頁 278-280。

[28] 潘清、胡欣杰、張曉清編著，《網路中心戰裝備體系》（北京：國防工業出版社，2010 年 10 月），頁 1-14。

[29] 海軍戰院院長塞布羅斯基（Arthur Cebrowski）中將與加斯卡（John Gartska）兩人於海軍戰院發表「網狀化作戰」之概念；爾後在前者退役後，由其領導集眾人之智，提出《網狀化作戰》一書，完成國防部之專案委託研究。

Iraq Freedom OIF）的案例研究，[30]於 2004 年 1 月定案。[31]

美軍消除「戰爭之霧」與「摩擦」的憑藉

由於美軍一直都是從事境外作戰，所處的戰場環境大多為《孫子》的「入人之地深，背城邑多者」的「重地」，或「所由入者隘，所從歸者迂」的「圍地」。[32]遠離本土作戰，地面部隊一旦部署，除前進基地之外，戰力的主要策源地為海上基地的兵力、火力與後勤支援。因此，要在廣闊的空間，於所望的時間，將有限的戰力投射到指定的空間，以達到克敵制勝的效果，除了三軍有綿密從太空至水下的立體、全方位之各種監偵體系，以及「全球定位系統」支援外，更重要的是必須要有打破三軍軍種本位主義架構的「全球資訊電網」（Global Information Grid GIG）體系，提供各級部隊一個安全、可靠、統一、互通與有效管理的資訊環境為之運作。

2001 年 8 月美國採取「國防部由上而下，軍種由下而上」的方式，在「網狀化作戰」的統一理念及整體架構下，將太空、空中、地面、水面、水下的監偵系統，整合成三軍共用的網路，在此之下軍種則各自建設本身的子網－陸軍的陸戰網（Land War Net）、海軍的部隊網（Force Net）、空軍的星座網（Constellation）－將「相互作業」（interoperability）列為系統作戰需求文件中的必要條件；以網路節點與通信協定將各軍種的指管通情系統整合，成為一個可以互

---

[30] 毛翔、孟凡松譯，《美軍網路中心戰案例研究-作戰行動》（北京：航空工業出版社，2012 年 1 月），頁 17。
[31] 美國國防部頒布《網路中心戰：創造決定性作戰優勢》及《網路中心戰實施綱要》；孫義明、薛菲、李建萍編著，《網路中心戰支持技術》（北京：國防工業出版社，2010 年 11 月），頁 25。
[32] 《孫子》〈九地篇第十一〉。

通、互用、互容之有機體制。[33]其次透過聯戰數據鏈路（如 Link 16），要求三軍未來所有之系統都必須與此網路兼容，謂之「網路備便」（Net-Ready）；第三則是將各種武器系統、作戰平臺、各級部隊甚至單兵，都比照「網際網路賦予用戶網址」的方式納入體系管理，構建各級指揮所都能夠有即時或近乎即時的「共同作戰圖」（Common Operational Picture COP），使得指揮鏈與支援鏈可以在同一個基礎上實施計畫作為與指導，用戶所要的情報資訊，只要以建制之終端，透過「軍用雲端」之融合、分析、比對後，即可進行存取與運用，[34]並依據所提供的情資，下達決心、處置與通報。[35]

根據計畫，美軍將戰場覺知、數據鏈路、資訊傳輸、敵我識別、導航定位、視訊會議、數位地圖、模式模擬與數據中心等 9 大系統，整合而成的「全球資訊電網」，分三階段完成：第一階段是 2002 年開始將現有的系統實施整合，建立連接各軍種子網的資訊系統體系，將「網狀化作戰」具體化，並利用阿富汗與伊拉克戰場作為實驗，累積經驗以做改進之參考依據。[36]第二階段則是在 2010 年將此體系擴大，針對作戰環境建立起未來的系統體系架構；第二階段則預定在 2020 年全面完成「全球資訊電網」體系之建設。[37]這樣的軍事理論與通資架構，結合組織編裝、部隊訓練與高科技之武器系統，便可以支援美軍與盟軍在「充分掌握戰場覺知」的有利環境下，遂行作戰。此一體系結構之嚴謹，實開軍事史上之先例。

---

[33]潘清、胡欣杰、張曉清編著，《前揭書》，頁 21。
[34]孫義明、薛菲、李建萍編著，《前揭書》，頁 40。
[35]美軍對此稱之為 from sensor to shooter。
[36]毛翔、孟凡松譯，《前揭書》，頁 89-90。
[37]曹雷、鮑廣宇等編著，《指揮信習系統》（北京：國防工業出版社，2012 年 1 月），頁 63。

美軍消除「戰爭之霧」與「摩擦」的驗證

美軍的理論在 1999 年巴爾幹半島科索沃（Kosovo）的作戰中，並未獲得驗證，雖然在這場衝突中並無任何美軍傷亡，但是以武裝直升機支援爲主的地面部隊卻因爲北約國家無法掌握塞爾維亞的狀況，遲遲未能投入，不能徹底解決這一場因民族宿怨而引起的衝突，「戰爭之霧」依然不能消除，最後不得不與現實妥協，師老無功而返，其實這就是戰略與戰術上最大的「摩擦」，雖然其自詡爲是第一場純粹由空權獲得的勝利，但是卻被譏諷爲這是一場「不眞實的戰爭」（Virtual War）。[38]

在 2004 年 3 月對伊拉克戰事告一段落後，美國陸軍與國防部軍隊轉型辦公室共同出資，就「網狀化作戰」的概念究竟能否移除「戰爭之霧」並減少「摩擦」之命題，以第 5 軍及第 3 機械化步兵師在「伊拉克自由作戰」中的表現，委請「蘭德公司」（RAND）等 6 個學術單位從事研究。[39]經過兩年的訪察，得出的結論：「網狀化的力量提高了資訊共享的程度；資訊共享和協同提升了資訊之品質並強化了狀況覺知之共享；狀況覺知之共享使協同作戰與自我同步過程得以實現，進而提升指揮速度及作戰之連續性，因而能提升執行任務之效能。」[40]

2009 年 1 月另外一份解密的名爲「速度與戰爭之霧：伊拉克自由作戰之因應式後勤」國防部委託研究，更以陸戰隊砲兵對海馬斯

---

[38]By Michael Ignatieff, *Virtual War-Kosovo and Beyond*, Metropolitan Books New York 2000. Pp3-4.
美軍克拉克（Wesley K. Clark）上將對此直言論斷：「質言之，此非戰爭也。」其實也就是一種戰略上的「摩擦」。
[39]毛翔、孟凡松譯，《前揭書》，頁 12-13。
[40]毛翔、孟凡松譯，《前揭書》，頁 85。

「高機動性砲兵多管火箭系統」（HIMARS）之需求協調為例（如圖三：客製因應式後勤）說明「網狀化作戰」可以爭取作戰速度，有效消除戰爭之霧帶來的摩擦。狀況敘述如下：[41]

　　狀況：陸戰隊砲兵單位計算該型火箭將於再補給之前用罄，乃向彈藥補給軍官提出需求申請。

　　分析：前進補給點之彈藥補給軍官以電腦查詢該申請是否有違當前指揮官意圖指導、任務之優先以及可用之資源；並向戰地之各作戰與後勤支援單位查詢該彈藥狀況。

　　協調與回報：

　　陸軍作戰部隊：有存量，無輸具。

　　空軍前進基地：有存量，有輸具。

　　海軍海上基地：有存量，有輸具。

　　盟軍：未回應，且無法即時送達。

　　處置：彈藥補給官選擇海軍海上基地之存量與輸具支應需求，並指導該單位自行與基地連絡接收地點。

　　結果：該單位與海上基地連絡後，獲得該型彈藥之補充。

　　以上的報告簡單的說，美軍作戰的經驗與學術研究都證明了網狀化作戰的方向是正確的，可以相當程度的移除「戰爭之霧」所帶來的摩擦。

　　但是美軍沒說出來的是這一次的作戰，仍然沒有能夠防止三軍誤擊友軍事件之發生。其中包括：

　　◎2003 年 3 月 22 日美軍愛國者連敵我識別軟體障礙，誤擊返航敵我識別器正常之英軍「龍捲風」（Tornado）戰鬥機，飛行員 2

41 Paul Needham and Christopher Snyder, Ibid, p.13-14.

名身亡。[42]

◎2003 年 3 月 23 日 1 架美國空軍 A-10「疣豬」（Warthog）攻擊機，在有地面前進管制官引導下，仍然於伊拉克納西利亞（Nasiriya）地區，誤擊向巴格達前進之美軍陸戰隊第 1 師第 3 連，造成 18 名官兵身亡。[43]（本次嚴重傷亡占美軍此役傷亡比率之 16%）

◎2003 年 3 月 28 日 1 架美國愛達荷州空軍國民兵第 190 中隊 A-10 攻擊機，於伊拉克巴斯拉（Basra）以北 40 公里，攻擊漆有我軍識別標誌與熱影像信標之英軍第 16 空中突擊旅第 4 中隊，1 名下士身亡，3 名軍官輕重傷，2 輛「彎刀」（Scimitar）輕型搜索車被摧毀。[44]

◎2003 年 4 月 2 日「小鷹號」（Kitty Hawk）航空母艦 1 架美國海軍 VFA-195 打擊中隊之 F-18 大黃蜂（Hornet）戰鬥機，被愛國者飛彈誤擊，飛行員身亡。

◎2003 年 4 月 6 日 1 架美國海軍 F-18 戰鬥機，於伊拉克北部某地，誤擊有英國廣播公司（BBC）記者隨行之美軍與庫德族（Kurdish）部隊，16 人身亡，輕重傷人數不詳。[45]

所舉的案例都是經過媒體報導的，其他被壓下來的案件應不在少數，更重要的是在占領伊拉克後至今，美軍仍不時發生誤擊友軍事件，其中英軍作戰日誌（Iraq war log）記載，至少被誤擊 11 次以上，而讓英軍在「臉書」（Facebook）上感嘆：「何以美軍誤擊司空

[42] 'Aircraft Accident to Royal Air Force Tornado GR MK4A ZG710.' Ministry of Defense. U.K.
[43] By Art Harris. *Marines sure they were friendly-fire victims.*
http://edition.cnn.com/2003/US/10/02/sprj.irq.friendly fire.
[44] Patrick Barkham. *Troop's anger over U.S. friendly-fire.*
http://news.bbc.co.uk/2/hi/uk_news/2901515.stm.
[45] Iraq 2003-U.S. Friendly Fire Navy jet kills 16-YouTube. March 2011.

見慣」。[46]顯示美軍意圖以「網狀化作戰」之實施，作為消除「戰爭之霧」與「摩擦」的初衷，其實並未達成，只是稍淡而已。未來不論戰爭的方式如何演變，「戰爭之霧」帶來的摩擦，不但不會消失，資訊流通的管道越多，甚至被干擾或入侵，反而會加劇它的作用。[47]

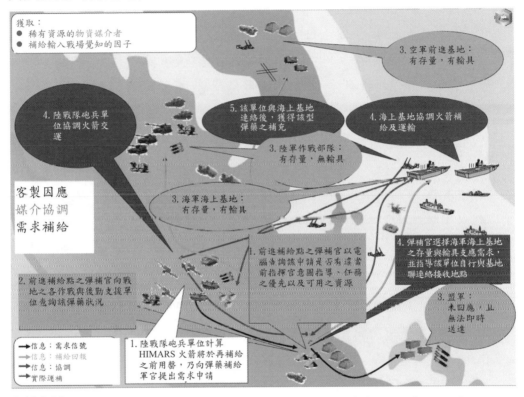

資料來源：Paul Needham and Christopher Snyder. *Speed and the Fog of War：Sense and Respond Logistics in Operation Iraqi Freedom-I.* Case Studies in National Security Transformation, Number 15. January 2009. Fig. 3.

---

[46] By James Meek. 'Iraq war log: How friendly fire from US troops became routine' http://www.guardian.co.uk/world/2010/oct/22/american-troops-friendly-fire-iraq.

[47] Williamson Murray, Ibid, pp.68-71.

「網狀化作戰」會帶來何種「戰爭之霧」與「摩擦」

可以肯定的是如今全球的數位地圖、氣象、準則、各國武器系統參數、戰術戰法、人物誌等可以想像到的事務，都已納入美軍的各種資料庫之中，美其名曰：「戰場情報整備」（IPB）。這些資料庫的重要性，我們從「網際網路」運用的經驗，便可以知道當資料的累積到了近似極大化之後，便會形成大數據，只需列舉相關因素，透過搜索引擎虛擬的分析比對，自然就會產生一定程度的「人工智慧」，提供需求者一個相當有水準的「參考案」。[48]在軍事上的觀點而言，是可以降低「人為的疏失」，訓練、準則、裝備保養與戰場心理帶來的影響。因此，美軍的網狀化作戰理念與實務，確實使以往曾經發生的戰爭之霧與摩擦有所消減，但是也帶來了新的問題。

因為戰爭是敵我雙方自由意志發揮的領域，敵軍指揮官之決策與意志有其不可預測性。而且作戰時，在指揮鏈愈長（網路鏈結多），作戰地域愈廣（信號傳輸弱），投入的軍兵種愈多（用戶多，頻寬堵），戰況與戰機愈緊迫，武器威力愈強大的狀況下，產生錯誤的可能性就愈高。即便是有即時的資訊溝通，仍會出現不預期的阻礙，而且發生的時機都選擇在作戰關鍵時刻，這就是有名的「莫非定律」（Murphy's Law）。[49]因此，意外是先天性的潛存在大型而又複雜的組織與體系之內的，而且「迷霧」與「摩擦」總是會發生在最微妙的地方。

這些現象從我們使用「網際網路」阻塞，以及「微軟視窗」作

---

[48]如目標優先順序、工作的程序；目標選擇及武器系統運用之建議，對素養不足的幹部不失為一可用之指導。

[49]"If anything can go wrong, it will. "意「該出錯就會出錯」；「那壺不開，提那壺。」

業系統當機、中毒之經驗,或者「全球定位系統」路線誤導,甚至「臉書」自動系統驗證資料造成伺服器當機的報導,[50]便不難得知這些問題確實是存在,並且大多人都有親身經歷過的,至於影響的大小,則須視當時的狀況而定。

換言之,過度依賴「網狀化作戰」反容易喪失自我本能,一旦資訊斷訊、延遲或錯誤,無法迅速以本身的學養因應之時,便容易導致更嚴重的後果。例如:駕駛完全依 Papago 系統導航,結果多次發生迷途失道,反而將車輛導引至深山、懸崖之例頻傳,便可以很明顯的告訴我們:要消除「迷霧」與「摩擦」最可靠的還是自己的本職學能,在危急疑憾之中,生死存亡之際採取「至當的行動」。

同時美軍「全球資訊電網」體系之建置,政策上是採取國防部「由上而下」的指導,軍種「由下而上」的支持;前者的「人工智慧」是人為掌握,由複雜的系統趨向簡單化,後者則是類似「生物智慧」從簡單的系統中浮現整體結構,呈現自然演變。[51]也就是說軍種的本位主義雖然可以強制打破,架構可以統一設定,武器系統可以通用(如 F-35 聯合攻擊戰鬥機),但是軍種的文化卻難以融合,而且歷史越悠久,部隊規模越大,整合就越困難。

另一方面,全球資訊電網的本質,如果以公式表達,就是一個〔軍事化(網際網路+物流網路)X 智慧型無線連線〕X〔聯合(準則+訓練+武器+$C^4/I/SR$)〕的系統體系。這樣的體系便必定是受到「網路三大定律」:摩爾定律、吉爾德與梅特卡夫定律的影響,因此,所有的智慧型的武器系統、監偵體系、作業軟體、介面整合與通資規畫,都不免存在「新老混合、高低搭配、互容互通」的問題。[52]由於

---

[50] 2010 年 9 月 23 日,「臉書」系統因自身問題當機 2.5 小時。
[51] 齊若蘭譯,《複雜》(臺北:天下文化出版社,2004 年 10 月 15 日),頁 377。
[52] 例如:微軟之 Window XP, Vista, Window7, Window8;Google map 與 iPhone map 的

決定體系運作速度的不是體系內最快的子系統，而是最慢的子系統。所以，系統越陳舊，數位延遲（digital delayed）甚至分離的現象越重，「當機阻塞」的機率便越大。

再者，在支持「網狀化作戰」的 C^4/I/SR 系統獲得方面，從成立建案，採購獲得至撥交使用的時程通常在 24 個月以上，有的甚至長達 10 年，因爲「摩爾定律」的作用，使得軍隊所審定採購規格的通資裝備遠遠落後於現貨市場。以智慧型武器系統使用壽限 20-30 年來計算，依據摩爾定律而言，電腦主機板積體電路的容量與運算速度，已經演進了 13-20 次了，故障後可能會面臨修無可修的窘境。今日一部智慧型手機記憶體的容量與運算功能已然超越了 10 年前個人電腦與筆記簿；個人電腦的功能比舊型的超級電腦尤有過之便是最好的例子。換句話說，在對系統體系依賴甚深的環境中，當某一子系統落伍而進入不了系統時（如作業軟體沒有升級更新或技術資料不及通報），就容易發生無法預知的「迷霧」與「摩擦」。

再以「微軟」的 windows 與「蘋果」（iPhone map）的作業軟體發展，一再出現不如預期的狀況，可知所有建立系統的人，無論有多麼強大的決策支援系統之支援，都很難徹底瞭解與掌握未來系統將會面臨的各種狀況；所有使用系統的人，其具備對系統認識的知識，不可能完全一致，每一個人對指令的解讀或內容的瞭解也不一樣。[53]因此，這種打補釘的現象使我們可以知道系統在設定時，不可能獲得所有所需的參數，也不能無縫接軌的肆應所有現有與未來需要加以整合的武器系統或系統軟體之需求，而且系統越大，成員越

相容性與不容性。

53例如：我國「宏達電」最新上市的 new htc one 智慧型手機其使用手冊已比一般的書籍還厚，繁複的程度出人意表。iPad mini & ipad4 也是如此。

多，連結越複雜，時間越急迫，出錯的機率就越高，產生的「摩擦」就越嚴重。

以上這些數位系統本身因為「短板效應」造成主觀上的「迷霧」與「摩擦」，[54]雖然會帶來相當大的困擾，但是不論平時或戰時，只要有足夠的時間，都不難加以解決，而且有些常見的錯誤與可能意外，系統容易有：重覆工作、慣性作用、學習過度、特色過載、追求完美、虛假智慧、機器主導以及過度複雜等七項錯誤，可能危害整個體系——是可以先期矯正，以防範未然的。[55]

怕的是敵方針對我軍「資訊網路」有形與無形的弱點，採取的反制對策或欺騙手段，難以預防與反制。《孫子》曰：「敵眾整而將來，待之如何？」又曰：「先奪其所愛，則聽矣；」[56]美軍之所愛者何？「全球資訊電網」之所賴節點是也。而且對於整個網路的大小節點，不必實施實體的破壞，只要「軟性的」讓系統體系整個或局部「失能」（Deny）、「降級」（Degrade）、「欺騙」（Deceive）、「阻擾」（Disrupt）與「摧毀」（Destroy）（亦即 5D）就可以了。

從 2009 年起，美國陸續成立空軍第 24「太空與網路空間」航空隊（轄 10 個聯隊）、海軍第 10 艦隊，以及陸軍第 9 通信指揮部（編制員額約 17,000 人）等專責部隊，[57]並將「網狀化作戰」強化的工作列為施政之重點，[58]配合國安單位密切盯緊 4,000 多個恐怖分子的網

---

[54] 木桶原理短板理論：一隻木桶盛水的多少，取決於桶壁上最短的那塊。這些短板包括不同系統的介面整合、軟體升級、硬體擴充、商源不同或戰時系統急需之下的擴充與維護的人力物力等。

[55] 尚景賢、江明錩，〈探討美軍資訊化作戰軍事事務革命及其潛存問題〉《航空技術學院學報》，第 9 卷第 1 期，頁 58-59。

[56] 《孫子》〈九地篇第十一〉。

[57] 馬林立編著，《外軍網電空間戰-現況與發展》（北京：國防工業出版社，2012 年 9 月），頁 35-55。

[58] 黃文啟譯，《2010 美國四年期國防總檢報告》（臺北：國防部部長辦公室，民國

站，[59]以及陸軍近期成立「軍事資訊支援作戰大隊」的情形觀察，[60]美軍對這樣的顧慮，採取的是攻勢；除以模式模擬各種可能狀況外，自 2001 年起每兩年一次，至今已實施 7 次「施瑞弗」（Schriever）系列的作戰演習，前兩次的想定是針對中共入侵我國，其餘 5 次都是如何在戰略上強化網狀化作戰的能力，[61]防止敵人入侵自己的弱點，便可作爲佐證。

但是美國對阿富汗與伊拉克的戰爭，給美軍帶來最大的「戰爭之霧」與「摩擦」，是陸軍的教育訓練與人才培育的失衡。「陸軍戰力整備」（Army Force Generation）方案，爲了達成面對伊拉克與阿富汗的狀況與任務，迫使美軍集中訓練與訓練資源，將訓練重點窄化，針對某一特定戰區戰備整備之需求，按照千篇一律「爲用而訓」的樣板訓練出來的戰備，造就了各級幹部都已成爲各種綏靖與反暴亂任務戰備整備的專家。但是這卻不是軍事作戰的常態，在幹部一再的以每 3-6 個月爲一周期，循環投入戰鬥的狀況下，陸軍便出現了學校進訓積壓（進修與深造教育）、歷練經驗不足及人事養成混亂的情事，[62]亦即美軍的勝利是以損失領導幹部正常之培育，以及幹部各項本職學能進修爲代價換來的。[63]

其次，目前美國陸軍的幹部是由三個相當不同而又相關的世代構成：[64]2001 年以來任官或入伍的（數位世代），他們只知道是一個

---

99 年 11 月），頁 19&33。

[59]馬林立編著，《前揭書》，頁 38。

[60]高一中譯，〈軍事資訊支援作戰在未來非傳統戰爭中的作用〉《國防譯粹》，第 40 卷第 6 期，民國 102 年 6 月，頁 38-45。

[61] 'Schriever Wargame 2012 set to begin.' www.afspc.af.mil/news/story.asp?id.

[62]Thomas Boccardi. *Meritocracy in the Profession of Arms*. U.S. Army Military Review Jan-Feb 2013 P.18-19.

[63]Gen. Robert W. Cone. *Building the New Culture of Training*. U.S. Army Military Review Jan-Feb 2013 P11-15.

[64]曾祥穎譯，〈營長與營士官長：陸軍最重要的領導層級〉《國防譯粹》，第 40 卷第

在打仗的陸軍；高級的領導者他們的戰術經驗主要是來自於後越戰與冷戰時期的陸軍（1995 年以前）；還有這些夾在其間的人，因爲認知的不同與教育資源失衡，新陳代謝形成了斷層。再加上受到經費緊縮，以及新的戰略將大規模的維持穩定作戰可能性已然排除之壓力下，陸軍預計將裁減八萬官兵，以及 8 個「旅戰鬥隊」（Brigade Combat Team BCT），[65]2015 年比預定裁減的 22,000 多出 5,000 人達到 27,000 人，[66]厭戰、家庭與心理創傷對優質人才的留置是一大考驗。而且 2004 年以後美軍在中東與西亞的作戰經驗，只是反制游擊戰方式的「反暴亂」治安維持作戰，雖然已經訂定 2014 年底美軍全數撤離這兩處戰場的政策，[67]以當前狀況看來，能否如期完成猶有疑慮。但是後期美軍的作爲及所留下來的後遺症與越戰不相上下，[68]因此，在無論是在人才的培育、部隊訓練與心理輔導，甚至作戰準則都必須做深入的改革，這也應是其始料未及的「戰爭之霧」與「摩擦」。

美軍消除「戰爭之霧」與「摩擦」的檢討

一、不能以對伊拉克與阿富汗戰爭經驗爲滿足

美軍很務實的承認對伊拉克與阿富汗的戰爭，是在沙漠開闊地形與作戰能力不對稱的弱勢敵軍，在沒有海空威脅下，沒有主動積極破壞其「數位化戰場」（cyber battlespace）體系之作戰，因此，經

---

6 期，民國 102 年 6 月，頁 56。
[65]Thomas Boccardi, Ibid. p.11.
[66] 'US Plans Cut in Army Troops by 2015' http://www.voanews.com/content/us-plans-troop-cut-by-2015-113034954/133205.html.
[67] *10 facts about the U.S. withdrawal from Afghanistan.* countdowntodrawdown.org/facts.php.
[68]〈美軍戰後症候群〉，old.jfdaily.com/newspaper/xwwb/page_24/20091115.html.

驗不適於其他地形或與戰力概等之敵軍或狀況。[69]

二、上級指揮官應專注其本務，不宜為下級資訊所吸引

「網狀化作戰」的目標在於為各級指揮官提供即時或近乎即時的資訊，使其能準確瞭解到戰場景況；獲得「共同作戰圖」的層級越低，表示有越多的上級也能獲得更詳盡的戰術態勢與狀況。因此，上級指揮官應專注其本務，不宜為下級資訊所吸引，否則因為資訊更完整而對下級部隊行動進行干預的話，就會降低「網狀化作戰」帶來「狀況覺知」的優勢。[70]

三、「網狀化作戰」三軍聯合協調的重要性尤甚以往

戰時的情報永遠不如預期，縱使有即時而準確的「狀況覺知」，因為「力、空、時」的因素，不能減少各軍種與各部隊為發揮統合戰力而必須的大量指揮管制與協調的作業。[71]因此，三軍聯合協調的重要性權重增加，但是有聯戰參謀歷練經歷的幹部卻不足。[72]

四、穩定之野戰電源與頻寬之需求，制約未來「網狀化作戰」

美軍檢討資訊流量的流通時發現，戰時部隊網路伺服器的數量暴增，資訊的流通則呈現出水平發展的趨向，在現行的「從上到下，從左至右，從支援向受支援」通資準則運行之下，旅級以下有中斷和差距的問題，資訊並不如想像可隨時直達基層部隊。透過 $C^4/I/SR-FBCB^2$ 將戰場敵我訊息傳至最前線，結果因通信頻寬的阻

---

[69] 毛翔、孟凡松譯，《前揭書》，頁 4-5。
[70] 同上註。
[71] 毛翔、孟凡松譯，《前揭書》，頁 6。
[72] 有聯戰資格的校級野戰軍官之統計即可看出其衰退：上校不到 33%，中校不到 5%，少校則低於 1%。Thomas Boccardi, Ibid. p.12.

塞，以及地形地貌的遮障，第一線部隊收到的資訊往往都延遲 10 分鐘以上，反而迷惑了前線部隊的指揮官；可見連以下的小部隊並不是電腦駭客攻擊的對象，這是受到通信裝備不足、供應電源不穩、通話優先和資訊頻寬制約而造成的。[73]

五、科技帶來機會也帶來差距

「網際網路」與「物流條碼」的原理，給「網狀化作戰」有了實施的參考依據，可使美國利用全方位的軍用與商用監偵體系提供美軍即時的戰場情資，但是也衝擊到官兵日常生活的每一個層面：作息、互動與學習，官兵日常生活與戰場的經驗和軍事學習體制的差距太大，因此，美軍必須彌補此一落差，改良課程以利吸引與留住人才。[74]

研析

就這十年來，美軍的作戰思想與戰場實務的驗證，平實而論，有非常完整的構想與實施方案，引起了各國的重視。英國與日本固不待言，法國等國家也都分別根據需求，選擇適合本國國情的「網狀化作戰」，從事建軍備戰，[75]俄羅斯與中共雖有自己的理論，但是從兩國積極的修補與組建「定位與導航體系」的情形便可證明，基本上仍是以美軍為主要參考標的。所以，網狀化作戰是目前世界「軍事事務革命」的主流，應不為過。

2010 年俄羅斯提出《新軍事思想》，頒布「2020 年國家安全戰

---

[73]毛翔、孟凡松譯，《前揭書》，頁 7。
[74]TRADOC Pam 525-8-2，美軍認為 2016 年以前手持式電腦計算、公用目錄、電子書、姿勢運算與視訊資料分析將介入學習的體系，軍事學習的環境應預為之謀。
[75]潘清、胡欣杰、張曉清編著，《前揭書》，頁 11-13。

略」，確定走向資訊化戰爭的方針，完成常備部隊的轉型。[76]中共則是吸取兩國的經驗與教訓，歷經「各軍兵種各自發展、基於平臺的建設、基於網絡中心建設」的過程，做為自己「跨越式建軍」的借鑒。[77]

差異在於，美國是在現有的基礎上，精益求精，以保持其軍事實力上的優勢；俄羅斯則是從全面崩解的狀況下重建其軍事理論與體系；中共則是吸取「波灣戰爭」的教訓，從事全面的革新；難易的程度與規模當然不可一概而論，但是三個國家的共同點為：有獨立完成軍事體系構建的資源、人力與科技。[78]而且都各自有其政策之支持與理論之根據（俄羅斯的「第六代戰爭」；中共的「超限戰」），只不過是美國在境外（中東、西亞），俄羅斯則是在境內（車臣、喬治亞）有實兵實彈驗證其理論與實務之機會而已。

另一方面，美軍的「網狀化作戰」在敵我分明之下，確實讓戰場指揮官能夠較以往看清「戰爭之霧」，並能大幅度的消除因為資訊不同步而產生戰場上的「摩擦」。但是，在「敵人與民眾交織在一起」敵我混雜的狀況下，便難以發揮其應有的功能，反而被「不明的濃霧」包圍，處處受到束縛，任由敵人選擇時機與地點，以「急造爆裂物」（IED）予以狙擊，重蹈越戰「人民戰爭」的覆轍。

其實造成美軍新的戰爭之霧與摩擦的來源，是美國輕易地以武力解決政治問題的心態。自越戰以來美國一直強調的用兵為最後不得已的手段，一旦用兵則要儘快解決戰局，不可再陷越戰式的泥

---

[76]任海泉主編，《2011年世界軍事年鑑》（北京：解放軍出版社，2012年8月），頁59-64。
[77]曹雷、鮑廣宇等編著，《前揭書》，頁23。
[78]三者均各自有其獨立自主之「衛星定位」體系與太空科技；至於中共竊取美國或購買俄羅斯之科技是合理的假設，弱勢國家利用各種不同的手段獲取強國或敵國之各種軍事機密乃是自古以來之常識，如果沒有才是不合理的現象。

淖。2001 年「9/11 恐怖攻擊事件」發生，布希總統急於給人民一個交待，在電視上揚言不論天長地久或天涯海角，誓言緝捕賓拉登歸案，採取「單邊主義」逕自以軍事手段解決問題，違背了「主不可以怒而興師，將不可以慍而致戰」的思想，這種「慎戰」思想的代表人物鮑威爾（Colin L. Powell）上將，[79]當時縱然貴為布希總統之國務卿，在民意之下，亦無能阻止美國以拙劣的理由，先後對阿富汗境內塔利班政權以及伊拉克海珊政權之侵略。值得探究的是美軍既然決定用兵，就應先想好何時收兵的策略。摧毀了這兩個國家的軍隊與政權，未能即時退兵，猶可以「首惡未滅」為藉口；俟分別捕獲海珊與擊斃賓拉登之後，依然不立即將軍隊撤出而繼續留在當地，在道義上遂失去出兵的正當性，進退失據，飽受國際非議，拖到最後不得不灰頭土臉的留下或就地銷毀大批軍事物資而撤離，[80]深符《孫子》所說：「鈍兵、挫銳、屈力、殫貨」的真義。這一點美軍業沒有做任何的評論，美國前國防部長蓋茲（Robert Gates）在卸任後才直言：「美國總統今後如仍選擇大軍入境式戰爭，『應該要檢查腦袋』」，可謂發人深省。[81]

在 2013 年的「G8 高峰會議」中，俄羅斯堅決反對西方國家以武器與兵力支援敘利亞「反抗軍」的理由，便是「沒有使用化學武器的證據，以及武器若落入恐怖分子手中將如何？」[82]如果就中東反美情緒高漲不下的情形來看，美軍留下的物資轉而流入恐怖分子手

---

[79]鮑爾主義：必須要有一個清晰的政治目的，並信守這個目的；動用所能動用的強大兵力，絕不後悔；快速結束戰爭，減少本身的傷亡。
[80]〈美軍撤出伊拉克留下「破爛」堆積如山，能組四個美械旅〉，新民晚報，2012年 1 月 26 日；〈美軍撤出阿富汗 2100 億軍備當廢鐵賣〉，聯合新聞網，2013 年 6 月 22 日。
[81]胡瑞舟，〈國際專欄-伊拉克戰爭改變美國〉，中時電子報 2013/4/01 0134。
[82]〈G8 高峰會未達共識，普廷反對送軍火給叛軍〉，自由電子報 2013/6/18 1512。

中，回過頭來對付美國的可能性甚高，這種新的「戰爭之霧」與「摩擦」，就是美國軍政文人高層只知用兵之利，不知用兵之害，不知「爲客之道」，[83]而給美軍所帶來的災難。換句話說，在戰略的層次上，他們並沒有深刻反省這十餘年戰爭究竟給美國帶來了什麼樣的災害。

　　至於新的戰術與戰鬥上「戰爭之霧」與「摩擦」也是由「網狀化作戰」的理念──裝具過多，個人與單位難以負荷，以及電腦普及指揮參謀作業由簡化繁帶來的。[84]同時因爲美軍輪調頻繁，每一個單位到達戰場後，都沒有時間去經營戰場，掌握當地社情，又無法在人群中分辨敵我，任務的執行則多仰賴班與排等小部隊爲之，[85]由於這一層次幹部的戰術學養有限，作戰的裝具過多而笨重，命令太過詳盡與管制過於嚴格，一旦遭遇到不預期狀況，如若脫離車輛的掩護與陸空火力支援，就有不良反應的情形發生。[86]這種過度依賴「網狀化作戰體系」支援的狀況，反而使得美軍在戰場上失去了主動。

　　另外，從美軍仍未斷絕誤擊友軍的案例可知，由於地空計畫作爲的程序是完全相反的，空中部隊是「由上而下」指派任務，地面部隊則是「由下而上」提出申請，這種計畫作爲的軍、兵種文化行之已久，在未來也不容易改變，周延聯戰準則與作業程序，不像電腦系統之「套裝軟體」，可以直接「灌入運用」（plug and useable）一

---

[83]《孫子》〈九地篇第十一〉。

[84]FM 5-0 C1 Operation 'Appendix B. The Military Decision making Process' 18 March 2011, Fig B-1 & B-2, 均甚複雜；再如 P.B-18.僅是指揮官之作戰構想就必須包括 16 個要項，唯有靠電腦的協助才有機會如期如質完成作戰命令。下級閱讀都須花甚多時間。

[85]曾祥穎譯，〈營長與營士官長：陸軍最重要的領導層級〉，頁 55。

[86]有阿富汗塔利班稱美軍在 30 哩外以飛彈攻擊一名游擊隊，譏諷美軍過於小題大作。

樣，不能夠自動將「無形知識」轉為「有形戰力」，因此，即便是美軍掌握了戰場絕對的主動，在地空部隊溝通不良時，便會各自以自我之認知，做出自認為「至當的決心與處置」，因而在「網狀化作戰」體系內還是避免不了「戰場之霧」與「摩擦」之發生。

　　例如：美軍利用「網狀化作戰」的優勢，將戰術偵蒐的 MQ-1B「略奪者」（Predator）加裝 AGM-114 地獄火（Hellfire）飛彈，成為武裝無人飛行載具，運用於攻擊臨機目標，不僅只限於伊拉克與阿富汗，可疑恐怖分子一經發現，不論是否對美軍形成威脅，經過比對分析，即不待與地主國協商，逕行攻擊。[87]這種類似 1999 年「誤炸」中共駐前南斯拉夫大使館輕率的作為，業已超出「反恐作戰」的範圍，屬於侵犯地主國（葉門）主權的行為，只不過葉門目前是處於亂世，控訴無門，任由美國霸凌，如果是北韓或中共，則後果不敢想像。美軍特戰部隊或中央情報局依然故我，率爾這種「打電動遊戲」式的戰法，則將是產生新「戰爭之霧」與「摩擦」的因子，未來是會引起大禍的。

　　由以上的研析，我們可以知道美軍「網狀化作戰」的思想與實務，確實為爾後建軍發展的主要方向，但是想要能夠消除戰爭中的不預期狀況，以使戰場單方面的或相對的向美軍透明，則是不無疑問。因為美軍對阿富汗以及兩次對伊拉克的用兵，是戰史上特殊的戰例，這兩個國家在戰爭指導上都沒有任何主動的作為，徹底的被動，而能讓美軍予取予求。戰後所發生的持續抵抗或襲擾，亦多是民眾基於民族自尊與報復所採取的行動，從美軍在戰後占領期間人員傷亡之眾，[88]武器損失之多，可見在絕對優勢的戰力下，仍不免陷

---

[87]〈美無人機發威，葉門擊斃 11 名蓋達份子〉，今日新聞網，2012/5/14 1214。
[88]至 2011 年底，美軍撤出伊拉克時，官方宣布戰爭全期官兵陣亡 4,488 人，輕重傷 32,021 人，戰費高達近 2 兆美元；在對伊作戰的 6 週中，陣亡 138 人，輕重傷 542

入濃厚的迷霧與嚴重的摩擦之中。

我們不禁要問：何以伊拉克與阿富汗這兩個國家的「暴亂分子」，能夠很清楚地掌握美軍的行蹤，「以逸待勞」，不時予重創？美軍為什麼會處在這種另類不知戰時，不知戰地的「戰爭之霧」與「摩擦」困境中而無以為力？仔細分析，其實這些狀況都是美軍自己造成的，難以將責任推到「敵人」身上。

結論

克勞塞維茨《戰爭論》中或濃或淡的「戰爭之霧」，以及矛盾、虛假與錯誤組合而成的「摩擦」，在未來戰爭中是不會消失的，甚至其份量與權重都有增加的可能。美軍近十年是在敵人沒有主動的實施欺敵，製造戰場迷霧，或實行分化以造成盟軍發生摩擦的情形下作戰的，因此，其經驗可以參考，但不足以為依據。可以預期的是在面對講求「不對稱作戰」或「超限戰」的敵人時，帶給美軍的迷霧將會更濃，摩擦將會更大。

值得注意的是，美軍能夠實施「網狀化作戰」的憑藉為其強大而嚴密的 C⁴/I/SR 情報監偵體系與 GPS 全球定位系統，美軍深知兩者如果遭受軟性或硬性攻擊與破壞，其後果不堪設想。在太空戰力方面，以往因俄羅斯百廢待舉，無力與其爭鋒；中共則國力初復，尚不成氣候的狀況下，美軍主要的考量是保護與維持其運作；未來面對俄羅斯國力復甦，中共急起直追，依據美軍舉行「施瑞弗」系列作戰演習的內容觀察，如美國仍以軍事為主要解決問題之手段，則兩國的導航與監偵體系將有可能成為美軍先制奇襲的主要標的。[89]若

人：兩相比較，戰後陣亡者為戰時的 32.52 倍，輕重傷則高達 59 倍。

[89] 〈外媒曝光美軍太空作戰方案！將演練攻擊大陸北斗〉，今日新聞網，

然，其結果則將是「電子的世界大戰」，會產生何種樣式的後果，實難以逆料。

對於我軍而言，主觀上，在戰爭未發生前，我軍和敵軍一樣都會面對「部隊裝備新老混合，系統性能高低不一」的狀況；其次也都會有「以老的觀念與思想，運用新的武器系統應付新狀況」的風險；客觀上，我軍無法比照美國、俄羅斯與中共建立全方位的 BM C⁴/I/SR 與 GPS 體系，在依賴美軍的系統體系之下，如何避免像伊拉克落入「變聾、變瞎、變癱」的「戰爭黑霧」之中，造成上下無所適從，戰力無法發揮的絕境，實在是我軍建軍上的重要課題。

不論科技如何演進，每一個時代的戰爭都會有其「戰爭之霧」與「摩擦」。在戰場上解決這些問題的主要關鍵是幹部與指揮官的本質學能及兵學素養。

語云：「橘逾淮爲枳」。以我軍而言，美軍軍事事務革命的經驗可以參考，不能夠全盤套用，因爲我們沒有他們的條件，也不會擁有他們具備的資源，必須要立足於自己的主客觀條件上，來從事建軍備戰與教育訓練。出於中共基本上是採取參考美軍的路線實施其所謂的「跨越式建軍」，所以對我軍的未來的啓示，個人以爲與其研究美軍的成功，實不如探討伊拉克之失敗來得重要。

民國 102 年 12 月
《陸軍學術雙月刊》第 49 卷第 532 期

2013/6/19。

十三、雲端科技發展對未來作戰之影響

前言

　　自 1991 年波斯灣戰爭以來，以資訊科技為動力推展的軍事事務革命，方興未艾，迄今已逾 20 年。此期間資訊科技的進步與功能表現，隨著通信基礎建設的日益完善；資訊的硬體設施與軟體系統的普及；網際網路的興起；人們與社群之間知識流通、交換的方式與速度，可謂到了「一鍵在手，無遠弗屆」的地步，就相對而言，空間已不再是空間，障礙亦已不見得是障礙。這種社會體系依賴於資訊科技的互動，不但改變了人們對生活的認知，更重要的是各種資料庫的建立與運用，使得各行各業的活動，得以實現將異地資源整合與運用的理想，在「成本效益」的驅使下，也已然成為當前作戰、學術、經濟和商業行為的常態，這種社會行為模式呈現出變本加厲之趨勢。

　　然而在便利性之餘，資訊科技帶來的副作用則是硬體與軟體的更新過於快速，對使用者的資金投入、資訊運用、系統管理與升級維護方面造成極大的負擔[1]，系統的能量卻無法充分利用，而且汰舊換新遺留下來的資訊垃圾亦無所不在。因此，如何使「資訊運用最大化，營運成本最小化」，或在兩者間達到可以接受的平衡，始終是一個非常重要但卻無法解決的命題。

---

[1]以行動電話與電腦為例；制約其使用壽命的主要原因是人們對效率與服務的追求，並不是因為系統故障，而是軟體升級受到限制或原有料件停產，致使汰舊換新的速度遠超過以往經驗值，成為計畫擬訂與預算編列的主要變數。

　　此一命題在當前國防預算縮減與外在威脅減低的戰略局勢下，對軍事事務革命便產生了究竟是應採取「最佳、最好、最先進」，還是「經濟可承受、技術可滿足」或者「兩者兼顧」的路線考量[2]。也就是說，資訊科技的進步雖然促成了新的軍事事務革命，蔚為風潮，在軍事領域得到了共識，但是主觀的制約（裝備周期太短）與客觀的環境（需求與威脅）卻使得其發展的腳步，不如預期。

　　這種困境在商業上因為大型資料庫（例如 Amazon、Google）為基礎的「線上購物」與「搜索引擎」服務，有了初步解決的跡象；市場需求的牽引，在光纖通信、WiMax 無線上網及 2004 年的消費性資訊技術（Web2.0）支援下，社會的醫療、電信、教育、製造與金融方面，各種伺服器、家用電腦、筆電、平板與智慧型手機等資訊產品，都可以隨時隨地的透過網路「雲端資源」與其他用戶相連，線上（On-line）資訊的擷取、交換與運用，也已成為人們日常生活中的一環。2006 年 3 月，「亞馬遜」（Amazon）提出「彈性計算雲」（Elastic Compute Cloud EC2）的客戶依據需求計價服務的構想[3]，同年 8 月，Google 提出「雲端運算」（Cloud Computing）的概念，引起各資訊巨擘（IBM、惠普、英特爾）競相效尤[4]，2007 年 IBM 將其納入「技術白皮書」，資訊科技趨勢便從軟體、硬體的製造供應朝往為用戶服務的方向發展。這種因為全球經濟一體化與消費行為改變（如蘋果 iPhone 4s 的擬人化對話功能），進而促使電腦技術與網路技術融合的各種虛擬化社群，便是所謂「雲端運算科技」下的產物[5]。

---

[2] 依據作者研究觀察：美國以追求創新為主以可負擔為輔；德法是以可負擔為考量；中共則力求兼顧。

[3] 陳瀅，《雲端策略-雲端運算與虛擬化技術》，（臺北，天下文化出版社，2010 年 3 月 26 日），頁 19-21。

[4] 雲端運算—維基百科。

[5] 雷萬雲編著，《直達雲端運算的核心》，（臺北，佳魁資訊，2011 年 12 月），頁 1。

　　至於軍事作戰方面，數位化作戰到了 2001 年，美軍正式提出「網路中心戰」理論：利用資訊網路將三軍的 C⁴/I/SR 系統把戰場的景況整合成為「共同狀況圖」（COP）之後，才有了一個較具體的方向。根據此一理論，計畫在 2015 年構建一個由：戰場覺知、數據鏈路、資訊傳輸、敵我識別、導航定位、視訊會議、數位地圖、模式模擬與數據中心等 9 大系統，整合而成之「全球資訊電網」（Global Information Grid GIG），做為 2020 年實施網路中心戰之基石[6]，以其在太空的既有設施與其資訊科技能量，配合對伊拉克與阿富汗的戰場時實際運用，應可得到相當的回饋。同時也成為北約建軍，以及俄羅斯、中共的主要參考標的，然而就其本質分析，可以明顯的看出來其實這就是「雲端科技軍事化」的路線。

　　隨著社會「行動上網」的管道越來越多，終端設備軟體越來越強大，資料的存取越來越方便，產生的資料越來越多，收費卻越來越便宜，可以預見的是未來「雲端科技」的影響力必將愈來愈大，對社會的結構、行為的模式都會產生重大的影響；更何況，資訊的基礎建設與作戰有密不可分的關係，不論是「民網軍用」或「軍民互補」，必將對未來的作戰有決定性的作用。

　　孫子〈作戰篇〉曰：「故不盡知用兵之害者，則不能盡知用兵之利也。」因此，雲端科技究竟對未來用兵「雜于何種利害」，實在是一個值得深入探究的課題。限於篇幅，本文不做雲端運算的技術性的討論，謹從通識的觀點，概述促成雲端科技發展的動因，美國、日本與中共之政策，我國政策與國軍之地位，該科技對未來作戰之影響，探討國軍應有之作為。

---

[6]蕭裕聲主編，《21 世紀初大國軍事理論發展新動向》，（北京，軍事科學出版社，2008 年 8 月），頁 1-2。

促成雲端科技發展的動因

從資訊平臺與網路科技發展定律的軌跡分析，雲端科技的產出是有其必然性的結果。前者為摩爾與貝爾定律；後者則是吉爾德與梅特卡夫定律；分述如下：

◎摩爾定律（Moore's Law）[7]：「在可預見的未來，電腦晶體的密度與運算性能，每18個月將增加一倍（2^N）」。（在保持同等性能的前提下，售價則以每年30%-40%的幅度下降）

◎貝爾定律（Bell's Law）：「每10年，資訊科技硬體都會有重大的突破，其效能、價格都勝過上一代10倍以上」[8]。

◎吉爾德定律（Gilder's Law）[9]：「在未來25年，通信網路的頻寬會以每年3倍的速度成長，變動通信成本將逐漸趨近於零」。

◎梅特卡夫定律（Metcalf's Law）[10]：「網路效用性（價值）會隨使用者數量的平方（N^2）成正比」。

上述四大定律，前兩者，使得資訊產品以極快的速度變得更「輕薄短小」，資訊硬、軟體的功能越來越大，價格卻越來越便宜，終於在人們可以接受的範圍，普及的結果促成了網路的發展；後兩者，則透過全球標準化的通信協定使全球的電腦構成了一個超級龐

---

[7]1965年，英特爾創辦人之一，摩爾（Gordon Moore）於美國電子學會35週年會中提出晶片會以2^N發展的理論，迄今仍適用。2010年時一臺筆電的運算能力約是1975年時的1000萬倍。

[8]由60年代的大型主機、70年代的迷你電腦、80年代的個人電腦與工作站、90年代的網路與筆記簿、2000年的個人數位助理（PDA）與手機、2010年的智慧型手機、平板電腦發展的經驗，都證實此定律迄今仍然適用。

[9]20世紀90年代，吉爾德（George Gilder）對21世紀初的預測；1975年傳輸速度2.94Mb/s；1995年至100Mb/s；如今則至10Gb/s以上；且光纖傳輸仍有發展之空間。在成本方面不包含用戶對業者租用的固定成本，在臺灣地區大家比較熟悉的例證便是電信業者的各種「吃到飽」方案。

[10]1995年由以太網路（Ethernet）協定設計者梅特卡夫（Robert Metcalf）提出之理論，又稱為「網路定律」。

大相互通連的（速度極快、頻寬夠大、價格夠低、標準相容）網際網路體系。網路用戶的規模越大，提供服務的內容越廣泛，資料庫越充實，其價值就越大，也越能吸引更多的用戶使用；網際網路完全開放的結果，用戶終端的廣泛運用，在資料提供上就產生了大規模計算供應的需求。目前能夠滿足這樣又快又大需求的則是貨櫃分散式的運算中心，因此，「雲端運算」乃是資訊科技與網路發展到現階段的必然產物。也就是說，只要是「網路頻寬夠寬，軟體技術夠強，行動通信夠快，資料中心夠大，用戶規模夠多」的國家或地區，將會在商業競爭之驅使下，自然而然邁入雲端科技的社會[11]。

所謂的「雲」是指為用戶提供服務的網路體系（網路、運算、儲存之硬體及作業系統、應用平臺、網頁服務之軟體）；其「端」則是指終端使用的伺服器或用戶[12]；以攸關作戰與生活的「全球定位系統」（GPS）為例[13]，用戶不必懂得「三角反交會法」的原理與運算，只要輸入地點或上網，便可獲得所望資訊，系統會自動完成所需的運算，將資料呈現到終端的面板上，路線一目了然。由於其中抽象、虛擬的運算過程無法言傳，所以業界用「天空中一朵一朵的雲」來表示；因此，「天上的雲」加上「地面的端」便是雲端，滿足這兩者間條件所採用的科技便是「雲端科技」。如附圖一、二、三。

---

[11]朱敬之主編，《智慧的雲端運算-成就物聯網未來的基石》，（臺北，博碩文化，2010 年 11 月），頁 44-55。

[12]陳瀅，《雲端策略-雲端運算與虛擬化技術》，頁 24-25。

[13]美國的全球定位系統，其軍用碼原未對外開放，2000 年，美方即明確表示可對我方系統開放。2005 年以前對中國大陸尚有極大的誤差量，如今亦已解除。

附圖一：雲端運算概念

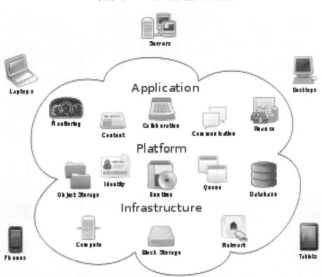

資料來源：維基百科。

說明：架構上分基礎設施即服務、資訊平臺即服務與應用軟體即服務三層，透過安全管道與各種終端連線提供服務，計價收費。

附圖二：雲的種類

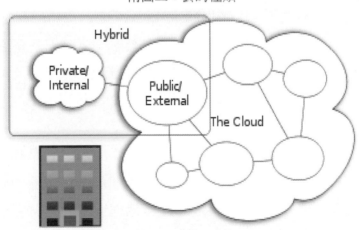

資料來源：維基百科。

說明：資料庫有公共雲、私有雲、混合雲三種類型。

附圖三：雲的運算

資料來源：維基百科。

說明：固定設施或行動上網，均透過加密「雲安全系統」存取資料、信件等。

　　如從資訊作戰各種資訊的蒐集、彙整、分發與運用，都必須依
賴在太空中的各種偵察、氣象、通信與導航等衛星運作的角度來觀
察，C⁴/I/SR 系統的運作與決策支援的運算過程是「雲」；指揮官決心
與命令下達，各級任務執行與戰果回報是「端」；由美軍在阿富汗與
伊拉克戰場有人與無人的作戰實際景況來看，兩者密切配合證明對
作戰的結果是有效的。我們雖然不能就此斷言在作戰上可以排除
「戰爭之霧」與「人的因素」，但是卻是「知識戰爭」形之於外的具
體表徵，乃不爭之事實。

　　試用簡單比喻表達其中彼此之間的關係；前者就是如同電力與
水力體系中的提供設施與管線服務，後者則是家庭電器與水龍頭。
使用者不必理會電力與水力體系的運作過程與維護，只要依使用的
計量而付電費與水費的生活化模式。更進一步的引申，由當前極其
盛行的「臉書」（Facebook）、「推特」（Twitter）、「撲浪」（Plurk）與
You Tube 等「社群雲」與「網路行銷」的表現，便可以得知當資訊的

存取可以行動化，不再受到時間與空間的限制時，對整個社會與人際之行為模式會產生何種程度的影響力，其實不難想像。

　　不過，雲端資訊服務概念 2007 年 IBM 正式提出至今，為時甚短，發展卻很積極，由於雲端的定義、屬性、特徵，都可能會隨時間的推移而有所變化，因此，對這個概念的定義，並沒有公認的標準，各界都是各自從自身的角度來解釋，甚至會有所修正。2012 年維基百科之定義為：「是一種基於網際網路的運算方式，透過這種方式，共享的軟硬體資源和資訊可以按需要提供給電腦和其他裝置」[14]。美國國家技術標準局（National Institute of Standards and Technology NIST）的定義則是：「雲端運算是對基於網路的、可設定的共用計算資源池能夠便利的、隨需求存取的一種模式」[15]。此外，由於 IBM 在中國大陸以無錫為中心推展雲端運算科技著力甚深，對其未來發展必將有一定之影響力，因此，其定義：「雲端運算是種革新的資訊科技運用模式。其主體是所有連接網路的實體（人、設備與程式），客體就是資訊科技本身的各種資訊服務[16]」，所產生的結果如何，亦值得我們密切注意。

　　綜合各家的定義分析來看，都沒有指出這是種新的資訊科技，而是強調「資訊科技服務化」。「雲」與「端」的硬體和軟體都是資源，以分散式的共用方式存在，並可以根據需求類型的不同集中雲中的資源，進行動態的擴展和配置，最後以單一整體的形式，透過網路以用量計價的方式提供用戶所望的資訊服務[17]。今日我們其實已經處在「雲端科技」的生活環境下了，而且這種「資訊科技服務

---

[14]值得注意的是 2012 年維基百科之定義與以前的定義有所不同。
[15]雷萬雲編著，《直達雲端運算的核心》，頁 1-8-1-9。資源池包括網路、伺服器、儲存、應用與服務。資源池是指計算、儲存、通信、軟體等資源匯聚之所在。
[16]陳瀅，《雲端策略-雲端運算與虛擬化技術》，頁 27。
[17]陳瀅，《雲端策略-雲端運算與虛擬化技術》，頁 28-31。

化」的方式，除了某些特殊的考量外，達到了相當程度的「資訊運用最大化，營運成本最小化」效果，從「成本效益」的立場而言，乃可預見是未來發展的主要方向。

更進一步的分析，2011 年底，晶片的製程進入了 28 奈米以內的領域[18]，雖然還是符合摩爾定律的運用（為 40 奈米的 2 倍），但是已經趨近於無限小，2^N 將在 2025-2030 年達到極限。不過以目前電腦運算功能之強大，汰換周期之快速，消費者已經不見得需要追求高價、高性能的產品，如果低價而又符合自己的特殊需求，就算性能稍差也無妨的觀念，也已漸被人們接受[19]。因為就一般而言，如今全球的數位地圖、氣象、書籍、影音、娛樂、各行各業的基本資訊等可以想像到的事務，都已納入各種資料庫之中，除了數據遠較本身自建的資料庫完善外，更值得注意的是當資料的累積到了近似極大化之後，成為大數據透過虛擬的分析比對，自然就會產生一定程度的「人工智慧」，可以提供需求者一個相當有水準的方案[20]，大家所需要的是在「使用者付費」的原則下，就像每月交付電費、水費一樣，以相對的管理費用，把資訊「擁有權轉變為使用權」[21]，透過網路運算服務獲得或交換所要的資訊，以爭取速度和掌握時機，完成自己的目標為考量[22]。也就是說除了「機密性質」較高的資訊必須自建自管外（私有雲），其他一般的或通用的資訊（公有雲），則可以透過大型資料庫的「雲中電腦」（Computer in the Cloud）獲得，這樣

---

[18]楊伶雯，〈領先群雄，臺積電 28 奈米製程量產出貨〉，今日新聞網，2011 年 10 月 24 日。www.nownews.com/2011/10/2411490-2751872.htm。
[19]如 2008 年起流行的小筆電（Netbook）用的軟體就是 Windows XP；又如在高端的智慧型手機外，也 200 美元以下平價智慧型手機的市場有擴大的現象。
[20]如目標優先順序、工作的程序；目標選擇及武器系統運用之建議。
[21]角川歷彥，《雲端時代-掌握市場脈動的酷革命》，（臺北，臺灣國際角川書店，2011 年 2 月 9 日），頁 162。
[22]如蘋果、亞馬遜及 Google 的「電子書」、廠商的廣告甚至股市即時分析等。

「即時需求、即時獲得」的便利性，產生的是「知識產業革命」[23]。

依據 IBM 在 2009 年對採用雲端科技的大型銀行成本效益研究結果顯示，得出「成本節約隨著時間的推移持續增長，投資報酬率大幅提高」之結論[24]。（附表一：雲端科技成本效益與報酬率比較表）試想在減少資本支出之同時有極高的「投資報酬率」做為支撐，能提高市場競爭力，這對商業模式會產生什麼樣的衝擊？又會對社會產生什麼樣的影響？

附表一：雲端科技成本效益與報酬率比較表

區分	中小企業	大型企業	跨國企業
伺服器數量	5-15 部	15-400 部	400 部以上
硬體支出費	−29%	−10%	−15%
軟體支出費	−1%	−1%	＋3%
安裝部署費	−4%	−22%	−38%
系統管理費	−32%	−42%	−40%
測試生產率	＋34%	＋26%	＋4%
三年投報率	227.33%	308.91%	469.75%

資料來源：朱敬之主編，《智慧的雲端運算-成就物聯網未來的基石》，（臺北，博碩文化，2010 年 11 月），頁 123-130；由作者製表。
分析：各型企業都有管理成本降低，測試生產效率提高的現象；投資報酬率則呈現出規模越大，時間越長，累積成果越高；對企業之誘因甚大。

我們如果再從另一個想定探討「雲端科技」的作用，試問：「美軍如果離開全球定位系統將對其作戰產生何種之影響？」從這 10 年來美軍的作戰經驗來看，其結果不言自明。平心而論，在開放的社會中，彼此之間連線作業，人們生活與工作已經離不開數位資訊機

---

[23]知名的報社、出版社紛紛關閉便是一例。
[24]朱敬之主編，《智慧的雲端運算——成就物聯網未來的基石》，頁 123-130。

具了。因此,如果資訊平臺在硬體方面的科技發展業已經即將接近極限的可能,不論未來的時程是否仍會按照「摩爾定律」2^N 演進的預測;不過網際網路的運用已經成為社會活動的重要部分,這種趨勢除了吉爾德與梅特卡夫的定律作用外[25],國際大廠為爭取商機推動「雲端運算」使資訊鏈路扁平化,以客製化的服務,改變人們對資訊獲取和運用習性產生的動力也不容忽視;在未來的資訊世界裡,「梅特卡夫定律」的權值份量應會增加,為了爭取客戶,以服務為導向的「雲中電腦」與「使用終端」的連結,亦將更加緊密,透過「雲端運算」的資訊電路網改變社會的行為與溝通模式,就「人的因素」而言,未來的兵源都是來自習於利用網路資源的社會,其思維理則當然會對未來作戰產生一定程度的影響力。既然有此推論,我們便有預為之謀的必要。

美、日與中共之雲端政策

雲端運算牽涉到大型資料庫與其運用體系的構建,因此,其基礎建設應該列入國家級的計畫,才有足夠的能力與管理的權限。自 2009 年起,先進的國家無不積極從事此一方面的政策規劃,與我國關係較為密切而又值得注意的是美國、日本與中共的發展策略。

一、美國

美國對雲端運算科技概念較側重因應新的資訊浪潮之來臨。雖然許多美國企業都把大部分的電腦相關業務委外代工,移往臺灣、中共或印度,但是 2009 年資訊預算仍達 760 億美元。而且因為其「智慧財產權政策」,國際性以及軍事領域的資訊科技大型資料中

---

[25]近期中華電信的降價與增加頻寬即是一例。

心，如 Google、Yahoo、IBM、亞馬遜、軍用的全球指管系統
（GCCS）等根據地都在美國，「資訊高速公路」的構想也已近 20 年
[26]，「大型社群」（臉書、推特、撲浪）亦由美國往外推動，政府的各
種資料中心林立，僅是「國土安全部」就有 23 個[27]，不免有疊床架
屋的情況，政府機關許多資源從網路上便可取得，美國所要做的應
該是從資源整合開始。因此，在 2009 年已開設雲端運算技術和服務
的應用網站（Apps.gov）為窗口，2010 年，開始推動雲端運算實驗
計畫，許多比較輕量級的工作流程都會轉到雲端上[28]。其中「航太總
署」（NASA）「星雲計畫」（Nebula）與「國防資訊系統局」（DISA）
之「雲端方案」（有 3 個子案）均納入其中，整個過程預計將耗時 10
年，屆時軍事的「全球資訊電網」應該已然構建完成，可以於全球
支援其三軍之作戰。

　　美軍提出「網路中心戰」的概念後，已獲得其三軍的共識，為
其國防轉型之理論依據。2004 年 1 月，聯合作戰的「共同狀況圖」
的構建在國防部的主導下，所有的網路資訊技術和安全系統都以微
軟第 6 版的網際網路協議為基礎[29]，並在 2010 年起積極運用到西亞
及中東地區實施戰場驗證。在阿富汗戰場上以其「無人飛行載具」
由單純的監視、偵蒐角色，加裝「地獄火飛彈」成為武裝無人載
具，即可透過地面指揮，臨機攻擊具敏感性重要目標之戰例觀察[30]，
可以說是「雲端科技軍事化」的雛型，確實是有其可行性的，不過

---

[26]1993 年由柯林頓時期，由副總統高爾提出利用光纖通信連結國內所有電腦之構想，後因預算過大與 21 世紀初的網路泡沫化而受挫。
[27]Daniel Terdiman，〈美國政府公布雲端運算計畫〉，2009 年 9 月 16 日。ZDNet Taiwan.com.tw
[28]同上註。
[29]David Alberts，李耐和等譯《信息時代美軍的轉型計劃——打造21世紀的軍隊》，（北京，國防工業出版社，2011 年 1 月），頁 145。
[30]此功能雖然有利掌握戰機，但必須經過周密的協調，否則容易產生誤擊之情事。

對目標審核與避免濫用武裝的能力還有待加強。預期於 2015 年建立有雲端運算科技支持的「協同情資環境」（CIE），支援「共同狀況圖」，以統合三軍之情報、兵力、火力與後勤之運用[31]。如就其美軍 C⁴/I/SR 體系的完整與實戰經驗，累積資料之豐富而言，在可見的未來無論是民用或軍用的「雲端科技」，應該仍是以美國居領導者地位。

二、日本

2009 年 2 月，日本山梨縣甲府市將「退撫金作業」外包給美國，這種人口基本資料外流的作法，使得「經濟產業省」感到困擾[32]，但是國內 NEC 或富士通等企業成本高，亦無可奈何。5 月，「總務省」提出「數位日本創造計畫」，跳脫現行建築法與消防法規之限制，計畫召集國內外企業，於 2011 年春，在北海道或東北地區投資 500 億日元，興設目標為 10 萬臺伺服器之「霞關雲端運算」特區，於 2015 年完成為日本最大的資料庫[33]。以電信、銀行與醫療為重點，納入政府或自治體的資訊系統，整合資源共享，提高施政效率，減少投資浪費，預估至 2020 年將有 400 兆日元之市場規模。

至於軍事方面，只要「美日安保條約」存在，日軍依托美軍「全球資訊電網」的情形，將不會改變，日本「軍事雲」的建設不能自主，應是美軍在西太平洋一個功能有限的，以海、空軍為優先「附屬雲」。

---

[31]David Alberts，李耐和等譯《信息時代美軍的轉型計劃-打造 21 世紀的軍隊》，頁 133-134。
[32]角川歷彥，《雲端時代-掌握市場脈動的酷革命》，頁 201。
[33]〈雲端運算時代來臨，日擬設國內最大特區〉，2010 年 4 月 10 日。News.epochtimes.com.tw.

三、中共

　　根據調查 2010 年 6 月時，中國大陸使用網際網路的人數達到 4.2 億，預估至 2015 年將增加到 6.5 億以上；網路普及率將從目前的 29% 至 50%；農村則爲 40%[34]；手機人口有 8 億，隨時上網的 2.77 億，雖說目前仍以沿海地區地區爲主，但是呈現積極成長的趨勢，這樣龐大的雲端市場與連網運算需求，不得不使人爲之側目。

　　在「十一五計畫」實施後，雲端運算才成爲新的資訊科技競爭領域，因此，那一階段中共並無針對性的發展規劃。自 2008 年起，IBM 在江蘇無錫推動大型「雲計算」計畫，引起了官方的重視[35]，先由山東東營軟體園區的「黃河三角洲雲端運算中心」、北京工業大學、大連理工大學、山東煙臺教育局開始「試點」[36]，並納入「十二五計畫」中爲戰略性產業，加速網路超寬頻化，推動無線電 3G 通信等「資訊網」（電腦網、電信網、有線網）的基礎設施網路建設[37]。2010 年 8 月，與 IBM 合作的「黃河三角洲雲端運算中心」正式上線；10 月官方確定挑選已具備雲端發展條件的北京、上海、深圳、杭州、無錫五個城市「試點示範」[38]。並在江蘇省的丁崗鎮建立第一個政府用的「雲計算服務平臺」。2011 年投入 3G 建設經費爲 4000 億人民幣，基地站臺、光纖網路基本上已經構建完成，這樣的建設對軍事運用當然也有極大的涵義。

　　中共的雲端科技發展自胡錦濤表態支持之後，即頒布「中國雲

---

[34]雷萬雲編著，《直達雲端運算的核心》，頁 1-2。中國大陸術語稱之爲「網民」。
[35]陳瀅，《雲端策略-雲端運算與虛擬化技術》，頁 10。
[36]雷萬雲編著，《直達雲端運算的核心》，頁 10-2-10-16。
[37]胡鞍鋼、鄢一龍，《紅色中國綠色錢潮—十二五規劃的大翻轉》，（臺北，天下文化出版社，2010 年 10 月 27 日），頁 221。
[38]北京政府結合國內業界成立「中關村雲端計算產業聯盟」分兩階段推動「祥雲計畫」：2012 年前佈局，2015 年產業發展，以 500 億人民幣產業規模爲目標。

計算產業發展白皮書」，採中央「試點先行，全局推廣」；地方「招商引資，築巢引鳳」之策略，分三階段實施：

◎準備階段（2007-2010 年）：技術儲備與概念推廣；以政府公共雲建設為主。

◎起飛階段（2010-2015 年）：共識與科技高速發展之「黃金機遇期」；公有雲、私有雲與混合雲同步發展。

◎成熟階段（2015 年-）：雲計算科技基礎建設完成，為資訊科技不可或缺之部分[39]。

綜合分析，中共在雲端科技發展的時間點上，因為地方比中央先行推動，而且官方的策略是鼓勵整合現有投入的資源，吸引並扶植廠商以促進雲端產業成形。再加上 Google 與中共在網路搜索方面爭執之例證，在 2015 年整個雲端科技趨向確定以前，中共應該是呈現「中央著重基礎技術研發，地方著重推動產業成形」的態勢[40]。比較側重「隨需即用」的商務遠端服務中心的能力[41]。因為大陸「網民」太多，市場太大，極易形成規模，其未來資料中心的硬體與軟體建設應該將是儘量脫離外力的制約，朝著「自主」的方向發展。不過，究竟是由中央垂直向下，還是從地方水平整合向上連結，尚難下定論，由於中共在 10 年內仍無法改變內陸與沿海在經濟發展上的失衡現象，其雲端體系區塊的劃分將如何，是一大問題，目前發展顯示判斷將會以地域為劃分，然後再做跨區的整合。（詳見附表二）

---

[39]《中國雲計算產業發展白皮書》（2011 年 7 月 4 日），頁 4。
[40]魏伊伶，〈十二五後，中國雲端政策分析〉，2011 年 5 月，前瞻科技應用智庫。
[41]雷萬雲編著，《直達雲端運算的核心》，頁 1-14。

附表二：中共雲端運算中心發展概況

雲運算中心	主要目標	地域
北京	打造世界級雲計算產業中心	平津
天津	建設國家級雲計算產業總部	
青島	北方數據中心	山東
濟南	黃河三角洲園區雲計算平臺	
南京	軟件開發雲平臺	華東
上海	亞太雲計算中心	
無錫	太湖雲谷	
杭州	雲計算開發培訓平臺	
佛山	廣東雲計算中心	廣東
深圳	華南雲計算中心	
成都	中西部雲計算中心	四川

資料來源：雷萬雲編著，《直達雲端運算的核心》，頁 10-2-10-16。朱敬之土編，《智慧的雲端運算-成就物聯網未來的基石》，頁 72-74；由作者匯輯。

　　在軍事方面，中共的氣象、偵察、導航等衛星體系業已成型，2011 年成立第一個「軍用雲計算技術實驗室」，與「中國移動通信研究院」，由後者提供自行研發的「雲海」與「大雲」系統，展開研究[42]，判斷將以現行的「大軍區」（戰區）為核心，仿照美軍「網路中心戰」的理論，依其地緣戰略特性，成立有中國特色的 $BM/C^4/I/SR$「軍事資訊電網」，初步之時間點應在 2015 年「北斗導航系統」完成部署之後[43]，中共三軍與第二砲兵之戰力，一旦能統合發揮，屆時將對我之作戰產生「極不對稱之威脅」，此一趨勢必須及早預為籌謀為要。

---

[42] 熊家軍、李強編著，《雲計算及其軍事應用》，（北京，科學出版社，2011 年 10 月），頁 i。

[43] 北斗導航衛星具有簡訊功能，每則可達 120 字以上。

我國之雲端政策

　　臺灣是世界資訊產業的重要地區，資訊建設已具備相當的基礎，網路普及率高，行動電話用戶已超過120%[44]；政府推動「e化」已逾 10 年，資源的整合雖然有系統相容性與重複投資的困擾，但是目前政府「線上服務單一窗口」的方式，以及醫療、電信、教育、製造與金融等領域，在執行上已經有了相當程度「雲端運算服務」的味道[45]。國家「雲端運算產業發展方案」亦於 2010 年 4 月定案[46]。經濟部的方案透過 SWOT 分析認為：我國固然有雄厚的資訊產業能量，也有缺乏大型資料中心開發的人才，而有受制於國際大廠的威脅[47]，應該善用我國之「軟體的創新與應用服務，加值既有的硬體製造實力與基礎，以差異化提升產值」[48]。因此，在方案上「規劃以 5 年共 240 億元經費，達成 1,000 萬人次體驗雲端服務」，以提升「政府運作效能、民眾生活水準、硬體附加價值」；帶動產業投資，加速產業轉型；加強基礎研究與產業科技研發，希望在 2015 年我國具有技術自主能力，成為資訊運用與技術先進國家[49]。

　　目前中華電信與英業達合作「貨櫃式雲端模組綠能資料中心」，計畫陸續在本島成立北中南東四大雲端服務中心，最大者座落於板橋，HiCloud 已在 2012 年於網路上線，開始運作與宣導，這種「以商推動，以民為用」的政策，也是中小型國家不得不面對的現實。

---

[44]潘奕萍，《圖說雲端運算》，（臺北，書泉出版社，2010 年 9 月），頁 110。
[45]國人現行的健保卡、金融卡、甚至悠遊卡的通用性，即是「雲端運算」服務模式。
[46]中華民國 99 年 4 月 29 日，第 3193 次行政院會核定通過經濟部提案。
[47]經濟部，〈雲端運算產業發展方案-三、雲端運算 SWOT〉。
[48]宋餘俠、簡宏偉、蔡世田，〈電子化政府與雲端科技應用〉，2010 年 8 月，研考雙月刊第 34 卷第 4 期，人物專訪-行政院政務委員張進福。
[49]同上註。

附圖四：雲端運算產業推動架構與組織

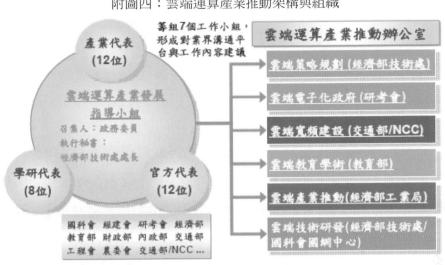

資料來源：經濟部。

　　國家的政策既定，未來的發展即有跡可循。對建軍不利的是從此方案中國防部並非其中之成員可知，我國的雲端科技的重心並不在國防；同時臺灣地區的資訊服務市場較小，而且漸趨飽和；資訊業者如英業達、趨勢科技向外拓展，與對岸建立雲端基礎技術規範或服務互通的相容標準，爭取大陸市場的商機既是政府的政策，也是必然的結果。

　　既然戰略的態勢已然如此，國家雲端計畫中，並無「國防雲」之規劃，就戰爭準備而言，未來戰時的資訊流量與通信需求必將超出以往的經驗值，而且戰爭的規模愈大，通資的需求量就越大。因此，必須有賴我軍自行構建「以建軍備戰為主體的私有雲」，以維持戰時核心的運作，同時，如何利用政府「公有雲」以及社會「混合雲」的能量，支援作戰任務之達成，應是我軍亟需思考的課題。

雲端科技對未來作戰之影響

就以上的論述得知，雲端運算科技的核心理念是：以其資源提供使用者「隨選即用，隨需應變」的「客製化」資訊服務，以節約用戶的經營成本。並不是傳統理念的支援軍事用途的 BM/C⁴/I/SR 範疇，也不是直接可支援戰略與戰術的運用，因此，對未來之作戰應無重大之影響，充其量不過可以其強大的資料庫有助於戰略決策分析之運算而已。作者認為得此結論者，極可能會重蹈第二次世界大戰前，英、法兩國因與德國對戰車運用上的歧異，而在德法「法蘭德斯」戰役招致大敗的覆轍。

為進一步說明，試從政治戰略、軍事戰略與戰術戰鬥角度析之：

在政治戰略方面，以「推特社群雲」在突尼西亞「茉莉花革命」與史諾登「維基解密」（Wiki Leaks）的地位為例[50]，前者使沒有新聞自由的政府無法封鎖社會的資訊流通，導致中東風雲變色；後者來自於「維基百科」，就是「一種資料雲」除了提供基本資訊，因為「八卦端」為達某一目的的「隨選即用」（on-demand），系統「隨需應變」（scale-able）綜合整理出來的資料，並沒什麼訣竅，卻能對國家的政治情勢產生無比的影響力。這樣的作用就中共對「薄熙來事件」、「陳光誠事件」的反應與處置，已然無法像「天安門事件」時那樣掩人耳目，必須在人民面前「行禮如儀」的交代一番，便可一見端倪。因此，在政治戰略方面，雲端科技是思想戰、謀略戰、心理戰、群眾戰與組織戰的媒介，實不為過。

軍事戰略方面，雲端計算中「天上一朵一朵的雲」，就是「一個

---

[50]茉莉花為突尼西亞國花，因此次中東之革命因突尼西亞之民眾抗議，引起中東地區政治板塊異動之蝴蝶效應而得名。

一個的大型資料庫」，運用的良窳就要看在「散布在地面、空中、海上的端」中，「用戶」如何依據當前狀況，提出需求，透過「雲」與「端」的互動，找到足以協助我軍達成戰略目標之資源[51]。再以情報作業循環為例，依據情報蒐集要項，陸海空各類型的「端」，將所獲得之情報資料，上傳到強大運算能力的「軍事雲」，分析比對成為情報，即時傳送到所需要的「武力端」，供決心與處置的重要參考。換句話說，軍事雲是情報與反情報，欺敵與反欺敵的利器。

　　在戰術戰鬥方面，以民用的 Google 地圖與手機 GPS 功能為例，其更新的速度遠較軍用地圖為快，用戶只要輸入所要的地點，就可以依需要縮小或放大，獲得詳盡的最新路線；車裝的 GPS 則可讓「導航雲」掌握車輛的位置，防止失竊。我們只要稍微思考，這種功能在城鎮戰中能夠發揮的作用如何，便不言可喻。

　　至於，如何透過「雲」與「端」的互動，運用到軍事方面使作戰有利？透過以下的問題：未來作戰命令的下達，以及對上級與友軍之回報是否可透過雲端為之？任務式命令可否以簡訊通報？試以作戰、訓練與補保方面為例探討。

一、作戰方面

　　保守一點的說，在軍用與民用的氣象衛星的支援下，各級部隊已可隨時掌握作戰地區的天候、地形狀況；透過衛星導航系統，可以確知我軍最新位置；各種光學、合成孔徑、紅外線、電子偵測雷達則可提供敵軍、友軍狀況，配合各級部隊有人和無人偵察系統的即時回報；對各級指揮官之作戰指導可產生什麼樣的作用？是否能「知己知彼，百戰不殆」？答案有待各自解讀。

---

[51]例如，所謂的「網路人肉搜索模式」。

但是，可以預見的是：當在軍用通信為敵干擾或與上級暫時失聯時，必然會發生官兵利用「氣象與導航的公共雲」，彼此運用「手機、iPad 端」，「以迂為直」從「社群雲」的網路管道，藍芽通信，相互交換自身的情況，因應當前狀況以待恢復掌握的情形，以目前智慧型手機與筆記簿、平版電腦普及的程度，姑且不論是否洩密，這是禁無法禁的現象。

此外，在部隊指揮上，因為雲端之間已經極度扁平化，通信節點的限制降低，指揮官可以到達任何一級的指揮所，以其「終端」改變指揮權限，成為機動指揮所；不但可以減低對指揮所的依賴，也可使指揮掌握的能力大幅提高。

更重要的是，「雲端運算」科技運用，可使各級指揮所的各種狀況圖，依照權限實施即時或近乎即時的更新，成為「共同狀況圖」（COP），當然有利於各級的協同作戰。

二、訓練方面

「雲端運算」科技最突出的優點便是用戶得以在任何時間、地點、任何終端，進入「天上的那朵雲」，獲得所要的服務。因此，在教育與訓練方面，可以解決目前主系統參數演算與通信的負荷，活化「模式模擬」與「兵棋推演」的想定；可降低訓練資源的差異，實施「異區同時」的指揮所演練；也可以針對對象將所要訓練的課目，實施個別在職訓練或遠距教學。對於多人操作的精密武器系統，更可以實施反覆的演練，以減輕武器系統的損耗，增加部隊的戰力。這種從單一的「人機介面」模擬訓練的模式改為「雲端虛擬戰場」的模式，做到全員、全裝，近乎實兵、實時、實地的訓練，對高官兵軍事素養的提升，其潛在效益為何，實不難理解。

三、補保方面

後勤補給與裝備保修是戰力的支柱。就現行的「快遞宅配」服務模式，便可得知「雲端運算」科技最能適用於此一領域。可以整合不同地域、不同部門的軍民倉儲的能量與運送資訊，活化各式人力、物力資源，及時支援軍事作戰。在「補保運衛」與兵員退補方面，支援和受支援單位之間都可以有共同的資訊可以分享，在正確的基礎上實施同步異地作業，達到「適時、適量、適質」的需求，以支持軍事任務之達成。國軍已經有人以海軍船艦修護資訊系統為例，分析「雲端與傳統運算架構之效益比較」[52]，本項研究顯示出在整體後勤方面有很大的潛力。

雲端運算科技之弱點

雲端運算的優點可以大幅減輕用戶對硬體、軟體的維護，增加設施運用的彈性，有利爭取機會；但是也有「大者恆大，受其挾制」的顧忌[53]。同時此科技之弱點，主要在於用戶對整個「雲」與「端」的安全方面的顧慮。除了系統故障[54]、駭客的肆意攻擊或竊取、惡意員工（資訊間諜）的監守自盜、系統程式缺失（垃圾郵件）外，目前以出入口為主要門禁稽核的網路安全防護軟體，用防火牆「拒敵於門外」的模式，對於防止洩密的工作顯然是不夠的，必須由內而外全面防護。依據 2009 年 11 月的市場調查，51%的企業

---

[52] 王國良，《雲端與傳統運算架構之效益比較分析-以海軍船艦修護資訊系統為例》，銘傳大學資訊管理學系在職專班碩士論文，中華民國 100 年 6 月。
[53] 911 事件之後，美國政府以網路及搜索引擎，監控恐怖份子通信；Google 也有鎖定用戶網路之例，係電影「全民公敵」之翻版。
[54] 2009 年 Google、Amazon、微軟都發生重大故障事故，影響甚廣。

認爲安全性與隱私性是其主要考量因素[55]。倘若這種根本性的弱點不能獲得令人足以信任的解決，相關的法規不完善以前，雲端運算的科技發展必將受到侷限。

另一方面，從美軍於阿富汗戰場以「掠奪者」無人飛行載具執行臨機任務，以及特戰擊殺「塔利班」領袖賓拉登之作戰指導的戰例中，國家決策階層全程觀看的事實，可以看出雲端科技在戰術上的運用，很容易產生「將能而君御」的現象，而有重蹈越戰時「美國總統親自指定轟炸目標」的覆轍之可能，這種「緊韁式」的指導，或許可適用於特定的政治戰略或軍事戰略層次的目標，但是在野戰戰略以下的層次，「一竿子插到底」的指導，平時猶可偶一爲之，戰時則反而會貽誤戰機招致敗亡之弊端[56]。孫子曰：「將能而君不御者，勝。」雲端科技的作戰環境下，在上位者如何秉持各司其職的前提，爲經驗不足的基層官兵在瞬息萬變的戰場提供適切的指導而不干預其執行，實在是一門非常重要的領導統御課題。

另外一個雲端社會不利於軍事作戰的是媒體的關注與壓力。1991 年波灣戰爭之後，媒體以各自的角度即時戰況報導已是司空見慣之事，呈現出「戰略戰術奇襲效果降低，兵力分合時間權重增加」的現象，在未來的作戰中，媒體的角色與定位，猶有商榷餘地，但是指揮官如何克服媒體的壓力，不要過度反應，倉促下達決心，自陷不利地位的學養與訓練，也是雲端科技帶給軍事的考驗。

---

[55] 雷萬雲編著，《直達雲端運算的核心》，頁 4-8。
[56] 如第二次世界大戰諾曼地登陸與東線失利後，德軍將領履受希特勒干預而導致敗亡。

結論

21 世紀初的網路泡沫化，是當時的資訊科技條件不能支持。如今網路已然成為日常生活中的一環，數位化、智慧化的時代中，未來必將走上更便利更迅速的服務方向，才能在市場上存活。目前的網路連線，在臺灣地區已然有了一朵一朵的「健保醫療雲」、「政府服務雲」、「部落社群雲」、「網路購物雲」等政府與民間的雲體系在生活中運作，公部門的中華電信已提出雲端伺服器與儲存的兩種服務，可見我們其實已經踏入了「雲端運算」的門檻，未來更呈現出加速的趨向。

未來的兵員是來自雲端科技的世代，作戰環境是高度數位化的城鎮。就國軍而言，雲端運算目前的政策是「結合政府施政目標，掌握雲端發展脈動，精進國防管理實務」為主軸[57]，引入觀念，發展的重點還是側重「安全快捷通訊功能」。這樣的路線固然不錯，卻顯然錯失了運用雲端運算科技的要旨－「雲」是為「端」服務而存在的。

我們尤其要摒棄現有對網際網路中各種「社群雲」、「導航雲」甚至「搜索引擎」等刻板的印象，以全新的心態去思考，雲端運算科技帶給社會、文化，乃至於軍隊方面的衝擊，究竟是「疏」？是「堵」？在於明智抉擇。

由於國軍並未納入國家雲端發展方案中的成員，不能主導只能因應，而且要儘早提出建議；因此，我們應該思考的是：

如何將雲端科技運用到建軍備戰、教育訓練、補給保修方面？

要如何利用民間或結合政府的雲？

---

[57] 〈國防雲端運用，邀請美國專家提建言〉，資安人科技網。
www.isecutech.com.tw/article_detail.aspx?tv=24&aid=5952

要如何建立軍事雲？

是否採用自給自足的「國防雲」？

更重要的是未來的官兵都是來自雲端運算科技產物下的社會，這樣的社會，這樣的官兵，這樣的思想，會對作戰產生什麼樣的影響，再再都值得我們深思。

民國 101 年 6 月
《陸軍學術雙月刊》第 48 卷第 523 期

十四、「大數據」對未來作戰之影響

緣起

　　當人們運用各種數位科技透過網際網路連結，上網存取的數量每天以大於 2.5 億億位元（gigabyte GB[2]）不斷增加時，[1]資料化（datafication）洪流產生出巨量非結構性而又快速變動的資料，[2]人們的喜惡與行為的總和，便匯集成規模龐大而無序的數據，看似雜亂，卻有無窮的機會，如何從中萃取分析、歸納轉換進而創造出新的思維，加以運用，以達成所要之目的，是未來我們生存和發展之所繫。

　　然而，這種規模無限增長的情形，如果持續下去，必將使現有的雲端虛擬平行運算的法則，無力滿足未來艱鉅的挑戰，於是運用「大數據」（big data）或「巨量資料」（mega data）來解讀和預測這種現象的理論與技術，應運而生，成為未來在各個領域都不可不重視的一門顯學。

　　當我們身處在數據成為一股擋不住洪流的社會，如何判斷這些是有用的資料，還是資訊的垃圾？能否從中迅速的取得所要的正確情報，如何洞察機先？或防範未然？如何做好日益龐大的資訊管理是現代與未來必須共同面對的挑戰？如此種種的問題，商業上如

---

[1]江裕眞譯，《大數據@工作力》，（臺北，天下文化出版社，2014 年 11 月 25 日），頁 23。
[2]非結構性資料則為沒有固定結構的資料，如上傳至臉書的 pdf 檔、圖檔與視訊等。

此，軍事上亦復如是。

　《孫子》〈作戰篇〉曰：「故不盡知用兵之害者，則不能盡知用兵之利也」，用兵奇正相生，必須「雜于利害」，那麼在軍事建設方面，「大數據」對未來作戰之影響爲何？是否會由「網狀化作戰」變成「數據化作戰」？我們如何「趨利避害」？已往的觀念應否或如何改變？都是值得我們深思的問題，也是本文研究之目的。

「大數據」之概述

　自古以來軍事上「勝兵先勝」的前提是：必須具有能夠即時的消化所蒐集資料的能量，化爲情報並適時的分發運用，以供各級即時下達決心與處置，所謂「先知」是也。《孫子》的「五事」至「五間」，自古以來就是敵情資料蒐整的指導要旨，因此，在某種程度上說軍隊是處理「大數據」的先驅，並能與時俱進，實不爲過。

　在進一步討論「大數據」對未來作戰的影響與對我軍之啓示之前，作者認爲應先略述其成因、定義、特性、功用、認知與威脅，做爲本文論述之基礎。

一、成因：資訊的爆炸

　1980 年，托夫勒（Alvin Toffler）的《新戰爭論》（The Third Wave）中，電腦便離開了專業與大型的實驗室，進入個人的領域，在數位化技術剛萌芽時，即預料了未來資訊的爆炸。1989 年美國將軍用網路開放給學界與商界，網際網路，在「摩爾定律」（Moore's Law）的作用下，[3]數位化的成長即以每三年倍增（2^N）的幅度爆

---

[3]1965 年，英特爾創辦人之一，摩爾（Gordon Moore）於美國電子學會 35 週年會中提出晶片會以 2^N 發展的理論，迄今仍適用。然而，到紫外線波長的制約，該電晶體的定律將在 10 奈米的關卡受到考驗，據「臺積電」張忠謀先生的說法，時間

發，[4]1991 年的波灣戰爭使世人看到了資訊的威力；2002 年，美軍提出「網狀化作戰」思想之同時，數位資料的儲存量就開始超越了類比（analog）資料，資訊科技也正式進入數位時代。

資訊的傳播無遠弗屆，經量變轉為質變的推動下，2007 年世界上 94%的資料已經數位化；（如附表一）[5]在工具方面，隨著資訊科技的進步，個人電腦的運算能力，已經能夠和 10 年前美國政府「加速戰略運算方案」（Accelerated Strategic Computing Initiative ASCI）模擬核子爆炸當量計算的「超級電腦」相當。[6]也就是說：未來超越模擬核爆計算能力的「工作臺」（work station），無所不在，軍事專業情報的界限與定義模糊，個人或社群的力量將足以左右政策之走向。

再加上「梅特卡夫定律」（Metcalf's Law）的效應，[7]與網際網路（中共稱為互聯網）隨時在線的人數是以 10 億為單位計算的，用戶所產生的資料，自然而然便會龐大到了非人工可以處理，必須依據不同的需求，使用許多個伺服器並聯，異地同時做雲端平行運算，[8]才能獲得所望結果之地步，而且資料愈多，愈雜亂，時限愈短，所需計算的能力就須愈大。待處理的資訊數量持續累積，一旦超過系統可用於處理資訊儲存的臨界容量，整個資訊體系就可能有因過飽和而造成當機的危險，因此，資訊的爆炸，將會有愈來愈惡化的趨勢，絕非危言聳聽之事。

應在 2020 年左右。

[4]林俊宏譯，《大數據》，（臺北，天下文化出版社，2013 年 5 月 30 日），頁 118。

[5]林俊宏譯，《前揭書》，頁 17。

[6]齊若蘭譯，《第二次機器時代》，（臺北，天下文化出版社，2014 年 7 月 30 日），頁 68-70。

[7]1995 年梅特卡夫（Robert Metcalf）提出「網路的效用性（價值）會隨著使用者數量的平方（N^2）成正比」之理論，又稱為「網路定律」，意即網路愈普及，產生之作用就愈大。

[8]大數據，維基百科。

附表一：數位化成長速度表

年度	數位%	軍事領域	與資訊科技及軍事相關事項
1986	1	冷戰末期	數位科技萌芽；美星戰計畫與中共 863 計畫實施
1993	3	波灣戰爭	類比爲主流；GPS 組網；行動電話與網際網路興起
2000	25	巴爾幹危機	網路泡沫化；軍民用個人電腦與行動裝置全面普及
2002	50	美入侵阿富汗	數位超越類比；美實驗網狀化戰爭，俄軍車臣內戰
2007	94	局部戰爭不斷 美陷伊阿泥淖	資訊量理論上超過可以儲存容量；各類雲端資料庫興起*；美於阿富汗運用無人武裝攻擊機執行任務
2013	98	美軍退出伊	大數據成爲情報的來源，處理與運用關乎競爭力
2018	99	北斗體系運作	電商與網路成型，太空成爲新戰場

資料來源：作者參照維基百科-大數據；林俊宏譯，《大數據》，頁 18；自行整理與推斷。*指雅虎、亞馬遜、Google、Apple、IBM、阿里巴巴等超大型雲端資料庫；僅 IBM 於世界各地就有 40+座。

　　值得注意的是至 2007 年時，人類創造的資訊量約累積到 280X10^{9}GB（EB），[9]首次在理論上超過可以儲存空間的容量，[10]2011 年更是達到 1.773X10^{12}GB（ZB），[11]而以雲端計算理論加以消化。據「國際數據資訊公司」（International Data Corporation IDC）推估，未來將以每兩年成長一倍的速度持續成長，至 2020 年將增長到 40X10^{12}GB（40ZB）之規模。[12]

　　如果這樣的推斷爲眞，2025 年將會是何種狀況？後奈米時代及其以後又將如何？資訊將會爆炸到何種程度？現行的「大數據」理

---

[9]同上註。Gigabyte 之後依序爲 Terabyte（1TB=10^{3}GB），Petabyte（1PB=10^{6}GB），Exabyte（1EB=10^{9}GB）。

[10]周寶曜、劉偉、范承工等著，《巨量資料的下一步-Big Data 新戰略》，（臺北，上奇時代，2014 年 8 月），頁 1-14。

[11]周寶曜、劉偉、范承工等著，《前揭書》，頁 1-14-1-15。

[12]周寶曜、劉偉、范承工等著，《前揭書》，頁 11-2。相當 80 兆部 500G 硬碟電腦的容量。ZB 之後爲 YB，爲國際度量衡最大的單位。

論與方法是否仍能適用？對軍事作戰會有什麼樣的影響？都是值得我們密切關注的問題。

二、定義：什麼是「大數據」

最早提出「大數據」概念的為麥塔集團（META Group）的工程師萊尼（Douglas Laney），2001 年他即指出未來資料增長的挑戰和機遇有三個方向：數量（Volume）、速度（Velocity）與多樣（Variety），合稱「3V」。但是，至 2009 年起，才開始被資訊科技界廣泛運用，惟因認知與取向的不同，至今仍無共識之定義。比較知名的定義有：

◎麥肯錫全球學院（McKinsey Global Institute）：巨量資料係指所有關的資料規模已然超過傳統資料庫軟體之取得、儲存、管理和分析能力者。[13]

◎IBM：具備龐大容量、極快速度、種類豐富和真實準確（veracity）四個特徵的資料（4V）。[14]

◎國際數據資訊公司：大數據是透過速度從超大容量的多樣資料中，經濟地分析出有價值（Value）的技術和架構。[15]

◎維基百科：指所涉及的資料量規模巨大到無法透過人工，在合理的時間內，達到擷取、管理、處理、並整理成為人類所能解讀的資訊。[16]

因此，「大數據」指的是資料量要到達相當的規模（百萬至億GB），進行處理的工具、程序、方法和流程等的集合，真正的要旨不

---

[13] 周寶曜、劉偉、范承工等著，《前揭書》，頁 1-3。麥肯錫為一顧問管理性質之公司。

[14] 周寶曜、劉偉、范承工等著，《前揭書》，頁 1-3-1-4。

[15] 周寶曜、劉偉、范承工等著，《前揭書》，頁 1-4。

[16] 維基百科，大數據條目。

是單單指資料的巨量而已，其目的是要從中發掘出新的觀點，創造新的價值，為自己建立新的優勢。

由於本文之目的是要從通識而非專業的觀點，探討其對未來軍事作戰之影響，作者認為「維基百科」（Wikipedia）定義之「在合理的時間內」，具有軍事領域「五何」的涵義，故將其做為本文主要參考之依據。

三、特性：數量大、速度快與多樣化且又雜亂無序

今日資訊能夠指數型非線性的成長到百萬 GB 為單位的巨量規模，是因為奈米科技促使積體電路（IC）由傳統古典物理「巨觀」（macroscopic）踏入到「介觀」（mesoscopic）領域而來。由以上的定義可知，目前對於大數據的特性，基本上都認為必須具備數量大、速度快與多樣化的 3V 條件為主，至於是否要加上像 IBM 的資料真實準確，成為 4V；或「國際數據資訊公司」的追求價值，強調3V+1V，本文認為應依各自不同的重點或目的取向，見仁見智，如果沒有重大的因素，在短期間內應該不會很快獲得共識。

而且我們也看到奈米科技使得資訊的硬體不斷的縮小，讓「摩爾定律」行至目前為止，依然有效；奈米等級的材料更使得定位系統、微中央處理器、動態隨機存取、快閃記憶體、光學鏡頭、微機電（MEMS）等等的零件奈米化，裝入至我們「多核心 TB」級的個人電腦，等於讓我們每一個人擁有了一部或多部超越 20 年前「超級電腦」強大的運算能力；個人擁有的和可以存取運用的資料規模，也是前所未有。同時，智慧型手機與平板電腦的功能也愈來愈強大，「網路吃到飽」、「網內免費互打」，「線上購物」等商業行為，都是今日資料洪流泛濫的張本。

　　資訊也和物理一樣，尺度的大小，確實會造成不同的結果。[17]奈米尺度物質分子間相互作用的介觀特性，會使物質的特性改變，金屬更有延展性，陶瓷也能伸縮，玻璃可以曲折而更具彈性；相對的，資料的數量「聚沙成塔，集腋成裘」，增長到「巨量」或「大」的規模，必然會產生複雜或混沌的現象；雖然可用的資料密度甚低，然而，數量大到一個規模之後，往往便會引起質變的效應；奈米是使物質小到人人得以具備「超級電腦」能量與龐大資訊的根源，然而等到資料累積至極大值時，則使產生出來的資料變得雜亂無序而使一般人無力解讀，必須講求特定的理論與方法，才能看出其中的端倪，能夠為我所用才有其存在的價值，這就是大數據的精義。

　　造成目前大數據成長動力來源在於網際網路、雲端運算與資訊互動的雙向交流。在「梅特卡夫定律」的作用下，上線連結的成員愈多，發揮的作用愈大。2012 年手機用戶已經超過 50 億，[18]數量仍呈上升之趨勢，數十億人能夠透過即時反應的網路彼此相連，規模化的加速，造成產品與理念的全球化，無限的連結互動之餘，我們等於同時生活在現實與虛擬的世界中。而且，人人參與（在線上創作，轉貼、郵寄、書寫和分享）的結果，所有的想法與資料幾乎無窮無盡的出現在虛擬的網路世界中。相對的，也因為大數據的無所不包，很多的領域不必再依賴抽樣或少數的資料，就能夠迅速發掘並分析潛在的問題，運用龐大的資訊素材，做出較適宜的決策，並以新的創新，提供新的機會，制敵機先，或立於不敗之地。[19]

---

[17]林俊宏譯，《前揭書》，頁 20。
[18]吳家恆、藍美貞、楊之瑜、鍾玉玨譯，《數位新時代》，（臺北，遠流出版社，2013 年 6 月 1 日），頁 7。
[19]例如「柯文哲現象的外溢效應」。

　　善用資料的制人，不善用者，制於人。問題在於我們要如何篩選與存取運用而已。只要數量的等級夠大，來源夠廣，速度夠快，就有規模效應，大數據只要經過有序的探礦整理（mining）之後，化零爲整，就會如電影一樣，將靜止的畫面變成視覺上的動畫，讓人有不同的領悟。也就是說資料化的量變會產生價值的質變。如何掌握這個契機，在巨量的資料中，以統計學的要旨，以新的視角與思維邏輯，迅速「異中求同」或「同中求異」的「去蕪存菁」篩選出我們所要的標的，並加以即時的運用是爲「大數據」的核心，也是我們掌握先機的鎖鑰。

　　此外，2010 年以後資訊科技的發展速度與規模，證明了比我們當初預料的要快了許多。2006 年對奈米科技的預測（附表二：科技產業週期表）過於保守，顯示出我們對未來的認知與實際發展必將會有相當的落差－尤其是「摩爾定律」在 2025 年後可能失效[20]－那麼我們就必須要以謙遜的心態迎接未來變幻莫測的衝擊。今日的大數據定義出的理論與技術到了明日是否仍然一樣適用？EB（Exabyte）級指數的等級（億 GB）規模是否能撐持到 2025 年？[21]如果趨勢預判失眞，決策作爲必定將與現實脫節，投入的資源與時間都將形成浪費，大數據成爲顯學，告訴我們必須要正視這個問題。

附表二：科技產業週期表

區分	科技名稱	萌芽（年）	成長（年）	衰　　退（年）
工業革命	紡織	1771	1800	1853
	鐵路	1825	1853*	1913

---

[20]張水金譯，《2100 科技大未來》，（臺北，時報文化出版社，2012 年 11 月 2 日），頁 56-60。

[21]如果資訊科技無法從奈米的介觀進入到量子的微觀時，作者認爲這種可能性是存在的。

時期	自動化	1886	1913*	1969
資訊 革命 時期	電腦	1939	1969*	2025**
	資訊	1977	2005	20**
	奈米	1997	2025**	2081**

資料來源：《國立中興大學奈米科技中心 2006》，頁 7

說明：

*工業革命時代，每一重大產業帶給人類社會成長，開始衰退之時，便有新的產業接續成長之動力。

工業革命時期由成長至衰退人約爲 60 年，資訊時代則不然，新舊科技之間預期將有極長的重疊時期。表中數值表示預判數值，有提前到達的可能。

四、功用：「檢討過去，找出規律；前瞻未來，預測趨勢」

檢討過去，找出規律，精益求精，是屬於「紅海」－成本價格與市場競爭的策略。大數據的核心功能是在於：前瞻未來，預測趨勢，做出未來戰略判斷，以因應新的挑戰，而不只是著眼於解決現有的問題，則是「藍海」－不斷創新製造利基的範疇。前者終將走入夕陽，後者才是生存與發展的所繫。

今日與未來資料之所以能夠如此巨量的累積，乃「利」驅之所致。不過，其中一個主要因素是智慧型手機（如蘋果的 iPhone、Google 的 Android 手機），會在我們與他人互動或「按讚」、「打卡」、「線上購物」、「電子錢包」的同時，不經用戶的同意，擅自悄悄將我們的位置與行為資料傳回「公司」。[22]這種「數據竊盜」情形因為可替自己爭取「藍海」的優勢，搶占市場或擊敗對手。誘因太大，加上有利可圖，這種鋌而走險的現象就不是道德或法律規範可以約束的。

利用現有資料發掘商機或戰機，並非是當前才發生的狀況。早

---

[22]林俊宏譯，《前揭書》，頁 126。

在 1853 年英俄克里米亞戰爭時，英國的南丁格爾（Florence Nightingale）完成了統計學史上的第一份戰場傷亡「極座標圓餅圖」（polar area diagram），催生了今日的醫院與醫療體系。1984 年作家克蘭西（Tom Clancy）出版了《獵殺紅色十月號》（The Hunt for Red October）小說。[23]轟動一時，也震撼了美國海軍的情報界，他本身並無軍事背景，而是透過仔細的將美國軍方公開的資料整理過濾後，將這些「情報」巧妙的陸續運用到作品中，成為另類的數據運用典範。另外，2011 年 5 月 2 日，美國海軍的「海豹部隊」以「海神之矛」（Operation Neptune Spear）代名，執行對蓋達恐怖組織首腦賓拉登（Osama bin Laden）夜間越境奔襲的獵殺行動，就是歸功於美軍能從大量的數據資料中，[24]掌握了他行蹤規律後的縝密計畫與演練而來。

五、認知：今日的大，是明日的小

因為「大」與「小」都是一個相對的概念，那麼我們不禁要問：什麼樣的智慧型資訊科技（如：可穿戴式裝置、隱形眼鏡與智慧型家電），能夠促使資料會繼續像現在以等比級數無限增長？此外，依照資訊界定義處理的一筆資料量要在 PB（Petabyte 百萬 GB）級以上，才會歸入大量的行列，但是以中小企業眼中的「大」，對大型或跨國企業而言，可能就屬於「小」了。而且，今日的大，明日過後就必然相對的為小。因此，數據的規模是相對的概念，能夠掌握的，再大都是小，否則再小都是大，在軍事上亦然；重要的是必

---

[23]1984 年由美國海軍學會出版社（US Navy Institute Press, USNI）出版發行。爾後陸續出版計 13 本類似題材之軍事小說，至今仍歷久不衰。
[24]在突擊直前一名當地居民阿薩（Sohaib Athar）便在「推特」上發出了此一消息，可見網際網路的威力有多大。

須找到自己在整個大局中的定位,「大數據」的蒐整並運用要能適合我軍才有意義。

六、威脅:隱私無所遁藏,人人都是標的

「大數據」最讓人詬病的是擅自將我們的隱私變成他們數據資料庫中的一部分。上焉者是利用所擁有的巨量資料迎合客戶需求或發掘「商機」;下焉者則直接從網路侵占他人的戶頭盜取或恐嚇錢財,販賣我們在他手中的隱私,[25]或如美國政府類似「全民公敵」的「稜鏡計畫」(PRISM),假反恐怖主義之名,侵犯人們的隱私。[26]

公的方面,從連美國政府部門甘冒天下之不諱,假國家安全之大義,掌握恐怖分子「數據足跡」(digital footprint)為名的情形來看,從各大網路服務商下手濫權實施監聽,連德國總理梅克爾都不能倖免為例,[27]便可以知道如果我們不能自外於數據生活圈(上網、聊天、分享、購物)的羈絆,那麼這就是我們享受免費 APP 或上網所須的代價。

在私的領域來說,網路利用大數據與強大的雲端計算能力的搜索能量也不可以忽視,大陸上曾經流行的「人肉搜索」的威力就是

---

[25]顏瓊玉,〈當隱私變賺錢工具,世界需要新規則〉,(臺北,商業週刊,2014 年 11 月 24 日),1410 期,頁 113。美國已出現 1400 餘家「數據經紀公司」賣手中掌握的數據。

[26]為防範 911 事件再度發生,美國國家安全局自 2007 年起開始實施「US-984XN」侵害個人隱私,代名為「稜鏡計畫」(PRISM)的監聽計劃,此一醜事為史諾登(Edward Snowden)揭發,並遭受到美國當局的追殺,被迫流亡,引起世界譁然,對美國形象傷害至鉅。此外,美國對私人企業網路監測計畫代名為「完美公民」(Perfect Citizen)。

[27]德國總理梅克爾(Angela Merkel)的手機除了被美國監聽外,還至少被俄羅斯、中國、北韓以及英國情報機構監聽。歐巴馬早在 2010 年就已經對監聽梅克爾一事知情,但仍默許中央情報局繼續監聽外國政要。

n.yam.com/newtalk/international/20131125/20131125917403.html.

一例。目前雖然已有個人資料保護的法令，不過對於威脅與利弊的衡量是主觀的判斷，因人、因事而有不同，再加上駭客對法令的蔑視，只重個人私利，這種威脅始終存在，這也是美國為何要首重「保防」與「安全」的原因。

美軍與共軍對「大數據」的作為

在可見的未來美軍「網狀化作戰」的理論與實務，仍是未來建軍的主流；其部隊和人、機之間密切互動，於阿富汗與伊拉克在強大 C⁴/I/SR 體系各種感測器的偵搜能量支援下的輝煌戰果，顯示出在現代的戰爭中，這種情資蒐整的難題，已較以往相對容易，更使得「空間、時間、戰力」的關係，到達「空間無限寬廣，時間急遽壓縮，戰力無遠弗屆」的境地。[28]至少有 12 個主要國家在從事這樣的轉變[29]。

不過，這樣的願景也有極大的隱憂，從美軍對伊、阿的「網狀化作戰」報告中，一再的提到「頻寬不足」的檢討來看，[30]現代戰場上十餘年前就已經出現過類似「大數據」帶給指揮與管制的困擾。美軍如此，我軍也終究不能避免這個課題，因為未來感測器會愈來愈多，行動數位裝置功能會愈來愈大，軍用網路連線的成員不只是通資專業，情報與反情報的管道更是無所不在，各種系統必將會面臨不同種類飽和的困境，未來不但頻寬不足是個大問題，太空、空

---

[28]曾祥穎，《第五次軍事事務革命》，（臺北，麥田出版社，2003 年 9 月 15 日），頁 16-19。

[29]饒嵐、梁玥譯，《賽博空間與全球事務》，（北京，電子工業出版社，2013 年 11 月），頁 67-69。

[30]聶春明譯，《美軍網路中心戰案例研究 2》，（北京，航空工業出版社，2012 年 1 月），頁 23-27。

中、地面等多重情資系統傳來即時、巨量的情資如何分析研究、分發運用都是問題。[31]

2012 年春，美國與聯合國先後對「大數據」發表看法後，[32]許多國家便將其視為國家戰略的發展重點，積極推動意圖使其成為未來創造軍事優勢的利基。美軍與共軍對此課題之重視，亦是在意料之中，唯策略將有所差異。

美軍

美國政府頒布的《大數據研發方案》（National Big Data R&D Initiative）中，各部會都有規劃外，以國防部及其「國防高等研究計畫局」（DARPA）為重點，每年投入 2.5 億美元，以 6,000 萬用於新項目之研發，其餘為改進現有之體系，打造一個強固的「國防雲」。其核心的理念為：「數據到決策」（Data to Decisions）以新的方式充分利用巨量資料，整合感知、認知與決策支援，成為真正的可以自行運作與下達決心的自主體系。[33]

「國防高等研究計畫局」研發之項目有：[34]

➢ 多層次例行監測：初期以監測內部個別異常行為為主。

➢ 網路內部威脅：監測軍事雲內部的網路間諜。

➢ 洞察計畫（Insight）：旨在改進現有情監偵體系缺失。

➢ 機器閱讀：以人工智慧系統取代昂貴耗時的人工專業。

---

[31]美軍一架「掠食者」於阿富汗戰場一天所蒐集的影像情資量即達 53,000GB，需要 19 名情報分析人員處理。〈軍事觀察：情報生產如何應對「大數據」挑戰〉，2013-10-15 08:48，解放軍報。

[32]聯合國：《大數據：機遇與挑戰》，美國：《大數據研發方案》 National Big Data R&D Initiative 獲得德國、日本、加拿大等國響應。

[33]Fact Sheet: Big Data Across the Federal Government. March 29, 2012. www.WhiteHouse.gov/OSTP

[34]Fact Sheet: Big Data Across the Federal Government

> ➤ 心靈之眼：以機器視覺理解系統提升認知與識別能力。

> ➤ 任務導向強固雲：在敵對軍事雲攻擊下仍能正常運作。

> ➤ 程式加密：國防雲用戶全程自動加解密，以防雲端駭客。

> ➤ 視訊影像分析工具：協助分析人員處理與還原視訊影像。

> ➤ X 數據（x data）：分析供國防用之半結構與非結構化數據。

　　平心而論，這是種以改進爲主，研發爲輔的策略。其目的是要藉由對「大數據」之掌握，將其對各種國家語言之情報分析能力提高「百倍」以上，「由數據到決策」以主動的協助作戰人員與分析人員之戰場覺知，提供作戰支援。[35]

　　其次，則是以「保防」與「安全」爲重點；美國除了在軍事思想、指管情監偵體系與武器系統等各方面都領先全球之外，用兵都是以控制並打擊敵方指管體系之運作爲開端。美軍對伊拉克與阿富汗網路之控制固不待言，美國政府也肆意的以各種網路的手段遂其政治之目的，如以「震網」（Stuxnet）蠕蟲病毒攻擊伊朗之核能電廠，及全面癱瘓北韓的網路；[36]因此在受害者一方的反擊下，美國與美軍始終是恐怖分子、跨國網路惡意攻擊與國際駭客入侵或偷取美方情資的對象，乃是無庸置疑的。[37]加上「維基解密」與「史諾登事件」的衝擊，使美國在本方案中將「保防」與「安全」爲重點，採取「數據中心分區、分級」的指導，[38]每年投入巨額的預算（2012

---

[35] *Fact Sheet: Big Data Across the Federal Government.*

[36] 陳亦偉，〈專家：美 7 年前即網攻癱瘓伊朗核設施〉，臺北中央社，2014/12/23 11:34 www.cna.com.tw 在攻擊之前美國國土安全部先指控伊朗駭客攻擊摩根大通與美國銀行網站，與點名北韓是索尼（Sony）影業遭駭的幕後黑手，相關官員則表示美國政府與北韓網路癱瘓無關，手段如出一轍。

[37] 美國國防部遭網路惡意攻擊之事件於 2007 年有 43,880 件，爾後每年至少以 30% 的幅度增長。見 Jeffrey Carr. *Inside Cyber Warfare*. O'Reilly Media, Inc. CA 95472 USA 2011 Dec. 5-7.

[38] 中共國防科技信息中心編，《世界武器裝備與軍事技術年度發展報告-2013》，（北

年為 385 億美元）發現並清除內部隱憂，抵抗外來對「軍事雲」的攻擊，以維持整個體系運作之策略，這些作為的確合乎美國的現況與要求。

美軍的國防部、四大軍種與各戰區都成立相應的機制，除了體制上的安全政策與保防措施外，美軍認為利用市場智慧型行動裝置（手機、平板電腦與智慧手錶）結合軍用跳頻無線電機成為軍民一體的網路體系，減輕成本與裝備重量已經成為必然的趨向，但是先決條件是必須消除「應用軟體的惡意程式、藍芽、公共雲與無線竊聽」的隱憂，[39]更重要的是官兵人為的疏失與大意，目前正由空軍委商研究套裝安全應用軟體實施驗證中。[40]此一問題未獲得有效解決之前應該不致於全面推行。

共軍

共軍對「大數據」之作為，礙於主觀條件使然，不若美國積極。但自 2000 年以來，共軍恪遵「打贏信息化條件下的局部戰爭」建軍指導，致其太空、電子戰及網路戰方面理論與能力為之精進，近年來有急起直追之勢。中共的氣象、偵察、導航等衛星體系業已成型，各主要機構間之軍用光纖網路通信體系（總參謀部、大軍區級的海、空軍與第二砲兵）已然建立，完成了五萬分一軍用地圖數位體系的圖庫，北斗導航系統已建置完成可以支援軍事作戰[41]，加之三軍及二砲主戰武器系統的研發與更新，東海、南海防空識別區之

京，國防工業出版社，2014 年 10 月），頁 56-58。

[39]中共國防科技信息中心編，《前揭書》，2014 年 10 月），頁 44-48。

[40]同上註。

[41]廖學軍、汪榮峰編著，《數字戰場可視化技術及應用》，（北京，國防工業出版社，2010 年 10 月），頁 9：計有 4 種數據庫：軍事交通、地面影像、地面高程與像素地圖。

宣布與籌劃，航空母艦成軍等作為，使得美國認為，中共的資訊作戰已成為了美軍「反介入／區域拒止」（Anti-Access/Area Denial A2AD）戰略的威脅，[42]未來共軍在其情監偵系統相互支援下，可以阻擾美國之攻勢，延緩美軍在亞太之行動。[43]

依據中共「2020 年基本實現機械化並使信息化建設取得重大進展」之建軍目標。[44]目前中共 C⁴/I/SR 體系已經完成連網，採六級（戰略、戰區、軍、師、團、營以下）、四類（陸、海、空軍、二砲）、六大功能（指揮管制、情報偵蒐、預警監測、通信導航、電子對抗、綜合保障）的架構，朝著固定與機動系統相互結合的方向發展。[45]但是，共軍坦承「信息化水平發展參差不齊」，[46]距離整合所有系統成為一個強大數據體系的要求甚遠，而且共軍的資訊建設是「國家物聯網工程」之一環，判斷現仍處於「摸著石頭過河」階段，不像美軍具體明確且已然付諸運用。[47]

中共在 2010 年決定「加快物聯網的研發應用」，在「物聯網十二五規劃」的重點中，基於保密，並沒有看到對軍方物聯網（Internet of Things IoT）的規劃方向，[48]但是，在 2011 年共軍便成立

---

[42]反介入指地理上、軍事上與外交上阻止或降低「進入作戰地區」；「區域拒止」則是阻止或威脅一支部隊進入其作戰地區。

[43]李永悌譯，《戰略亞洲 2012-13：中共軍事發展》，（臺北，國防部政務辦公室，民國 103 年 5 月），頁 202-207。依據美軍之分類，中共係屬於「國家級敵人」等級。

[44]《2010 年中國的國防》白皮書，二、建軍政策。

[45]童志鵬主編，《綜合電子信息系統——信息化戰爭的中流砥柱》，（北京，國防工業出版社，2008 年 7 月），頁 13-14。

[46]潘攀（國防大學）、石海明（國防科技大學），〈大數據成軍事競爭新高地或改變未來戰爭形態〉。big5.huaxia.com/thjq/jswz/2014/02/3746614.html

[47]馬良荔、吳清怡、蘇凱、任偉編著，《物聯網及其軍事應用》，（北京，國防工業出版社，2014 年 4 月），頁 187。

[48]〈物聯網十二五發展規劃〉（全文）。china.com.cn2012-02-14

了「軍用雲計算技術實驗室」，[49]與「中國移動」及新浪網集團合作，以前者免費提供的「大雲」和後者的「雲海」爲模式，展開相關之測試研究。[50]判斷其基本理念應是：利用物聯網「全面感知，網路互聯，信息融合，智能控制」的技術特性，實現「實時化和準確化的戰場感知，一體化和智能化的指揮管制，動態化和精確化的綜合保障。」[51]

其主要的作爲：係結合各軍、兵種作戰特點，構建情監偵體系（I/SR），以網狀化協同作戰模式，建立武器裝備作戰指揮平臺（C⁴），依據作戰需求建立全壽期的「裝備綜合保障信息系統」。也就是說要參考國際與國內物聯網的標準及發展趨勢，確定其「軍事雲」的構建，以確保在未來「信息化戰爭」中獲得主動權。[52]其具體的作爲則是「以戰場感知、裝備狀態監測、智慧營區等應用爲示範工程」，「以點帶面」，「依托現代指揮信息系統」，建立軍事需求之標準，爲其 C⁴/I/SR 體系奠下基礎。[53]

值得我們注意的是在統一觀念的作爲上，中共已將「信息化的體系作戰能力」的思想列入全國幹部培訓的要項，從人員著手灌輸「以指揮信息系統爲紐帶和支撐，使各種作戰要素、作戰單元、作戰系統相互融合，將實時感知、高效指揮、精確打擊、快速機動、全維防護、綜合保障集成爲一體，所形成的具有倍增效應作戰能

---

[49]疑似共軍 61486 部隊，以駭客技術攻擊西方國家機構和防務承包商的網路，以竊取國外商業和軍事機密。

[50]熊家軍、李強編著，《雲計算及其軍事應用》，（北京，科學出版社，2011 年 10 月），頁 203。「雲海」系統管理伺服器之數量爲 5000 臺，數據資料儲存量爲 50PB（50X106GB）。

[51]同註 41。

[52]馬良荔、吳清怡、蘇凱、任偉編著，《物聯網及其軍事應用》，頁 187-193。

[53]2014 年 9 月，共軍理工大學邀集各界舉行軍事物聯網建設發展論壇，共徵集論文 224 篇。

力」的觀念，[54]雖然有抄襲美軍「2020 聯戰構想」之嫌，卻不能忽視其消除外界對共軍建軍阻力產生的作用。

此外 2014 年，共軍由「理工大學」以「多維感知、多域互聯、全程可控、全網爲戰」爲主題，動員全軍，環繞偵察預警、指揮管制、火力打擊與後勤支援等，以美軍的「網狀化作戰」爲經，共軍之實際狀況爲緯，深入探討大數據在作戰之運用，就其參與的成員有總參謀部、各軍區軍兵種、軍事院校、科研單位、軍工企業以及民間專家的情形觀之，共軍對於「軍事物聯網」（Military internet of Things）之建構、發展與運用應該已經達成了一定之共識，後續狀況值得我們注意。[55]

研析

就上述分析所見，美軍是在既有的基礎上，從整合其數據中心和網路基礎設施，建立比照跨國企業服務之能力，消除不必要之備份，透過 16 個節點之路由器，強化對網際網路之安全性，並加強硬軟體之建設（如附表三）。[56]同時簡併並優化現有之體系，以空軍爲例，2014 年這方面的作業與維持預算即編列了 19.7 億美元；[57]預計在 2015 年將 242 個資料中心整併爲 129 個，爲原來規模的 53.3%，有利於經費節約與管理監測。[58]美國主力既然已經撤出阿富汗與伊拉克，世界戰略局勢也不利美軍繼續在外駐留，因此，未來美軍對海

---

[54]張陽主編，《加快推進國防和軍隊現代化》，（北京，人民出版社，2015 年 2 月），頁 94。

[55]共軍總參謀部信息化部，《2014 年軍事物聯網主題論壇論文集》，（北京，國防工業出版社，2014 年 9 月），序文。

[56]寇雅楠、楊任農、楚維、王學鋒編著，《網絡技術及其軍事應用》，（北京，國防工業出版社，2014 年 3 月），頁 288-289。

[57]〈中國 v.s.美國，網路強權大國的比較〉。www.cert.org.tw/docfile/201302.pdf

[58]寇雅楠、楊任農、楚維、王學鋒編著，《網絡技術及其軍事應用》，頁 289-290。

外用兵之機會與規模都將降低，國防預算及兵力員額也將縮減，在需求減少，資料處理技術進步之下，美軍各級之「大數據」中心應該還會有繼續整併至米德堡（Fort Meade），以利其集中管理之可能。[59]值得注意的是美軍的資料中心越集中，與盟國或北約的數據差距就越大，作戰指管的連結便越薄弱，不利其爾後在國際間之行動。

附表三：2012 年美國防部資訊預算分析表

區分		額度（億）	百分比%
非基礎設施－研究與發展		145	38
基礎設施		240	62
基礎設施	基礎支援	65	27
	終端用戶系統	51	21
	主架構伺服器	25	11
	電信設施	99	41

資料來源：寇雅楠、楊仟農、楚維、王學鋒編著，《網絡技術及其軍事應用》，（北京，國防工業出版社，2014 年 3 月），頁 288。

在共軍方面，則是要建立一個全新的「信息化」指管體系，與美軍精進現有體系的問題不同。未來的十年共軍巨量資料的主要來源應為其太空之衛星體系與北斗導航體系，而且後者在指揮與管制上的權重將大於前者。目前有 11 顆衛星在軌道運行，預計 2015 年確立商業運轉之規格，2020 年完成前北斗導航定位系統 30 衛星之部署，範圍也將由亞太拓展到全球。[60]該系統在軍事上可主動進行定位，可供自身定位導航，各級指揮部也可藉其掌握部隊。換言之，

[59]美國防部於 2013 年底，關閉兩處數據資料庫，將其職能轉移至其他的國防計算中心，以增加其經濟效益與運行效率。http://www.wtoutiao.com/a/893357.html
[60]2013 年 5 月，中共與巴基斯坦簽署北斗系統在巴使用的合作協議；2014 年 7 月，東協有 8 國 19 名代表赴武漢光谷北斗基地接受培訓。

北斗導航定位系統是共軍 C⁴/I/SR 體系中最重要的角色。在未完成建設前，共軍在「大數據」上碰到立即困境之機率甚低，因此，也缺乏具體之理論與實務，可供研析。目前還沒有較具體的體系可供共軍使用，應該還在「試點」的階段，唯共軍如果以「雲海」為基礎，則該系統 50PB（百萬 GB）的設計容量將迅速達到飽和，未來應該會朝向上一層 EB 級（億 GB）的方向發展。

不過，由「阿里巴巴」將大數據的理念成功用於商務上的情形來看，[61]可知大陸地區在此領域的發展，民間企業是領先軍方甚多的。由於中共在大數據領域的專利與市場，已成為在國際標準制定的主導角色，再加上中共是少數擁有物聯網完整產業鏈的國家之一，[62]至少會將這些經驗用到戰場感知、精確後勤與智慧營區方面，作為其建立軍用大數據的重點方向，應該是可以預期的。[63]

此外，中共成立「網軍」對外滲透的情資始終甚囂塵上，[64]依據美國對 61398 部隊入侵國防部網站的指控，顯示出中共在全力蒐羅美軍的數據資料，[65]我們可以合理的判斷：未來共軍的發展將是「借鑑美軍經驗為基礎，因地制宜的制定共軍特色的策略」，[66]建立能夠與美軍相抗衡的「信息化網狀作戰體系」，而且，美軍目前諸多缺失，都將參考後予以改進，時間點則判斷將在 2025 年前後。

---

[61] 2014 年的 1111 光棍節，其一日銷售業績金額為人民幣 571 億餘元（約新台幣 2855 億元）。

[62] 張少鋒、陳亮，〈加速推進基於物聯網的武器裝備發展〉，《2014 年軍事物聯網主題論壇論文集》，（北京，國防工業出版社，2014 年 9 月），頁 51-52。

[63] 戴露、徐公華、王永青，〈基於物聯網技術的軍事應用研究與思考〉，《2014 年軍事物聯網主題論壇論文集》，（北京，國防工業出版社，2014 年 9 月），頁 45-46。

[64] 章昌文譯，〈評論中共軍事現代化及其網路活動〉，國防譯粹第四十一卷第十期，2014 年 10 月，頁 11。

[65] 2014 年 5 月 19 日，美國以間諜罪起訴 5 名隸屬總參三部二局的 61398 部隊軍官。

[66] 寇雅楠、楊任農、楚維、王學鋒編著，《網絡技術及其軍事應用》，頁 292。

　　另一方面，中共政府部門為防止資料外洩與被盜，採用「浪潮集團」（Inspur）的伺服器，以「中標麒麟」（NeoKylin）作業系統取代，並禁止政、軍部門使用微軟的視窗系統（window），停止購買美、俄的防毒軟體；[67]以「金盾工程」（Golden Shield Project）將外界知名的「有害網站」封鎖，[68]限制雅虎與蘋果產品，甚至監控我方網站（如中央社）等情事觀察。[69]可知中共的網通科技將全面採國產化，目的是在排除外國產品對中共資訊與數據安全潛在之威脅，[70]防止西方大型數據資料中心（境外敵對勢力網路）蒐集中共數以億計網民的資料與行為模式，中共國家數據戰略採取「獨立自主，隔離美俄」嚴格管控的政策，當然會影響到共軍的未來建立與運用大數據的走向。

大數據對未來作戰之影響

　　大數據對未來之作戰最大之影響，是可以其強大的資料庫有助於戰略決策分析之運算，包括民生、商業、醫療、能源、金融、通信、氣候、安全與國防等。層次愈高，影響愈大；愈能掌握大局，成效就愈大。就國防而言，如能將大數據轉化為「決心與處置」所要的知識，對不同層次的降低「戰爭之霧」帶來的「摩擦」都有極大的助益，也是敵我雙方「廟算」的憑藉。

---

[67]美國的賽門鐵克（Symantec）俄羅斯的卡巴斯基（Kaspersky）。

[68]金盾工程是中共公安通信網路與電腦資訊系統建設工程，公共安全為基礎，以數位化警察為目標。亦即是美國「稜鏡計畫」（PRISM）監聽計劃的翻版。西方人稱其為「中國長城防火牆」。

[69]中共封鎖 Line 及 Gmail：全球流量前 1000 名網站，包括 Facebook、YouTube、Twitter、Flickr、Vimeo 等，有 165 個遭北京封鎖。

[70]〈傳習下令：陸網通科技擬改採國產品〉，臺北，《聯合報》，2014 年 12 月 19 日，A10 版。

　　試從政治戰略、軍事戰略與戰術的角度析之：

　　民心與趨勢之歸向是國家與政治戰略策畫的依據，如何掌握趨勢，運用民心則爲政治作戰六大戰法－謀略戰、心理戰、思想戰、組織戰、群眾戰與情報戰－擬訂的指導綱要。前文已指出「大數據」的功用在於能夠「檢討過去，找出規律；前瞻未來，預測趨勢」。這些民心的向背及敵方的意圖，未來都能夠透過大數據的研析找到較爲具體的方向，也是因應無情的現實環境或多變的虛擬世界，必須具備的認知。

　　另一方面，我們都知道戰爭的發起有各種的藉口。在以往這是政治戰略很重要的課題，不過，在「大數據」的環境下，未來任何一個國家都不能再無中生有，或捏造各種強加於人的藉口[71]－如美國小布希總統以海珊擁有核武爲由入侵伊拉克－以爲自己取得「濟弱扶傾」的義戰（Just War）地位，否則，必將重蹈美國在西亞與中東戰場，雖勝猶敗之窘境。

　　未來的政治戰略要能夠「令民與上同意」，而且這個「民」，是廣義的「全民」，則應該兼顧到傳統現實領域和資訊虛擬領域的特質。在現實的世界中，政治戰略有很大的縱深性，布局時間長，效果顯現慢，影響範圍廣；傳統上是運用自己完整的政治與軍事體系，針對目的－如中共所謂的「三戰」：心理戰、輿論戰、法律戰－講求手段，蒐整或製造虛實交織的資料，因時、因敵、因地制宜的形塑（shape）成《孫子》所說的「勢」－對內能夠「意志集中、力量集中」，對外能居於「先爲不可勝，以待敵之可勝」的地位－可以「由上而下」的貫徹，不戰而屈人之兵。

---

[71] 文若鵬、易學明著，《戰爭藉口》，（北京，海潮出版社，1994 年 9 月），頁 46-48。中共的「法律戰」就是建立對我發動戰爭的藉口。

　　然而，虛擬的資訊世界裡則不然。虛擬的世界裡，資訊的傳遞可以在最短的時間內，散布至任何地方，形成某種力量，蔚為風潮。強國固然有強大的能量與機制，可提供或製造供其決策所用之資訊；弱勢的一方雖然主觀條件不足，也可利用於「更開放、更連結」的資訊網路，探索各種徵候，判斷敵方之意圖，或為自己創機造勢，博取外界支持，[72]甚至主動出擊，使強國陷於被動，[73]所以要「由下而上」的體察民意所向，順勢而為，否則必將以失敗收場。

　　在民主開放的社會，大數據究竟會帶來什麼樣的利弊，當然猶有商榷之處。但是由 2014 年 2 月 27 日中共成立「中央網路安全和信息化領導小組」，以習近平擔任組長的例證，便可以看出「人+物」緊密連結的網路世界，對極權體制的挑戰是有多大了。原因在於當前各種資料之存取與獲得，不是僅限於政府部門的網站，Google、臉書、亞馬遜、淘寶、雅虎、蘋果等私人企業所建立龐大的資料庫，大家都可以透過網路近乎無償的搜尋取用，即使以各種手段實施干預，敵我雙方依然都很容易迅速的在虛擬的世界裡形成心理戰的「蝴蝶效應」，[74]進而影響到現實領域的輿情，左右民心乃至於戰爭之趨向，關鍵在於雙方如何擬定命題與資料取得的合法性而已。

　　事實證明，即便是在強國的嚴密管制之下，駭客技術都能成為弱勢的一方，如飽經戰火的中東或封閉的北韓[75]有力的工具。我們從 2014 年美、英對付「伊拉克沙姆伊斯蘭國」（Islamic State of Iraq and

---

[72]如俄羅斯車臣內戰的武裝人員許多是來自於阿拉伯世界的激進分子及「柯 P 的六億個讚」等。

[73]如「伊拉克沙姆伊斯蘭國」（ISIS）公開執行死刑，嚇阻西方干預，與賓拉登運用媒體造勢，維持其神秘感之例。

[74]指一件表面上看來毫無關係、非常微小的事情，可能帶來巨大的改變。

[75]北韓個人的 IP 僅約千個，即可對 Sony 施壓，迫使其妥協停止以金正恩為諷刺對象。

al-Sham ISIS）的投鼠忌器、美國不得不撤出阿富汗與伊拉克戰場，以及北韓對付新力（Sony）的例證，便可以看出一個趨勢－政治戰略不必然要迫使敵人屈服，而是要誘敵追隨我的意志－使敵雖眾，無以為鬥。

因此，當代的戰爭是有強烈的「七分政治，三分軍事」特質，而且政治的權重將因為「大數據」無限的累積，能夠迅速產生左右大眾輿論的「蝴蝶效應」，而更加凸顯。致於如何從「大數據」中，檢討自己的缺失，前瞻未來趨勢，順詳敵意，因勢利導，以全新的觀念，擬定適於自己國情現實以及虛擬戰略環境下相輔相成的政治戰略，是我們必須面對的重要課題。

從軍事戰略的角度來看，Google 的 GPS 地圖更新比軍用的地圖還要即時與精密，[76]所有重要的地理資訊無不一目了然；敵國或假想敵國國防白皮書對其軍事戰略敘述，也頗具有可信度。尤其甚者，今日無論敵我或盟友的主戰裝備系統、規格特性、獲得期程、政軍人物、地形地貌、天候氣象、人文地理、社會結構等，敵我雙方「戰場情報整備要項」所要的資料參數，拜資訊公開所賜，幾乎唾手可得，還能夠隨時更新，這些都是以往未曾有的體驗。

未來在商用、民用與軍用衛星密布，媒體如影隨形的追逐下，任何兵力之集結與運動都將毫無秘密可言，第一線戰鬥的狀況，與電視報導幾乎同步。換言之，就軍事戰略方面而言，對敵方能力之瞭解固然重要，敵方意圖的獲得與掌握才是「大數據」真正之價值。因為從其中分析出來的結果，能使「兵棋推演」、「模式模擬」所要之參數設定亦相對的較為合理，以致對敵或被敵「戰略奇襲」

---

[76]2011 年在阿富汗作戰之美海軍陸戰隊的 AH-1W 攻擊直升機駕駛員，捨機上內建的導航系統不用，反而用綁在膝上的 iPad 地圖為之導航，即是一例。吳家恆、藍美貞、楊之瑜、鍾玉玨譯，《數位新時代》，頁 254-256。

的機會相對降低。

由於軍事戰略的擬定會與政治戰略有相當的重疊，在現實與虛擬世界的相互作用下，其難度尤甚於往昔；而且，同樣的都容易被對方發現彼此的「短板」－如資訊節點、軍種壁壘－為打擊之標的。然而經過大數據融合之後得出的結果，將可大幅度的解決跨軍種戰略與跨部會政策間協同不良的問題，有利於人力、物力運用之策劃，避免產生「木桶效應」，[77]進而使軍種戰略融合至軍事戰略中而為其一部。

從戰術的角度來看，大數據的作用使得野戰戰略與戰術的界限目前已經有重疊與模糊的趨勢。主要原因在於軍隊員額縮減、軍事組織的扁平化與武器系統威力的極大化，使得營級部隊作戰的空間變得很大；「網狀化作戰」條件下，如能獲得其他軍、兵種或無人載具之支援，便可以做為戰略單位來計算兵力需求。連級則為戰術計算單位，野戰（美軍的作戰）層級在未來有取消之可能。

在戰鬥上，現在的地面小部隊作戰地區已較以往為大，現有建制的指揮管制與火力支援通信系統已然不符作戰之需，聲，視號連絡，固然仍不失為主要手段，但是，如何支援將第一線狀況完整而迅速的上報上傳已成為一個重要的課題，同時，未來由於中小型無人飛行載具功能多樣化，可以不同種類與功用的機型，連結各種穿戴式的裝置，將人機系統及無人系統連結成一個系統，以協助班、排長掌握戰場狀況。在三軍聯合作戰的狀況下，這個問題將更形嚴重。美軍預測不久的將來，戰場每位官兵都將成為網路的大、小節點，「單兵會攜帶多達 12 個聯網裝置且需要個別專屬網址」，[78]姑且

---

[77]木桶盛水的多少，取決於桶壁上最短的那塊板子。

[78]王文勇譯，《網路戰爭：下一個國安威脅及因應之道》，（臺北，國防部譯印，民國 103 年 9 月），頁 95。

是否會超出負荷，我們只要乘以單位的編制員額，就不難明白縱然是小部隊的局部網路規模都很複雜，若以戰時的數位通信流量為平時的 5～8 倍計算，未來營以下階層也都會面臨「大數據」帶來的挑戰。換言之，除了裝備的需求外，各級戰場指揮官都必須要著眼大局，以高深寬廣的跨領域知識（專業要高深，通識要寬廣）接納並消化新的觀念，才能靈活運用於戰場。

對我軍之啟示

雖然國軍近年來在建軍的過程上，頗為曲折，然而各種感測系統的增加，依然有增無減。而且，兵力裁減之後對無人與電子系統的需求日增，換句話說未來資料的成長與整合是個必然的趨勢。

對我軍而言「大數據」的規模與定義，並不需要與美軍和共軍相提並論，本文中對我軍所要的大數據指的是：在做戰略、戰術判斷時要有所望的全部或力求完整的動態資料，而不論巨量與否，亦即是「巨量」不是絕對，而是個相對的概念，會隨科技進步而改變的。不論其名稱如何，資料分析與運用的意義是「運用蒐整完全的資料」，做出適當的決策，交給適當的人執行，獲致所望的效果，才符合大數據本質真正的意義（如附表四）。

附表四：不同時期資料分析與運用的意義

名詞	時期	具體意涵
決策支援	1970-1985	藉由資料分析支援決策運用
主管支援	1980-1990	高階主管應根據資料分析結果支援其決策之擬定
商業智慧	1989-2005	企業運用分析資料支援正確決策
資料分析	2005-2010	運用統計與數學分析做決策支援
巨量資料	2010-	大規模、缺乏結構、快速變動非人力可處理資料

資料來源：江裕眞譯，《大數據@工作力》，（臺北，天下文化出版社，2014 年 11 月 25 日），頁 23。由作者自行整理。

　　超過自己現有或潛在處理能量的資料，無論其規模再小，都屬於「巨量」或「大」的範疇，換言之，當前大數據的洪流，已對我們提出「資訊與數據隨時會有飽和的危機」的警示，我軍思想觀念與教育訓練都需要提早調適與因應。

　　同時，我們知道大數據並不代表大量的資訊，有知識亦不等於有智慧，大數據雖然與傳統資料分析有所不同。（如附表五）

附表五：大數據與傳統資料分析之差異

區分	大數據	傳統資料
資料類型	缺乏結構，格式不一	有行列式的結構，相容格式
資量數量	10^5GB 至 10^6GB	10^4GB 以下
資料流量	動態流入，雲端資料庫	靜態資料庫
分析方法	機器學習統計分析	根據假定統計分析
取樣著眼	巨大樣本、宏觀模糊、未來趨勢	局部抽樣、本位具體、著重因果
分析目的	找出規律，預測趨勢與決策	協助內部決策，提供用戶服務
主要功用	宏觀遠圖，制敵機先，勝兵先勝	找出缺失，精益求精

資料來源：江裕真譯，《前揭書》，頁 14。由作者參照後自行整理。

　　卻都是要能夠抽絲剝繭，利用「異中求同，同中求異」的理念（如何 how），解讀出其中的意涵（為何 why），在適當的時機（何時 when），送到適當的人手中（何人 where），完成所望的任務（何事 what）；無論是資料的整理或數據的挖掘，重要的為是否能夠達到「五何」（五 W）的要求，否則再怎麼大量的資料，只不過徒然占據硬體空間的數據垃圾而已。

　　我軍雖然做不到美軍高度「數位化」的要求，但是官兵已習於數位化的生活環境，數位化的結構是和智慧化的社會不可分割的。程度愈高，人們便愈不能脫離數據的羈絆，並會將這些習性帶到戰場，我們可以想見未來戰場上的官兵，人人都會擁有不同數量的各

式軍用或民用的智慧型資訊裝置。有線電通信與市內電話一樣,地位已被社群與智慧網路取代,由「臉書」和line的經驗可知,只要現有的網路體系不被徹底破壞,人人都可做為通信的節點,是不爭的事實。

前瞻未來防衛作戰,第一線大多部署後備動員的部隊,武器裝備都比現役的要陳舊,然而其官兵對非建制手機、個人平板電腦、衛星定位系統、小型無人定翼、旋翼載具、太陽能、無線充電,甚至路口監視器的運用,遠比建制的「老舊裝備」來得熟稔,也比較沒有太多的顧慮。因此,我們可以想像在作戰時一旦建制的體系被阻塞、制壓或摧毀,各級部隊利用「臉書」的經驗,組成不同的社群網站,相互連絡,以持續戰鬥的狀況,是可以預期的。若然,「貴官」將如何利用此一契機以達成任務?

資訊科技發展到達大數據的境地,告訴了我們:現有的資訊處理技術,跟不上數據發展的速度,而且,戰時這種狀況還會更加嚴峻。如何以創新的思維與想像,統合並運用這些數據戰場上前瞻思考將會發生的狀況,是我們處在大數據的作戰環境下必須未雨綢繆的問題。

結論

大數據給戰爭帶來的挑戰最不容忽視的便是:以往我們是以計畫作為指導預測未來,現在則是要在無所不包的資料中發現未來。資訊數量一大,注重的不是枝微末節,而著眼於正確的趨勢,找到影響戰爭的關連性,是戰略的擬定與建軍備戰,最重要的前提。

大數據不是強國的專利。對弱國而言,有利於政治六大作戰的攻勢,也有助於軍事上對戰場狀況的掌握。基本上取攻勢的國家,

軍事大數據多由體制內的體系產生；取守勢的國家，則必須依托體制外產生的大數據，結合軍事體制加以整合與運用，難度遠比前者為大。

由於資訊沒有疆界的限制，不受地理環境和道德的拘束，隨時隨地都會遭受到「駭客」－個人或國家級－的攻擊，因此無論運用大數據與否，都必須要先保護自己的安全。美軍要用全在美國生產的資訊裝備，加強對網路的安全管制；中共限制蘋果的市場，不用 Google 帳號而用騰訊、QQ；[79]都是防弊的作為，是一種守勢思想的大數據戰略，但是兩個國家都對「危安因素與個人」都寧願甘冒天下之不諱，採取斷然的措施，以警惕來茲，確實有值得參考之處。

除弊上，我們最大的問題是如何教育從「互聯+物聯」網路世代成長的用戶，教育他們知道風險的存在，更重要的是要能興利，並因為興利而將原先存在的弊端自然消除。以我軍無論在兵力、裝備都居於劣勢的主觀條件下，如何利用大數據與智慧型社會基礎建設帶來的機遇，思考未來作戰可能面對的狀況，妥為規劃建軍備戰事宜，值得我軍深思。

但是，最重要的因素還是在於人才，能夠解讀和運用資料的培育與運用。未來的防衛作戰是現實環境與虛擬世界並存的作戰；大數據告訴我們資料是以多重多樣的型態，早已藏在某處，等待我們發掘與運用，各級幹部如何以宏觀的思維因應這樣的挑戰，這不僅是通資及情報專業的範疇，更是人文的領域。

「時移則事異，事異則備變。」面對未來「數據網狀化」的戰爭，我們要有兩套大數據的戰略：一套用於現實的建軍備戰，一套

---

[79]騰訊網 QQ 為中共最多人使用的即時通訊軟體，佔據大陸個人電腦和手機即時通訊市場第一。

用於應付虛擬世界的威脅。「制變守常」彼此相輔相成，方得以因形於無窮。

民國 104 年 8 月
《陸軍學術雙月刊》第 51 卷第 542 期

十五、社群網路對作戰之影響——以恐怖主義與反恐作戰為例

前言

2011 年，美軍將有生戰力全面撤出伊拉克與阿富汗結束為期 8 年的反恐怖主義作戰，留下「維持和平」的「重兵」，成為恐怖主義分子打擊的目標，傷亡不斷的增加。

就理論而言，美軍完成任務撤軍回國，表示打擊恐怖活動已然收到預期成效，國際社會秩序一切都應將回歸到祥和安樂的常態；然而，在美、英的打擊下，恐怖活動並未終止，反有蔓延的趨勢，再加上美軍撤出後伊拉克權力的真空，族群與宗教派系的衝突，以及敘利亞的動亂，使「伊斯蘭國」（Islamic State of Iraq and the Syria ISIS）乘機坐大，以極盡殘暴之能事，旦夕間，儼然成為世界新的亂源[1]。不旋踵，不僅巴黎發生連環爆炸，其他各地恐怖攻擊事件亦層出不窮[2]。（如附圖一、二）這樣的事實告訴我們，未來的這類事件，仍將方興未艾，不可以掉以輕心。

---

[1] 該國之前身為伊拉克蓋達組織（AQI），成員是以伊斯蘭教遜尼派瓦哈比派（Wahhabism）教徒為主，巴格達迪（Abu Bakr al-Baghdadi）奪權後指使教徒屢次公然在媒體前處決人質，以達其勒索之目的。柯伯恩（Patrick Cockburn）；周詩婷、簡怡均、林佑柔、Sherry Chan 等譯，《伊斯蘭國》（The Jihadis Return: ISIS and the New Sunni Uprising），（新北市：好優文化，2104 年 11 月），頁 13。
[2] 2015 年 12 月初，查德、黎巴嫩與葉門相繼發生恐怖攻擊事件。

附圖一：2015 年 10 月恐怖攻擊統計圖

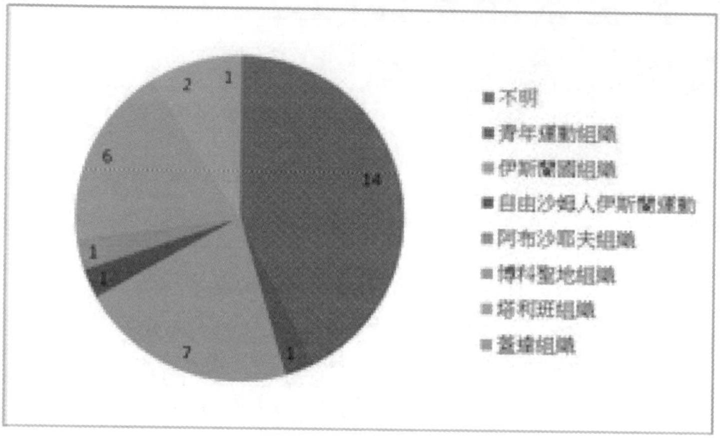

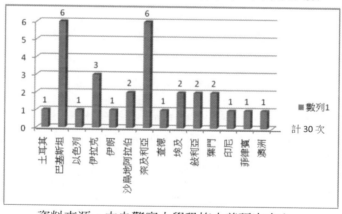

資料來源：中央警察大學恐怖主義研究中心。

附圖二：2015 年 10 月遭受恐怖攻擊之國家及次數

資料來源：中央警察大學恐怖主義研究中心。

　　不過，更值得我們深切探討的課題是：即使將所有恐怖事件的
責任都歸咎於該國的鼓動，那麼一個中東地區的准國家實體[3]，爲何
會擁有如此強大的能量，將恐怖活動遍及到全世界？何以伊斯蘭教

---

[3] 國際間並不承認它是一個國家，而是一個武裝組織或准國家實體。周詩婷等譯，
《前揭書》，頁 41。

的國家恐怖攻擊的事件對世局的影響遠大於其他地區？為何參與恐怖活動的份子，其成員並不盡然來自「中東地區」，其中更不乏歐、美國籍的非阿拉伯裔人士？將這些不同文化背景的暴徒結合起來的「媒介」為何？這個「媒介」又將會對未來正規與非正規之作戰產生什麼樣的影響？實在是非常值得研究的課題。

就以往的恐怖攻擊爆炸案觀察，在當前與未來的恐怖活動並不僅是以美、歐為對象，任何一個國家與地點都可能是下一個「受害者」。每一個事件當然都有其各自的目的，但是讓恐怖主義份子得以如此猖狂的「媒介」是什麼？作者以為主要的「媒介」便是各種免費「虛擬社群」的運作。

網際網路「虛擬社群」（virtual community）的蓬勃[4]，為人們帶來無盡的便利，卻也同時為恐怖活動提供極佳的掩護，使「恐怖組織」得以「分子化」－化整為零－製造暴亂[5]，或「極大化」－化零為整－攻城掠地[6]，甚至成立一個極權恐怖的政權（ISIS）。恐怖份子這樣的分合作為，對正規與非正規作戰都產生了新的挑戰。孫子曰：「能因敵而變化者，勝。」換言之，如何因應這種變化對未來作戰的影響，必須要有「勝兵先勝」的準備，也是本文研究之目的。

「恐怖主義」的定義與類型

「恐怖主義」的定義

自從美國 911 事件之後，高舉「反恐怖主義作戰」之正義大纛

---

[4]由網際網路使用者以各式各樣互動的網路社群構成的一種非實質的社會群體，例如「臉書」。
[5]遠者可以溯至「911 恐怖攻擊」，近者則為 2015 年底之「巴黎恐怖攻擊」。
[6]遠者可以溯至 1994 年「第二次車臣戰爭」，近者則為 2014 年之伊斯蘭國「摩蘇爾之役」。

以來，「恐怖主義」一詞，人人耳熟能詳，但是其中的定義卻始終莫衷一是，迄今仍無共識。原因便在於彼此立場的不同－宗教信仰、意識型態、社會結構與國家利益－被某一個國家認定之「恐怖主義」，對另一個國家而言則可能是「生存手段」[7]。因此，就恐怖份子而言，顯然不會認同西方國家之定義，而是認爲暴力與脅迫是「革命」的必要手段；更何況，截至目前爲止，國際社會亦因文化與利益之差異，仍未能訂出客觀之定義。爲有利研究，本文列舉國際社會、美國、學界以及中共與我國對此定義之討論（如附表一、二、三、四）做出歸納，作爲以下論述之依據。

附表一：國際社會對恐怖主義之定義

時間	機構	定義
1798	法國革命法庭	足以令人心生恐怖的統制與制度[8]。（恐怖主義之發端）
1937	國際聯盟	犯罪行爲係用以對付一個國家，且企圖或計畫造成一種對特定之人員、團體或一般大眾之恐怖心理之狀態。
1999	聯合國	不論是否有政治、哲學、意識型態、種族、民族、宗教或是其它本質，凡企圖或計畫爲其政治之目的，引起一種對大眾、團體或特定人員之恐怖狀態。
2004	聯合國	其企圖引起一般人民或是非戰鬥人員身體重傷害或死亡，以脅迫人民、政府或國際組織從事或是放棄所有行動爲目的者。
2005	聯合國	凡旨在造成平民或非戰鬥人員死亡或嚴重傷害者，以脅迫一定之人民、某政府、或國際組織採取或取消特定作爲爲目的者，謂之[9]。
2011	維基百科	恐怖主義指一種爲達成宗教，政治或意識形態上的目的，相關行動由非政府機構策動，故意攻擊非戰鬥人員

---

[7]如伊斯蘭教基本教義派高喊之「聖戰」。所謂：「爾之毒藥，吾之蜜糖」是也。
[8]丘臺峰，〈恐怖主義與反恐怖主義〉，（中央警察大學警政研究所，碩士論文，民國 76 年 6 月），頁 7。
[9]UN Reform. un.org. 2005-03-21 May 7, 2011

		（平民）或不顧其安危，蓄意製造恐慌的暴力行爲的思想。

資料來源：terrorism.intlsecu.org/index.php/2010-05-13.../2010-05-13-04-06-22。

附表二：美國政府對恐怖主義之定義

單位	定義
國務院	係以國家團體或秘密代理人爲非戰鬥人員，基於政治動機實施意圖影響公眾的預謀暴力。
聯邦調查局	非法使用武力或暴力對付平民或財產；以及恐嚇或脅迫政府以達成社會或政治之目標。
中央情報局	受由外國政府或組織支持與指揮，以對付外國、公共機構或政府的恐怖活動。
國防部	某革命組織爲其政治或意識型態之目的，藉威脅或非法使用武力以暴力攻擊個人或資產，以恐嚇或脅迫社會。

資料來源：nccur.lib.nccu.edu.tw/bitstream/140.119/33840/6/98101006.pdf。

附表三：學界與智庫對恐怖主義之定義

學者	定義
詹姆士・洛奇	一種旨在影響政府政策而威脅群眾的有組織之暴力行爲模式
羅伯特・佛瑞德里蘭德	使用或威脅使用武力、暴力，以製造恐懼、威脅或強制氣氛以達其政治目的[10]。
蘭德公司	使用實質或脅迫性暴力，製造恐懼氣氛，以誇大其力量與事業之重要性[11]。
布魯斯・霍夫曼	一種有目的之政治活動，旨在透過製造恐懼或透過事件之發展以遂其意願者[12]。

---

[10]Robert A. Friedlander, *Terrorism and the Law*, Gaithersburg, MD: ICAP, 1981, p.3
[11]*RAND's Research on Terrorism*. Santa Monica, California: RAND Cooperation, 1982, p.3
[12]張道宜等著，《圖解簡明世界局勢》，（臺北，易博士文化，2015 年 12 月 21 日），頁 44。

隆納・克林斯頓	為政治傳播目的使用或威脅使用暴力，旨在製造恐懼，迫使群眾、政府答應其政治訴求。
詹姆士・波蘭	有組織形式的暴力行為，透過使人民恐懼以影響政府之決策。
以色列傑菲戰略研究中心	任何被一非國家級組織領導以達成其政治目的者，均屬之。
理察・舒茲	威脅或使用超乎尋常的政治性暴力，以達成其既定之目標或目的。
C.J.M・德瑞克	一群人長期或以威脅手段，並以政治動機或秘密之組織性暴力，攻擊民眾心理上之地標或重要場所為標的，以達成該群人之要求。[13]

資料來源：nccur.lib.nccu.edu.tw/bitstream/140.119/33840/6/98101006.pdf。

附表四：我國與中共對恐怖主義之定義

我國	言行或思想極端的激進份子，基於自我的民族意識、或宗教信仰、或政治理念，藉由暗殺、爆炸、綁架、縱火、劫持、恐嚇、或武裝攻擊等手段，以宣示或企求達成其政治目的[14]。
中共	恐怖主義是實施者對非武裝人員有組織地使用暴力或以暴力相威脅，通過將一定的對象置於恐怖之中，來達到某種政治目的的行為[15]。

資料來源：參見註解 12、13。

　　由以上三個領域以及我國與中共所列舉的定義可知，自 1972 年發生德國慕尼黑「黑色九月恐怖攻擊事件」後[16]，聯合國開始正式討論對抗恐怖主義以來，直至 2005 年，立場才似乎趨於一致；美國雖

---

[13]http://www.pa-aware.org/what-is-terrorism/index.asp,visit 3/24/2005.

[14]張平吾、丘臺峰，〈論恐怖主義及其起源與發展〉，《警政學報》，第 21 期，民 81 年 7 月，頁 427。

[15]www.baike.com/wiki/恐怖主義。

[16]1972 年 9 月 5 日巴勒斯坦武裝組織「黑色九月」闖入西德慕尼黑奧運會，襲擊以色列代表團，為首宗暴露在媒體前的恐怖攻擊事件。爾後以色列展開歷時九年餘的代名「上帝的復仇」行動，全球追殺「黑色九月」的恐怖分子。

受恐怖主義為害「最深」，但是政府負責國家安全部門對此問題之看法因權責與地域之不同而有極大之差異；學界與智庫之定義雖眾說紛紜，亦各有千秋，並無定論，難以取得最大公約數，可供準繩。我國將恐怖份子定位為：「基於自我的民族意識、或宗教信仰、或政治理念，言行或思想極端的激進份子」[17]；中共則定位為「極左翼和極右翼的恐怖主義團體、極端的民族主義、種族分裂主義的組織和派別」，有影射「分離主義份子或團體」之意涵[18]；但是，定義的內涵仍不夠周延[19]，有極大之商榷餘地。

綜合以上各家定義，雖然各有立論基礎，但都不外包括認為恐怖主義是「以武力、暴力或脅迫手段，使人們心生恐懼或使社會動亂，進而影響政府或社會，以遂其政治目的或特定私心」之涵義。如果此認知為真，作者認為「維基百科」所陳述之內容較宏觀亦較易查索，較符合上述要義與實況，故以其作為本文論述之依據。

「恐怖主義」的類型

既然恐怖主義的內涵是一連串企圖在人群中散播恐怖、驚慌與破壞之具有政治目的或特定私心的活動。那麼，在這種意識的作用下，其類型將是如何？本文依據學者的研究，對恐怖主義分類如下（如附表五）：

附表五：中外學者對恐怖主義之分類

保羅·威金森	以謀奪財務，財貨為主的罪犯恐怖主義，以宗教信仰而起的心

---

[17] 我國將反恐中心設於中央警察大學，定義與內涵脫不了警備治安的範疇。

[18] www.baike.com/wiki/恐怖主義，中共指的是「疆獨」、「藏獨」；「臺獨」只是個名詞，還沒有行動，而且並不排除以「戰爭」的方式解決紛爭，戰爭則是國與國之間無限暴力的行為。

[19] 我國與中共之定義均無法解釋「孤狼型」的恐怖攻擊—如美國波士頓馬拉松爆炸案—的動機。同時依據我國之定義，「太陽花運動」侵入立法院破壞公物與挾持輿論，脅迫公共安全的「政治勒索」行為都應屬於恐怖份子的行為。

	理恐怖主義，以消滅敵人爲主的戰爭恐怖主義，以暴力及恐懼手段獲取政治目的政治恐怖主義[20]。
菲特列·海格	追求神聖理想的十字軍型恐怖主義，以個人目的或利益的罪犯型恐怖主義，心理偏執的神經型恐怖主義[21]。
詹姆士·史密斯；威廉·湯瑪士	極左派的意識型態恐怖主義，種族與宗教合一的民族/分離型態恐怖主義，神聖淨化的宗教狂熱型態恐怖主義，極右派的種族優越型態恐怖主義，國際衝突後衍生的報復型態恐怖主義，國際犯罪組織的經濟型態恐怖主義[22]。
警大；張中勇	民族主義的恐怖主義，意識型態的恐怖主義，宗教信仰的恐怖主義，單一議題的恐怖主義，國家支持的恐怖主義。
警大恐怖主義研究中心	生物、核武、毒品、航空、網路、海上等六種型態之恐怖主義[23]。
張道宜	宗教信仰的組織型恐怖主義，政治訴求的組織型恐怖主義，憤世嫉俗的「孤狼」型恐怖主義[24]。

資料來源：中央警察大學恐怖主義研究中心-恐怖主義分類。

在以上的分類中，我國的「反恐中心」所作的分類，雖然將網路恐怖主義納入考量，卻是著眼於便利執法及掌握預警的「警備治安」立場，有其侷限性。另一方面，部分學者的分類已經有些並不能符合近年的現況，尤其是特定團體（ISIS）或組織（基地）以計劃性的暴力活動，或威脅使用暴力的方式，加諸無辜的群體或個人，希望能引起當地的恐懼以及世人的注意，以達到或脅迫其政治、宗

---

[20]Paul Wilkinson. *Political Terrorism*（London: MacMillan, 1976）pp. 32-35.

[21]James Poland. *Understanding Terrorism: Group, Strategies and Responses*（Englewood Cliffs, N.J. : Prentice-Hall, 1988）, p. 13.

[22]《恐怖主義威脅與美國政府之因應》，（臺北：國防部史政編譯局，民國 91 年 5 月），頁 26。

[23]係該中心著眼便於執法與掌握預警所作之分類，另有以行爲者、實施之目的及思想淵源三種區分類型等，其内容與史密斯&湯瑪士主張概同，故不贅述。

[24]張道宜等著，《圖解簡明世界局勢》，頁 45-47。

教或社會的訴求，成為 21 世紀以來的特有現象，亦應有修正之必要。

因此，本文認為學者張道宜主張的未來的恐怖主義活動將以「宗教、政治」為主要原因，「孤狼」（lone wolf）型為次，較為符合當前發展之趨勢，而據以作為社群網路對作戰之影響分析之基礎。

社群網路對作戰之影響

社群的定義

傳統上，社群（community）是指一個能彼此相互聯繫的團體（軍隊、村里）或人際關係（親朋、學術團體）網絡；（如附圖三[25]）前者如宗親會，後者如基金會，其進出與存取都有一定的條件，具有主觀的實際性質，如果受到通信與交通限制，甚至是地域關係的守望相助的型態[26]，並且受到具體的法制規範與傳統的道德倫理的約束。

附圖三：傳統社群—受有形制度與無形規範約束

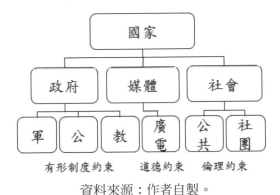

資料來源：作者自製。

---

[25]資料來源：作者自製。

[26]前者如伊斯蘭教國家至今仍行使的氏族與部族的社會制度；後者如「部落格」、「維基百科」的圖文論述與觀點而聚集的「粉絲」（funs）。

20 世紀後期網際網路的演進，數位科技的進步與資訊通信平臺的開放，電子郵件跨越了社群距離與實體的障礙；21 世紀以來則是各種行動裝置為主體的雲端化的大數據網際網路，使「共同目的、信仰、資源、喜好、需求」等實質條件得以虛擬化，讓該虛擬社群的成員在不同的時間、地點於虛擬的公共空間聚集、連結，遂行資訊（想法、圖文）溝通或分享，隨時更新，在意見領袖或「網紅」的主導下，每日以百億則以上計算。社群的涵義便跳脫了傳統的束縛，而有虛擬社群與「鄉民」概念的出現[27]，而且沒有具體的法制規範，因而道德與倫理觀念薄弱。（如附圖四[28]）

附圖四：虛擬社群一任意連結難以約束

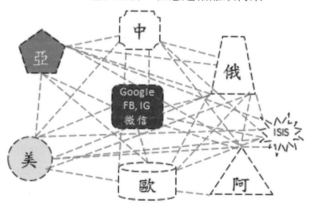

促進文明進步之餘亦有利於不法為惡

資料來源：作者自製。

2012 年時，全球手機用戶已經超過 50 億[29]，行動裝置的數量仍有增無減，操作日益簡化。規模化的加速，數十億人每日都能夠透

---

[27]「鄉民」是指「愛湊熱鬧、跟著群眾起鬨」的人。社運人士將鄉民的網路特性用之於街頭政治，鄉民一詞從貶義與自嘲中，多了一層可褒可貶、具爭議性的意思，維基百科。

[28]資料來源：作者自製。

[29]吳家恆、藍美貞、楊之瑜、鍾玉玕譯，《數位新時代》，（臺北，遠流出版社，2013 年 6 月 1 日），頁 7。

過即時反應的網路彼此相連，造成產品與理念的全球化。無限的連結與互動之餘，我們等於同時生活在現實與虛擬的世界中，對某些群組或用戶而言，後者的地位猶勝於前者。

事實上，當 2003 年美軍開始推動「網狀化作戰」（Network Central Warfare NCW）概念用於軍事上時，越明年，Facebook、Twitter 等社群媒體網站問世，網際網路的社群也逐漸由「部落格」（blog）的主題（如學術交流），轉向「聊天室」（如拓展人脈）的交際型態[30]；至 2007 年夏，蘋果公司推出 iPhone 智慧型手機以後，行動裝置的功能與便利性更加強大，在雲端科技的支持下，進而成為社群成員彼此之間主要交流工具[31]；2009 年美軍成立「網路司令部」之同時，虛擬社群也由「個人專屬網頁」轉向「公共免費平臺」[32]。其中蘊涵的能量之大，從 2011 年中東與北非地區的「阿拉伯之春」運動中產生的作用，可見其一斑。

因為網站的免費開放蘊涵了社群的價值與收益，每次對社群的「打卡」、「按讚」、「線上購物」、「網路銀行」，都是某種「認同」與「幣值」（比特幣），在觸控與滑動螢幕之中，人們的交往可謂「臉書存知己，推特若比鄰」[33]。雖然群組的活動 99%的內容都是「垃圾」，但不可否認的是進入並參與虛擬社群，存取網路的認知與社群人脈為己用，已然成為大眾日常生活中，極其重要的一環。

時至今日，線上（online）的虛擬社群，將網際網路的本質從以

---

[30]Facebook、YouTube 於 2005 年，Twitter 於 2006 年，微信、Line 至 2011 年問世。
[31]當前手機的運算能力與速度已超過 1975 年時太空梭上電腦的 1000 萬倍。記憶體的總容量可以達到 TB 等級。
[32]網路至極大化時，會因為客戶的廣告與線上交易手續費用的收益，產生自然的商業價值而變成免費的平臺。如 Facebook、 Line、Twitter、Instagram（IG）等。
[33]吳妍儀譯，《雲端大腦時代》，（新北市，野人文化，2015 年 10 月），頁 58-61。原文為「海內存知己，天涯若比鄰」。

往的知識圖文交流網（如 Google、Yahoo、百度）為主，改變成現在的拓展影像社交網（Facebook、Twitter、Line、YouTube、微信、QQ）為重點[34]，在市場利益的驅使下，網路新技術不斷精進，APP 的運用一再簡化，在這樣一個社群意識高漲的年代，「鄉民」隱身（宅）在電腦或行動裝置的後面，「一個動作、一個按鍵、一個回覆」[35]，就可以經由免費的網站借助群體的智慧，協助解決自己的問題，這種「萬事問社群」的「不勞而獲」現象，給我們帶來了無比的便利，但是對不同的群組產生不同的同儕效應與排他壓力[36]，也改變了我們在實體社會互動的方式[37]。

「水能載舟，亦能覆舟」。虛擬社群對社會而言：正面的效應是能夠整合社會資源，可以集群體的智慧為我們解決許多疑難雜症；負面的效應則因為「為惡者」可以藏身於暗處，或以假名躲避道德的譴責與法律的約束，盜取別人的帳號，從事不法的詐騙[38]、偷竊、攻訐、甚至恐怖攻擊行為[39]，因此，社群網路是個極其陽光與友善的環境，也是一個充滿危險、詐欺、造假與「霸凌」（bullying）的地方[40]。

未來的社會與人們究竟會不會因為對網路的依賴，造成社群盲目從眾，失去獨立思考的能力，尚猶未可知；然而，在網路「存取」方便與認同之餘，卻有使人不加思考或先入為主的弊端，讓人

---

[34] 陳重亨譯，《鍵盤參與時代來了》，（臺北，時報文化，2015 年 11 月），頁 24-28。
[35] 林力敏譯，《社群人脈學》，（臺北，三采文化，2015 年 12 月 4 日），頁 18-19。
[36] 如民國 105 年總統大選前「黃安與周子瑜事件」對輿論的影響力。
[37] 吳姸儀譯，《雲端大腦時代》，頁 237。虛擬社群裡的人脈連結比實質人際關係來得密切。
[38] 如警方破獲兩岸詐騙集團以惡意程式使手機變肉機，實施詐財之例。
[39] 「賓拉登」即利用色情網站的掩護，策畫並發動「911 恐怖攻擊」。
[40] 前者，如駭客盜取虛擬貨幣，挾個人隱私以牟利；後者，如以勒索軟體（ransomware）勒索、網路「人肉搜索」，版主覆蓋等。

們失去了打下深厚知識根基動力與獨立思考的後遺症候群，現在卻已隱約可見[41]。

軍事上的傳統與虛擬社群

按照目前資訊科技進步的趨勢觀察，軍事上傳統社群（硬體裝備與組織制度），已經跟不上虛擬社群（軟體建設與建軍思想）的腳步了。並且其差距幅度將隨著時間與資訊科技的演變而更形擴人。

就軍事的「函數」而言，因為科技的演進，當代戰爭「空間、時間、戰力」的發展，已然到了「空間無限擴大，時間急劇壓縮，戰力無遠弗屆」的地步；但是，除非新的物質出現，未來武器系統載臺物理性能的提升，已經到達理論上的臨界點，很難再有突破性的改進，應該是合理的論斷。因此，我們獲得「運籌帷幄之中，決勝千里之外」能力的相對代價，則是武器的系統日益複雜，裝備的使用期限，急遽縮短，有形戰力建設的成本飛漲，甚至到達不堪負荷的地步[42]。

同時，各種武器載臺的電子作戰系統，在「摩爾定律」電腦功能愈來愈強，價格愈來愈便宜，與「梅特卡夫定律」網路用戶愈來愈多，服務愈來愈廣的作用下[43]，軍用規格的訂定與獲得，緩不濟急，難抵商用市場競爭的衝擊；商品現貨的規格比軍品規格來得多

---

[41] 學術論文抄襲事件頻傳，即是一例。

[42] 加拿大即對美製之 F-35 戰機價格過高，性能卻只比 F-16 略強而不滿。

[43] 前者為 1965 年，英特爾創辦人之一，摩爾（Gordon Moore）於美國電子學會 35 週年會中提出晶片會以 2N 發展的理論。由 60 年代的大型主機、70 年代的迷你電腦、80 年代的個人電腦與工作站、90 年代的網際網路與筆記簿、2000 年的個人數位助理（PDA）與手機、2010 年的智慧型手機、平板電腦發展的經驗，都證實此定律為真。依臺積電張忠謀式之觀點認為未來 10 年仍可適用。後者則在 1995 年由以太網路（Ethernet）協定設計者梅特卡夫（Robert Metcalf）提出「網路的效用性（價值）會隨著使用者數量的平方（N2）成正比」之理論。

樣化，軍用網路「節點」的構建與覆蓋，也遠遠不如民間的「基地臺」那麼普及。各國軍用的各軍、兵種「社群網路」的狀況（如附圖五），雖然在群組之內多已完成自動化或數位化，然而各個系統依然相對的獨立，連結的程度有限。

附圖五：軍隊現行社群－獨立相連

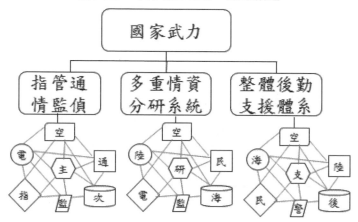

資料來源：作者自製。

這種脫節的情形，在前瞻規劃地面作戰通信與資訊軟硬體的投資時，更形嚴重，往往還沒有部署，便已經落伍，業已成為軍事投資的一項挑戰。可以預期的是如果未來大規模戰爭發生的機率降低，軍事投資持續減少，軍規網路的體制和建設將可能進一步落後於民間發展和市場的競爭，無論未來採取何種作戰型態，民用網路與個人行動裝置在作戰上的份量將愈來愈重[44]。

美軍預期在未來每位官兵都將成為網路的中繼器，需要連網的裝備可能多達 12 個或以上[45]。如果這種預期為真，軍隊未來便將會

---

[44]2011 年在阿富汗作戰之美海軍陸戰隊的 AH-1W 攻擊直升機駕駛員，捨棄機上內建的導航系統不用，反而用綁在膝上的 iPad google 地圖為之導航，即是一例。吳家恆、藍美貞、楊之瑜、鍾玉珏譯，《數位新時代》，頁 254-256。
[45]王文勇譯，《網路戰爭：下一個國安威脅及因應之道》，（臺北，國防部部長辦公

無所不連，演變成如「循環之無端」的社群型態。《韓非子》說：「時移則事異，事異則備變」，因此，未來趨勢若是如此發展，各種虛擬社群網路對地面作戰之影響[46]，便不能不受到應有的重視。（如附圖六）

附圖六：軍隊未來社群─無所不連

資料來源：作者自製。

虛擬社群網路對作戰的影響

古往今來，所有的戰爭都是過去、現在與未來知識與社會結構的綜合體現。戰爭離不開人類的生活型態與社會結構，數位化的社會帶來數位化的威脅，也使戰爭與威脅進入數位化。未來在「網狀化作戰」的建軍思想下，軍事用途的虛擬社群愈來愈普遍，與社會的虛擬社群的連結，也將愈來愈密切。雖然在正規作戰方面目前欠缺有力的戰例可資佐證，但是於恐怖主義與反恐怖主義作戰的領

室，民國 103 年 9 月），頁 95。
[46]恐怖攻擊發生後，第一個趕赴現場的往往不是政府權責單位，而是媒體或由網路傳播。

域，雙方都積極利用現有的虛擬社群從事活動；時至今日已是不爭的事實。甚至當前恐怖攻擊泛濫的現象，實來自於斯。

　　對前者而言；恐怖組織爲了要讓恐怖攻擊事件「在不同的地區，由不同的載具，經不同的路線，同時發起攻擊」，以製造敵方最大實質與心理破壞效果。就必須要有一個綿密組織的社群網絡，透過網際網路，秘密的召募、教育、訓練人員，選定目標、協調、交通與指揮恐怖攻擊全般事宜[47]，有利其將「烏合之眾組成聖戰士」，承擔自殺式任務，在必要時還須能夠貫徹執行[48]。以往電子郵件傳遞的速度與廣度受到頻寬的限制，協調較難，比較容易被破獲；如今各種 APP 的「虛擬社群」頻寬與速度已可以用「群組加密傳播」的方式，迅速傳遞資訊至某一群組中特定的對象，在閱讀後自動銷毀[49]，其速度與效率均勝於以往，因此，其在恐怖攻擊中「組織、分工與執行」及擔任秘密通信與指揮的角色，有日益加重的趨勢。

　　這種情形在如英、美這類公民意識警醒，社會治安良好的國家，或中共對網路管制嚴密的社會，都避免不了恐怖份子攻擊的事件；更何況維持治安能力薄弱的政府或混亂的社會。從另外一個角度來看，恐怖份子透過「虛擬社群」掌握了主動，而能夠得以一再得逞；除了造成國際社會的不安與恐懼外，對某些國家而言，恐怖攻擊肆意殺戮的結果，人民生活在亂世，國家則日益衰敗。

　　以伊拉克爲例，伊斯蘭國 ISIS 武裝奪得馬利基政權後兩年，其境

---

[47] 英國記者羅素布蘭德（Russell Brand）說：「媒體不會報導革命」；恐怖份子則說：「APP 會」。
[48] 恐怖份子在實施攻擊時，通常會有現場指揮官、「烈士」、自殺炸彈客與督戰人員，如果有人臨陣怯場或猶疑時，後者即將其擊斃，並遙控引爆炸彈客身上的自殺炸彈。見 Stanley McChrystal. *Team of Teams*（Penguin Random House Company. N.Y.2015.）pp 13-17.
[49] 如運用 Telegram「閱後付丙」社群軟體。

內傷亡人數之多，令人側目（如附表六），敘利亞更是發生龐大的難民潮，給歐洲各國治安與經濟帶來極大的壓力[50]。

附表六：2014-15 年伊拉克受恐怖攻擊死傷人數統計表

年度	死亡	輕重傷	合計	說明
2014	12,282	23,123	35,045	武裝奪權
2015	7,515	14,855	22,370	-12,675
2015 年 12 月	980（506/474）	1,244（867/377）	2,224	（平民/伊軍）

資料來源：〈伊拉克去年暴力衝突，奪 7500 人命〉，加拿大明報電子報，2016.01.02。

在伊斯蘭教國家，恐怖份子亦得利於美軍留在中亞及中東地區大量流入黑市的廢棄軍火，有了暢通的溝通管道與處處隨手可得的軍火[51]，甚至裝甲車輛，使得恐怖份子可以不顧人民的安危，不必自製爆裂物（IED），隨時隨地在他們所望的地方發起攻擊。以附圖一：我國警察大學對 2015 年 10 月恐怖攻擊統計為例，在 33 次的攻擊中，ISIS 為 7 次，亦即不到 1/4；西北非的「博科聖地組織」（Boko Haram）也有 6 次，「塔利班」與「基地組織」次數合計則僅有三次，來源不明的卻有 14 次之多，這樣的結果顯然與一般人的想像出入極大。

再以附圖二 2015 年 10 月遭受恐怖攻擊之國家及次數統計分析，這些事件之所以能夠「如期如質」得逞的背後，有很大的原因就在於虛擬社群的構連與運用，被肆意用之於為惡，淪為奪權牟利的工具。在已知的 30 次的攻擊中至少有 19 次是發生在信仰伊斯蘭教的國家（8 個），其餘多在中東、非洲等久經烽火的國家。而且據統計受

---

[50]有恐怖份子隨難民混入歐洲，難民的安排給政府造成極大的困擾。
[51]ISIS 的武器主要來自繳獲的政府軍的輕重裝備，並以社群網路整合其後勤支援問題。見王友龍，《你所不知道的 IS》，（臺北，城邦文化，2015 年 7 月），頁 107-114。

害最深的五國依序爲伊拉克、阿富汗、奈及利亞、巴基斯坦與敘利亞[52]，雖然這些國家每年因武裝暴力而死傷慘重，居民無家可歸，但是除了敘利亞的難民蜂擁至歐洲，造成輿論壓力迫使各國政府不得不處理之外，其餘都沒有獲得西方媒體的重視，也就相對不爲人知，任其爲惡。

至於社群運用在反恐怖主義方面；遠者如「2011 年 5 月 2 日深夜，美國海軍的「海豹部隊」以「海神之矛」（Operation Neptune Spear）代名，執行對「基地組織」首腦賓拉登（Osama bin Laden）逕行百里奔襲的獵殺行動，就是歸功於美軍能從大量的數據資料中，找到了他所在的社群，掌握了他行蹤規律後的縝密計畫與演練，經過白宮的批准與即時視訊督導，「其疾如風，侵略如火」，遺下故障的直升機達成任務迅速脫離。如果沒有大數據與雲端網路的支持，美軍將很難掌握這種「稍縱即逝」的戰機。賓拉登利用色情網站的掩護發起「911 恐怖攻擊」，卻也因其所在的社群被美國掌握而被擊斃，可以說他是典型的「成也社群，敗也社群」[53]。

近者如 2015 年 11 月 13 日夜間，法國的「巴黎爆炸案」；在受到攻擊前一個月，警方已接獲來自以色列「法國本土將遭到襲擊」的預警，但卻未對 ISIS 的宗教宣傳與恐嚇做出適當的因應與準備。事發之後，又喪失先機，後來依據恐怖份子遺留現場的 PS4 遊戲機，5 日之後由 PS 網路反向偵查語音通信[54]，追出主謀藏身之處，才實施攻堅反制，擊斃首惡阿巴烏德（Abdelhamid Abaaoud），逮捕其黨羽

---

[52]〈全球恐怖活動指數裡的現實〉http://www.thinkingtaiwan.com/content/4869。
[53]在突擊直前一名當地居民阿薩（Sohaib Athar）便在「推特」上發出了此一消息，可見網際網路虛擬社群的威力有多大。
[54]PS4 具有無線通話功能，這種較低階的科技被注意的可能性亦較低，有時比傳統的加密電話、簡訊與郵件更爲安全。〈巴黎爆炸前，恐怖份子如何利用科技產品溝通？居然可能是 PS4！〉http://www.bnext.com.tw/ext_rss/view/id/1076188。

[55]，方使事件告一段落。

　　值得注意的是恐怖份子對社群網路的運用，大多透過各種偽裝與掩護，都極盡精簡與迅速之能事，以減少或躲避各國情報與安全部門的攔截與制裁。執行恐怖攻擊時，也能分合自如，而且成功的機率甚高，防不勝防。但是更令人擔憂的是 ISIS 積極經營社群媒體，血腥鎮壓的手段[56]，說明了他們將虛擬社群網路之運用方式，由暗轉明，由善轉惡，這種利用社群輸出「恐怖革命」的轉變，必然將對未來的無形戰爭，網路安全與攻防產生了極大的影響。

ISIS 對虛擬社群之運用

　　我們從每次恐怖攻擊爆炸案件發生後，都不乏有恐怖組織透過媒體自行承認之事實觀察，恐怖份子利用社群從事非法活動其實早已有之，只是以往的動作都沒有像 ISIS 公然有組織的經營與有系統的宣傳來得大。這些透過特定的管道發布的例證當然有真有假，可以預期的是只要有開放的網路，未來就會有恐怖份子藏身其中，伺機而動，不過，恐怖份子利用社群媒體進行宣傳固然獲得了極大的成效，但同樣的也有「缺失」，例如，ISIS 被美國西點軍校反恐中心截獲的「網路安全作業手冊」[57]，便給了各方研擬反制措施產生一定的啟示[58]。

　　ISIS 堪稱為至今最會用運用如 Facebook、IG、Twitter、WhatsApp

---

[55]該次突擊中被擊斃之一名女性恐怖份子身上綁著炸彈，自爆身亡。

[56]ISIS 至少經營四個媒體通路，善於運用 twitter、影片與手機 APP 從事宣傳與招募。王友龍，《你所不知道的 IS》，頁 123。

[57]美國西點軍校反恐中心從 ISIS 論壇中截獲一份長達 34 頁的社群網路教學手冊。http://buzzorange.com/techorange/2015/11/24/isis-security-manuel.

[58]如不以有 GPS 定位之手機上傳影片或影像，以免被追蹤定位。

等知名網路社群，以雙重加密的帳號發布消息，運用電腦和手機進行「比特幣」（Bitcoin）融資[59]，實施恐怖行銷與召募的組織。以被其主要利用的 Twitter 社群網路為例[60]，依據美國的調查在 2014 年 9～12 月間，該組織有 46,000 個使用不同語言的 Twitter 帳號[61]。2016 年初，歐巴馬總統要求：「不希望網路工具和技術被用來幫助及教唆恐怖份子[62]」。美國各大社群網站系統配合國家政策，紛紛刪除與此有關的帳號，以遏止 ISIS 利用社群網站及加密技術在美國的不法活動，其中 Twitter 所刪除「煽動對他人傷害」的帳號，即高達 125,000 個[63]。此舉雖然可以收一時之效，但是卻擋不住他們以新的帳號隱匿身份重新登入；並自行開發手機 APP 供人下載[64]，採取大量即時發送的策略，意在帳號被停權前，將文宣內容的「推文」散播出去[65]，以爭取外界支持並吸收潛在的「聖戰士」。因此，儘管受到了許多限制，恐怖主義的言論一直未能從 Twitter 網站絕跡，這也是不爭的事實[66]。

　　恐怖份子運用虛擬社群除了宗教、政治宣傳與「實質訛詐」之

---

[59]2009 年 1 月 3 日日本的「中本聰」氏，發明類似電子郵件「電子現金」的「比特幣」；以對等網路中種子檔案的網路協定，透過電子貨幣交易渠道，兌換當地的現金或金幣；也可以直接購買物品和服務，是目前使用最廣的電子虛擬貨幣，因還沒有明確的法律規範和保障，恐怖份子可利用此管道進行融資交易。主要資金來源為沙烏地阿拉伯與卡達。柯伯恩著；周詩婷等譯，《伊斯蘭國》，頁 100-104。

[60]2014 年 ISIS 攻占伊拉克摩蘇爾的前夕，即運用 Twitter 網站實施宣傳，並報導即時戰況。

[61]林仟懿，〈推特改規定禁暴力，IS 可能難再利用〉，臺北，中央社，2016/01/16.

[62]陳韋廷，〈加強網路反恐，歐巴馬求助矽谷〉，臺北，《聯合報》，民國 105 年 1 月 10 日，A12 版。

[63]傅莞淇，〈反制社群網站恐怖主義歪風推特刪除逾 12 萬個「伊斯蘭國」帳號〉，臺北，風傳媒，2016/02/06。

[64]ISIS 開發了「黎明報喜」APP，下載後用戶即會收到 ISIS 的即時訊息。張穎綺譯，《ISIS 大解密》，（新北市，立緒文化，民國 104 年 3 月），頁 146-152。

[65]同上註。

[66]Facebook 在愛爾蘭都柏林有專責部門 24 小時監測敘利亞與伊拉克境內的帳號。

外，對國際社會未來為害最大的是將具有暴力傾向的「聖戰士」，隱伏到全世界，伺機而動。在俄羅斯的兩次車臣戰爭時，外來的戰士多半與車臣的淵源較深，人數也不多[67]。據悉 2015 年初參與 ISIS 陣營作戰的外籍人士，多達 80 餘國，人數超過 2 萬人[68]，姑且不論是否有誇大之虞，這些參戰的恐怖份子將實戰經驗帶回國內之後，會擴散到全世界，並演化成類似「死間」性質的「沉睡細胞」[69]，平時融入當地社會，生活舉止與常人無異，必要時則依據恐怖組織指令或透過社群網路的串聯，發動類似「911 恐怖攻擊」或「巴黎連環爆炸案」等事件[70]。根據美國電腦專家烏斯曼尼（Zeeshan ul-Hassan Usmani）估計：美國和歐洲等地約有 7 萬人「隨時激進化」，對各國而言都是安全上的嚴重威脅因子，其中以法國 2.7 萬人最為嚴重[71]。

　　從以上的分析中，現在的社群媒體已經與我們的生活密不可分，更已經被 ISIS 運用到「正規」作戰方面。虛擬社群運用得當，可以使我們能夠「得道多助」；但是被恐怖份子污染與濫用的結果，不但暴力的本質加劇，甚至有能力登堂入室的進入到我們的影視系統、行動裝置、甚至連到心智未熟的孩童與學生的手機中，直接為害到我們的安危，因此，如何防範社群為惡於未然，已是刻不容緩的工作，這是我們應有的認知。

---

[67] 曾祥穎譯，《車臣戰爭：1994-2000 城鎮戰之經驗教訓》，（臺北，國防部部長辦公室，民國 95 年 11 月），頁 79-81。外籍人士來自沙烏地阿拉伯、約旦、中共、埃及、馬來西亞與巴勒斯坦。

[68] 王友龍，《你所不知道的 IS》，頁 148-150。

[69] 王友龍，《你所不知道的 IS》，頁 175-180。

[70] 巴黎爆炸案中，在巴塔克蘭劇場被擊斃的恐怖份子便具有法國公民身分。

[71] 〈誰是潛在恐怖份子？大數據告訴你：有錢、青年、少自拍〉。http://www.hk01.com/

對虛擬社群的防制與運用

自古以來，對於任何對社會發展有重大影響力的事物，因應之道不外運用「疏堵」兩字而已。雖然恐怖份子並未與伊斯蘭教徒劃上等號，ISIS 和其他恐怖組織利用虛擬社群網路的作為，使得各國增加了對他們活動的戒心，則是可以想像得到的後果。茲以美國、中共和以色列為例，分析如下：

在美國方面，主要的手段是「堵」。除了以空中武力攻擊恐怖組織，由總統出面對各大型社群網路與媒體進行道德關說，要求配合國家政策，並獲得善意回應之外[72]；國土安全部門對出入境的審核更趨嚴密，並主張要擴大虛擬社群內容的審查，以大數據對特定的社群進行監控[73]。這種假「國家利益之名」行之的作為，即使略過了法律的層面，頂住了輿論的壓力，但還是難以收效，因為當恐怖份子找到想招募的人，他們便會將對話轉向加密的 APP 聊天室，只要有心，美國情治部門是很難追蹤這些訊息的[74]。在無法完全杜絕內部潛在威脅發展的狀況下，在「問題不是恐怖攻擊是否會發生，而是何時何地會發生」的預期心理下，因此，加強入境管理與安全檢查，便成為美國的第一道防線，在 ISIS 未消除前，這種情形應不致於有太大的改變。

在中共方面，其反恐戰略係採取以「堵」為主，「疏」為輔的「三道防線」部署[75]。前者中共認為西北地區（新疆）與中亞比鄰，

---

[72]Facebook 表示在網站上偵測到相關可疑活動，會向執法部門通報。

[73]〈擴大審查社群媒體貼文，美國反恐機構：作為簽證審核〉。http://www.ettoday.net/news/20151216

[74]自 2011 年以來，約有 48 名美國人躲過當局監控，前往加入伊斯蘭國。〈如何監控境內 IS 分子　美國很頭大〉，2015-12-07 09:56 聯合報電子版。

[75]蔡裕明，〈中國大陸近期因應恐怖攻擊之政策佈局簡析〉。www.mac.gov.tw/public/Attachment/61716504715.pdf

為恐怖主義組織滲透的重點地區；因為「民族分裂主義和宗教極端主義是國際恐怖主義的主流理論，後者則為前二者達成其意圖與目的之基本手段」[76]；故爾，中共的「維穩」一直是以防範「疆獨」（或東突厥）的活動為核心。並且中共當局發現至少曾有約 300 名的「東突」份子從雲南、廣西偷渡出境，經馬來西亞、土耳其至敘利亞，加入 ISIS 並接受訓練[77]。這些人如再以偷渡的方式潛回國內，必將是「維穩」的一大隱憂，因此，中共認為「『東突』暴力恐怖活動威脅升級」[78]，要求武警「完善以執勤處突和反恐維穩為主體的力量體系，提高以信息化條件下執勤處突能力」[79]，同時，對新疆地區嚴格管制資訊的傳播[80]，強化管理手機相關之電子產品[81]。情報部門則藉法國政府對恐怖攻擊情報掌握不實，以「中國防火長城」（Great Firewall of China）來強化對大陸社群媒體之監控[82]。以 Google 為例，自進入大陸後，因該公司不願配合中共監督，2010 年決定退出中國市場，至 2014 年 5 月中共對其全面封鎖，迄今為止並未開放。另外，包括 Facebook、Twitter、YouTube 等外國社群網站都不能進入中國領土，大陸地區無法直接登入 Twitter 等網路，必須透過 VPN 連線，以便接受的檢查[83]，可見其「堵」的手段有多麼的嚴厲。

---

[76]房功利，《新中國鞏固國防的理論與實踐》，（北京，社會科學文獻出版社，2014 年 11 月），頁 274。
[77]同註 75。
[78]《2015 年中國的軍事戰略》，〈一、國家安全形勢〉。
[79]《2015 年中國的軍事戰略》，〈四、軍事力量建設發展〉。
[80]2009 年 7 月 5 日，新疆烏魯木齊市發生暴亂，中共即分別封鎖 Twitter、Facebook 等社群網路。2011 年中東「茉莉花革命」中國大陸網友企圖以社群網路串聯，中共立即封鎖 Google。
[81]同註 75。
[82]防火長城的作用主要是監控國際閘道器上的通訊，對認為不符合中共官方要求的傳輸內容，進行干擾、阻斷、遮蔽。又稱「金盾工程」。
[83]中共對關鍵字審查之執行不遺餘力，對內用微信，對外用 WeChat。

其次，則是完成相關之立法，並於刑法增修「懲治外國恐怖主義參戰人員」條文，做為執法的依據。第三道防線為利用「上海合作組織」與美國舉行「網路反恐演習」；並與東協、俄羅斯實施聯合打擊恐怖主義演練[84]。

至於「疏」的措施，中共除了教育部門要求各級學校「著力運用微博、微信等社群網路」，「網上網下」宣導愛國主義之外[85]，提出結合民眾實施「人民戰爭，全民反恐」的概念，廣張耳目[86]，檢舉不法，甚至雇用社群工作人員以「獎勵」的方式，做政令宣導或制止敏感的「推文、貼圖」，作為反制恐怖主義之滲透與破壞的手段[87]。

以色列是全球最具反制恐怖攻擊經驗方面的國家。其反恐戰略係採取以「疏」「堵」並重；早在 1948 年便制定了「預防恐怖主義條例」，明訂各種規範，建立法源基礎。數十年來面對巴勒斯坦哈瑪斯（Hamas）組織的恐怖攻擊，一直秉持「絕不妥協，速戰速決，以牙還牙」的態度，「定點清除」危害國家安全的個人或組織，所有的報復性攻擊，都稱為「反恐怖行動」，[88]雖然屢遭國際譴責，依然悍然不改其初衷，也使得國際間不會誤解該國的立場，迫使恐怖份子必須考量實施恐怖攻擊後，必然面對以色列無情的報復，這樣「疏導」的作為反而有助於該國國家安全與社會治安之維護。

更重要的是在長期處在恐怖攻擊的威脅下，以色列人民經過戰

---

[84] 同註 74。

[85] 〈陸下令各校用網路宣導愛國主義〉。
http://www.cna.com.tw/news/acn/201602090218-1.aspx

[86] 《北京青年報》：繼「朝陽群眾」被指「世界第五大王牌情報組織」後，北京「西城大媽」亦被稱為京城反恐維穩的「王牌情報網」。
www.worldjournal.com/3333727/article

[87] 章昌文譯，〈網路治國的多面向本質〉，國防譯粹，民國 105 年 2 月，頁 13。

[88] 蔡東杰，〈以色列反恐作為，以牙還牙不妥協〉，《青年日報》，民國 98 年 11 月 5 日，第 7 版。

爭的洗禮與教育，已經做到了「反恐攻擊，人人有責」地步[89]。目前除了以武力堅決反制任何恐怖攻擊外，以色列認為虛擬的社群網路的領域，才是反恐作戰能否制敵機先的關鍵[90]。因此不斷強化網路管控與偵查，運用雲端與大數據技術，即時對阿拉伯世界虛擬社群圖文視訊資料，實施分析與比對，以提高阻絕恐怖攻擊發生的機率[91]。

就以上三個國家而言，因為國情的不同，對虛擬社群的防制與運用，手段亦各自不同。國家幅員愈大，社會愈開放，禁止虛擬社群用之於為惡就愈困難；美國對外國政要的監控已多次釀成外交問題，但並未就此收斂，未來應仍將維持其一貫之作法，甚至要求開放「後門」以利其掌握各種社群之動態。

中共則盡力將局勢控制在新疆一帶，並極力管制社群媒體，未來國際各大型社群，若不能接受中共官方的審查，進入大陸市場必定須經過極大的考驗，但是相對的也減輕了恐怖份子對中共宣傳的效果。

以色列的各種作為堪稱典範，但那是人民在長期烽火之下所產生的共識，願意為安全作出一定的犧牲，也未必適用於我國國情。

結論

綜合以上所述，我們知道網路戰爭並非是國安與軍隊的專責，而是全民都須面對的事實。恐怖份子組織所在地區雖然網路的設施不如西方社會，不過由於資訊科技的演進，多媒體社群網站的出

---

[89] 在當地隨身行李不可亂放是常識，任何一個無人看管的包裹都會即時通報當局處理。
[90] 〈以色列如何對付大規模的恐怖襲擊——決戰攻擊之前〉。http://www.thinkingtaiwan.com/content/4883
[91] 同上註。

現，讓恐怖組織有了以小搏大的槓桿，進而成為傳播恐怖主義重要媒介。並將虛擬社群「利他」的善意，因其特定因素而用於「為惡」，也使人們警覺到虛擬社群未來在作戰上能夠產生極大的作用。

以美軍而言，雖然目前美軍僅在中東地區投入少數的特種部隊，協助當地對抗恐怖主義，無法了解到美軍對社群的實際運用情形，但是從美軍認為「社群已成為未來公開性情報蒐集、分析及歸納重大事件之關鍵工具，從社群媒體獲取軍事情報是長期預警評估重要的一環[92]」，要求與其他的情報來源同樣的重視。並且除觀念的改變外，採用高薪與津貼的手段留用網路部隊的人才，以因應未來的挑戰。

我軍官兵已習於數位化和智慧化的社會生活環境，從 105 年臺南地震救災中，官兵對「臉書」的運用情形觀察，我們可便可知我們已經不能脫離虛擬社群的羈絆，並會將這些習性帶到戰場。由於以 APP 開設社群組成不同的社群網站，非常方便，只要現有的網路體系不被徹底破壞，有太陽能與行動電源，人人都可做為通信的節點將是不爭的事實。因此，可以預期戰時即便建制的體系不被敵方或他方阻塞、制壓或摧毀，各級部隊也會將「臉書、群組」從平時以政令文宣與部隊安全為主的經驗，轉為情報通信與指揮管制的角色，以有利其部隊的掌握與任務之達成，乃是必然的發展。

因此，我們必須認知到：面對這樣虛擬扁平、無所不連與無遠弗屆的社群網路所組成的智慧化社會，無論未來面臨的狀況是什麼，都會有網路的成份夾雜其中，換句話說，我們要從廣義的角度來將虛擬社群看待為網路戰爭中之一環。

---

[92]黃文啟譯，〈從社群媒體獲取軍事情報〉，國防譯粹，民國 105 年 2 月，頁 50-55。

　　面對多樣化的未來，曾文正公主張：「軍旅之事，謹慎爲先；戰陣之事，講習爲上」。在戰略與國安的層次，我們可以參考美國、中共與以色列的做法，依據國情擬定適當作爲；但是在野略及戰術的層次，則必須各軍、兵種以不同的想定，甚至以不可能的角度從嚴從難，實施推演，以預爲籌謀，講求因勢利導，方可因形未來於無窮。

民國 105 年 8 月

《陸軍學術雙月刊》第 52 卷第 548 期

　　註：2021 年美國大選揭曉，川普利用 Twitter 煽動暴民進攻國會山莊，現場震撼的顯示於眾人眼前，即是本文最佳的詮釋。

十六、人工智慧對未來戰爭之影響

前言：

　　人類的生活就是一部文明進化史之累積。其進展則是依據知識的散播、科技的成長與時間的醞釀而以螺旋成長的方式演進，三者之間彼此的權重變化是呈現函數的關係。[1]一般而言，至 20 世紀 80 年代「美蘇冷戰」結束之直前，東西方的文明除了生活的需求之外，歷來各種的戰爭更是扮演了推動的角色。文明的演進隨著戰爭的需求，造成知識傳播的範圍更廣，科技研發的速度更快，卻使得時間的壓縮更大。遠者如中世紀歷次十字軍之東征，蒙古的西征；近代的西方列強與日本之侵華；現代之兩次世界大戰與越南戰爭，甚至於中東四次的以埃戰爭，以致於波斯灣戰爭，美國對伊拉克與阿富汗之作戰，亦復如是。

　　由歷史與戰史的演變可以得知，人類的智慧是循著「先求有，次求好，再求美」的 S 型曲線（sigmoid curve）成長。先有模糊的概念，經過長時的實驗與實踐而迅速成長，等到階段文明達到「高原期」之際，往往會有新的突破或應用出現，良性的推動文明進入下一循環，如果不能轉型即會像馬雅（Mayan）文化般的被時代淘汰。戰爭大體上亦是依照先從「有什麼，打什麼」的理念，經過不斷的革新，再產生「打什麼，有什麼」的革命，循環演進。我們從戰爭方式是時代科技之反應的角度而言，就鐵器、火藥、內燃機、電信

---

[1] 曾祥穎，《第五次軍事事務革命》，臺北，麥田出版社，2003 年 9 月 15 日，頁 16。

電子至數位化資訊的五次軍事事務革命的演變時程觀察，未來戰爭的科技與知識權重有極大化，時間則呈現出極小化的現象。

2010 年影像辨識、語音辨識以及自然語音處理等領域的突破，使得「科技成長」進入「可視、可聽、可理解、可互動」境地，[2]再加上數位雲端、物聯網、大數據等「知識探勘」（Knowledge Mining）的綜合加乘效應，讓「人工智慧」的應用越來越廣，並有加快融入人類日常生活的趨勢。在人文方面，有人認為 2018 年是機器人自動化（Robotic Process Automatic, RPA）及人工智慧（Artificial Intelligence AI）普及的起點，全球從而由「工人智慧」進階到「人工智慧」的，[3]我政府亦宣布為該年為「人工智慧」元年。

依據戰史的經驗，戰爭的演變是循人力 x 火力 x 動力 x 智力的程序，以「相乘總合」的戰力左右戰場。1992 年第一次波斯灣戰爭時，資訊科技已將戰爭的領域帶進「空間無限寬廣，時間急遽壓縮」的境地。時至今日，在網際網路、雲端科技、大數據運用與萬物聯網結合的需求下，人工智慧已由理論逐漸化為實際。在可見的未來，它會依托或結合於智慧型手機中成為我們生活的一部分，應是不難理解的現實。

在軍事應用方面，「類人工智慧」（semi-AI）的武器系統，如各式資訊化的無人載具（UAV）與訓練模擬機，早已在戰場上行之有年。如何往更深一層的發展亦為在此轉換時期的一種思維。就目前趨勢而言，美軍於 2018 年成立了「聯合人工智慧中心」（Joint Artificial Intelligence Center）；[4]共軍亦於同一期間發表「CASIA-先知

---

[2]三津村直貴，陳子安譯，《圖解 AI 人工智慧大未來》，臺北，旗標科技，2019 年 2 月，頁 5。

[3]勤業眾信，〈人工智慧來勢洶洶！2018 年是 RPA 與 AI 普及化的元年〉，www2.deloitte.com/tw/tc/pages/risk/articles/ai-rpa-era.html。

[4]法新社，〈五角大廈：美軍使用人工智慧，採道德原則〉，2020/02/25 1107。

1.0」的人工智慧系統。[5]以其進展的趨勢觀之，顯然中美都想利用人工智慧在軍事領域方面稱霸世界。[6]

我們已經可以預見在資訊化戰爭進展到智慧化戰爭的過程中，人工智慧於未來的戰爭中，扮演重要甚至決定性角色之趨勢，已是不可避免。凡事有利，必有弊。受篇幅所限，對於資訊化人工智慧的安全與道德的問題，就孫子：「先知」的觀點而言，本文認為係屬於國家安全層次，不在討論之範圍，而以建軍與備戰為主要著眼。

由於國軍在主觀上無法擁有美軍與共軍的建軍條件，因此只能從客觀的環境上加以因應，如何在平時的演訓中厚植因應當前威脅之能力，洞察未來戰爭之型態，以有限之戰力應形於無窮，是我國軍之重大挑戰，亦是本文研究之目的。

人工智慧之定義

所謂的人工智慧顧名思義：乃「人工」和「智慧」兩領域結合的產物，通常是指透過各種電腦程式運算呈現人類智慧型的技術。[7]前者是由人設計、創造、製造的客觀產品，一旦成型即難改變；後者則是人類意識、自我、心靈、精神等主觀活動，會因透過語言、文字、圖像等知識之累積而演進。因此，人工智慧之定義是指：「透過人造的機器、程式與資料之賦予或汰換，表現出特定的具有類似人類行為，或比擬人類智慧功能運算的系統或者體系」。簡言之，係經由「電腦程式」實現「人類智慧」所望之技術。

「人工」和「智慧」這兩者功能的融合－「擁有人類智慧程

---

[5]陳柏廷，〈解放軍盼應用 AI 打贏未來戰爭〉，中時電子報，2019 年 4 月 12 日。
[6]Toby Waksh，戴至中譯，《2062 人工智慧創造的世界》，臺北，經濟新潮社，2019 年 10 月 31 日，頁 251-253。
[7]見〈人工智慧〉，維基百科。

式」－的特定人工產品是否會「自我學習」，而具備一定程度的智慧？決定性的關鍵在於「人的因素」，其可控程式及運算速度的強弱，影響到其功能之發揮，而且人機之間的「溝通介面」關係將隨科技之演變而變。亦即具備「人工智慧」產物生命周期之長短與運用，取決於「智慧軟體」之更易速度。（如附表一）

附表一：人類智慧與人工智慧之差異

人類智慧	人工智慧
每個人的思考、想像與計算能力不同	計算速度取決於輸入程式與硬體容量
會因人體六感的結果而自主反應環境	人體之六感結果須透過感測被動反應
會因外界之環境或視聽自主產生聯想	不會對超出所設環境或視聽產生聯想
可以揣摩對方意志為應對或模仿行為	能夠對特定項目產生應對或語音交流
為獨立個體具備自主學習成長之機能	為附屬之系統或總成執行預設之功能
有自主之意識易受環境壓力影響表現*	不受壓力影響可執行困難危險之工作*
人類智慧須經長時累積融會貫通知識*	人工智慧係依程式設定反覆單一工作*

資料來源：陳子安譯，《圖解 AI 人工智慧大未來》，頁 16。*為作者綜合整理。

　　分析：人類自主的透過語言、文字與工藝，隨教育與生活之淬煉，自主的產生智慧是社會無形的資產。人工智慧是透過程式被動設訂的應用工藝。前者可透過姿態、手勢與情緒表達，後者則須由人員或程式開啟，手機的演進就是明證。

　　就人工智慧發展的軌跡而言，上文所述「人工智慧元年」之論點，只是表示目前以積體電路為核心的科技，已然成熟進入 S 型曲線高原轉換期的階段，[8]未來在應用領域－如分子電腦或量子電腦－亟待突破之外，還有值得我們深思的社會制度與倫理道德的問題。如果從這個事關人類文明未來發展走向的分水嶺來看，政府將 2018 年

---

[8]曾祥穎，〈中美「新冷戰」對亞太地緣戰略之影響〉，《陸軍學術雙月刊》565 期，民國 108 年 6 月，頁 39-41。

稱爲人工智慧元年實亦無可厚非。

人工智慧發展概述

現今的人工智慧發展的始點，一般而言，可以追溯至第二次世界大戰末期「埃尼克」（ENIAC－電子數位積分計算機）之問世，[9]使得機器可以逐漸代替人工計算尺，快速的計算出彈道諸元。匈牙利裔的馮·紐曼（Von Neumann）氏，在使用後提出了「儲存程序邏輯」的架構。圖靈（Alan M. Turing）則提出「機器會思考嗎」的命題，而有了初步的「人工智慧」概念，[10]但是乏人問津。至 1952 年達默（Geoffrey Dummer）更進一步提出積體電路（Integrated Circuit IC）－將分立的電子元件集中蝕刻在半導體晶片上－取代眞空管爲元件的構想。1958 年由德州儀器的工程師基爾比（Jack Kilby）完成第一個積體電路晶片實體，[11]而成爲今日各式電腦的濫觴之始。

1956 年 8 月 31 日，美國麻省理工學院（MIT）召開「達特茅斯人工智慧夏季研究計畫」（Dartmouth Summer Research Project on Artificial Intelligence），提出程式語言、神經網絡、計算規模理論、自我改進與機器學習等重要理念，這個名詞才正式問世。[12]雖然有了「製造智慧型機器的科學與工程」的基本方向－懂得語言、協助人類、抽象概念與自我學習。[13]不過一時之間仍然是一種天馬行空，不

---

[9]〈人工智慧史〉條文，維基百科。1943 年美國陸軍核准以電子眞空管爲元件展開「埃尼克」（Electronic Numerical Integrator and Computer）之研製，爲積體電路電路之始。

[10]見〈艾倫圖靈〉，維基百科。

[11]見〈積體電路〉，維基百科。

[12]尼克，《人工智慧簡史》，〈第一章人工智慧的緣起：達特茅斯會議〉，人民郵電出版社，2017 年 11 月。https://kknews.cc/tech/ez4mz8z.html.

[13]三津村直貴，陳子安譯，《前揭書》，頁 31。

切實際的模糊概念而已。直至 1965 年可透過語言程式與人類「對話」的「伊麗莎」（ELIZA）電腦誕生做為媒介，[14]才開始逐漸獲得學界廣泛的認可。

同年，摩爾（Gordon Moore）觀察業界趨勢，提出 2^N 的成長－「積體電路數量每 18 個月增加一倍」，成本則下降一倍－理論。這種線性成長理論被稱為「摩爾定律」，此一定律左右資訊發展與人工智慧之成長生態至今。

1969 年美國為防止蘇聯一舉摧毀其核武資料，將資料備份儲存至五個地點，[15]高等研究計劃署（Advanced Research Project Agency ARPA），則由羅伯茲（Lawrence Roberts）主導開始籌建資源共享的分散式網路（ARPANET），成為今日網路之雛型。1973 年春，瑟夫（Vinton Cerf）和康氏（Bob Kahn）為思考如何將已有的網路相連接，創造出傳送控制協定／網際網路協定（TCP/IP）的規範，將分散式網路整合由理論化為實際，成為今日網際網路之始祖。

1971 年，英特爾（Intel）研製出 4004 微型的中央處理器（Intel 4004 Central Processing Unit CPU），但並未以此為主要產品。[16]1977 年，蘋果二號（Apple II）8 位元個人電腦問世，以電視螢幕為顯示器，以打字鍵盤為工具，透過麥金塔（Macintosh）作業系統為媒介，使得開啟電腦帶進個人生活的世代。1980 年美國國防部採用線性二維條碼管理軍事物流，至 1985 年因英特爾不敵日本企業在半導體之競爭，放棄大型電腦業務，轉以個人電腦的核心晶片為主業。[17]

---

[14]"ELIZA" From Wikipedia.
[15]除美國國防部外，其他四處為加州大學洛杉磯分校（UCLA）、斯坦福研究院（SRI）、加州大學聖巴巴拉分校（UCSB）和猶他大學（UTAH）。
[16]謝志峰、陳大明編著，《一本書看懂晶片產業》，臺北，早安財經文化，2019 年10 月，頁 57。
[17]謝志峰、陳大明編著，《前揭書》，頁 65。

前一年，微軟推出操作簡單而實用的視窗作業（Windows Office）系統，奠立辦公室自動化的基礎。自此資訊產業便日益朝向載體體積「輕薄短小」，應用軟體則「日增月長」的向智慧化發展。因爲並不需要「深奧」的專業知識，體積與價格又都相對的「親民」，在「傻瓜化」的便利與需求之下，逐漸成爲人類生活中不可或缺的工具。此時也是人工智慧第一個向上發展的「轉折點」。[18]

隨後 1986 年時，以統計分析和人工智慧搜尋爲主的資料探勘技術（data mining）出現；1991 年 8 月，英國的柏納茲李（Tim Berners-Lee）將其發明的「全球資訊網」（World Wide Web WWW）開放，「每一網頁包含超連結指向其他相關網頁，還有下載、原始文獻、定義和分享其他網路資源」。人們可以在不受早期的網路伺服器和瀏覽器的限制下，相互連結以文字溝通。[19]至此，人們所需之即時而必要的知識，因網際網路可以查閱及交流而無遠弗屆，才算是真正的開始發揮其應有的功能。

1995 年梅特卡夫（Robert Metcalf）提出「網路的效用性（價值）會隨著使用者數量的平方（N^2）成正比」之理論，意即網路愈爲普及，產生之作用就愈大，而所需付出之成本則愈低。亦即網路大到一定的程度，就可以從免費服務中得到或發掘所望之利益。[20]

1997 年 IBM 的超級電腦「深藍」（Deep Blue）運用平行運算原理，擊敗西洋棋棋王卡斯巴羅夫（Garry Kasparov），[21]「人工」和「智慧」也雙雙通過 S 曲線的第一個「轉折」終點，由線性轉爲進入

---

[18] 曲線圖形在由凸轉凹，或由凹轉凸之轉折點。亦可稱爲拐點或戰略態勢轉換點。
[19] "World Wide Web" From Wikipedia.
[20] 例如電信業者各式吃到飽與手機 0 元方案。
[21] 1996 年卡斯帕羅夫與 IBM 的超級電腦深藍舉行標準時限之西洋棋比賽，成績是三勝二和一負；1997 年，深藍以二勝三和一負擊敗卡斯帕羅夫。"Garry Kasparov" From Wikipedia.

非線性成長的高峰期。加上微軟的簡報軟體（PPT），以及 1999 年出現了圖形顯示器（Graphics Processing Unit GPU），更加速個人工作站（work station）的發展，辦公室作業文化開始轉變，網際網路上人們的溝通由文字進化到圖像，更使得各式電腦數量大幅度的增長，也使得第二個影響到人工智慧發展的定律－「梅特卡夫定律」（Metcalf's Law）使邊際成本趨近於零的效應開始發酵。[22]

　　2000 年，美國政府決定取消全球衛星定位體系（Global Positioning System GPS）對民用訊號的干擾，讓一般用戶都能夠得到與軍方系統相同的精度與服務，人工智慧領域因此獲得了最重要的三度空間即時定位的能力。在基礎能力建立的同時，個人行動電話（mobile phone）亦從類比式進入數位化的階段，為未來的智慧型網路提供了滿足的條件。

　　2007 年中，除了個人電腦的運算功能，足堪比十年之前計算核子爆炸當量的「加速戰略運算方案」（Accelerated Strategic Computing Initiative ASCI）「超級電腦」相當之外。[23]蘋果發售採用觸控螢幕的智慧型手機（iPhone），使得生活、娛樂與工作更為密切。而且此時世界上 94%的資料已經數位化，資訊的傳播，徹底淘汰了類比按鍵的資訊電子體系。[24]同年「線上購物」與「搜索引擎」服務開始進入日常生活，人類創造的資訊量迅速累積到 280PB（10^{15}GB）以上，[25]首次在理論上超過可以硬體儲存空間的容量，[26]為解決暴漲的資訊串

---

[22]陳儀/陳琇玲譯，《物聯網革命》，（臺北，商周出版社，2015 年 1 月 21 日），頁 8-10。

[23]齊若蘭譯，《第二次機器時代》，（臺北，天下文化出版社，2014 年 7 月 30 日），頁 68-70。

[24]林俊宏譯，《大數據》，（臺北，天下文化出版社，2013 年 5 月 30 日），頁 17。

[25]同上註。Gigabyte 之後依序為 Terabyte（1TB=103GB），Petabyte（1PB=106GB），Exabyte（1EB=109GB）。

[26]周寶曜、劉偉、范承工等著，《巨量資料的下一步——Big Data 新戰略》，（臺北，

流，Google 提出「雲端運算」（Cloud Computing）資源共享的概念，籌建龐大的資料庫，以紓解資訊成長的壓力，引起各資訊巨擘（如 IBM、惠普、英特爾）競相效尤[27]。

雖然雲端可以解決儲存的問題，但是資料量規模巨大到達「京位元」－億億位元 10^{16}GB－以上時，便無法透過人工，在合理的時間內整理成為用戶所能解讀的資訊。因為如果無法在時效內獲得解決問題所望之資料，一切都是空談，於是運用「大數據」（big data）的理論，在雲端的環境下，解讀和探勘，在極短時間內找出用戶所要資料的技術，應運而生，成為如今人工智慧發展的主要手段。

在這個階段，奈米等級的材料更使得定位系統、微中央處理器、繪圖晶片、動態隨機存取、快閃記憶體、光學鏡頭、微機電（MEMS）、藍芽等零件、各種文書、應用程式（APP）、社群軟體（臉書、微信），網址定位（GPS）等功能，都內建至 TB 級「多核心」64 位元的個人電腦，每一代電腦都是總其當時最新的功能的大成。如果再予以不同程度的並聯組合，等於讓我們每一個人擁有了一部，或多部超越二十年前大型「超級電腦」強大的運算能力。甚至於連手機的性能也強大到脫離生活助理、娛樂通信、人際關係的角色，而能夠透過無線網路擔負行動辦公室的角色。換言之，已全然達到當初達特茅斯會議所定的目標條件。

附表二：人工智慧發展階段

時間：1945-99 硬體平臺網際網路構建
階段：開始萌芽至逐漸成長
硬體：由大型企業至家庭
媒介：從旋轉調鈕至類比按鍵

上奇時代，2014 年 8 月），頁 1-14。
[27] 雲端運算－維基百科。

環境：從有線線路至光纖電網	
里程碑	影響
1946 電子眞空管 ENIAC 彈道計算機問世	取代人工計算
1952－58 積體電路取代眞空管爲計算機元件	體積縮小之始
1956 達特茅斯人工智慧會議	軟體發展綱領
1965 積體電路 ELIZA 電腦誕生與摩爾定律發展	現代電腦之始
1969 美國採取 ARPAnet 分散式網路保護核武資料	現代網路之始
1971-73CPU 微中央處理器製造與 TCP/IP 規範問世	電腦結合網路
1977Apple Ⅱ個人電腦與麥金塔作業系統問世	資訊量變起點
1980 年美軍用線性二維條碼管理軍事物流	物流資訊化
1985Windows MS-DOS 軟體可與 IBM 硬體相容	電腦存取相容
1991WWW 全球資訊網開放與行動電話開始普及	資訊網路成形
1995 梅特卡夫提出網路定律	資訊免費存取
1997 超級電腦深藍擊敗西洋棋王	人工智慧拐點
1999GPU 圖形顯示器使數位化系統網路發酵	數位人工智慧
時間：2000-15 網路行動化 階段：成長至成熟 硬體：家庭至個人 媒介：按鍵至觸控聲控 環境：光纖至無線	
2000 美國開放全球定位系統；全球網路用主機戶超過 1 億；生產線大量運用工業機器人降低成本	數位量變起點
2002 搜索引擎市場爆發，Amazon 展開線上銷售	人工智慧檢索
2005Facebook 社群媒體行銷	智慧應用程式
2007phone 智慧型觸控手機；雲端運算與存取	智慧行動裝置
2010 物聯網結合網路；網購漸取代實體店面銷路	智慧辨識技術
2011 積體電路至 24 奈米，4G 手機內建語音助理	智慧個人音控
2012 自動駕駛車輛開始實驗；大數據運算探勘	人工智慧自主量變起點
2013 德國工業 4.0－電腦化、數位化和智慧型化	
2015 美國允許自動駕駛車輛道路測試	

時間：2016-30 網路智慧化	
階段：成熟至蛻變	
硬體：個人至社會	
媒介：聲控至腦控	
環境：無線至意識	
2016-17 人工智慧擊敗世界圍棋、撲克牌職業冠軍	類神經網路特定環境實用化
2016 德國「工業 4.0」；「2025 中國製造」	
2017 中共公布下一代人工智慧發展計畫	人工智慧社會化
2018 美國與中共分別發明 AI 自動化機器學習系統；中共研製百兆次/秒超級電腦「天河三號」；敘利亞民兵以無人機群攻擊政府軍基地與補給站	人工智慧冷戰 人工智慧作戰實用化
2019 中美產業競爭－5G 手機為媒介－科技冷戰	人工智慧推廣
2020 商用無人運輸車、程式化捷運系統	
2025 中共預期人工智慧基本理論重大突破	人工智慧對抗
2030 中共預期完成人工智慧建設	

資料來源：作者參照三津村直貴，陳子安譯，《前揭書》，頁 18-19；謝志峰、陳大明編著，《前揭書》，頁 44。黃庭敏譯，《AI 未來賽局》，頁 19、60-65；廖桓偉譯，《第三波數位革命》，（臺北，大是文化，2017 年 1 月），頁 21-25；戴至中譯，《2062 人工智慧創造的世界》，頁 252-253；維基百科；綜合整理。

2011 年起，機器被人類賦予「各種感官與融會貫通」（sensor and data fusing）具體表現人工智慧的品項，如 Siri 便陸續以各種不同的面貌出現於行動通訊工具中。[28]人工智慧在某些思考任務中，表現優於人類，[29]除靜態的擊敗各種棋類冠軍外，語音助理、自動駕駛、自動付費、人臉辨識、醫療照顧、居家管理、智慧生產等在我們生活中已成司空見慣的當然。不旋踵無所不在的感測器－二維條碼、

---

[28]Speech Interpretation and Recognition Interface 為語音翻譯與認知介面，簡稱 Siri。
[29]Amy Webb，黃庭敏譯，《AI 未來賽局》，（新北，八旗文化出版社，2020 年 3 月），頁 60-65。

QR-code、手機－透過高度整合的全球網路（如附表三），在東西方八大科技公司刻意的壟斷下，[30]以「物聯網」（Internet of Things IOT）將有形與無形之資源，人力與腦力整合在一起，不僅左右了社會型態，也塑造了未來人工智慧戰場作戰環境的基礎。

附表三：2017 年各國智慧數位化環境建設（千人）

國家	美國	中共	日本	南韓
人口	326,474	1,388,233	126,045	50,705
手機	226,289	717,310	63,089	36,262
比率	69.3	51.7	50.1	71.52
寬頻	109,838	378,540	40,391	21,196
比率	33.65	26.86	31.68	41.58
Wi-Fi	395,881	1,474,097	170,129	63,659
比率	104.58	122.01	133.45	124.86
網路	245,436	746,622	117,529	47,094
比率	76.18	53.2	92.0	92.72
機種	蘋果	華爲	索尼	三星

資料來源：作者參照維基百科之各國智慧型手機、寬頻網路、網際網路用戶與普及率，綜合整理。

分析：中共各類網路用戶數大於美日韓之總和。如果除去幼童、失能者，此比率將更高；使用移動無線網路者遠高於固定網路，公私用戶分離現象日趨普遍；日本、南韓網路已近飽和，中共則仍有成長之空間。

　　在美國主導的市場需求推動下，業界對 2030 年人工智慧發展趨勢做出的研判，如附表四：

附表四：2030 年人工智慧趨勢研判

趨勢	類別	現階段市場實況	軍事用途
智慧機器人	智慧醫療、自駕車	達文西手臂、3D 列印、無人駕駛公車	醫療、運輸、警偵

---

[30]美國的 Facebook, Amazon, Google, Apple 與中共的騰訊、百度、華爲、阿里巴巴。

智慧應用程式	穿戴式電子產品	健康監測、居家護理、個人助理	官兵人身狀況掌握
人機智慧互動	智慧家庭管理	語音助理、居家安全、遠距護理	營區安全與管理
虛擬、擴增實境	頭盔、眼鏡、晶片	虛擬已具規模，iPhone 等已擴增功能	模式模擬與訓練
數位分身	產品虛擬除錯樣板	實體物件動態變化分析，可先期除錯	軍品量產前驗證
區塊鏈	伺服器、行動支付	無實體金融支付體系已漸成主流	補給保修財務收支
人機交談系統	類神經穿戴式電腦	攻擊直昇機視線與武器同步頭盔	武器射控、檢測
網路遊戲服務	手機、電腦競技	電腦遊戲競技與手機遊戲市場	兵棋推演單兵教練
數位科技平臺	工廠自動除錯系統	自我偵測除錯提高產品良率	軍品生產保修維護
適應性資安架構	資訊系統安全整合	提升金融及企業防制駭客入侵能力	資安、$C^4/I/SR$

資料來源：江言野，〈科技走向大預測 10 大趨勢您不可不知〉，非凡商業周刊，1026 期，民國 106 年 2 月 5 日。軍事用途為作者參照後綜合整理與修訂。

　　從上表分析可知，目前硬體的發展即將面臨技術瓶頸，所以人工智慧的未來，須仰賴各種生活應用的軟體為主要動力，以輔助人類生活便利為主。

　　如今，歷經 40 餘年的摩爾定律演變下之積體電路的奈米尺度規格，即將超出物理的極限，已然接近會產生「量子隧穿效應」（Quantum tunneling effect）進入量子領域之虞。[31]由於紫外線的波長最短為 10 奈米，2016 年業界之共識則認為 5 奈米將是其極限，[32]同時也有人主張因為受到技術與經濟的制約，研製的周期變長，經費增加，摩爾定律還能再適用十年左右，演進的時程則將倍增。摩

---

[31]量子隧道效應為一種量子特性，是指電子等微觀粒子能夠穿越它們本來無法通過的「隧道或牆壁」的現象。〈量子隧穿效應〉，百度百科。
[32]謝志峰、陳大明編著，《前揭書》，頁 325。

爾本人亦指出「如果未來十年中，尺寸縮小走到盡頭，不會覺得意外」。[33]2019 年台積電超紫外線 7 奈米積體電路量產，三星與英特爾緊追在後，2021 年 5 奈米 12 吋晶圓年產量將達百萬片規模，[34]至 2025-2030 年將是 3-2 奈米的窗口，[35]也是摩爾定律的考驗。

人工智慧未來之發展

　　就一般的認知而言，科技的發展平時靠市場需求牽引，戰時由政府主導。附表四的趨勢就是由美國的資訊科技巨頭，為爭取市場所做的研發項目。但是就目前電腦、手機、穿戴裝置汰舊換新周期變長，5G 折疊式手機研製，居家助理機器人推廣，[36]不如預期等事實觀察，顯示人工智慧的運算速度與演算法之進步，[37]至少在人類意識領域與活動中最基本的「圖形辨識與普通常識」方面，人工智慧程式之發展未必能夠支持爾後十年的科技需求。[38]而且，目前能夠具備構建和維持，人工智慧所需之龐大資料庫（data center）的主要是民間公司，[39]而非政府機構。

　　換句話說，在可見的未來 10-15 年，如果沒有重大的國際衝突，以商業利益主導的趨勢，應該不會使社會產生質的變化，進而轉變整個作戰環境至一個新而陌生的型態。將是依托在目前數位化資訊

---

[33]謝志峰、陳大明編著，《前揭書》，頁 329。
[34] 科技產業資訊室，〈臺積電 5 奈米廠動土，2020 年量產〉，http://iknow.stpi.narl.org.tw/Post/Read.aspx?PostID=14161
[35]謝志峰、陳大明編著，《前揭書》，頁 334。
[36]如華碩之 Zenbo 的人機對話必須在內建的程式資料庫清單上所列之項目為限。
[37]Mathew Burrows，洪慧芳譯，《2016-2030 全球趨勢大解密》，（台北，先覺文化出版社，2015 年 10 月），頁 115-118。
[38]鄧子衿譯，《2050 科幻大成真》，（台北，時報出版社，2015 年 6 月），頁 214-218。
[39]Douglas Alger. *The Art of The Data Center*. 'Contents' Prentice Hall Pearson Education.

的建設下，以「人的因素」爲主，「人工智慧」爲輔的局部戰爭之機率較高。軍事科技就像是現在的「模式模擬系統」，與「無人載具戰鬥化」（x.0 版）升級版，[40]如無重大突發事件，未來戰爭對軍隊建設應不致產生重大的衝擊。

此外，有人預測至 2030 年代，個人電腦將終結，手機亦將進入高原期。實際與虛擬的穿戴裝置，結合智慧、數位、網格（Mesh）的智慧數位生態體系，將成爲社會新的主流。[41]證明了人工智慧之發展已經進入高原期，未來 10-15 年將是可能轉折向下的第二個「轉折點」之開始。至於何時會到「技術奇點」（Technological Singularity）則將視量子電腦之發展而定，[42]因此，如何因應與調適所將面臨的挑戰，是爲我軍刻不容緩的課題。

人工智慧在戰場上之運用

1962 年美國的「義勇兵」（Minuteman）洲際飛彈射控系統，裝上 22 個積體電路設定彈道，爲當代人工智慧使用於軍事用途之始。[43]

1982 年以色列與敘利亞之「貝卡山谷」（Beqaa Valley）之役，則是首度以無人機與 E-C 電戰機干擾結合，[44]破壞敵方防空體系指管設施與陣地，以獲取空優的運用，將人工智慧輔助作戰的領域，從大

---

[40]如模式模擬訓練系統、決策支援系統；MQ-1 掠奪者（Predator）UCAV、機械騾-多功能通用無人載具等。

[41]黃亦筠、陳良榕，〈2017 十大科技趨勢〉，（臺北，天下雜誌 612 期，2016 年 12 月 7 日），pp98-99。

[42]指未來將發生不可避免的事件。舊的社會模式不復返，新的規則主宰世界。見〈科技奇異點〉，維基百科。

[43]謝志峰、陳大明編著，《前揭書》，頁 44。

[44]1981 年以色列購入 4 架裝備類比式電腦之 E-C 預警機，此次戰役亦爲該機種第一次實戰驗證。

戰略直接進入野戰戰略的層次。

1984 年，美國為擺脫「核子冬天」的陰影，以防制蘇聯戰略核武攻擊為名，誘使蘇聯與美軍備競賽，推動「戰略防衛方案」（Strategic Defense Initiative SDI）的飛彈防禦計畫，將人工智慧融入軍事指管通情系統（C⁴/I/SR），並加以整合為一完整體系，繼而促成蘇聯之解體，結束冷戰。

1992 年初，波斯灣戰爭的「沙漠風暴」（Operation Desert Storm）戰役，美軍在該方案累積的人工智慧輔助下，率領多國聯軍將戰爭帶入了數位化的領域，結束第二次世界大戰的機械化戰爭時代，並引發了當代軍事事務的革命。

1999 年美國基於摩爾定律與梅特卡夫定律的推斷，發展與運用其既有的資訊優勢，推動「網狀化作戰」（Network Centric Warfare NCW）的概念，從事聯合軍種數位化之建軍，以加大與世界各國部隊在素質方面的差距。[45]

2001 年「911 事件」發生之後，美國以「反恐怖主義」為名，分別對阿富汗與伊拉克不宣而戰，則是本世紀第一場「網狀化作戰」特質的資訊戰爭之驗證。就戰果而言，2002 年在阿富汗山區大型的特種作戰—「森蚺作戰」（Operation Anaconda）—因為戰鬥編組疊床架屋，指揮體系權責紊亂，與人工智慧敵情不明而效果不彰。[46]不過，2003 年於伊拉克沙漠戰場的軍級作戰—「伊拉克自由作戰」

---

[45]David S. Alberts. *Network Centric Warfare*. DoD C⁴/I/SR Cooperative Research Program（CCRP）. Aug 1999. 'Appendix A' pp245-251.

[46]該次戰役美軍將特種作戰性質之作戰，意圖以高科技人工智慧與情報，於境外視訊指揮作戰，結果失利。見 Sean Naylor，楊紫函譯，《不為人知的森蚺作戰》，（臺北，國防部史政編譯室史政處，民國 97 年 1 月），作者為隨軍記者因負面報導美軍，事後提供資訊者均被特戰司令部究責。
unregard2010.blogspot.com/2010/04/blog-post_3410.html

（Operation Iraq Freedom OIF）則因既有之體制，在資訊的「人工智慧」輔助下，有了顯著的成效（如附表五）。[47]

附表五：第 5 軍官兵戰後訪談資訊系統對作戰影響數據（4 分滿分）

區分	戰場敵我態勢掌握			戰場空間管理			對部隊作戰影響		
數據 (%)	經驗 值	新系 統	舊系 統	經驗 值	新系 統	舊系 統	營/旅	旅/師	軍級
全般狀 況掌握	3.29 82.25	3.56 89.0	3.15 78.75	3.17 79.25	3.51 87.75	2.99 74.75	3.32 83.0	3.60 90.0	3.90 97.75
即時決 心處置	3.08 77.0	3.45 86.25	2.88 72.0%	3.29 82.25	3.56 89.0	3.15 78.75	3.11 77.75	3.66 91.50	3.77 94.25
部隊協 同作戰	3.13 78.25	3.48 87.0	2.94 73.5	3.13 78.25	3.48 87.0	2.94 73.5	3.15 78.75	3.55 88.75	3.54 88.5
作戰敵 情資訊	3.40 85.0	3.55 88.75	3.06 76.5	3.40 85.0	3.55 88.75	3.06 76.5	3.20 80.0	3.65 91.25	3.59 89.75
兵力火 力協調	3.37 84.25	3.61 90.25	3.01 75.25	3.37 84.25	3.61 90.25	3.01 75.25	3.33 83.25	3.67 91.75	3.66 91.5

資料來源：毛翔、孟凡松譯，《美軍網絡中心戰案例研究 1－作戰行動》，（北京，航空工業出版社，2012 年 1 月），頁 48-60。百分比係由作者自行整理。

上表數據顯示資訊化的人工智慧確實有助於各級的作戰。但是，美國並未像上次一樣迅速結束戰爭，反而「費留」於戰地，曠日持久十餘年，徒增部隊傷亡。雖然師老無功，然而就「人工智慧」的觀點而言，卻也使得這兩國國土成爲美軍從單兵到小部隊作戰系統的實驗戰場。此期間人工智慧在戰場上重要之政策如：地面部隊各式與各類戰場偵搜無人機之編制調整、中高空戰略無人機（MQ-9）之武裝化、除役機種改裝爲武裝無人機、智慧型手機可與班、排無線電軍民網路連線等等的作爲，陸續出籠，不勝枚舉。

然而，「國之貧於師者，遠輸。」由於國防經費的萎縮，美軍在

---

[47] Dave Cammons etc. 毛翔、孟凡松譯，《美軍網絡中心戰案例研究 1－作戰行動》，（北京，航空工業出版社，2012 年 1 月），頁 48-60。

中東與西亞作戰的運用上更側重人工智慧的運用。例如，2007 年以改良之「聯合直攻炸彈」（JADM）攻擊恐怖份子的陣地。2011 年透過衛星監測人工智慧數據分析，確定賓拉登於阿富汗藏匿處所後，特戰小組於夜間自巴基斯坦越界發起的遠程奔襲。2019 年秋對伊斯蘭國（IS）首腦巴格達迪（Abu Bakr al-Baghdadi）之戰機空襲獵殺；2020 年初以遠端遙控 MQ-9「死神」（Reaper）攻擊無人機，[48]擊斃伊朗革命衛隊司令蘇雷曼尼（Qaassem Soleimani）等案例，都說明了「人工智慧」在未來傳統與特種作戰中的地位。

共軍人工智慧之發展

　　1978 年中共實施改革開放與「四個現代化」後，在「韜光養晦」的政策指導下，國防的優先順序放在最後。在二十世紀結束之前，中共都忙於軍隊的「精簡消腫，體質改良」的工作，基本上仍然抱持著「人民戰爭」的思想，無力關注人工智慧在軍事領域的發展，但是也給了共軍「迎頭趕上」的契機。

　　1992 年與 2003 年兩次的「波斯灣戰爭」中，多國聯軍的表現，讓中共見到了自己的落後。在每年大幅度增加國防預算之餘，共軍卻並未急於更新武器裝備，而是就「新時期軍事戰略方針」，展開十年的軍隊建設與軍事戰略之辯證，以推動「中國特色的軍事變革」。直至 2010 年方才定調於「立足打贏信息化的局部戰爭」，[49]採取「機械化資訊化複合發展」路線，[50]優先發展第二砲兵與海、空軍，以十年為一階段，「三步走」的完成軍隊建設。旋即全面汰除老舊武器，

---

[48] 飛航控制中心位於內華達之空軍基地內，操作員輪班作業。戴至中譯，《前揭書》，頁 144。
[49]《2010 年中國的國防》，〈二、國防政策〉，中共國務院。
[50]《2010 年中國的國防》，〈三、解放軍的現代化建設〉。

加速現代化武器系統之建造，開始其軍隊化軍隊之裝備與組織的全
面改造。換言之，自人工智慧需求較高的軍種開始其國防現代化的
腳步。

　　共軍經過了揚棄人民戰爭，「否定之否定」的歷程，各軍事體系
智庫大量引進國外相關「信息戰」、「網電戰」等資訊，[51]全面吸取
美、俄與以色列的建軍教訓，灌輸網路戰、太空戰、無人作戰、人
工智慧作戰、混合戰爭、「全維戰爭」等新觀念，以凝聚軍隊之共
識，排除改革障礙。2015 年並從事軍事教育的第二次轉型，灌輸
「互聯網+」的概念，[52]並同時比照美國與俄國進行軍事體系之變革
（如：合成旅、合成營）。以其異動幅度之大卻未見強烈的雜音來
看，新一代的共軍對人工智慧的接納度遠高於以往任何時期。

　　從共軍新一代的戰略與戰術武器系統，如北斗導航為核心的
$C^4/I/SR$ 體系、第二艘航母「山東艦」、055 中華神盾驅逐艦、J-20 隱
形戰機、利劍攻擊無人機與 DF-21D、DF-26 反艦彈道飛彈等裝備建
造、交付部隊的進度，以及陸軍各集團軍跨區基地訓練的情況來
看，目前共軍的建軍思維基本上是以美國網狀化作戰的思想為主，
俄羅斯的戰區與海權思想為輔，並參照中共目前的軍民科技能力，
按計畫期程分階段逐步或超前完成軍隊建設。在「軍民結合，寓軍
於民」的政策下，將「軍民融合式發展」的理念，結合大專院校軍
訓課程，以培養民間高端智力基本的軍事素養，「深化國防與軍隊改
革」，確實有在 2030 年基本上完成國防現代化之可能。[53]

---

[51]如軍事科學院、國防大學、國防、航空、電子工業大學與社會科學院等。
[52]洪慶根等著，《21 世紀軍隊院校教育第二次轉型》，（北京，國防工業出版社，
2016 年 4 月），頁 162-172。
[53]Joe McReynolds. *China's Evolving Military Strategy.* 'An Introduction to China's Strategy
Military-Civilian Fusion' The Jamestown Foundation, Jan 2017. Pp.409-413.

人工智慧在軍事上發展之展望

從上述的分析可知：在概念上共軍的人工智慧體系與美軍並無太大的差異。雖然在作戰運用上共軍並無具體的戰例可供參考，但是亦不難以推斷，現階段正逐漸拉進與美軍之差距。由於雙方制約因素乃科技的現實而造成，在未來能夠領先與否，要看民生科技的進展而定。

值得注意的是，兩者在軍事的人工智慧發展之策略卻有本質上的不同。美軍是老屋翻新：在既有的基礎上整合軍用數據資訊鏈路與民用網路體系，擴大應用人工智慧裝置之軍事運用；共軍為打掉重建：從戰場感知與裝備狀態監測著手，建立一個全新的人工智慧特質的資訊化的指管通情體系。換言之，美軍有許多丟不掉的包袱，共軍則是全新面貌的開始。

雖然美國一再的宣布撤軍，美軍仍然逗留中東與西亞，[54] 未能像越戰末期斷然抽身回國，將養生息；直至 2022 年初方才不計代價與國家榮譽，斷然拋棄對阿富汗的承諾，一夕之間倉皇背信棄盟歸去。因此，在這段時期美軍沒有深入檢討其軍事戰略，投入大量的研發經費，反而緊縮科技政策規畫人才之下，[55] 其人工智慧現貨市場，軍用科技落後於民用科技。現階段 5G 市場的爭奪戰中，在「萬聯網」（Internet of Everything IOE）將偏鄉與城市結合的發展方面，美方居於不利地位，為了奪回人工智慧領域主導權，美國政府遂以中興、華為公司竊取美商業機密與違反制裁伊朗作藉口，[56] 對中共展開「貿易新冷戰」以延緩其發展，再徐徐以圖。其魯莽粗暴的態度，

---

[54] 至 2020 年 3 月，美軍駐伊拉克約 5000 餘人，駐阿富汗約 8600 餘人。

[55] 戴至中譯，《前揭書》，256。

[56] 翁士博，〈美國司法部正式控告華為竊取對手商業機密〉，中時電子報，2020/2/13。

更顯示美國在這方面的心虛。

另一方面，我們知道人工智慧發展進度的快慢，取決於超級電腦的運算。在 2010 年前美國獨霸全球，2016 年時被中共超越，至 2019 年 6 月，美國的「尖峰」（Summit）的速度重新超過中共的「神威」電腦。[57]不過，在數量上美國有 116 座，中共為 219 座並已具備自製晶片架構之能力，其中將 IBM 併購的聯想公司則為全球最大超級電腦製造商。[58]而且中共在「人工智慧」專利公告與經費為美國之五倍，[59]此一數據顯示美國在未來人工智慧發展有其隱憂，這才是其真正問題的所在。

在軍事方面，2008 年初，共軍的理工學界即開始「現代人-機-環境系統工程」之理論研究。[60]2018 年則是將現有的由地面站臺遠端遙控統合的作戰概念，發展至有人與無人機、艦的現地協同作戰的具體實現。[61]這種資訊化人工智慧系統，高低搭配，遠近結合的構想，一旦累積足夠之經驗，未來無人機「蜂群戰術」之運用於 $C^4/I/SR$、目標攻擊或電子作戰，飽和敵方防衛體系，或反制敵方對我之攻擊都是可以預期的趨勢。

---

[57]劉惠琴，〈全球最快超級電腦 5 百大揭曉，臺灣有 2 臺上榜了〉，自由電子報，2019/06/26。

[58]陳曉莉，〈全球五百大超級電腦排行榜正式成為 Petaflop 俱樂部〉。www.ithome.com.tw/news/131445

[59]戴至中譯，《前揭書》，254-255。

[60]劉衛華、馮詩愚編著，《現代人-機-環境系統工程》，（北京，航空航天大學出版社，2009 年 3 月），前言。參與者有北京理工大學、哈爾濱工業大學、哈爾濱工程大學、西北工業大學。

[61]楊幼蘭，〈陸殲-20 當蜂王，傳將指揮 WD-1 無人蜂群作戰〉，中時電子報，2018/02/09。

人工智慧在軍事上對我軍之啟示

一、軍事組織聯兵化、扁平化

以往制約作戰指揮與管制體系效能發揮的因素—戰場態勢感知—因為資訊化的人工智慧而有大幅降低之機率。戰場透明度也不見得因層級的不同而各異。只要能夠透過商用之手持式終端機與無人機，單兵、伍、班、排小部隊亦能瞭解其附近狀況，或申請相關之支援。聯合兵種作戰扁平化，營級地位上升，連級（含）以下混合編組乃是大勢所趨。

二、作戰任務編組從以武器協同為主，轉以數據掌握為中心

資訊化的人工智慧加速了作戰的步調，未來的要打是講求「勢險節短」的局部戰爭。弱勢一方甚至在兵力、火力未及投入作戰前，未經實體破壞，即已輸掉了未打的戰爭。2008 年俄羅斯對喬治亞的資訊戰；2016 年以人工智慧技術軟體攻擊烏克蘭的主要網電傳輸系統，就是例證。[62]

從冷戰後的武裝衝突與戰爭中得知，未來戰爭的緒戰將應將由無人系統—巡弋飛彈、戰術飛彈、CUAV—實施遠端飽和攻擊敵方重要節點展開序幕。如何保護數據節點與處理來襲目標之數據資訊，透過人工智慧程式庫，在其未造成危害前予以摧毀，已成為重要之課題。因此，作戰任務編組應從以武器協同為主，轉移至以數據掌握為中心，[63]一旦發生「武裝衝突」，必先求作戰體系之完整，次求有效戰力之發揮，切不可再蹈伊拉克海珊被敵「打聾、打癱、打

[62]David E. Sanger，但漢敏譯，《資訊戰爭》，（臺北，貓頭鷹出版社，2019 年 11 月），頁 222-230。
[63]王維嘉，《AI 背後的暗知識》，（臺北，大寫出版社，2020 年 2 月），頁 276-278。

啞」的覆轍。

三、人機混合編組訓練常態化

中共與美軍都已開始從事有人與無人載具的協同演訓，將以往潛艦的「狼群戰術」空戰化。未來由一對一、一對多、多對多發展，以無生戰力消耗敵軍火力，有利於有生戰力之安全與戰力之發揮，將司空見慣。如何利用人工智慧運算人機訓練模式，依據實戰要求完成人機編組，賦予接戰的優先順序，制敵機先，將人機混合編組演練納入駐地、基地訓練，實為當務之急。

四、預作民用現貨軍用化之規畫

從附表四的預判趨勢，可以得知如果沒有合理的利潤或誘因，未來軍品規格領先民用現貨（Commercial-off-the-shelf COTS）市場的可能性甚低。受到預算制度的制約，軍品規格亦遠落後於民間科技的進展，而且也無法大量生產，因此如何預作透過合作機制交流，有限度的參與人工智慧模組化之適宜性，利用外接插卡或程式將民用現貨（如無人機）轉用於軍事用途，如低空偵蒐，戰地補給、戰場警戒等。戰備物資的整備須預先作好民用現貨軍用化，以及民間專長儲備之規畫，並及時修正確保戰力之持續，為未來建軍之要務。

五、5G 網路發展是沒有導航定位體系國家的救濟手段

美軍認為 5G 網路的發展屬於國家安全問題，不宜單純視為商業或科技競爭。應由軍方建構、維護一條安全的 5G 網路，再將頻寬經由特定的網路業者經營，以確保軍隊能有一條經過加密與保護的資訊高速公路，在 GPS 系統遭到干擾時，仍可提供適切「戰場覺知」

的功能，維持部隊之作戰。[64]這是一種運用部隊雷達系統結合民間基地網絡，確保部隊戰力有效發揮之理念，值得沒有導航定位體系的國家，對未來建軍備戰深切的思考。因此也是美國反對華為在其境內推行業務之理由。

六、「武器系統智慧化」與「智慧系統武器化」為未來建軍之重要課題

前者是「有什麼，打什麼」，後者為「打什麼，有什麼」的課題。「武器系統智慧化」，例如「新冠狀病毒」肆虐期間，物流業以無人機遞送物資於用戶；「智慧系統武器化」例如南韓以三星（Samsung）製造的衛哨機器人（Sentry Guard Robot SGR-A1）於非軍事區內服衛哨勤務。[65]如何將現有的武器系統以人工智慧優化，如何將人工智慧內建於未來之系統，為未來建軍之重要課題。

七、「戰爭之霧」不會因人工智慧而消除，反而更加模糊

《孫子》〈始計第一〉曰：「兵者，詭道也」，並有「十二詭道」之說。亦即是戰爭之霧的生成得之於天候地形的少，形之於人為的多。美式的資訊化戰爭與俄羅斯入侵烏克蘭能夠成功，是能將敵人置於「戰爭之霧」中而有以致之。但是從後者介入美國總統選舉的案例中，可知未來情報與反情報的負擔將更加嚴峻，因為新的科技愈多，資料便愈多；資料愈多，噪音愈大。戰場上的「戰爭之霧」除了傳統的欺敵之外，還會有「介面之霧」、「數據之霧」、「噪音之霧」與「信任之霧」等問題，不僅考驗人性道德觀，也對軍隊之作

---

[64]Robert Spalding，顏涵銳譯，《隱形戰-中國如何在美國菁英沉睡時悄悄奪取世界霸權》，（臺北，遠流出版社，2020 年 1 月 1 日），頁 146-159。

[65]Toby Walsh，戴至中譯，《2062 人工智慧創造的世界》，（臺北，經濟新潮出版社，2019 年 10 月 31 日），頁 154。

戰產生重大的挑戰。

八、軍隊人員素質與紀律要求提高

從美軍遠端遙控攻擊無人機執行任務時造成平民大傷亡；海軍雄三飛彈誤射事件等例證，可知人工智慧戰場上任何失誤都會造成極大的後果。可見高素質的人員精實訓練、嚴明軍紀與軍人武德的要求，更勝於以往。

結論

未來在太平洋戰場之作戰，美軍並無既有的經驗可以遵行。作者認為未來一旦發生衝突，美國不但不可能重施以往故技，先行摧毀中共的 C⁴/I/SR 體系，反而在西太平洋有受制於中共的可能。這也是美第 5 軍在數位化作戰檢討中，明白表示其經驗不適用於「高度資訊化的部隊」之原因。

此外，中美的「新冷戰」本質與對蘇聯之冷戰不同。雙方都有千絲萬縷的糾葛。美軍的軍規器材大量透過中共的供應鏈取得，美國的蘋果智慧型手機、平板與電腦，甚至軍用通信器材也都必須仰賴中共。後者已非昔日吳下阿蒙，美軍退役將領承認「沒有中國供應鏈，美軍連一場局部戰爭都打不成。[66]」從此次中共新型冠狀病毒的疫情，引發全球百業蕭條的情況觀察，可見此事並非空穴來風。

「兵形象水」，在個人手機晶片內建人工智慧運算功能是既定的趨勢，以我軍而言，未來的課題不是如何預測人工智慧將會帶來什麼影響，而是「因敵制勝」，如何調適因應其帶來的改變。美國固然可以利用人工智慧之利，從千里之外擊殺伊朗的重要目標；後者也

---

[66]顏涵銳譯，《前揭書》，頁 112。

可透過相似的手段，假阿富汗神學士之手，越境狙殺美國情報頭子為報復；[67]甚至連敘利亞的民兵都能用無人機群攻擊政府軍基地與補給站。[68]說明了人工智慧之運用重點在於因敵、因時、因地而制宜，找到「至當的行動方案」而已。

「不盡知用兵之害者，則不能盡知用兵之利。」人工智慧之害在於敵人不限於敵軍，任何有智慧型「電腦」工具的人或團體，都有危害我軍的能力。波灣戰爭時國際駭客以丹麥為跳板阻塞聯軍通信網路；巴黎恐怖攻擊時恐怖份子運用掌上型遊戲機協調對機場的攻擊；無數令人髮指的盜取公私帳號實施勒索等案例；都告訴我們網路是有漏洞的，如果不能有一個安全的網路與正確的防護觀念，[69]我們可能未蒙其利，先受其害。

在兩岸目前軍隊建設與科技發展都不對等的狀況下，我軍面臨的狀況是「有什麼，打什麼」；中共則是「打什麼，有什麼」，是一場沒有交集的戰爭型態。但是雙方的武器系統都具備一定程度的人工智慧功能，如何在「快打慢，明打瞎，聰打聾，新打舊」的模式中，找到克敵致勝之道，先立於不敗之地實為我軍當前刻不容緩的課題。

刊登於民國 109 年 8 月
《陸軍學術雙月刊》第 56 卷第 572 期

---

[67]郭崇倫，〈伊朗報復，狙殺美國情報頭子〉，（臺北，聯合報，民國 109 年 2 月 10 日），A12 版。
[68]王信力等著，《美中開戰與臺灣的未來》，（臺北，如果出版社，2019 年 5 月），頁 243。
[69]國防部譯，《網路安全─捍衛網路戰爭時代中的關鍵基礎設施》，（臺北，國防部政務辦公室，民國 106 年 8 月 31 日），頁 343-348。

十七、對中共「導彈打航母」之研析

前言

20 世紀末，自中共再度提出以「彈道導彈打美航母」的議題之後，在共軍內部旋即積極展開理論的論證與科技的研發；第二砲兵的理工學院列為重大的課題做深入之科技研究，該兵種北京的裝備研究所、共軍國防大學則展開理論之論證[1]，海、空軍與科研單位亦積極參與[2]，迄今浪潮未歇。

就戰技而言，以彈道飛彈攻擊航空母艦，需要有強大的各式 $C^4/I/SR$ 系統的支持與智慧型決策系統之支援，否則其成功之公算甚低。這是不爭之事實，也是一般人對重型火砲對海上活動目標射擊效果不彰的刻板印象。但是，從戰略的角度來觀察，如果航母戰鬥群將在「敵火」威脅下實施作戰，或者以「導彈」配合己方之航母戰力與敵方對抗，便牽涉到野戰戰略乃至於國家戰略層面之運作，一旦敵方有所忌憚，問題也就不那麼單純的只從射擊效果或成本效益來看了。

從戰史上我們知道任何重大科技因素的變化都會影響到戰略的局勢。軍事事務革命在資訊科技支援下，證明了只要當時的科技與

---

[1] 平可夫，《中國製造航空母艦》，（加拿大，漢和出版社，2010 年 6 月），頁 344；〈解放軍二砲條令納入彈道導彈打航母〉。
http://www.takungpao.com/news/09/11/26/junshi01-1177891.htm
[2] 此課題在《現代船艦》、《指揮控制與仿真》、《宇航學報》、《兵工學報》等刊物均陸續登載。見 Eric Hagt & Matthew Durnin. *China's Antiship Ballistic Missile-Development and Missing Links.* Naval War College Review Autumn 2009. Vol. 62, No 4 pp 106-115

超前的理論得以配合，許多概念性的武器系統都能夠得到實現，並投入戰場接受戰火的考驗[3]。因此，作者認為若以中共彈道飛彈科技研發的能力來判斷，這種「革命戰法」確實有其可能性，只不過是時間早晚而已。一旦成功，將使美國在以日本與關島，甚至夏威夷為基地的航空母艦戰鬥群受到極大的威脅，進而改變亞太的地緣戰略形勢。

中共認為「當前及今後相當長的時期內」，國家安全的威脅，可歸納為：現實威脅－臺獨分裂活動；潛在威脅－領土、領海爭端；最大威脅－大國威懾、侵略[4]；這幾項都與其海權之建設有關。中共要「維護國家海洋權益」[5]，在其海權尚無法與美國分庭抗禮之前，採取「以陸制海」的方針，拒止美國以航母介入臺灣海峽或南海之爭端，甚至做為進入中太平洋之張本，其中之戰略涵義，利弊得失，值得我們深思。質言之，中共明知其難度甚高，為何仍堅持不懈？這樣的「著眼」將會對未來亞太與兩岸局勢產生何種「影響」[6]？對我之防衛作戰有何啟示？無論如何，中共與美國同時都重視的問題，對我國而言，都事關國家安全而有深入研析之必要，需預為之備，以免招致「戰略奇襲」。

研究本課題時，作者認為無論平時或戰時，任何種類彈道飛彈的發射，都具有極大的政治作用，在中共尤其如此。所以中共的「彈道導彈打航母」思維，基本上是緣自於政治之目的。如果發生

---

[3]例如：陸基、海基彈道飛彈防禦、無人戰鬥飛行載具（UCAV）與聯合直攻彈藥（JDAM）。

[4]余愛水，《軍事與經濟互動論》，（北京，中國經濟出版社，2005 年 10 月），頁 73-84。

[5]中共國務院，《2010 年中國的國防》白皮書第一章：安全形勢。

[6]陸軍總司令部印頒，《陸軍軍隊指揮－戰略之部》，（中華民國 64 年 6 月 10 日），頁 75。

實際狀況時，中共受其核武戰略「不率先使用核武」指導之制約，打航母的彈道飛彈應指所謂傳統彈頭的「常規導彈」，而且不含容易引起敵方誤解爲使用核武之電磁脈衝彈。

同時，由於研究資料蒐整困難，篇幅有限，本文謹從中共「彈道導彈打航母」之背景，航母戰鬥群於海權中之角色及其易損性，中共的戰術與可行性，及其對美國海權之影響等幾個面向來探討其中的戰略涵義與未來發展，以期能得出結論，俾對我未來之戰略規劃能有所助益。

中共何以有「彈道導彈打航母」之思維

一、緣起

中共「四人幫時期」的副總理張春橋，早在 1972 年即已提出過使用陸基飛彈攻擊海上目標「以陸制海」之概念[7]，後因奪權失敗，鄧小平揚棄毛澤東「早打、大打、打核戰」的國防思想，採取「改革開放」的方針，實施現代化，才未見進一步之發展。

1996 年美國於「臺海飛彈危機」期間，以兩個航母戰鬥群進入臺灣東部外海對中共實施「威懾」之後不久，便傳出共軍有以彈道飛彈打擊航母，作爲其對美軍「反進入/拒止進入」（anti-access/access denial A2/AD）之手段，這種「不對稱作戰」的戰法，由於與一般印象中反制大型水面艦應以掠海飛行的巡弋飛彈爲主之觀念有極大的落差，在當時的科技條件下，成功的可信度不高，應是宣傳大於實質。然而，其熱烈的程度在 1999 年引起美國前駐北京武官石明凱（Mark Stokes）的注意，率先提出「機動變軌」技術對

---

[7] Andrew S. Erickson & David D. Yang 'Using the Land to Control the Sea', *Naval War College Review*, Autumn 2009, Vol. 62, No. 4 p.55.

美軍航母的潛在威脅[8]，美國學界、海軍戰爭學院開始討論，自此以後，這個課題便甚囂塵上，成為顯學。

事實上，除了中共之外，飛彈科技先進的國家也有從事這方面的研究，例如 2005 年烏克蘭曾經在馬來西亞的裝備展中，即展出了以攻擊大型水面艦為目的之「寶劍」（Sword）短程彈道飛彈，外銷之企圖十分濃厚，但是因為射程（120 公里）太短，且在航母戰鬥群空中打擊範圍之內[9]，戰鬥的效益不高，因此缺乏足夠之誘因，之後也未見有進一步之發展。

2004 年美國海軍的情報研究首度提到中共研發「反艦彈道導彈」（Anti-Ship Ballistic Missile ASBM）之情資。2005 年，美國國會的研究機構開始注意到此一問題，國防部則發出中共已然研製並測試以反制美軍航母為目的，有「超視距」（Over the Horizon OTH）雷達支援的 CSS-5 改良型「東風-21D」（DF-21D），研判應可於 2009 年服役之報導[10]，自此以後美國對此議題的研討會與論文即屢見不鮮[11]。2008 年起列入年度的《中國軍力報告書》，2010 年 12 月底美國太平洋司令官韋拉德（Robert Willard）上將公開宣稱「中共航母殺手彈道飛彈已初具戰力」[12]。

這種情形到了 2011 年更為具體。2 月 7 日，伊朗成功的實施了「短程彈道飛彈對海上靜止大型目標之攻擊」，透過電視轉播實彈射

[8]Toshi Yoshihara and James R. Holmes. *Red Star Over The Pacific-China's Rise and the Challenge to U.S. Maritime Strategy*. Naval Institute Press Annapolis Maryland 2010 p.104
[9]平可夫，《中國製造航空母艦》，頁 347；射程 120 公里，彈頭 480 公斤（約 1,000 磅），光學與雷達導引，精度 10 公尺；加裝助推器後改稱「雷霆」（Thunder）射程可達 290 公里。
[10]'Anti-Ship Ballistic Missile ASBM'- Wikipedia.
[11]Gordon Arthur 'Red Alert! China's Defense Transformation' Asian Military Review Nov 2010 P.50
[12]Bill Gertz（季北慈）.*China has carrier-killer missile, U.S. admiral says*. The Washington Times, Dec 27 2010.

擊的過程固然有對美國與以色列「嚇阻」的涵義[13]，這次的試射不但證明其可行之外，而且，在實施上只要條件配合即使是以伊朗之科技與能力都可以達到此一要求。這樣的演變也使得美軍的航母戰鬥群在波斯灣狹隘水域的作戰，危險性大增，這是自美軍於「雪特拉灣」（Gulf of Sidra）之戰以來[14]，未曾有過的新狀況，也為中東的局勢添加了一些變數[15]。尤其甚者，中共對伊朗在彈道飛彈方面的發展，有密不可分的關係，這次的試射是否為中共軍方假伊朗驗證其近十餘年來戰法與戰技的成果，亦不無疑慮。

同年 7 月，中共總參謀長陳炳德在訪美時，稱 DF-21D 仍在「接受實驗檢測」[16]，可見中共此一戰法並非無的放矢。雖然目前尚未蒐集到該系統對水面目標實彈展示驗證（DT&E）之情資，他的話已被解讀為：「中共可能已經發展、測試並部署了一種可陸基機動發射攻擊海上航母戰鬥群的彈道飛彈系統」[17]。既然中共的反艦彈道飛彈已不再是「遙不可及」，第二砲兵「常規彈頭的導彈」對美國航母的威脅即將成為事實[18]，而美軍的「神盾系統」對付此威脅之能力「有限」[19]，就不得不讓美軍予以正視這種戰法對其海權運用之影響。

---

[13]宇文拓，〈伊朗新型反艦彈道導彈可能成為反制美以的撒手鐧〉，2011 年 2 月 16 日，中國網；本次射擊之彈種為：「波斯灣」（Khalij Fars），射程 300 公里，彈頭 650 公斤（約 1,500 磅）。

[14]1973 年格達費與美交惡，將雪特拉灣列為領海，1981 年美國海軍艦隊強行駛入，並宣稱在「公海區域」進行例行軍事演習。8 月 19 日，利比亞軍機對美機發射飛彈，被擊落兩架。

[15]伊朗有意將此技術「提供友好鄰國」，意指敘利亞與黎巴嫩真主黨而言。

[16]〈美媒稱陳炳德承認中國正在發展反航母導彈〉，2011 年 7 月 14 日，新華網。

[17]〈美媒：中國大陸面對臺灣部署新型 DF-16 導彈〉，2011 年 3 月 18 日。http://www.cnnb.com.cn

[18]曾令權譯，〈中共新興武器挑戰美國軍力〉，（臺北，國防譯粹第 38 卷第 7 期，2011 年 7 月），頁 84-88。

[19]Ronald O'Rourke. *Navy Aegis Ballistic Missile Defense Program : Background and Issue for Congress.*-Table 1. Versions of Aegis BMD System. April 26, 2010. http://www,grs.org.

二、研析

中共自 1991 年波灣戰爭之後，歷經 10 餘年的論證，才決定實現軍隊現代化，「積極推進以信息化爲核心的中國特色軍事變革」[20]。在防堵「臺灣走向獨立」的前提下，加強其第二砲兵、海、空軍、資電與太空建設，積極的貫徹其「三步走」的建軍方針[21]，國防重點則由對北方的陸防轉向對東南的海防，並期在 2050 前年完成其軍隊之現代化。

從表面上看來，中共提出以彈道導彈打擊航母的戰法，源自於 1996 年因李登輝提出「兩國論」引起「臺海飛彈危機」時，美軍兩個航母越洋而來的介入。因爲事後經過共軍的檢討，認爲自 1955 年以來，每次臺海發生重大危機時，美國都會以航母戰鬥群作爲介入之工具，換言之，未來若臺海再度發生危機甚至戰爭時，共軍便必須面對「拒止」與「抗擊」美軍航母戰鬥群的干預[22]，因此其戰略問題便是能夠使用之手段，與可能獲得的效果是否足以達成其目的而已。在「有什麼，打什麼」的現實條件下，常規的彈道導彈與反艦巡弋飛彈高低遠近的配合，不失爲一種很好的選項。

此外，中共自 1984 年第二砲兵「戰略核武」（801-814 旅）組建完成，開始擔任「戰備值班」之後，在從事性能改良之餘，將部分研究能量轉移至「短程常規彈道導彈」的研製（DF-11、DF-15），軍援北韓、外銷伊朗與伊拉克實施「城市導彈戰」，1993 年起，著手建立其「戰役導彈部隊」（815-823 旅）。直至 1999 年 1 月，中央軍委對共軍頒布「作戰條令」[23]，律定各軍種之權責。正當冷戰已經結

---

[20] 中共國務院，《2004 年中國的國防》白皮書第三章。
[21] 中共國務院，《2010 年中國的國防》白皮書第三章。
[22] 平可夫，《中國製造航空母艦》，頁 344。
[23] 中國國際問題研究所軍控與國際安全研究中心，《2010/2011 全球核態勢評估報

束，世界大規模裁減軍備之時，中共的國防經費與戰略、戰役導彈
部隊之逆勢成長，自然成爲注目之焦點。因此，共軍以防止「臺灣
獨立；分裂國土」爲由，不但有了發展的正當性，也可以做爲與美
國「叫板」的工具。換句話說，這種潛在的因素，提供了中共「戰
役常規導彈」建軍之基礎。

在海軍作戰方面，中共的第一艘航空母艦「遼寧號」如今已經
成軍，納編於北海艦隊，未來若以其航母爲主力，對美軍逐行「進
入/反進入」（access/anti-access）作戰時，依據對中共軍隊建設之情
資研判，至 2020 年，中共縱然有 1-3 個航母戰鬥群可以部署，仍然
並不具備與美國相互在大海爭雄之能力。因此，其戰法必須朝著
「多彈種、多層次、多兵種的層層抗擊、聯合作戰」的方向發展，
使敵軍始終在共軍火力威脅下逐行作戰。相反的，共軍的海上兵力
卻能獲得「戰役導彈」的掩護。也是中共「常規導彈」部隊「制空
於地、制海於地」戰役指導的基本理念[24]。

孫子曰：「絕水必遠水，客絕水而來，勿迎之于水內，令半濟而
擊之，利」[25]；問曰：美軍跨太平洋而來，與中共爭鋒於臺海，將如
何「擊美航母於半渡」？在遠程阻擊的「尖刀」和「開路先鋒」的
手段上，第二砲兵提出了以「戰役戰術導彈、巡航導彈抗擊航母的
問題」，開始積極探討「導彈打航母」的戰略任務[26]。就第二砲兵
2003 年的「常規彈道導彈打擊航母編隊的設想」研究[27]，可知相關

告》，（北京，時事出版社，2011 年 2 月），頁 67。
[24]梅林，〈中共二砲常規導彈軍力的作戰任務與基本戰法〉，（臺北，中共研究，第
35 卷第 4 期，2001 年 4 月），頁 88。
[25]《孫子》，〈行軍篇〉。
[26]平可夫，《中國製造航空母艦》，頁 345，〈解放軍二砲條令納入彈道導彈打航
母〉。http://www.takungpao.com/news/09/11/26/junshi01-1177891.htm
[27]黃洪福，〈常規彈道導彈打擊航母編隊的設想〉，第二砲兵科學技術委員會，科技
研究 2003 年第一卷，頁 6-8。

的概念已經進行了 5 年多的開發，第二砲兵科學技術委員會早在
1998 年即已從事這方面理論的探討[28]，累積 15 年的研究，判斷應該
已經有了相當具體的成果。

如果進一步的從地緣戰略的角度來探討中共的海權發展，便可
以知道這種以「拒止美軍航母介入臺海」表面的理由實在極有商榷
之餘地。因為，既然決定要走進太平洋，就必須考量到美國航母戰
鬥群將帶給中共海軍什麼樣的威脅，這是其無可迴避的戰略課題。

自從 1980 年代中共將其戰略重心由「三北」－西北、華北、東
北－轉向「東南沿海」之後，在海軍方面，便放棄了「飛、潛、
快」的建軍政策，前中共海軍司令員劉華清依據鄧小平「面向未
來、面向世界、面向海洋」的「改革開放」的政策，統一海軍的思
想，確定海軍戰略，採取「積極防禦」的方針，汰除老舊裝備，加
速其現代化之建設建立一支從「近岸防禦」走向「近海防禦」，最後
成為一支強大的有航母戰鬥群為支柱之遠洋海軍[29]，這樣的建軍指導
到目前為止，中共海軍依舊遵循無違，也是其發展航母的依據。

從地緣戰略的角度來看，中共要進出大洋，進出孔道嚴重的受
到「第一島鏈」與「第二島鏈」的侷限，這兩道島鏈也一直是冷戰
時期美國、日本與南韓對中共全面實施「封殲」（Contain）的憑恃
[30]。對中共而言，第一島鏈－由阿拉斯加、阿留申群島經日本、琉球
群島、臺灣至菲律賓群島、新加坡－影響到其航線的主要島嶼，距
離中國大陸重要港口大約都在 200 海浬之內，這條線是美國在亞太
部署最久，經營最力的防線。它不但限制了中共海上防禦縱深，岸

---

[28]〈美專家：彈道導彈打航母已進中國二砲條令出版物〉，2009 年 11 月 27 日，環球網。
[29]劉華清，《劉華清回憶錄》，（北京，解放軍出版社，2004 年 8 月），頁 437-439。
[30]係指英國柯白（Julian S. Corbett）爵士的海軍作戰 3C 原則－封殲（Contain）、護航（Convoy）、聯合（Conjunct）。

置的中遠程反艦飛彈火力也危及到中共海軍海上機動的安全,使其
戰力無法發揮,打破這種極不利的地緣關係,便成了中共海軍的第
一要務,也是跨入太平洋的第一步。要達到這個目標,以當時的指
揮管制條件,劉華清認為海軍的作戰區域:「在今後一個較長時期
內,主要將是第一島鏈和沿該島鏈的外沿海區,以及島鏈以內的黃
海、東海、南海地區」[31]。亦即是海軍係在陸空火力掩護下,沿第一
島鏈東西兩側活動,對美軍航母戰鬥群的顧慮,相對的較小。

隨著中共軍隊素質的變化與戰力不斷的精進,亞太局勢向中共
傾斜的力道愈來愈大,再加上經濟高速發展對海外能源需求日增的
情況下[32],便必然免不了與美國之接觸,對其海上交通線之安全要求
也愈來愈迫切,「第二島鏈」─由日本、小笠原群島、硫磺島經過馬
里亞納群島(關島)南至加羅林群島─的重要性便與日俱增。這條
線是以美軍關島基地為中心,結合日本、紐西蘭與澳大利亞而做為
美軍對「第一島鏈」的依托,也是美軍能夠容忍西太平洋國家窺伺
的底線。在戰略涵義上:如果中共能夠突破美日封鎖,進入中太平
洋進而直接威脅美國夏威夷群島之安全,便可使亞太戰略情勢為之
丕變。然而,中共海軍進入大洋則必然會受到美軍航母戰鬥群的威
脅,在雙方戰力不對等的狀況下,中共必須有強力「威懾」的手段
予以制衡,方能確保其海上行動之自由與有生戰力之安全。

就中共的立場而言,在地緣戰略上控制「第一島鏈」便可以
「保障共軍對臺跨海登島作戰的順利實施」;獲得「第二島鏈」的制
海則可「威懾和阻止國外軍事干預的介入」。前者,有三軍聯合火力
之支援,獲得相對容易,對航母戰鬥群的顧慮亦較小;後者,則為

---

[31]平可夫,《中國製造航空母艦》,頁 8-9。
[32]艾利諾・史龍(Elinor Sloan),黃文啓譯,《軍事轉型與當代戰爭》,(臺北,國防
部譯印,中華民國 99 年 6 月),頁 154-155。

其作戰成敗之關鍵因素，然而，在可見的未來，中共可以使用對抗美軍航母戰鬥群威脅的工具與手段並不多。

由於海軍的艦艇之整補仍然需依賴港口，在可見的未來能夠對敵方港口設施與停泊艦隻等靜態目標產生「威懾」作用的還是有賴各式的巡弋飛彈與彈道飛彈。後者攻擊的方式與效果都有待考驗，以彈道飛彈攻擊大型海上活動目標，確實很難，但是並非不可能，同時也可以迫使敵方因雷達資源的分配緊張，進而影響到整體戰力的發揮。因此，如何發揮第二砲兵的功能，掩護航母戰鬥群或小型艦隊的編組走出「第一島鏈」，進入「第二島鏈」，就理論而言乃為一個可行的「以弱敵強」之戰略選擇。

如今，從中共海軍的建軍已經從「逐步擴大近海防禦的戰略縱深，提高海上綜合作戰能力」[33]，進步到「按照近海防禦戰略要求，注重提高綜合作戰力量現代化水平，增強戰略威懾與反擊能力，發展遠海合作與應對非傳統安全威脅能力」[34]，一方面積極的參與亞丁灣防止索馬利亞海盜的護航任務，累積其遠洋作戰的經驗[35]，另一方面則數度在其近海海域、南海及西太平洋與美軍艦艇發生對峙或摩擦事件[36]，再加上中共航艦即將成軍的情報資料不斷出現，可見中共海軍活動的範圍已實質上跨越「第一島鏈」向「第二島鏈」推進，在中共海軍未完成其現代化之前，運用第二砲兵「常規彈頭」的反艦彈道飛彈實施「威懾」為最具「效益比」的方案。

---

[33] 中共國務院，《2006 年中國的國防》白皮書第二章—國防政策。
[34] 《2010 年中國的國防》白皮書第三章—陸軍、海軍、空軍和第二砲兵建設。
[35] 〈中國海軍第九批護航編隊起航赴亞丁灣海域〉，2011 年 3 月 18 日。http://www.sina.com.cn
[36] 〈美軍證實：2006 年中國潛艇確曾靠近美軍航母〉。news.rti.org.tw/index_newsContent.aspx?nid=186139

三、小結

由以上研析的結果，中共「彈道導彈打航母」之發端，初期固然是以防止美軍介入干預臺海紛爭為主，也是為了謀求其「常規戰役導彈」建軍之正當性，然而，經過其論證後如何做為其海軍在太平洋活動之後盾，改變亞太戰略局勢才是其主要的著眼。

航母戰鬥群於海權中之角色及其易損性

一、於海權中之角色

戰爭是解決衝突的最後手段，其目的在屈服敵人意志，使其服從我之意志以達成國家目標。因此，當他國斡旋與外交折衝無效，一旦使用武裝或暴力的手段解決紛爭時，衝突即演變成戰爭；在大洋之上以航母戰鬥群為樞紐，奪取並掌握制海權，以獲得戰爭之勝利乃是自日軍偷襲珍珠港以來已經形成之常識。

第二次世界大戰以後，民族主義勃興，西方列強在不得不放棄以武力掠奪而來的殖民地之餘，也同時失去了海權所需之海外基地[37]，然而造船工藝與航空科技的演進，卻使得航空母艦為核心的戰鬥群成為詮釋海權理論與「砲艦外交」的最佳工具。在馬漢的海權理論中，於境外作戰時必須要有作戰基地為支撐，不論其為永久或暫時的基地都應該具備：集中、中央位置、內線與交通線等四個條件[38]。太平洋的珍珠港、大西洋的亞松森群島及印度洋的迪亞哥加西亞島便是典型的永久位置；航母戰鬥群則不但是暫時位置的具體表

---

[37]如英國在香港之維多利亞港，美國在菲律賓之克拉克基地，法國在越南之海防港等。

[38]楊珍譯，《馬漢海軍戰略論》，（臺北，軍事譯粹社，中華民國 68 年 5 月 1 日再版），頁 55。

徵，也可以藉海上機動對敵軍形成「外線包圍」或「角形基地」之有利戰略態勢。

航母戰鬥群是以航空母艦為核心，依據任務需求與作戰環境納編各式水面、兩棲作戰艦、潛艦與後勤支援艦艇而編成之海軍特遣隊或遠征軍。其強大的戰力可以「從海洋發動即時、迅速和持續性的作戰，對所望的地點投送決定性和持久的攻勢戰力」[39]。所代表的角色是國家武力的展示與行使權力；她的任務其實非常單純：投射與回收空中打擊武力，獲得並掌握作戰地區之制空，達成此一目標後方得以進行所要之制海作戰，也是現代海權的核心。

目前世界上有美國、俄羅斯、印度、英國、法國、義大利、泰國、西班牙、巴西等 9 個國家擁有航母，然而能形成戰力的長期擔任戰備的還是只有美國與英國。這兩個國家都具有實戰經驗，艦型及戰法卻大不相同。美式之大型航空母艦，因甲板面積大、艦載機種齊全，每一航母戰鬥群能夠單獨或聯合執行任務，如臺海危機時的兩個戰鬥群以及波灣戰爭時的三個戰鬥群分進合擊之例[40]；英式之中、小型航空母艦，則受甲板面積所限，多採取聯合的方式依據需求，實施分工，以達成其任務，如英阿福克蘭戰爭之例[41]。

至於中共雖然自 1987 年劉華清提出海軍兩大核心裝備－航空母艦和核子潛艦－確立海軍建軍方針之後，便將其列入各期「五年計畫」開始論證，積極籌劃[42]。除展開人才儲備[43]，建造大型水面艦艇

---

[39]李耐和、李盛仁、李欣欣、拜麗萍等譯，《信息時代美軍的轉型計畫》，（北京，國防工業出版社，2011 年 1 月），頁 331。

[40]譚曉寅、徐忠平、鄭文祥編著，《航母－現代戰爭武器揭秘》，（上海，百家出版社，2006 年 1 月），頁 296-299。

[41]曾祥穎譯，《福克蘭戰爭一百天》，（台北，麥田出版社，1994 年 11 月 1 日），頁 23；無敵號甲板較小，負責艦隊防空；赫姆斯號則負責制海與空中支援。

[42]吳東林，《中國海權與航空母艦》，（台北，時英出版社，2010 年 1），頁 17-18

[43]1990 年完成第一批航母艦長培訓，目前應已有人才可供遴選。

與核子潛艦外，外購澳大利亞退役及前蘇聯報廢的航空母艦，實施逆向工程之研究[44]，從烏克蘭引進蘇凱-33K（SU-33K）仿製爲殲-15（J-15）艦載機[45]，此期間雖然不斷有各種情資傳出，但是始終莫衷一是，2009 年軍方首度對國際表態，2011 年 7 月 12 日，中共軍方對外證實中國正在建造航母，數量則未定[46]。由此可知，共軍已經完成相關的配套措施，以烏克蘭的「瓦亞戈」號（Varyag）改裝的航空母艦，以大連爲母港實施海上試車，不過尚未見到海空配合驗證之情資，初期應先部署於北海艦隊，擔任演訓角色，經過一段時間的實兵論證後，視國家利益之需求，決定未來兵力規模，未來則應以海南島的三亞爲主要基地。

二、航母戰鬥群之易損性

至於其運用的方式與戰術，自韓戰以來，美國航母戰鬥群一直都是在「以強凌弱」的環境下作戰，並未經歷過敵軍空襲的考驗，因此，其戰術戰法可供敵情研判卻不足以師法。若以其成軍的方式與戰法研判，在不久中共面對航母戰鬥群的反制與運用之作戰，英軍於福克蘭戰爭時的經驗教訓，反而對中共較具有參考價值。

於有敵情顧慮時，航母戰鬥群作戰時最基本的原則爲在避免遭受敵空中與水下之攻擊之同時，發揮我之空中打擊戰力以爭取作戰

---

[44]1985 年購買澳大利亞的墨爾本號（Melbourne）；1998-2000 年密集購入前蘇聯的明斯克號（Minsk）瓦亞戈號（Varyag）及基輔號（Kiev）。

[45]1994 年 8 月，俄羅斯的 Sukhoi 設計局將 SU-27SK 重新命名爲 SU-33，平可夫，《中國製造航空母艦》，頁 106-125；據情資顯示瀋陽飛機廠製造的 J-15 已於 2010 年 5 月首度試飛。

[46]〈解放軍總參謀長：中國未決定會造幾艘航母〉，2011 年 7 月 12 日，京華時報，新華網。陳炳德回答說：「中國從烏克蘭引進一艘廢舊的航母，在此基礎上加以研究也很有價值，至于會造幾艘航母現在還未決定。」據悉代號「9935 計畫」的航艦目前正在長興島建造中。

地區之制海。1975 年蘇聯的三軍演訓中，為擊滅美軍航母戰鬥群，爭取制海，採取了以空中、水面、水下之反艦飛彈「飽和攻擊」的戰法[47]，並經 1982 年的英阿福克蘭戰爭中阿國空軍以法製飛魚飛彈（Exocet），擊沉英軍「雪菲爾」號（Sheffield）的實戰驗證[48]，顯示出航母戰鬥群的易損性（vulnerability to attack）－水下與空中威脅－依然如故。由於反艦飛彈射程與速度都遠非艦載之定翼機與防空系統可及，為反制此一威脅，美軍乃研製相列「神盾」（Aegis）雷達系統及「標準」（Standard Missile SM）防空飛彈系列為之因應。

如今中共更提出了以彈道導彈從高空進襲，業已使以西太平洋重要港口為基地之大型艦艇受到極大的威脅；共軍內部更有論文指出應以諸般手段，誘使敵之航母戰鬥群進入預定之作戰海域，並視狀況「以二砲中、遠程導彈突擊敵航母編隊核心部署」[49]。不但是要能夠突擊在港停泊的艦艇，而且也針對了海上活動的目標；同時，理論方面已經有了相當深入的論證，如果配套的條件－導航體系、目標獲得、末端制導、指揮管制、決策支援－成熟，確實有成功的可能。

三、小結

航母戰鬥群於各國海權中都是居於樞紐之角色，有其易損性，也都是敵軍優先攻擊的目標[50]。中共提出以彈道導彈攻擊航母之戰法，與日軍偷襲珍珠港及德國以 V-2 攻擊英國倫敦的理念，如出一

[47]平可夫，《中國製造航空母艦》，頁 363。
[48]曾祥穎譯，《福克蘭戰爭一百天》，頁 19-33。阿根廷空軍本係以無敵號與赫姆斯號航艦為目標，唯目標獲得能力不足，留空時間太短，而數度誤中英軍擔任哨戒的大型驅逐艦。
[49]平可夫，《中央軍委最高地下指揮所的機密》，（加拿大，漢和出版社，2010 年 10 月），頁 86。
[50]曾祥穎譯，《福克蘭戰爭一百天》，頁 155。

轍。由其「北斗」導航體系的建設可望於 2015 年完成[51]；2010 年第二砲兵自動化的指管系統已和海空軍共同聯網[52]；航空母艦即將成軍；東風-21D 仍在「接受實驗檢測」等情資觀察，不論中共提出這種「不對稱戰法」的著眼為何，都將使美國海軍戰略受到極大的衝擊，而必須嚴肅的面對其可能帶來的威脅。

中共「彈道導彈打航母」的戰術與可行性

一、理論與戰術

在未來的局部武裝衝突或戰爭中，拒止與抗擊敵方航母戰鬥群對我方之危害，並非一味的要求擊沉或擊傷，只要造成敵軍放棄或迴避，而無法遂行其任務，卻又不致於影響到我既定戰略與任務之執行，在理論上，都可以稱達到了所望之效果[53]，因此，在戰術戰法上更可以靈活多變。美軍的《2009 年中國軍力報告》，引述二砲工程學院於 2004 年相關的：「反艦彈道導彈可以利用『端敏感穿透子導彈』來摧毀敵人的艦載機、控制塔和其它易損性高的重要目標」之學術論文[54]，可見中共確實有其理論做為科技研發的指導。

在對抗航母戰鬥群的戰術方面，中共一直強調是「戰役層次」的「多彈種、多層次」三軍聯合作戰，第二砲兵只是其中之一環，其參與的時機應視其射程與所望之效果而定（威懾或奇襲）。參考中共的《二炮戰爭理論》準則，「反艦彈道導彈」可以採取之戰術有：

---

[51]楊鐵虎，〈中國「北斗」衛星導航系統預計在 2015 年覆蓋全球〉，2009 年 1 月 19 日，人民網。

[52]平可夫，《中央軍委最高地下指揮所的機密》，頁 40-41。

[53]曾祥穎譯，《福克蘭戰爭一百天》，頁 190-193。如福克蘭戰爭時，阿根廷的航空母艦「國慶號」（Veintecinco de Mayo）於「貝爾格蘭特將軍號」（General Belgrano）被擊沉後即返港，避戰不出，未曾嘗試阻止英軍之登陸作戰。

[54]美國國防部《2009 年中國軍力報告》，第三章：軍隊現代化的目標和趨勢。

「騷擾敵軍停泊在港的航母；於敵軍航線正前方火力設阻；配合海軍對威脅我軍側翼航母火力驅逐；對向我發起攻擊之敵軍航母集火覆蓋打擊；資訊電子戰之攻擊」等[55]。以上 5 種戰術，並未超出一般的火力運用「阻止、擾亂、摧毀、制壓」之範疇，其目標則包括了「在港整補」艦艇及其支援設施，與一般人係以美軍海上活動的航母戰鬥群所認知的觀念不同，也是「柯白 3C」原則中「封殲」與「聯合」的具體實現。

另一方面，作者認為採用「東風-21D 中程常規彈頭反艦導彈」背後透露出來的訊息是：中共想控制的海域是在「第二島鏈」以西，不至過於壓縮美國海軍的活動空間，也不會威脅到美國的本土。明顯地反映出中共現階段對此課題之思維是政治嚇阻大於軍事摧毀，也說明了攻擊敵方航母戰鬥群，實際上是個政治大於軍事的問題。

二、可行性

中共也不乏有對此問題持疑慮或反對態度的人士[56]，主要的論點都在於懷疑其成效，以及彈道飛彈和巡弋飛彈的「效費比」；這類主觀的論點和以往火砲對海上活動目標射擊效果甚差的成見如出一轍。但是卻不理解其根本原因是目標獲得的速度與精度達不到射擊的要求而有以致之。這種情形以 M109A2 自走榴彈砲使用雷射標定的美製 155 公厘「銅斑蛇」（Copperhead）砲彈，即可有效摧毀海上目標之例，便可知道以曲射的彈道攻擊目標，講求天衣無縫之配合。

從伊朗的試射案例中，也已經證明在同一個座標體系內，彈道

---

[55] 〈解放軍二砲條令納入彈道導彈打航母〉2011 年 3 月 18 日。http://www.takungpao.com/news/09/11/26/junshi01-1177891.htm
[56] Andrew S. Erickson & David D. Yang. *Using the Land to Control the Sea*. p.58.

飛彈只要能夠精確掌握目標的動態，透過自動化對目標相關「力、空、時、地」的射擊解算（Firing Solution），得出預期彈著點的位置，就有極大之成功公算。因此，其可行性是無庸置疑的，問題在於目標獲得、射擊解算與「末端制導」能否滿足任務之需求。

美國對中共末端制導之認知

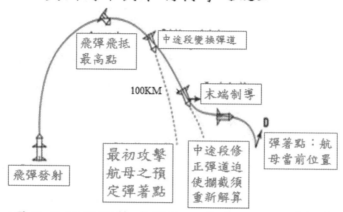

飛彈飛抵最高點
中途段變換彈道
100KM
末端制導
D
彈著點：航母當前位置
飛彈發射
最初攻擊航母之預定彈著點
中途段修正彈道迫使攔截須重新解算

壓縮敵攔截解算時間使不及或不能即時攔截

　　至於兩種不同飛彈「效費比」的問題，則屬「見樹不見林」的見解。中共以彈道飛彈攻擊敵軍航母，是現有系統的改良，使其能夠「一彈多用」；同時，美軍之神盾系統係以攔截掠海飛行的巡弋飛彈及空中目標為主要，但是具備反彈道飛彈軟體功能的神盾艦卻有限，因此，是美軍敵情搜索與目標獲得方面的弱點。同時，「成本效益」是要從所望獲得的效果與戰略目的來看，而不是武器的成本多寡為準。如以現有的系統加以改良而能造成敵軍威脅，使其心存顧忌進而影響到其戰略之運用，「效費比」如何判斷，不言自明。

　　「彈道導彈打航母」之前提是要能構建完善的自動化的戰場管理（BM），利用以太空基地（space-based）為基礎的「情監偵」（I/SR）系統與通信衛星（C），結合了電腦（C）人工智慧變成指揮

管制（C²）利器的 C⁴/I/SR 體系－BM/C⁴/I/SR－精確掌握與預判戰場上敵方航母動態。在理論上，一旦「找得到、盯得住」，就有可能「打得到」。

中共在 2003 年開始，第二砲兵的各旅級指揮系統已經完成自動化，可接收衛星情資；2010 年第二砲兵的指管系統與海、空軍連網，構成三軍聯戰體系[57]，因此，可以說中共已然打下了「彈道導彈打航母」戰場管理的基礎。

至於目標獲得與射擊解算的要求；從中共 2007 年 1 月 11 日，以東風-31 改裝為「開拓-2」（KT-2）型反衛星飛彈，運用改自「紅旗-19」影像紅外線尋標器，迎頭攻擊摧毀在 865 公里軌道失效的「風雲一號 C」（FY 1C）750 公斤氣象衛星事件；以及 2009 年中共順利的從「北斗一號過渡到北斗二號」[58]，解決了導航系統「批量製造」組網和驗證的難題，加快北斗導航體系構建之步伐[59]，有於 2015 年提前完成全球組網之可能[60]。研析這兩項情資，前者說明中共已具備動態目標即時獲得、掌握與射擊解算之能力；後者則顯示中共的導航即將可以自主而不受美國與俄羅斯導航系統之「箝制」，甚至於還可以對美國之「全球定位系統」（GPS）實施干擾。

在「末端制導」與「導彈突防」問題方面，中共並不缺乏理論根據。甚至最早可以追溯到 1948 年錢學森提出的「飛行器於重返大氣之後，滑翔機動至預定目標」之概念，因當時的科技無法支持，

---

[57]平可夫，《中央軍委最高地下指揮所的機密》，頁 40。

[58]黎雲，陳明昊，〈北斗系統將從一代向二代平穩過渡〉，2009 年 4 月 17 日，新華社報導。

[59]何詰，田劍威，鍾玉華，〈中國北斗系統進入加速組網期，破解批量製造難題〉，2010 年 11 月 5 日，環球時報，以使用壽限 8 年計算，每年 1/8 的比例汰舊換新，35 顆應每年發射 4-5 顆。

[60]楊鐵虎，〈中國「北斗」衛星導航系統預計在 2015 年覆蓋全球〉。

而流於學術理論，也成為美國軟禁不放錢氏返回大陸原因之一。在1996年3月8日，對臺灣試射之 M-9 飛彈的彈頭上有明顯之氣孔，飛彈在落入高雄外海的直前，曾有減速及飄移之現象，研判應該就是實施「變軌突防」的實驗，自此以後中共方面的資料就一再的提到「末端制導」的名詞[61]。只不過其理論與實際的關係仍然很難獲得相關的資料求證。

由於東風-21D 彈頭的容積夠大，在戰術上中共除了可以採用加裝「北斗定位系統」的「集束式」與「分導式」多彈頭，實施大面積空炸攻擊及飽和攻擊突穿「神盾」系統的防禦之外。在彈道飛彈攻擊最後（末端）的階段，當重返大氣之後，到達空氣阻力可以對彈體產生作用的高度（約 100 公里以下）時，開始運用「減速增程的技術」，使飛彈主動尋標的導引系統發揮歸向（homing）作用，以「機動變軌」的手段，改變彈道的攻角（attack angle）以突穿敵軍的反飛彈防禦體系[62]。

「末端制導」導彈的彈頭外形有向量噴嘴口或空氣致動的翼面可資識別；通常在重返大氣（reentry）之直前（中途段結束前）或直後（末端段開始）減速機動變換原先的彈道，至依偵追數據而修訂之彈道，對目標實施高速度、大角度的攻擊。中共可使用的手段有：「平面機動彈道、螺旋機動彈道、空間機動彈道」等三種[63]，無論採取那一種手段，攻擊的「導彈」都會使用複合式（如紅外線+光學+北斗+雷達）的尋標（seeker）系統[64]，其目的在迫使被攻擊的目標因為原先所解算出的攔截諸元失效，必須重啟「反導」的程序，

---

[61] http://www.space.cetin.net.cn/docs/ht0308/ht0308ddwq02.htm.
[62] 汪民樂、李勇，《彈道導彈突防效能分析》，（北京，國防工業出版社，2010 年 5 月），頁 10-12。
[63] 汪民樂、李勇，《彈道導彈突防效能分析》，頁 60-62。
[64] 美國海軍認為可能運用雷達與紅外線制導。

攔截系統反應時間的受到壓縮（約 1 分鐘左右），而使其不及或不能解算出最佳的攔截點（高度 18-15 公里），即時攔截，以增加命中的公算。不過，尋標系統愈複雜，技術條件就愈困難，相對的也占用彈頭的容積，減損攻擊的威力，其中的取捨需視所望達到的政治與軍事目的而定。

附表：中共彈道導彈「末端制導」之分析

方式	精度	天候能力	土動尋標	多目標	支援系統	複雜性	數據處理	成本
紅外線	優	中	有	有	無	高	難	高
雷達	優	優	有	有	無	極高	極難	極高
北斗	10m	優	有	有	衛星	高	難	高
地形匹配	30-50m	優	有	有	數據圖庫	高	難	高

資料來源：沈如松土編，《導彈武器系統概論》，（北京，國防工業出版社，2010 年 10 月），頁 179。

　　面對這樣的場景，就必須讓進襲的飛彈在大氣層減緩速度[65]，以利對目標之識別與標定（targeting），但是，其相對速度仍遠大於聯合直攻彈藥（JDAM）自由落體的速度，因此，「變軌修正與導引能力」要求其高（參閱附表）。以目前中共的科技水準確實有其難度，也無怪乎，中共總參謀長陳炳德於美國公開承認：「在資金、技術與人才獲得上有所窒礙」[66]。2011 年伊朗的試射，撞擊的速度減至爲約 3 馬赫，判斷是由中共提供的技術，因此，中共在這方面的理論不是問題，而是需要精密的技術予以支持。換言之，現階段中共「末端制導的突防技術」確實仍有待驗證。

　　如果將時間推遲到 2020 年，則未必如此！畢竟航母戰鬥群在海

---

[65] 2011 年 2 月 7 日，伊朗之試射，最後撞擊目標時之速度約爲 3 馬赫。
[66] 〈美媒稱陳炳德承認中國正在發展反航母導彈〉，2011 年 7 月 14 日，新華網。

上作戰的模式有一定的跡象可循；在彈射與回收戰機時係處在航速與航向相對穩定的線性狀態，而且因航母體積太大無法做「蛇行迴避」（zigzag），對於大速度的彈道飛彈而言，就可以將其視爲相對靜止之目標。只要有可行的理論，以未來的科技能量，作者認爲中共「導彈打航母」實現之可能性，不容低估。

三、小結

飛彈與反飛彈的攻防，比的就是系統整體的反應速度。中共「導彈打航母」的戰術與戰法，雖然理論探討已久，且有「反艦導彈」之情資傳出，判斷目前仍在研究階段，並不成熟。縱然可以假伊朗對大型海上靜止目標實施驗證，但是於 2015 年「北斗導航系統」開始全面運作以前，應該尚不具備對海上活動目標攻擊之「初期作戰」（Initial Operational Capability IOC）能力；唯俟其航母成軍之後，以其自身作戰訓練之經驗，以及太空偵測、導航系統、超視距雷達與資訊科技之支援下，應在 2020 年以後有實現之可能。

中共「彈道導彈打航母」對美國海權之影響

衡諸海權發展的歷史，當一個國家的資源無法自給自足，必須至海外尋求時，強權的外交與軍事政策都以確保資源供應安全爲核心，巧取豪奪，無所不用其極，美其名曰：「保護國家利益」。英國、日本、美國，無一例外。中共自 1978 年「改革開放」之後，1994 年便由石油輸出國變成進口國，經濟發展至今，對原油、礦產的需求依存度激增[67]，也造成世界原物料價格的飆漲；「圍繞戰略資

---

[67]唐風，《新能源戰爭》，（臺北，大地出版社，2009 年 4 月），頁 32-34。

源、戰略要地和戰略主導權的爭奪加劇」[68]，對中東與南美能源供應海上交通線的安全，已成爲中共海軍重要的課題。

同一時期，中共對能源市場的爭奪是否會挑戰美國「海上霸權」，進而產生衝突，一直都是美方關注的重點，相關的論述，汗牛充棟[69]，國會通過立法要求國防部比照以前對蘇聯的模式，每年對中共軍力的成長提出報告；國防的智庫與專家學者則不時的談論「中國威脅論」，顯然在美方的心態認爲中美未來於海上可能發生衝突之機率甚高[70]。解決衝突的工具，則是以航母戰鬥群爲主力的海上武力。中共提出「彈道導彈打航母」的理論則是目前美國還無法有效因應的，因此，這是足以威脅航母戰鬥群生存的發展，也是影響美國西太平洋海權行使的關鍵因素。

至於在亞太方面，有三大「熱點」，除了「臺海兩岸的和戰」是直接引發中美衝突的因素之外；「朝鮮半島」與「南海主權」則屬於間接的性質；近期內北韓局勢不穩，金正恩以飛彈試射鞏固其地位；不過在這些地區中共與美國的角色與影響力概等，應不致於發生大規模的軍事衝突。然而，中日之間因爲東海大陸棚中「春曉油氣田」（位於第一島鏈與大陸之間）開採的爭議，互不相讓[71]；日本的態度強硬，海上的爭執不斷（如 2010 年 9 月釣魚台列島撞船事件），雙方關係不佳；日本對中共海軍的活動範圍日益擴大而表示擔心[72]；更重要的是日本的「海上生命線」和中共重疊，卻隨時暴露於

---

[68] 中共國務院，《2008 年中國的國防》白皮書。

[69] Stefan Halper，王鑫、李俊宏等譯，《北京說了算？》，（臺北，八旗文化，2010 年 10 月），頁 191-210。

[70] 王鑫、李俊宏等譯，《北京說了算？》，頁 36-44。

[71] Michael Klare，洪慧芳譯，《石油的政治經濟學》，（臺北，財信出版有限公司，2008 年 12 月），頁 304-307。

[72] 劉洪亮，〈日本出臺 2011 年度《防衛白皮書》顯示複雜心態—欲深化美日同盟又糾結周邊關係〉，2011 年 8 月 3 日，《文匯報》。

被中共「邀擊與截擊」的不利地位，該國是否會利用「美日安保條約」，藉「周邊有事」與「集體自衛權行使」之名與中共發生海空衝突，進而迫使美國捲入其中，將其駐西太平洋之航母戰鬥群，置於中共各式反艦武器系統攻擊下之危險境地？反而值得深思。

中共在政治上一旦做出「攻擊美軍航母戰鬥群」的決定，必然將是採取「系統集成」（system-of-systems）的三軍聯合作戰手段（巡弋飛彈已納編於二砲，指揮掌握較為容易），美軍則需要考量所有的威脅來源。「裝有常規彈頭的彈道導彈」，只是其中之一而已，但卻是美國目前較束手無策的一項威脅。不但因為海基神盾系統的數量不足，而且必須同時面對水面（DH-10A）、空中（YJ-62）及高空（DF-21D）的威脅，將造成其雷達資源分配（混合模式）的窘迫，系統容易遭受飽和，而使航母戰鬥群陷於危險境地。美國放棄建造以支援兩棲與近岸作戰的 DDG-1000 艦，將經費建造與改良現有的「神盾」反彈道飛彈系統，從 2010 年的 20 艘至 2015 年的 38 艘，以增強艦隊防彈道飛彈的能力，就是著眼因應西太平洋與伊朗情勢的變化[73]。

從日本、南韓民眾反美軍情緒日益高漲、地主國分攤美軍駐地維持費用不斷增加、「日美放棄新共同宣言」不再深化美日關係；冷戰結束美軍駐東亞的正當性消失；美阿、美伊戰爭陷入「費留」而造成美國國力的衰退；北約盟國對其軍事行動的支持度愈來愈低；中共的勢力則大幅成長；積極研發反艦巡弋飛彈、彈道飛彈；航母即將成軍等趨勢觀察，西太平洋的「第一島鏈」以西與中國大陸之間地區，已成為使美軍有所顧忌危險的水域。

美國 2010 年的「國防總檢討報告」（QDR）坦承：「美軍部署於

---

[73]By Ronald O'Rourke. *Navy Aegis Ballistic Missile Defense Program: Background and Issue for Congress*. Congressional Research Service. April 26, 2010.

前線的部隊，已不再擁有自冷戰結束以來他們在衝突中可以獲得的相對安全網」[74]。就戰略的層面而言，在亞太地區，如果美軍退到陸基反艦巡弋與彈道飛彈的射程之外，「美日安保條約」便會面臨「名存實亡」的窘境，日本的海上「千浬防線」也將失去空中戰力的掩護，換言之，美國與日本的國家戰略與軍事戰略都將被迫重新檢討。

　　雖然美軍認為以彈道飛彈攻擊航母，存有相當的困難度；中共尚未做全系統的驗證；但是，不論如何，風險始終存在，而且航母在海權行使上所占的權重太大，不能輕易進入迴旋空間不夠的狹隘水域，以免招致不測。就戰鬥的層面而言，只要美軍航母戰鬥群不願進入有威脅的海域或部署在「第一島鏈」以東地區，使其空中戰力或「戰斧」巡弋飛彈無法充分發揮性能，便是「敵雖眾，可使無鬥」[75]，也就達到了中共以「彈道導彈打航母」的預期目的。

　　就以上分析，不論中共此舉之可行性如何，已然牽動了亞太地區之戰略情勢，從 2011 年美韓聯合演習前有關美軍航母參演問題的外交折衝，最後決定「華盛頓號」航空母艦不進入黃海一事，便可以看出美國在亞太地區的海權已經受到極大的制約，而且此一現象有日漸擴大的趨勢。

結論

　　本文謹以下列的想定課題，作為結論：
　　課題一：「未來臺海發生衝突時，美軍是否能以航母戰鬥群介

---

[74]黃文啟譯，《2010 年美國四年期國防總檢討報告》，（臺北，國防部譯印，中華民國 99 年 11 月），頁 88-90。
[75]《孫子》，〈虛實篇〉。

入？若然！其應付出之代價如何？」

課題二：「未來臺海發生衝突時，共軍航母戰鬥群於我東方外海對我行戰略包圍，我之因應為何？」

課題三：「未來臺海發生衝突時，我三軍聯合泊地攻擊之手段為何？」

應如何回答以上的課題，見仁見智。

孫子曰：「古之所謂善用兵者，能使敵人前後不相及，眾寡不相恃，貴賤不相救，上下不相收，卒離而不集，兵合而不齊。」問：「敵眾整而將來」，則要：「先奪其所愛，則聽之矣」。美軍所愛者何？航母也！

1996 年「臺海危機」之後，中共的第二砲兵認真思考如何反制美軍航母戰鬥群的課題，採取和冷戰時期的蘇聯，截然不同的戰略，運用不對稱的戰術與戰法，不與美軍正面對抗，而是將現有的武器擴大其用途，研發針對性極強的武器系統，以彈道飛彈拒止航母進入其所欲控制之水域，使美軍「能而不能」。所需的技術與配合條件雖然很高，但是並非不可能實現。從 2011 年夏天，美軍參謀首長聯席會議主席海軍上將穆倫（Mike Mullen）參訪第二砲兵的情況觀察，可見美軍也深知其中利害，密切的注意其發展趨勢，積極蒐整相關的情資，謀求因應之道。

此外，中共第二砲兵也為自己在未來的戰爭中找到定位：「以常規導彈實施威懾」，為其建軍建立正當性。既能暗示已將在港停泊的艦艇納入打擊範疇，對海上活動的大型目標產生「威懾」的作用，又避免了「不率先使用核武」的制約，也符合中央軍委「核常兼備」的建軍指導，甚至迫使相關的國家重新檢討其國防政策，實有高明的政治戰略之考量在其中。

因此，我們要從國家戰略與軍事戰略的角度來探討其中的戰略

涵義，不能僅從射擊效果或技術難易的觀點來論成敗，而且「導彈打航母」並不是狹義的指攻擊在海上活動的航母戰鬥群，而是包括所有對我產生威脅的「在港整補」的艦艇，航空母艦只是一個代表而已，中共這種務實的作法對我之反登陸作戰也應有所啓示才對。

民國 100 年 10 月 21 日
中華戰略學會第 360 次學術研討會

十八、無人飛行系統之運用與展望

前言

　　自從 1989 年美蘇冷戰結束，兩極緊密體系瓦解，世界的戰略局勢爲之丕變。世界大戰的陰影消除之餘，各國亦相繼積極的推動以資訊科技爲基礎的美式軍事事務革命。[1]二十年來，各國的建軍在朝精簡軍備、削減經費的方向發展之同時，軍隊既要做好正規戰爭的準備，也要應付因區域或民族衝突相應而來的反恐怖主義戰爭的人道救援、維持和平與非正規戰爭等的挑戰；換句話說軍隊的任務並未因此而相對的縮減，反而擴大了；從巴爾幹半島的科索沃戰爭、波士尼亞衝突、印尼亞齊省的暴亂、俄國車臣的內戰、乃至於美、英於阿富汗、伊拉克的反恐怖主義戰爭和以巴、以黎的紛爭觀察結果得知，在可見的未來，這種戰爭向「低強度、不對稱」發展的趨勢仍將持續下去。

　　面對此種潛在敵人的不確定性大增的戰場環境，如果沒有明確的戰爭指導，不但難以軍事手段達成政治目標，反而必將曠日持久，陷入孫子所謂之「費留」的境地。[2]就以上的戰例中，最明顯的

---

[1]東歐與中歐均依照西歐的模式；西歐則參考美軍方式利用全球資訊處理與通信革命從事變革；俄羅斯因車臣內戰而起步較晚；中共亦在幾經論證之後採取「有中國特色的軍變革」走「複合式、跨越式發展道路」，骨子裡還是以美軍爲參考對像。見曾祥穎譯，《軍事變革的根源－文化、政治與科技》，（臺北，國防部史政編譯室，中華民國 94 年 11 月），頁 9。
[2]《孫子》，〈火攻篇〉：「夫戰勝攻取，而不修其功者凶，命曰費留。」指枉費國家財力兵力也。

就是美國之於阿富汗及伊拉克；[3]與以色列之於巴勒斯坦；由於「久
暴師，則國用不足」，[4]同時，因爲失去機動作戰實質的對象，相對
的就提供了「敵人」以各種非正規的、急造的（IED）手段主動對其
襲擊之機會，喪失主動「太阿倒持」的結果，「敵人」便有與其繼續
周旋的餘地。不過，也提供了新裝備實戰驗證與改良的機會。各種
軍事用途無人飛行系統之崛起便是最佳例證。

　　不容置疑的美國與以色列都在戰略上犯了「鈍兵、挫銳、屈
力、殫貨」的錯誤，致使落入「雖有智者，不能善其後矣」的窘
境，[5]不過，在戰術方面，也因爲了降低輿論壓力、及早發現威脅、
減少人員傷亡、減輕部隊負擔，[6]尤其是因應三軍現有機隊機件的折
損、單位的輪調與人員的訓練等嚴重的問題，在軍事領域方面，美
國與以色列都是全面的以無人飛行系統（Unmanned Aerial System
UAS）補其不足。[7]在微機電技術（MEMS）、資訊網路、光電技術與
戰場聯合戰術情報分發系統（Joint Tactical Information Distribution
System JTIDS）支援下，大幅緩解其軍事上兵力不足之困境，同時其
發展與運用的戰果，也爲 21 世紀世界各國的建軍提供了一個重要的
選項。

　　本文之目的係在藉對無人飛行系統之研究，以地面作戰爲主要

---

[3]湯晶陽、張小平編，《世界主要國家軍事戰略》（北京，國防工業出版社，2006 年
9 月），頁 28-31。
[4]《孫子》，〈作戰篇〉：「其用戰也貴勝，久則鈍兵挫銳，攻城則力屈，久暴師則國
用不足。」
[5]《孫子》，〈作戰篇〉。
[6]2009 年起美軍分批撤離，2010 年底美軍將由 14 萬人減至爲「非戰鬥部隊」5 萬
人，預定 2011 年全數撤離，預判留下來的部隊對無人飛行系統之需求將更爲殷
切。〈奧巴馬按計劃月底撤駐伊美軍〉，（星島日報，2010-08-03），網路版。
[7]美軍自 2001 年至 2009 年計損失各式有人駕駛飛機達 118 架。高一中譯，〈美空軍
飛機近期折損情況與因應作爲〉，（臺北，國防譯粹，第 37 卷第 6 期，中華民國 99
年 6 月），頁 57-63。

著眼，探討其運用與未來之展望，中共在此領域之發展以及其對我未來作戰之影響，找出可行之因應之道，以利我軍之參考。

定義

依據美軍之定義，無人飛行系統所使用之機具係：「為由有動力之可重覆使用、可自動或遙控飛行之無人航空器。」因此，各式的具有導引功能之彈道飛彈、巡弋飛彈、火箭、砲彈及其系統，都不屬於無人飛行系統之範疇，[8]應歸之為武器彈藥系統。

本文中之無人飛行系統係指以軍事用途為目的之無人飛行載具、地面控制站臺、酬載武器、後勤維護與其他相關資訊通信及網管支援設備之總稱。所涵蓋的範圍較「遙控飛機」（Remotely Piloted Vehicle RPV）或無人飛行載具（Unmanned Aerial Vehicle UAV）為廣。此外，警民以及娛樂用途之無人載具系統，因篇幅所限亦不在討論之列。

沿革

我國春秋時期的「木鳶」是無人飛行載具最早運用於情報與通信之記載；[9]在西方最早提出無人飛行概念的人是 1915 年的特斯拉（Nicola Tesla）；1917 年 12 月，「夏普瑞」（Elmer Sperry）建造的「寇蒂斯-夏普瑞空雷」（Curtiss- Sperry Aerial Torpedo）擊沉被俘之德艦，展示無人飛行載具之性能；[10]爾後第二次世界大戰至越戰時期，都是

---

[8]U.S. DoD. Joint Chiefs of Staff. *Dictionary of Military Terms*（Joint Pub 1-02）Apr. 1999 p 400.

[9]《鴻書》：「公輸班製木鳶，以窺宋城」；《韓非子》〈外儲說左〉：「墨子為木鳶，三年而成，一日而敗。」

[10]By Army UAS CoE Staff. *Eyes of the Army-U.S. Army Roadmap For UAS 2010-2035*. p4.

擔任訓練防空火砲與飛彈射手的標靶，因為都是以慣性導航與無線電遙控其飛行姿態，因此，類似 AQM-34N「火蜂」（Firebee）系列的靶機也被稱之為「遙控飛機」，[11]因其性質單一並未納入作戰的序列。1971 年以色列空軍於帕馬金（Palmachim）基地成立「第 200 無人偵搜中隊」，旋即參與 1973 年的以阿第四次戰爭－「贖罪日戰爭」（Yom Kippur War），直接介入戰鬥任務。

由於該次戰爭中，以色列空軍飽受阿拉伯人防空飛彈威脅之苦，損失慘重而亟思解決之道。乃利用最新之積體電路技術引進自動化程式以提升其「遙控飛機」性能，從其訓練任務為主的地位，跨入參與實際作戰的角色，而使之進入到「無人飛行載具」的階段。[12]1982 年，以軍之「斥候」（Scout）無人載具（Zahavan）投入黎巴嫩貝卡（Bekaa）山谷之役，實施偵察照相與雷達參數蒐集，不但徹底摧毀貝卡山谷內之敘利亞防空飛彈體系，更使得以國空軍無人被敵軍擊落。[13]同時，對付敵軍搜索與火控雷達，以軍亦研製出以偵測、攻擊與摧毀敵方雷達射源為標的之「克惹」（Kere）－「哈比」（Harpy）之前身－反輻射無人飛行載具，[14]部署於其駐空軍拉馬特大衛（Ramal David）基地之第 153 防空營，反制阿拉伯人的防空飛彈系統，開啟無人戰鬥武器之先河。以軍在此基礎上，不斷的改進其情蒐（搜兵取代斥候）與攻擊（哈比取代克惹）能力，2003 年成立 166 中隊－配賦「銀箭守護神」（Silver Arrow Hermes）。[15]2006 年

---

[11]維基百科，"Unmanned Aerial Vehicle"-'History'。

[12]Steven J. Zaloga. *Unmanned Aerial Vehicles Robotic Air Warfare 1917-2007*. Osprey Publishing New York NY USA 2008 pp.21-23.

[13]維基百科，"Unmanned Aerial Vehicle"-'History'。

[14]中共於 1994 年引進數量不詳之哈比，2004 年夏，部分送回以色列實施尋標器性能提升，加強目視辨別與雷達間歇開機之能力。http://www.Isreali_Weapon.com-harpy

[15]Wikipedia, 'Israeli Air Force'-Unit and Structure.

蒼鷺（Heron）系統問世，汰除斥候系統，其優異的旁立式（Stand Off）情蒐性能立即獲得各國的重視。

美軍於越戰之後，三軍都分別各自展開無人飛行載具的研製，至 1988 年起方由國防部統籌發展與採購事宜，[16]然而並未賦予應有的重視，第一次波斯灣戰爭之後，1995 年成立第一個中隊，才有所改變。[17]自 2000 年起，由於微機電與資訊科技的進步，戰場指管通情監偵（C⁴/I/SR）體系的建立，精準導引武器的演進，反恐怖主義戰爭的需求，無人飛行載具的種類與數量越來越多，運用的範圍越來越廣（由情蒐指管到攻擊），功能也越來越強大；[18]2003 年 6 月陸軍編成 UAV 訓練營；2007 年 11 月，美陸軍成立了「無人飛行系統聯合精進中心」（Joint UAS Center of Excellence UASCoE）負責訓練與作戰改進事宜；情報次長室則成立「情監偵任務小組」（ISR Task Force），專責情監偵與無人飛行系統綜合評析。[19]使用經驗的累積，美軍對此方面發展的理論與實務日益完善，更重要的是戰場實際運用的頻率不斷提高，[20]角色也更加多樣化，而有「陸軍之眼」（Eyes of the Army）的稱號，使得以往被視爲「附屬」軍事戰力的無人飛行

---

[16]王稚編，《21 世紀美軍先進技術和武器系統》（北京，解放軍出版社，2006 年 8 月），頁 370。1990 年波斯灣戰爭美陸軍投入戰場的「先鋒」（pioneer）無人飛行載具僅 40 架，損毀 27 架。

[17]57 聯隊第 11 偵蒐中隊，駐本土之 Nellis 基地，目前美國空軍已有 15 個無人偵蒐中隊。

[18]2000 年美軍的無人飛行系統不到 50 架，至 2008 年 5 月業已超過 6,000 架。U.S. GAO-09-175. 'Unmanned Aircraft Systems: Additional Actions Needed to Improve Management and Integration of DoD Efforts to Support Warfighter Needs.' Nov 14, 2008. P7。

[19]GAO-09-175 Nov 14, 2008. P21：自 2006 年 9 月至 2008 年 6 月，美軍共成立 7 個單位，其管理與作業仍有多頭馬車之現象。

[20]2010 年時，美陸軍 UAS 飛行時數達 984,054 小時，戰鬥時數爲 867,566，佔總時數之 88%。

載具，尤其是在城鎮戰中，已經成為未來作戰中不可或缺的角色。[21]

　　無人飛行載具發展的軌跡與有人駕駛的飛機的過程有許多類似之處，都是由通信、偵察、戰鬥的模式，從一個單一的武器，進而成為一個重要的體系。如今也已經證明在反恐怖主義的戰場上是執行指管通情監偵任務與對地打擊的利器，因此，美國防部乃以「無人飛行系統」來說明其重要性。而且，美軍已然開始研究如何以其補強甚至取代有人駕駛飛機的利弊得失，[22]其結論如何尚不可知，但因作戰環境特性需求，陸軍業已予以堅決拒絕。[23]

　　由於結合資訊、通信與網路科技的無人飛行載具經過多年的戰場實證後，世界各國相繼投入此一市場，其產值至 2010 年將達 76 億美元，至 2014 年則可將近成長一倍，達 136 億美元。[24]據統計目前有無人飛行載具之國家有 42 個，進行研發項目的國家則達 49 個之多。[25]其中，主要領導國家仍為美國及以色列，中共則自 1998 年起急起直追，其企圖與進展從 2009 年國慶閱兵中展示的三種短、中程的偵搜無人飛行載具，以及「暗劍」（Dark Sword）戰鬥型無人飛行載具模型機等資料，即可見一斑。[26]

　　就其沿革的過程，我們可以得出以下結論：因無人飛行系統進

[21]黃文啓譯，《軍事轉型與當代戰爭》，（臺北，國防部史政編譯室，中華民國96年6月），頁 35-36。
[22]黃文啓譯，《軍事轉型與當代戰爭》，頁 44。
[23]By Col Christopher B. Carlile & Ltc. Glenn Rizzi（Ret）.*Robot revolution-Revealing the Army's Roadmap.* http://defence.Pk/forums/Search.php?do=getdaily 美陸軍「無人飛行系統聯合精進中心」已拒絕此一可能性。
[24]王聰榮，〈無人飛行載具 2006 年發展趨勢〉。
http://www.taipeitradeshows.com.tw/userFiles
[25]By Peter Van Blyenburgh. *Unmanned Aircraft System-The Current Situation.* UAS ATM Integration Workshop Eurocontrol. Brussels Belgium May 8. 2008 美國則認為有 50 餘國使用 UAS。
[26]http://www.defpro.com/news/details/10219/ . Larry Dickerson. *Chinese researchers break through the mysteries of UAVs and UCAVs*. Oct 14, 2009

入的門檻較低，財力負荷不像研製新型戰機那麼樣的沉重，所能獲得的效益卻極高，[27]因此，未來在微機電、網路科技支持下，透過「網狀化」的作戰思想，無人飛行系統的發展與整合必將是未來軍事航太工業之重頭大戲。

另一方面，就軍事上的涵義而言，在戰場無限擴大，兵力急劇壓縮，反應時間相對縮短的主觀條件下，面對複雜多變的戰場客觀環境，配置大量的低成本各式戰術無人飛行系統，使指揮官能即時瞭解戰場景況，明確掌握威脅目標之資訊，以能「因敵而變」，使有限的戰力能得以最大的統合，以利其任務之達成，這樣的作戰效益，也說明了無人飛行系統對未來作戰的影響力已不容置疑。

分類

除了依據性能與規格之劃分外，無人飛行系統如依照其軍事任務可區分為：標靶與誘標、戰場偵搜、空中突襲、通信中繼、研究發展、戰場運補等類別。[28]不過這種以單一性能區分的標準，在機件模組化、功能多元化以及聯合作戰的環境下，顯然已然不再能夠符合戰場實際的需求。

美軍的準則將其分為人攜式、戰術與戰區三大類。人攜式為小型、獨立、可攜行者，以支援小部隊之戰鬥為主；戰術類則為較大型之地區性機型，以支援營、旅級部隊，並受單位之作戰管制；戰區類則由聯合空中部隊掌握。

當有人與無人飛行系統同時出現在同一個戰場時，就牽涉到計

---

[27]英國《防衛新聞》2004 年 6 月 10 日報導：英國正研製一種戰術無人飛行載具（TUAV），以敵方以飛彈將其擊毀，則效益比為 16：1，唯其後續發展則不詳。
[28]維基百科，"Unmanned Aerial Vehicle"-'UAV classification'

畫作為、任務分配、空域管制及通信頻寬管理的問題，因此，美國空軍乃採用以「空層」（Tier）的觀念做為分類管理的依據。[29]其分類如下：

> 零層（TierN/A）：小型/微型系統。

> 一層（Tier I）：低空、長滯空系統。

> 二層（Tier II）：中空、長滯空系統（MALE）。

> 二⁺層（Tier II⁺）：高空、長滯空之傳統系統（HALE）。

> 三層（TierIII）：高空、長滯空之低可見度系統（隱形）。

然而，美國的三軍因為追求的目標不同而有所差異，仍各自沿用慣用之方式。[30]例如，在未來戰鬥系統方面，美國陸軍將無人飛行系統以其兵力編組之習慣區分為四級：[31]

> 第一級：排級以下小部隊，採攜行式無人飛行系統。

> 第二級：連級，採建制無人飛行系統（OAV II）。

> 第二級：營級，採性能提升之「陰影 200」（Shadow 200）。

> 第四級：旅級，採 RA-8B「火力斥候」（Fire Scout）系統。

2007 年 3 月，美軍聯戰準則將前述之三大類擴大為：戰術 I、戰術 II、戰術III、作戰與戰略等五個類別；戰術類指的是旅（含）以下之部隊支援，由各軍自行指揮管制；作戰與戰略則分別由聯合空中部隊與戰略司令部負責，以支持作戰與軍事戰略之目標。[32]陸軍亦隨之調整其分類為三級，將營級以下併為一級，在沒有友軍空中支援之下，以其建制系統支援其作戰。

---

[29]同上註。

[30]王稚編，《21世紀美軍先進技術和武器系統》，頁 373。

[31]岳松堂等著，《美國未來陸軍》（北京，解放軍出版社，2006 年 1 月），頁 113-117。維基百科，"Unmanned Aerial Vehicle"-'UAV classification' 目前第 2、3 級已被取消，仍有待陸軍以後爭取建案。

[32]GAO-09-175 Nov 14, 2008. P6.

附表一[33]：2010-2035 年美陸軍未來戰鬥系統－無人飛行系統規劃

級別層次	半徑(公里)	續航(時)	空域(呎)	任務**
營/戰術	16-30*	2-5*	1000-11000	偵搜目獲（RSTA）、警戒/預警、支援直射、視距外及曲射火力觀測、指管通信（C³）
旅/戰術	40-125	5-10	2000-13000	營級任務加上地空協調、武裝偵蒐、通信節點中繼、核生化偵測、氣象與地貌情資
師以上/作戰	75-400	16-24	6500-16000	旅級任務加上全天候地空協調、雷達偵測、遠程無線電中繼、火力直接（戰術）、一般支援（作戰）
戰區	1850⁺	20-40	16000-50000	戰略偵蒐、反恐作戰、特定目標襲擊

*表示螺旋發展之初期允收值－目標值。

**旅以下仍以情監偵目獲（I/RSTA）、射彈觀測與通信中繼為主。

資料來源：http：//www.defpro.com/daily/details/553/；*Executive Summary of the U.S. Army Roadmap for UAS* 2010-2035 岳松堂等著，《美國未來陸軍》（北京，解放軍出版社，2006 年 1 月），頁 113-117。

運用

一般而言，在 C⁴/I/SR 的網狀化架構的支援下，依據其自動化的程度與系統酬載，無人飛行系統可擔負一項或數項地面作戰：「戰場偵察、監視、目標獲得；早期預警；指管通信中繼；電子信號情報、遙測信號情報蒐集；干擾誘標與反反輻射（ECM & ECCM）；地空火力觀測與攻擊戰果評估；固定或臨機目標攻擊與騷擾；訓練靶機；[34]彈藥、醫療緊急運補；散撒傳單；核生化感測與預警」等於敵火或於敵對地區空域之高危險性、單調、長時涵蓋（3D）之艱苦任

---

[33]'Executive Summary of the U.S. Army Roadmap for UAS 2010-2035.

[34]王亞民、謝三良，〈無人飛行載具之發展及在本軍的應用〉，3D 指：Dangerous、Dirty、Duration。

http://www2.cna.edu.tw/961213/month/cnadata/mm/22-3/22-3-2.htm.

務。[35]

附表二：無人飛行系統之任務

系統：包括飛行載具、地面控制站、導航通連設施與人員、機載彈藥、維修體系、機動裝備等		
任務	分類	性質
情蒐	目標獲得、目標量測、戰果評估、目標標定、參數蒐集	動態、靜止目標
偵蒐	監測與偵聽、地理空間量測、核生化偵測及預警	
標靶	欺敵、干擾誘餌、訓練靶機、射彈觀測	
通訊	語音、數據中繼臺、頻寬分配、管理	
運補	緊急敵後補給、特戰滲透	食品彈藥
滲透	電子攻擊、防護、遙測情報、信號情報、酬載物投射	傳單口糧
後送	緊急傷患、重人情資後送	待證實
攻擊	滯空巡弋騷擾、側翼掩護、反幅射攻擊、反 UAV	動態靜止

資料來源；作者整理。

　　但是，世界各國由於國情不同，威脅的來源不一，對無人飛行系統的需求各異，在戰場作戰概念運用與 $C^4/I/SR$ 的支援能力方面，並不像美國這樣的強大，而且受到國力的制約，許多國家是大都是採取情報爲主，戰鬥爲輔；即時的、近程的戰術情報需求，大於縱長的、遠程的戰略情報蒐集的以色列模式，實施其無人飛行系統之整備。簡而言之，在運用上大多仍是以取代地面搜索部隊或補其不足爲著眼。不過其未來角色日益重要乃是必然的趨勢。

優點

　　由無人飛行載具可在惡劣氣候於電腦控制下實施日以繼夜的飛

[35]C.E.Nehme, M.L.Cummings, J.W.Crandall. *A UAV Mission Hierarchy*. MIT Mass. U.S. Dec, 2006.http://web.mit.edu/aeroastro/lab/halab/papers/HAL2006_09.pdf.

行，其昇限與滯空時間都遠超出有人駕駛飛機的極限，[36]以及其飛行時數急遽增加的事實，[37]是來自於與有人駕駛的飛機相比，沒有「維生系統」之顧慮。此外，在成本效益上尚有：「價格相對低廉，體積小重量輕；起降機動靈活，不受場站限制；雷達截面積小，有助戰場存活；超時執行任務，無需傷亡顧慮；後勤維修容易，戰備程度較高；酬載可模組化，任務適應極強；高低混合部署，相互比對情資」等優點。[38]

除去以上的有形優點之外，更重要的是各級指揮官得以在面對變動不居的敵情變化時，手中可掌握了立即而可靠之「重層部署、高低搭配、遠近銜接」的手段（亦即「裝騎偵搜空中化」），可及時運用於「陣中六項要務」：搜索、連絡、偵察、警戒、掩護、觀測，減輕對上、下級或友軍提供情資支援之依賴，以能使自身先處於「先為不可勝」，進而找出敵人的弱點「以待敵之可勝」之地位。[39]換句話說，無人飛行系統的功能是為使指揮官獲取戰場主動之一大利器，此一無形的優點在資訊網狀化之「知識戰爭」與「不對稱作戰」的思維下，實為發揮統合戰力，達成其任務之關鍵。

缺點

無人飛行系統在執行任務時固然無人員傷亡的顧慮，但也相對

---

[36]*Application space for Unmanned Aircraft. –UAV Performance Envelope*
 http://www.ncgia.ucsb.edu/ncrst/meetings/20031202SBA-
 UAV2003/Presentations/Wegener1.pdf
[37]U.S. GAO-09-175. Nov 14, 2008. P9.
[38]王亞民、謝三良，〈無人飛行載具之發展及在本軍的應用〉；廖英翰，〈UAV 無人飛行載具之應用〉。
http://www.shs.edu.tw/works/essay/2007/10/2007102919131097.pdf；'The U.S. DoD UAS Roadmap 2007-2032'http://www.acq.osd.mil/usd/unmanned
[39]《孫子》，〈軍形篇〉。

的失去了有人在機上即時處理、鑑定各種重要情資價值或下達決心的優勢。同時，還有以下缺點：

一、機上酬載的偵測或感測系統容量有限，成效須視其地面管制人員素養或站臺戰場情報整備資料庫的完整程度而定。

二、機身組件大多採「客製化」，互通性小，故障時無法自我排除，必須返場檢修，而且極易受電子干擾失事墜毀[40]。

三、系統自動化、智能化的程度愈高，[41]人機介面的交互作用與數據鏈路的安全要求愈高，對地面操控人員的素質要求亦愈高。

四、遂行攻擊任務時，目標比對與辨識較困難，發生目標錯誤或造成無謂傷亡之機率較高，[42]尤以城鎮複雜地區為然。

五、微型與小型系統易受天候、煙霧、電子干擾、偽裝、欺敵設施之欺騙。

六、若未經證實即草率甚至刻意對目標之攻擊，有違反戰爭法濫殺無辜之爭議。[43]

至於在實際使用時，缺乏通則與標準，名詞不一，致使各單位或軍種間資料的產生、鏈結，不易互通以及指管通連不暢[44]；機種間主要料件無法互換、光纖與頻寬不足，數據與語音通信阻塞等缺

---

[40]By Steven J. Zaloga. *Unmanned Aerial Vehicles Robotic Air Warfare 1917-2007*. P28.34. 第一次波灣戰爭時，美軍第 7 軍之 40 架「先鋒者」毀損 20 架，戰損 7 架，其中 2 架遭敵擊落，5 架因硬體故障而失事；1996 年於巴爾幹半島美軍之「掠奪者」GPS 對衛星上鏈信號故障，飛回匈牙利之 Taszar 基地檢修；2003-2007 年間英國在阿富汗和伊拉克已損失 50 架，另 40 架受損。

[41]自動化、智能化指：「機上各感測器之融合、通連與協調、路線規劃、任務分配與運用戰術」等人工智慧而言。

[42]By Pir Zabair Shah. *Pakistan Says U.S. Drone Kills 13*. New York Times June 18, 2009.

[43]美軍位於內華達之無人飛行載具作戰司令部，其飛行員受命濫殺無辜之案例不勝枚舉，造成多名「飛行員」於退役後因道德良心不安而自殺之案例頻傳。

[44]U.S. GAO-09-175. Nov 14, 2008. P.1.

點，[45]則屬於 C⁴/I/SR 的網狀化作戰之共同缺點，將可隨聯合作戰體系之完善而逐漸改善。

展望

就未來市場走向的調查，還是以軍事用途為大宗，海岸巡防與邊境警戒次之。主要的需求者依序為美國、歐盟、亞太、以色列，[46]而且「美國在採購與研發上為獨占狀態」，[47]中共則積極的企圖打進此一市場。至 2015 年，微型無人飛行系統的機種將高達數千種，戰術類則可達百餘種，至於戰略類則幾乎由美國壟斷的局面，[48]此一現象將於近期內被中共打破，未來可望呈現相互競爭之趨勢。

無人飛行系統未來在性能上的發展趨勢為：[49]

一、機身組件：模組化、通用化、小型化、智能化與隱形化。

二、任務規劃：全天候、長滯空、遠距離、高辨識、可即時。

三、地面控制：數據寬頻、安全保密、網狀傳輸、資訊共享、人機互動、操控簡化、重設容易。

四、成本效益：相對低廉、維持容易、高度戰備、反應迅速。

五、作戰任務：高低搭配、混合編組，並與有人駕駛系統一同出勤，由其在空指揮。

---

[45]Peter Van Blyenburgh, *Unmanned Aircraft System-The Current Situation.*
[46] Julius Yeo. *An Overview of the Asia Pacific Unmanned Aircraft Systems Market-Presentation Transcript for U.S.Ambassy.*
[47]市場調查報告書，《無人飛機市場（2010-2020 年）：ISR 以及鎮暴技術》，June 2010。
[48]雷震臺，「經濟部 97 年度航空工業發展推動計畫」，中華航太產業發展委員會，97 年 7 月 30 日，〈參加 2008 北美 UAV 航展報告〉。
[49]劉克儉等編，《美國未來作戰系統 2009 年增訂版》（北京，解放軍出版社，2009 年 3 月），頁 237。

附圖一：有人與無人飛行系統聯合作戰圖

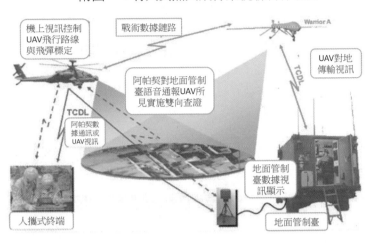

資料來源：http：//quad-a.org/images/pdf/2010PMBriefing/Apache BlockIII Update-ITC.
DanBailey.pdf.

　　在戰場運用的方面，由於無人飛行系統功能的發揮是與該國的
C^4/I/SR 的網狀化作戰之基礎建設成正比的。因此，許多國家並沒有
能力建立像美國這樣完整的體系，只能依據國情需要外購或自立組
建幾種功能符合要求的機型。而且，因精密的尋標器與全球定位體
系之結合，精準導引武器的體積將愈來愈小，導致未來的無人飛行
載具會朝「戰鬥微型化、戰術小型化、戰略大型化」方向發展，至
於中、高空攻擊型的無人飛行系統，則將會成為剋制敵人防空體系
（SEAD），以及臨機獵殺重要目標的主要角色。

　　目前無人飛行系統的主要構型與任務，雖大多來自美軍的反恐
作戰與以色列的城鎮作戰需求，[50]這些科技完全成熟仍需要一段時
日。但是，這兩個國家的戰場運用經驗依舊是各國重要的參考標
的。在未來 10 年，急待解決的是其損耗率過高與製造成本的一再追

---

[50]王聰榮，〈無人飛行載具 2006 年發展趨勢〉。

加，[51]以及在同一空域中建立各軍種、各類型機之通信標準協議
（Standardzation Agreement STANAG），如何相互感應與迴避（Sense
and Avoid），以免造成友軍誤擊與彼此干擾的問題。[52]

中共發展概況研析

　　1960 年前，共軍的「靶 5」、「靶 2」、「靶 9」等無人飛行載具均
來自蘇聯。[53]中、蘇共交惡之後，1968 年開始自力研製，並發展
「長空」系列遙控靶機，至 1976 年經過 5 度失敗後，方完成飛試，
1979 年進入量產交付空軍使用，並且兼負地下核武試爆落塵取樣與
大地量測之工作；[54]同一時期（1972-1978 年）亦以越南戰場獲得之
美製「火蜂」爲對象，運用「逆向工程」實施仿造「長虹」靶機
（無偵-5），地面控制站臺則自行研發，[55]1981 年交付空軍 9 架。[56]
　　由於這兩系列之靶機，以及微型之 ASN-15、ASN-104 無人飛行載
具，缺乏即時情資傳輸功能，操控僵化，不能滿足現代戰爭的需
求。中共自 1994 年起引進了以色列的技術，包括「飛行員」訓練系
統與技術轉移，以研製新一代的「西安」（ASN-206/ASN-207）系列
無人飛行系統，[57]配發部隊執行情蒐與核子幅射取樣工作，使共軍具
備空中無人情蒐之功能。但因缺乏數據傳輸之能力，必須傘降回收

---

[51]John Reed. *DoD Delays Global Hawk Decision*. June 28, 2010. Defense News. p.3.
[52]Steven J. Zaloga, *Unmanned Aerial Vehicles Robotic Air Warfare 1917-2007*, P44-45.
[53]"Chinese researchers break through the mysteries of UAVs and UCAVs" Dynamit Noble Defence, http://www.defpro.com/daily/details/424.
[54]http://www.globalsecurity.org/military/world/china/uav.htm
[55]黎匡時，蔡澤宏，〈中共無人載具發展研究〉，（臺北，海軍學術月刊第 22 卷第 4 期）。http://www2.cna.edu.tw/961213/month/cnadatd/mm/22-4/22-4htm
[56]無偵-5 系列係由 TU-4 或運-8 在空中發射。
[57]黎匡時，蔡澤宏，〈中共無人載具發展研究〉；據悉由以色列「塔迪蘭光纖鏈路」（Tadiran Spectralink）公司技術合作，參加 2009 年中共國慶閱兵。

後在地面實施研判與解讀，無法提供即時情資。

同一時期，中共也採購了以製的「哈比」反幅射無人攻擊機。[58]2004 年共軍將其投入演習後，將部分送回以色列實施尋標器性能提升，加強目視辨別與雷達間歇開機之能力，此舉引發了美以關係的緊張，經外交折衝後而中止。[59]

1998 年底，在土耳其航太工業（Turkish Aerospace Industries TAI）授權下，中共開始發展旋翼式無人飛行載具；1999 年其具備即時影像傳輸功能之微型系統研製成功；2002 年珠海航太展中展示 W-50、AW-4、AW-12A 三種人攜式微型無人載具；[60]2003 年著手提升長虹系列性能；2008 年 CH-3 型完成測試進入生產。[61]2010 年開始以低價對外爭取非歐美地區之無人載具市場。[62]

同一時期，中共仿照美國「全球之鷹」之構型與概念發展「無偵-2000」（WZ-9），2004 年 8 月該型機實施遙感系統測試。至 2006 年 10 月，於珠海展示仿 RQ-4「全球之鷹」的「翔龍」無人戰鬥載具（UCAV）模型（成都），與「暗劍」超音速無人戰鬥載具（瀋陽）；[63]2008 年又展示仿 MQ-1「略奪者」的「翼龍」。雖然可見其目前之作為是以研析，甚至仿製美國與以色列現有經過實戰驗證之機種為主，要能真正投入作戰需要 10 年左右，[64]但也顯示出其強烈「跨越

---

[58]"Chinese researchers break through the mysteries of UAVs and UCAVs"–Major Systems and Concept.

[59]http://www.Isreali_Weapon.com-harpy.

[60]Robert Karniol. *China adds to drone Stable.* Janes Defense Weekly, vol. 38, no. 23, Dec 4, 2002.

[61] Trefor Moss. *Airshow China: Chinese companies unveil latest UAV designs.* Jane's information Group 07 Nov. 2008

[62]*Chinese UAVs For Sale.* Feb 5, 2010. http://www.strategypage.com/htmw/htairfo/20100205.aspx.

[63]外型與美國之 F-117 隱形戰機類似。

[64] "Chinese researchers break through the mysteries of UAVs and UCAVs"–Still many challenges ahead.

式」的企圖心。

　　中共研發無人飛行系統的重鎮為南京、北京、西安的學術機構、成都與瀋陽的飛機製造廠，[65]雖各有其特長，但也說明了「科研重於裝備」；在性能方面外界認為中共的之技術仍與西方有一代的落差，[66]但是其積極更新裝備與加強部隊演訓，乃是有目共睹的事實。[67]據研判中共目前之編組，每機隊有 10 架飛行系統（維修人員、裝備及另附件、機具、指管設施），最大可連續執行 24 小時/7 天的偵蒐任務，能力雖不盡理想，唯中共計畫人員認為已足敷目前需求。[68]

　　由其展示的中、高空與攻擊型無人飛行系統外型觀察，中共是抄襲了美軍的思維理念，可以合理的判斷近期內應尚缺乏核心技術與自主創新的能量，還無法在此一領域與美國及以色列爭雄。再加上中共採取的是「重點先進武器裝備研製、武器裝備信息化改造與一體化指揮平臺建設」策略，[69]此亦顯示中共是以演訓驗證累積研發的能量，奠定部隊訓練之基礎，部隊中的數量也未達到滿足編裝的程度。

　　目前中共微型的無人飛行系統（ASN-104）已配備至特戰部隊，砲兵部隊則配備戰術型的系統（ASN-206/207），並在 2010 年 7 月的「前衛-2010 軍演」中，「提供即時情資」，參與 PHL-3（衛士 2 型）130mm 長程火箭實彈射擊演練。[70]可見其在軍事用途之情蒐掌握、

[65] 同上註；南京、北京航空航天大學、西北大學、成都飛機公司等。
[66] "China accelerates UAV training" Parkistan Defence Forum. 07-18-2010.
[67] 「解放軍三棲軍演習 對陣美韓」，世界新聞網，2010 年 7 月 28 日；南京軍區以無人飛行系統配合砲兵部隊之「衛士二號」長程火箭射擊演練。
[68] "China accelerates UAV training" Parkistan Defence Forum. 07-18-2010.
[69] 溫熙森、徐一天，〈以強軍興國為己任，推進軍事科技創新〉，《求是》雜誌，2008 年 1 月 3 日。Http://www.chinavalue.net/media/Article.aspx?ArticleId=18674.
[70] 〈無人機部隊：多樣化任務當先鋒〉，解放軍報，2010 年 8 月 12 日。據悉其特種部隊的衛星定位系統精度可達 1～3 公尺。可利用無人飛行載具和地面監視雷達等

精密量測與數據資訊處理等方面，確有實質的進展，此一趨勢將隨著其「北斗」衛星體系之完善，[71]與「863」、「973」計畫基礎科技的支持，[72]而有愈來愈快之現象。至於自製的攻擊型中、高空無人飛行系統（M/HALE），目前仍在概念發展階段，短時間應可見到實質的進展，其成效也受中共指管和空中預警系統之部署進展[73]，以及機載彈藥或飛彈微型化發展進度的制約。

對我未來作戰之影響

我國之軍方、民間與大學相關科系都具備了無人飛行載具研製能量，也有相當的成果。除了中科院的「中翔三型」參與 96 年的國慶閱兵之外，「碳基公司」（Carbon-Based Tech Inc.）參加 2010 年柏林航展，是我國第一個參加國際大展的民用機型[74]；成功大學甚至以極低的成本，製造出亞洲第一具以燃料電池與鋰電池為動力之零污染、超靜音無人飛行載具[75]。國防部顧問也「建議加速自主性的自動導航微型無人飛行載具系統發展，期對現階段的守勢國防情蒐戰力布署有所裨益。對於其他類型的無人作戰載具系統，亦應可盡速投

監偵器材，蒐集情資。

[71]北斗衛星性質與美國 GPS、俄羅斯 Glonass、歐洲 Galileo 同，中共於 2020 年完成體系之建置。與搖光系列之衛星構成支援其 C^4/I/SR 資訊戰之基石。

[72]1997 年 6 月 4 日，中共繼「863 計畫」之後推動的《國家重點基礎研究發展規劃》，稱之為「973 計畫」。

[73]黃文啟譯，《解讀共軍兵力規模》，（臺北，國防部史政編譯室，中華民國 99 年 8 月），頁 353-354。

[74]中央社，*UAV developed by Taiwan to take part in Berlin air show.* 2010/06/05.

[75]全機成本為 15,822 美元。"Asia's First Hybrid UAV Takes TO The Skies" http://www.ecofriend.org.

入擴大發展規模」[76]。不過，此一能量並未受到有司應有的重視[77]，一直延宕而未果。

雖然中科院很早就建立研發能量，民國83年起，便陸續有「中翔」、「天隼」與微型機之問世[78]，軍方也積極的爭取建案，進展卻不如預期；而且，並未列入國科會主要研究項目，國軍也直至98年才獲得預算[79]，並於99年在航特部成立第一個「UAV」大隊[80]，此一事實，與中共積極研發與演訓的狀況比較，我軍在此領域之研究與實務，有待努力之處，不辯自明。

冷戰後的戰場結構、作戰模式與「時空力」的概念隨著資訊科技與時俱進而不斷的演變。「首戰即決戰」之觀念業已獲得普遍的認同。未來的作戰以各式飛彈與無人飛行系統發起第一擊，以實施「斬首」、消耗敵方防空資源與摧毀敵方之資訊作戰體系，使敵方落入「不知己、不知彼」的困境，創造「勝兵先勝」的戰略態勢，應是一個必然的趨勢。

孫子曰：「先為不可勝，以待敵之可勝。」不可勝之基礎在於「先知」，由此可知為預為防止敵人將我一舉「打瞎、打聾、打癱」，以掌握戰場主動，因此，C^4/I/SR的網狀化資訊基礎建設支援下的「三軍聯合反飛彈與反無人飛行系統作戰」，實為我未來作戰之必須面對的第一個課題。

---

[76]〈國防部顧問95-98年度施政意見〉，石大成、王高成顧問建言，2010年3月30日，國防部網站。

[77]國科會97年度僅有「偵蒐型高酬載UAV研製」計畫一項，預算新台幣651,000元。此一額度實不足以製造實體系統，以及支持實際飛行測試所需。

[78]〈天隼UAV淡出舞台？〉，http://www.taiwanairpower.org。

[79]軍聞社，〈國防部UAV無人飛行載具等預算，今獲立法院解凍〉2009/06/08。

[80]王宗銘，〈陸航特將成立UAV大隊，合歡山武嶺測試驗證中〉，http://lt.cjdby.net/archiver/tid-888518.html。

我軍因應之道

「不可勝在己，可勝在敵」。武器系統與裝備往往在獲得之後，才是問題的開始，除了積極的人才培養外，面對未來敵人無人飛行系統之威脅，我軍應有以下之作為：

一、研擬無人飛行系統之戰術戰法

無人飛行系統究竟應如何納入編裝，例如微型機、戰術型機之編裝與運用應至何種層級之部隊？機隊之配賦數量[81]？機上應配備何種系統？擔負何種任務？與戰蒐直昇機任務如何分野？均須做深入的思考，方能發揮其應有之功能。

二、精研反制無人機之戰術戰法

除積極研究運用無人機支援地面作戰外，更應廣泛而全面的研整中共無人飛行系統運用之戰術戰法、蒐整相關之電子參數，建立資料庫並實施模式模擬與推演，研擬反制之道，以制敵機先。

三、加速機動相列雷達研製與配備

微型與戰術型無人飛行系統之雷達截面積（RCS）甚小，對雷達之解析度要求甚高，必須以機動的相列雷達實施偵測與預警，並指揮野戰防空武器系統實施接戰。美軍目前便是利用地面機動雷達以整合戰地在空航空系統[82]。同時，也可作為擔負局部地區的空域協調與地空火力管制責任；或擔負通信中繼之主要工具。

---

[81]依據以色列於黎巴嫩作戰之經驗，欲維持對一地區之 24 小時空中監偵，應具備 12 架 UAV 之能量；中共一個 ASN207 機隊數量為 10 架。
[82]*Eyes of the Army-U.S. Army Roadmap For UAS 2010-2035*, p66-68.

四、將無人飛行系統納入正常演訓：

無人飛行系統之獲得，應即納入正常的演訓，舉凡基地測驗、旅營對抗、三軍聯訓、「漢光演習」都應擔任正反的角色，除可取代「空中實兵」落實地空聯合作戰外[83]，並能累積我軍運用之經驗與熟悉無人飛行系統之特性，將經驗回饋研發單位作為爾後螺旋發展之依據。

五、律定指管權責

無人飛行系統之運用必然牽涉到 $C^4/I/SR$ 的網狀化作戰權責之歸屬，就附表二之任務分類，此一指揮管制之權責單位非各級「火力支援協調中心」莫屬。兵監單位應積極深入探討此一系統之地位、關係與擬定各種作業程序，做為演訓之依據。

六、修訂空域管理權責

空域之管理為高度專業之分工，有人與無人飛行系統之管理更是複雜，必須即早籌謀為要，亦是當前各國共同面對的挑戰。我國現行之規定飛行器之起降係受民航局節制，為有利於我軍之作戰訓練，應研擬自主管理與通報主要訓練場所空域權限（高度與區域）與設施之可行性[84]，提報奉核以磨合指管體系之空域管理能力。

---

[83]2008-2009 年加薩衝突中，以色列陸軍將 UAV、直昇機與空中密支機統合運用於一地，受地面空域管制官指揮，不由國防部指揮，隨時保持 10 架以上 UAV 在空中，與阿帕契直昇機共同監偵整個戰場，美軍亦採用此一戰術將 OH-58 與 Shadow UAV 混合編組。

[84]D.R. Haddon, C.J.Whittaker, *UK-CAA Policy for Light UAV Systems*, Design & Production Standards Division, Civil Aviation Authority, UK.

結論

　　無人飛行系統的引進增強了國軍的戰力，解除了指揮官因偵搜兵力不足，難以即時掌握戰場情報的困擾，也帶來了新的問題與挑戰，可以預期的是未來作戰地區的空域管制將是以陸軍武裝直昇機與無人飛行系統為主體，空軍的密接支援反而成為次要的角色，未來地空作戰的演變與現行的二軍聯合火力協調準則有極大的差異，因此，無論是作戰思想與準則都應做大幅的修訂，如何因應未來作戰環境之變化實有待我軍務實以對。

刊登於民國 100 年 2 月

《陸軍學雙月刊》地 47 卷第 515 期

十九、俄羅斯軍事改革對中共之啟示

緣起

2008 年是未來世界戰略局勢形塑，極重要的年度。這一年中，世界三大強國，中共的「國防和軍隊現代化『三步走』的發展戰略」、[1]美國決心「退出中東與西亞戰場，國防預算自動減支十年」的戰略，與俄羅斯的武裝力量「新面貌」（New Look）的軍事改革，開啟了新一輪國防戰力整建的序幕。經過十年（2017 年）的成敗利鈍，展望未來五年趨勢，已呈現「美消、中長、俄持平」的態勢。

本文以爲雖然各國的主、客觀環境各有不同，不過相同的是這三個國家的軍隊重建，全都經歷了「打掉重練」，「改頭換面」的過程。對中共而言，冷戰結束，掌握了「陸地無胡人南下牧馬，海上無強權侵門踏戶，世界大戰打不起來」的「戰略機遇期」。全力「改革開放」之餘，軍隊經過了二十多年的忍耐，除了論證其軍隊建設課題之外，有機會見證了美軍「四處烽火，師老兵疲」，俄羅斯軍隊「冥頑僵化，曲折反復」的過程。因此，如何記取美、俄軍事改革的經驗和教訓，避免重蹈覆轍，以完成「中國特色的軍隊建設」，是共軍「國防現代化」的重要課題。

如今中共建軍已順利達成其第一步—2010 年前打下堅實基礎—的要求，正大步邁向國防現代化。但是，共軍要走出軍事事務革命的第二步—2020 年前基本實現機械化並使信息化建設取得重大進展

---

[1] 「三步走」的發展戰略，見《2008 年中國的國防》，〈國防政策〉段。亦即「近中遠程」的戰略規畫思維只不過時間的跨距，較一般爲大。

一，就不僅是組織編裝與員額的調整，更牽涉到軍隊文化的內涵。在「不走、少走彎路」的前提之下，共軍究竟是要參考美式的「網狀化作戰」？還是俄羅斯的「第六代戰爭」？抑或走自己的路？值得兵家深究。

　　作者認為所謂「中國特色的軍隊建設改革路線」，基本上是採取「海上以美式為裡，陸上以俄式為表」，作為共軍的參考和借鑒，而且後者的份量較前者為大。[2]因為就地緣戰略的觀點，兩國軍隊淵源甚深，[3]部隊「基因」相似，[4]威脅「認知」概同，[5]況且美軍改革的陳義過高，開支太大，負擔不起。合理作法應該是講求如何「揚長避短，保持主動」，不宜照單全收；因此，合理推論是俄羅斯軍隊革新的各項作為，尤其是失敗的例證，對中共建軍的參考價值較高。

　　作者判斷至 2020 年之前，即使有川普加強軍備的政策，美軍仍難擺脫「國防預算自動減支 1.2 兆美元」的陰影。中共不會和美國軍備競賽，習近平的大戰略應為：「以發展安全為核心，以和平競爭為攻略；採取平和美國、冷對日本、攜手俄國，戰略重點在東，傳統重點在南」。同時俄國亦有意與中共修好，以歐洲防止北約東擴為優先，[6]職是之故，俄羅斯軍隊「新面貌」能否成功，未來的發展如何，將對中共於「21 世紀中葉基本實現國防和軍隊現代化」，應有深刻的影響。也是本文想要探討的目的。

---

[2]共軍自製第一艘航母 2013 年 11 月於大連開工，2016 年 4 月 26 日下水，判斷 2020 年前服役。未來應有 4-6 艘，以航母戰力與美軍在西太平洋抗衡之意味甚囂塵上。
[3]共軍在蘇聯崩解前，每年都派出 800 餘名軍官至蘇聯研習，不乏對俄研究的政軍分析人才。
[4]李大鵬，《新俄軍觀察》，（北京：新華出版社，2015 年 10 月），頁 9。
[5]除飛彈防禦的問題外，陸地：俄有北約東擴的威脅；中共則有印度勢力東伸的隱憂；海上：均以美軍為假想敵。
[6]〈俄羅斯新安全戰略提優先結交中國〉。
www.hkcna.hk/content/2016/0102/421895.shtml.

本文因篇幅所限，置重點於國防預算、研究發展與訓練經費之討論，並未涉及俄羅斯國內各級「軍文關係」（civil-military relationship）與「軍隊文化」對此次軍隊改革之影響，[7]因此，所得不一定中肯，必有疏漏。

俄羅斯武裝力量「新面貌」軍事改革概要

一、改革原因

1988 年 12 月，蘇聯總書記戈巴契夫（Mihail Gorbachov）為解救僵化的經濟，不想再與美國軍備競賽，宣布裁軍 50 萬，不料因為實施軍事改革的時間太短、過程太急；方式太粗、阻力太大，加上配套措施不足，結果震盪式開放（Glasnost）不但未能成功，反而造成蘇聯軍隊與政府於 1991 年 12 月 25 日，未經一戰而逕自崩解，冷戰結束[8]。

俄羅斯政府成為蘇聯主要的繼承者之後，內外交迫，百廢待舉。葉爾欽（Boris Yeltsin）發動「八月政變」推翻戈巴契夫上臺，旋即先後因民族宿怨發生二次車臣內戰。然而，俄軍面對車臣烏合之眾，全軍卻是幾無可用之將，無可出之兵，[9]內亂既生，兩度合軍聚眾，地空彼此各自倉促為戰，導致官兵犧牲慘重，車臣問題至今猶是其國家安全極大之隱憂。[10]

2008 年 8 月，喬治亞（Georgia）共和國因決議加入北約以及民

---

[7]西方尤其是東歐研究人士對此次改革持負面看法的學者很多。

[8]王振西等譯，《蘇聯軍隊是怎樣崩潰的》，（北京：新華出版社，2000 年 1 月），頁 319-328。

[9]曾祥穎譯，《車臣戰爭-城鎮戰之經驗教訓》，（臺北：國防部，民國 95 年 11 月），頁 141-147。

[10]除仍在當地襲擊俄軍外，如 2002 年莫斯科歌劇院人質事件、2010 年莫斯科地鐵爆炸案均是。

族問題，在北高加索的南奧塞西亞（South Ossetia）與俄羅斯發生戰事。[11]在眾寡懸殊的兵力對比下，兩國的衝突雖然只歷時十天，但是經過近十年的改革後，俄軍的表現卻是：「部隊戰備不周，戰術戰鬥僵化；武器裝備過時，後勤補保失序；導航通信失靈，作戰情報失真；指管體系混亂，陸空協同失調」，整體而言，可謂一無是處。[12]時任總理的普丁（Vladimir Putin）面對這樣難堪的勝利，[13]檢討俄軍以往的改革是「爲裁而裁，一無所獲」。戰爭的結果更顯示出其軍隊「體制性、結構性和機制性的矛盾」，[14]必須由「軍隊的瘦身調整爲制度的重建」，[15]否則無以因應未來威脅。於是以 2020 年爲目標，決心期以十年，推動「武裝力量新面貌」的改革，以重整俄軍，支持國家安全未來之需要。

二、指導概要

在戰略指導上，俄羅斯有自己對未來戰爭的判斷（如附表一），主張打「第六代非接觸式的戰爭」，不過，軍隊的改革經不起戰爭的考驗。每次新頒布的《國家安全戰略》一直都沒有拋開「局部戰爭升級到大戰」的假定，[16]也不放棄同時在西歐、遠東地區同時進行戰

---

[11]南奧塞西亞原屬喬治亞，在俄支持下獨立加入國協，但不受其他國家承認，爲戰爭導因之一。

[12]Matthew Kosnik. *Russia's Military Reform: Putin's Last Card*. Journal of Military And Strategic Studies Vol 17. Issue 1 （2016）: pp. 146-148.

[13]普丁總統任期 2008 年屆滿後，推出傀儡總統，自任總理，2012 年爾後又重新擔任總統。

[14]張桂芬主編，《俄羅斯「新面貌」軍事改革研究》，（北京：國防大學出版社，2016 年 10 月），頁 5。

[15]夏一東（國防大學），〈軍事改革下猛藥，陣痛不可避免〉，解放軍報，2015-11-03。時任總統爲梅杰迪夫（Dmitry Medvedev）；爾後普丁又回任總統，自 2001 年實質掌權至今。

[16]李大鵬，《前揭書》，頁 133-135。第六代戰爭觀係俄羅斯軍事科學院長史利普欽科將軍提出。

爭的準備，[17]並且還要應付局部戰爭。這也是在蘇聯軍隊崩解後，俄羅斯出面收拾殘局（葉爾欽時期－重在裁減），並且實施精簡整編（普丁時期－重點推進，理順上層）的建軍戰略指導綱領。平心而論，俄軍的建軍並沒有高屋建瓴的指導，未能掌握脈動的先後，因而有治絲益棼徒勞無功之憾。

附表一：俄羅斯對未來戰爭趨勢之研判

區分	20 世紀末	2030 年	趨勢
戰區	以地緣政治或地理區分	職能或領域（政經心科）區分	戰略戰役戰術之界限模糊
戰力	物質乘能量的集中機動	資訊物質能量相乘集中機動	空間無限大，時間急劇縮
型式	直接對抗，近接戰鬥	遠距攻擊，縱深戰鬥	無人載具、邏輯炸彈戰鬥化
彈藥	傳統彈頭，精準導航	傳統彈頭，人工智慧	精準打擊與節點摧毀
防護	有形、物理、要點防護	無形、資訊、全面防護	人事時地物無所不防
裝備	軍方常後備系統與後勤	全面軍民體系與焦點式供應	客製化、網狀化快遞投送
指揮	軍用 C⁴/I/SR 樹狀節點式	軍民 C⁴/I/SR 蜂巢連通式	C⁴/I/SR 普及至小部隊單兵
攻防	分立式攻防接觸體系	聯戰式攻防的非接觸體系	非接觸式的攻防戰鬥
權值	核武份量進一步降低	智慧型精準傳統彈頭加重	手術式打擊取代規模殺傷

資料來源：王海濱，《普京時期俄羅斯軍事變革研究》，（北京：中國社會科學出版社，2010 年 11 月），頁 59-76。作者參考綜合整理製表。

2008 年底，俄羅斯實施「武裝力量新面貌」的軍事改革，代表了對普丁在前面八年在俄羅斯總統任內建軍的失敗。[18]但也是未來戰

---

[17]胡曉光，〈俄新版國家安全戰略直面北約威脅〉，新華社，2016 年 01 月 03 日。
[18]王海濱，《前揭書》，頁 100-104。

爭—資訊貫穿全程的網狀化作戰—大勢之所趨，俄軍為了不要衰落至「二流軍隊」的地步，就不得不實施改革。而且當務之急是「精簡消腫、汰舊換新、加強訓練」，於是決定以「三合一核子力量」後盾，2020 年前，分階段建立一支「精幹、機動、高效」的現代化軍隊。[19]亦有人將此次改革稱之為「普丁 3.0 版」。[20]

三、改革實施

得出未來戰爭趨勢的判斷後，這一次「俄式十年建軍規畫」的重點便是以「體制編裝調整，武器裝備更新，作戰能力提升」為著眼；[21]在「質量建軍、合理夠用、結構均衡」原則下，[22]區分兩階段：2009-2015 年：裁減員額，調整組織，修訂編裝；2016-2020年：更新裝備，增強效能，資訊轉型。第一階段改革（不含戰略核武）更是要求在 2012 年就要底定，然後再依實際狀況做必要之修正。其改革實施大要如附表二。從附表二中，即可看出俄羅斯軍事改革的急迫性與企圖，不但大幅裁撤「無效戰略單位」，[23]併編常備精銳。

附表二：2015 年前俄軍部隊組織編裝結構調整大要

軍種	員額(千)	戰略單位	第一期 激進式結構調整	第二期 兵力模組化小型化	第三期 漸進式糾偏完善

---

[19]張桂芬主編，《前揭書》，頁 7-12。三合一核子力量指陸基機動、海基潛射及空中投射的戰略核武。

[20]劉亞洲名譽主編，《強軍策》，（上海：遠東出版社，2016 年 7 月），頁 250。

[21]張桂芬主編，《前揭書》，頁 9-11。

[22]張桂芬主編，《前揭書》，頁 7。

[23]指其預期與北約對抗時所須之動員單位與兵力—"skeleton units and paper soldiers"見 Alexander Golts, *Russia's Military: Assessment, Strategy, and Threat*, June 24, 2016. Center on Global Interests. http://golbalinterests.org/2016/06/24/russias-military-assessment.

陸軍	370/278	1890/172/-90%	以摩步旅實兵驗證編裝、結構、戰法、員額與補保支援	改師爲旅,確定三級指揮體制與集團軍之職掌	確立旅級編裝,恢復部分師級番號,加強補保支援能力
海軍	149/117	240/123/-49%	組建潛艦司令部,海航轉隸空軍,提高陸戰隊補充率		增編地中海、北極艦隊司令部,調整克里米亞駐軍兵力
空軍	170/150	340/180/-48%	組建戰役司令部,整併防空部隊,改組軍用機場網	移出防空旅 x3 改編至組建之空天防禦司令部	恢復原有建制,組建陸航部隊,重組軍用機場網
空天	47/40	12/8/-33%	調整結構,精簡員額 7,000 人	加強飛彈防禦能力,納編防空旅 x3	擴編預警與攔截能力,組建空天軍
空降	45/60	6/5/-17%	師屬防空營擴編爲團	調整編裝,精簡員額,空降師所屬之空運部隊轉隸空軍	空降旅模組化,擴編特種部隊,增編坦克連與 UAV

資料來源:張桂芬主編,《俄羅斯「新面貌」軍事改革研究》,(北京:國防大學出版社,2016 年 10 月),第二章:軍隊編制結構調整。作者參考綜合整理製表。

說明:◎本表不含戰略核武及「內務部隊」(武警)。◎員額欄爲改革前/改革後,單位爲千人;戰略單位欄爲改革前/改革後數目。◎期程上因各軍種特性與難易不同,並不一致,但目標時間都在 2015 年底。

　　在人事方面其作爲主要在於「消腫」,將軍官結構由「紡錘」型－兩頭小,中間大－轉爲「金字塔」型;「精簡」,裁撤無效的動員兵力,期使國防機制能有效運作。軍官員額裁減幅度之大,可謂前所未見。(如附表三)

附表三:俄羅斯「新面貌」軍官結構對比表

區分	裁減前	比例%	裁減後	差額(人)	幅度%
將級	1107	0.3	610	-497	-44.89

上校	25665	7.2	7700	-17965	-70/01
中校	87637	24.7	19525	-68112	-77.72
少校	99550	28.1	25000	-74550	-74.87
大尉	90411	25.4	47190	-43221	-47.80
上、中尉	50975	14.3	62000	+12025	+21.64

資料來源：張桂芬主編，《俄羅斯「新面貌」軍事改革研究》，（北京：國防大學出版社，2016 年 10 月），頁 15-17。曹永勝（國防大學大校），〈淺析俄「新面貌」軍事改革中的裁軍環節〉，2016-07-26.https：//read01.com/BdM6NM.html.作者綜合參考兩者數據整理製表。

說明：◎完成後軍官員額為 15 萬人；後又因「空天領域」高科技與特殊專長管理欠缺，再增編 7 萬人，唯其員額分配細節無法查證。◎總參謀部裁減幅度為 61%，三軍總部亦超過 50%。◎准尉全數裁減。

　　進一步分析，從附表中各軍種員額、官額，及戰略單位的裁減之大，可以看山俄羅斯是透過「裁撤、調整、移編、降調」方式，「一刀切」將精簡下來的人員、單位調整至定位。遭裁撤戰略單位（如陸軍 90%、海軍 49%、空軍 48%）的裝備、駐地、設施則採取「廢棄、封存、調撥、移交」至新的相關部門。因此，雖然省下了人員及設施維持費的支出，但是無論人事作業、戰備整備、後勤補保與退撫安置等工作，都是巨大的工程，短時間內實務管理階層大量的離職退伍與調整補充，[24]使軍隊各項的運作負荷過重，增加了改革實施的困難。

　　對於指揮體系的改革，俄羅斯將各軍種獨立垂直的「煙囪式」，改為扁平的聯合作戰「網狀式」。除了地面部隊的戰略層級指揮鏈改變為軍區（集團軍）旅外，[25]聯合作戰的體制上：依據地緣戰略整併原有的陸軍軍區並納編三軍及特業幕僚，成為「平戰一體」之四大

---

[24]張桂芬主編，《前揭書》，頁 16。
[25]去除師級階層，見張桂芬主編，《前揭書》，頁 138。

聯合軍區，[26]另一方面成立「極地、特種、網路戰」司令部，都直接受中央指揮。更重要的是以不惜將總司令撤職的手段，解除海、空軍司令部的作戰指揮，專責軍種建軍事宜；[27]戰略空軍則收歸總參謀部管制，[28]形成「總參管總，軍區管戰，軍種主建」的指揮體制。

部隊訓練的改革方面，主要措施則是成立聯合訓練基地與整頓靶場。在總參謀部、軍區、集團軍層級分別編組相應之訓練機制，負責轄區內三軍各類型旅、營級（相當）部隊之實兵和模擬訓練。[29]但是經過一段時間的實際運作後，部隊訓練難以符合實戰要求，又重新將各軍種置於總參謀部與軍區之間，以協調三軍相應之聯合作戰訓練任務[30]。更重要的是恢復年度不定時實施突擊實兵戰備檢查，跨區機動，驗收訓練成效。就此中共對改革的評價為：俄軍「部隊戰備水平顯著提升，經受了敘利亞戰事的考驗」。[31]

武器裝備現代化之程度也是檢驗其軍事改革是否達到預期目標的工具之一。依據《2011-2020 年國家武器採購計畫》，俄軍將以每年換裝 11%的進度，分兩階段完成武器裝備現代化：2015 年以 30%為目標，2020 年到達 70%。[32]以陸軍的機甲部隊換裝的情形而言，在赤字預算下，[33]前者是如計劃完成，[34]然而，後者規劃從附表四的數

---

[26]分別為西、中、南、東四個戰區，北極地區以北方艦隊司令部負責。

[27]劉亞洲名譽主編，《前揭書》，頁 148。

[28]張桂芬主編，《前揭書》，頁 139-145。

[29]張桂芬主編，《前揭書》，頁 159-175。

[30]張桂芬主編，《前揭書》，頁 161-162。

[31]中國軍網，〈解讀 2016 年俄軍建設情況〉。
http://www.81.cn/big5/jmywy1/attachment/png/site351/20170105/4437/e6581d0e19d7c4ee08.png

[32]郭中侯、蔣義文主編，《世界主要國家和地區國防費年報 2015》，（北京：國防大學出版社，2015 年 12 月），頁 99-101。

[33]同上註。2013-15 年裝備投資門，預算借貸額度達 1,868 億盧布。

[34]至 2015 年 10 月俄軍有坦克旅 x4，摩步旅 x29；換裝的坦克旅 x2，摩步旅 x9，約33%。張桂芬主編，《前揭書》，頁 45、312。

據觀察，應有過於樂觀之虞，以其目前與未來經濟條件之發展預估，未必能如預期。

附表四：2016-2020 俄軍規畫之主戰武器系統現代化比例表（%）

年度	全般	潛艦	艦艇	戰機	直昇機	導彈	火砲	裝甲	車輛	妥善率
2016	41	53	47	45	71	82	55	44	52	85/80/80
2017	48	59	54	55	76	100	59	56	56	85/80/80
2018	59	63	59	59	79	100	67	67	60	85/80/80
2019	64	67	65	67	84	100	73	75	65	85/83/80
2020	70	71	71	71	85	100	79	82	72	85/85/80

資料來源：張桂芬士編，《俄羅斯「新面貌」軍事改革研究》，頁 310-311。作者參考數據整理製表。

說明：◎2015 年三軍各種數據缺乏，且有對烏克蘭與敘利亞之用兵。◎妥善率85/80/80 分別對比陸/海/空。

　　主要的制約因素在於俄羅斯軍工體系生產機具老舊－約有 50% 必須汰舊換新，[35]影響軍品品質；[36]創新人才的流失－缺乏研發人才（brain drain），研發經費匱乏，發表專利極少，[37]尖端武器系統缺乏競爭動力。更重要的是國家經濟發展，容易受到國際天然氣與石油價格波動的影響，國防經費的來源極不穩定。（如附表五）

附表五：俄羅斯國防預算變化（2010-2015 年）

年度	盧布（億）	占 GDP%	占財政%	美元（億）	年成長%
2010	17,830	3.851/3.54	14.065	706.31	+14.1
2011	20,640	3.457/3.4	14.703	837.50	+18.57
2012	25,130	3.754/3.74	15.247	931.26	+11.19
2013	28,130	3.961/3.92	15.663	983.88	+5.65

---

[35]Matthew Kosnik, Ibid. p157.

[36]2008 年阿爾及利亞宣布因品質不良，退貨自俄羅斯購買之米格機 15 架。

[37]Roger Roffey, *Russian Science and Technology is Still Having Problems-Implications for Defense Research*, Journal of Slavic Military Studies 26（2013）: pp. 183-184.

| 2014 | 32,510 | 4.17/4.13 | 15.543 | 1072.89 | +9.05 |
| 2015 | 40,470 | 5.09/4.98 | 15.858 | 910.81 | -15.11 |

資料來源：*SIPRI Yearbook 2016. Military Expenditure* Pdf.作者參考數據整理製表。
GDP%值為估算誤差值。

說明：表格中 GDP 值為 SIPRI/IMF 之數據。

　　雖然各方面的資料研判與官方數據，因為設定的基準（含隱藏與否）及匯率計算並不一致，又無即時比較匯率，[38]而有差異。在俄羅斯軍事改革的第一階段，2013-2015 年的國防經費，（如附表六），確實有大幅度的成長，雖然這樣的成果是以犧牲掉衛生、教育與社會福利，挪移其他部門的預算以充實而得，尤其是裝備投資門的武器系統換裝經費增加是不爭的事實。[39]

附表六：俄羅斯 2010-2015 年國防經費比重（%）/變動比較表

經費區分	2010 年	2011 年	2012 年	2013 年	2014 年	2015 年
研究發展	11.9	11.0	9.2	9.3	9.4	7.4
訓練維持	0.2	0.4	0.4	0.3	0.3	0.2
裝備投資	74.7	73.5	74.8	76.4	76.1	78.3

資料來源：郭中侯、蔣義文主編，《世界主要國家和地區國防費年報 2015》，（北京；國防大學出版社，2015 年 12 月），頁 91。

說明：◎不含人員維持費。未考慮盧布對美元匯率波動。◎2011-2015 未參加維和行動；2014 年入侵克里米亞與 2015 介入敘利亞戰事之經費未列入計算。

　　然而，2016 年以後俄羅斯經濟的衰退，[40]以及對烏克蘭與敘利亞的用兵，非計畫性支出增加，經費來源日益困難，對俄軍的軍事

---

[38]近年盧布對美元匯率變動極大，為有利研究論者往往習以某一年度幣值為比較之準據，本文以 SIPRI 數據為準。

[39]Stratfor, *Russia's Budget Problems, Part 2: Campaign Promises Versus Grand Military Plans*, Stratfor Analysis. （Aug 24, 2012）p.52. 俄羅斯為建軍，砍掉了衛福 8.7%-1140 億盧布，教育 2.8%-310 盧布，社福 0.7%-418 億盧布之預算。

[40]2015 年 GDP 成長為 3.7%，2016 年為 0.8%。

改革形成了極大的壓力。2016 年秋，俄羅斯官方亦預告未來三年將有所削減，[41]國際間對其估計未來國防預算應將逐年微幅下降。[42]不料，於 2017 年春，其財政部公布國防預算將較去年（3.8 兆盧布-約 667 億美元）大幅下降 25.5%，至 2.8 兆盧布（約 491 億美元）。[43]主要是受到天然氣與石油價格的跌落，西方的經濟制裁和原先來自烏克蘭的軍售管道中斷。[44]這些因素如果不能排除，合理的推測對其 2020 年裝備現代化之達成，及研究發展都有極不利的影響。

　　至於部隊訓練實務方面，於 2012 年組織編裝與戰訓體制初步完成後，俄軍改變「練為演」的虛假，轉向「訓為戰」的務實，實兵演訓、實彈、實裝的強度提高，夜戰訓練比重加強，[45]並且各級部隊隨時準備接受「戰備突擊測驗」。

　　2014 年 2 月 26 日，普丁即是採取此方，以偷襲（stealth invasion）方式併吞了烏克蘭（Ukraine）之克里米亞（Crimea）；[46]次年秋，又在敘利亞戰事上故技重施，顯示出其戰略決策、軍事部署、部隊機動與聯合作戰已初步改革成效。[47]然而，其規模不過是一

---

[41]Craig Caffrey. *Russia announces deepest defence budget cuts since 1990s*. HIS Jane's Defence Weekly 16 March 2017.

[42] "Russia's Defense Spending: the Impact of Economic Contraction." IISS. http://www.iiss.org/en/militarybalanceblog/blogsections/2017-edcc/march-f0a5/russias-defense –spending 判斷國防經費幅度 2017 年減 9.5%，2018 年減 7.1%，2019 年減 1.7%。

[43]軍聞社國際中心，〈受經濟蕭條與戰爭拖累　俄羅斯 2017 國防預算大砍 1/4〉，2017 年 03 月 25 日。www.ettoday.net/news/20170325/892032.htm 因計算基準與 SIPRI 不同，數據有差異。

[44]李大鵬，《前揭書》，頁 306-308。

[45]張桂芬主編，《前揭書》，頁 172。

[46]Mitchell Yates. *How Putin Made Russia's Military Into a Modern, Lethal Fighting Force*. 2017/04/20.https://nationalinterest.org/blog/the-buzz/how-putin-made-russias-military-modern-lethal-fighting-

[47]Alexander Golts. *Russia's Military: Assessment, Strategy, and Threat*. June 24, 2016. pp13-14

場小型的局部戰爭，並不能以此做爲俄軍已全面達到標準的論斷。

　　2016 年，共軍對俄羅斯部隊訓練改革的觀察，得到全年度演習高達 3630 次，其中軍種聯訓 1250 次的數據，[48]這樣的密集度其眞實性固然有待查證，但是卻也說明俄軍訓練較以往務實。另一方面，年度大型戰略和突擊演習，[49]尤其是在經濟急遽衰退下，還是無預警舉行「大軍千里奔襲」實兵演練的作爲，[50]再加上部隊訓練要求的未來指標，五年平均要增長約 25%，可見極具企圖心（如附表七）。

附表七：2016-2020 部隊訓練指標

年度	潛艦（日）	飛行時數				戰甲機動（公里）	跳傘次數	
		戰轟機	運輸機	陸航	海航		個人	分隊
2016	100	105	130	100	90	800/400	15	8
2017	110/	110	140	110	100	1000/500	17	9
2018	110	115	150	120	105	1000/500	19	10
2019	125	120	150	125	110	1000/500	20	11
2020	125/+25%	125/+20%	150/+15%	130/+30%	120/+33%	1000/500	21/+40%	12/+33%

資料來源：張桂芬主編，《俄羅斯「新面貌」軍事改革研究》，頁 311。作者參考數據整理製表。

說明：2020 年欄數據 125/25% 表示爲與 2016 年訓練強度增強之百分比。

　　另一方面普丁藉由「俄式突擊測驗」（Soviet-style snap exercise SNAPEX），突如其來介入國際事務的作法，確實令北約不敢掉以輕

---

[48]中國軍網，〈解讀 2016 年俄軍建設情況〉。

[49]最近一次爲 2016 年 8 月 25-31 日，以敘利亞經驗爲想定，於南方軍區之三軍聯合突擊測驗。Simon Saradzhyan, "Yes, Russia's Military Is Training for a 'Mega War" That's What Militaries Do. https://nationalinterest.org/print/feature/

[50] Maksym Beznosiuk, "Russia's military reform: Adapting to the realities of modern warfare" http://www.newesterneurope.eu/articles-and-commentary/2153-russia... 認爲俄軍有在 72 小時內，於 3000 公里的地域部署 65000 人大軍之能力。就陸海空機動能量而言，其時空之可信度存疑。

心，[51]積極加重東歐的防務，[52]相對的也爲俄羅斯西部戰區帶來了壓力，而有新建第一坦克集團軍和三個師級地面部隊的計畫，等於將原先裁撤的實兵與動員單位又重新恢復。[53]

四、成效研析

不論各方對俄羅斯武裝力量「新面貌」的改革成果評論的角度如何，俄軍確實裁撤了絕大部分的無效戰力與軍官冗員，但是其兵力的總員額與部隊數量，還會視其威脅變化而有所異動，唯其幅度有限。另就其 2016 年 8 月底舉行的突擊測驗內容分析，[54]主要目的是驗證其各級指揮機制的整合度與兵力調度能力。俄羅斯可以依賴的兵力還是空降與特種部隊，以數量言難以就此武斷其已具備入侵東歐或烏克蘭之能力。[55]由於未來客觀的數據無法獲得，因此，本文謹就其「國防經費趨勢、軍工體系現況及部隊訓練經費」等主觀條件，研析其在 2020 年軍隊改革可能的成效。

（一）國防經費趨勢

俄羅斯《2011-2020 年國家武器採購計畫》制定時，因國際油價上漲，是以年經濟成長率平均 6.5%爲計算基準。[56]軍事投資的額度分配原則：在第一階段（至 2015 年）使用 31%，第二階段（至 2020

---

[51]例如：荷蘭停止主戰車提早退役計畫；美軍重啟冰島基夫拉維克反潛機基地。
[52]2015 年 7 月，北約決議於波蘭東部及波羅的海國家增兵，以嚇阻俄羅斯侵略。
[53]Alexander Golts, Ibid. p. 18.
[54]其程序爲空中掩護地面部隊機動集結，完成防空部隊與部隊防空部署，搜索與封鎖敵情，排除障礙，情報與反情報，建立空降部隊指揮所，派出尖兵掩護地面機動，部隊渡河，空降與兩棲作戰，火力與火力支援，補保支援與裝備搶修等。Anatolii Baronin. *Analysis of the Snap Exercise Performed by Russian Armed Forces from Aug 25-31 2016*. https://informnapalm.org/en/analysis...
[55]Simon Saradzhyan, Ibid.
[56]郭中侯、蔣義文主編，《前揭書》，頁 100。當時俄羅斯爲「金磚四國」之一。

年）使用 69%，[57]亦即以 1/3 的規模做為改革實驗，修正定案後再全力實施軍隊建設。然而，2012 年普丁再度回任總統以後，能源價格暴跌，經濟成長放緩，國防預算到達其「財政容許上限」，[58]在普丁堅持下，乃連續三年以赤字預算編列經費（計借貸 1,868 億盧布），並且不惜犧牲掉衛生福利、國民教育與社會福利的國民發展基本需求，[59]因此，2015 年方得以勉強達成原訂之目標。

　　進入第二階段後，俄羅斯經濟持續衰退，國際石油與天然氣價格因為美國頁岩油技術成熟，沒有大幅上揚。其核能電廠與武器輸出受到制裁和挑戰，[60]再加上對烏克蘭和敘利亞的軍費開支，2015 年該國通貨膨漲高達 15.55%，[61]盧布對美元匯率由 1：38 大貶至 1：61，幣值比前一年度驟然縮水 1/3，大傷國本。此外，俄之國防經費繼 2016 年下降 5%後，2017 年更宣布下降 25.5%，而且未來還應該會以 3-5%的幅度逐年下降。[62]換言之，除非大幅砍掉其他方面的支出，或違背對外武器銷售合約，否則 2020 年前之經費與幣值應不足以支持原定的換裝計畫。[63]因此，展望俄軍規畫之主戰武器系統現代化的達成 70%的目標，將是十分困難的任務。為了確保其國家安全，現階段的重點應是加強其「三合一」核武更新，以及飛彈防禦

---

[57]郭中侯、蔣義文主編，《前揭書》，頁 99。GDP 實質成長率：（2010）4.2%、（2011）4.3%、（2012）3.5%、（2013）3.7%、（2014）0.6%。

[58]Stratfor. *Russia's Budget Problems, Part 2: Campaign Promises Versus Grand Military Plans*. Stratfor Analysis.（Aug 24, 2012）p.52 即 GDP 值的 3.8%為其上限，過則將使其他經費之拮据。

[59]郭中侯、蔣義文主編，《前揭書》，頁 100。

[60]李大鵬，《前揭書》，〈俄羅斯正在失去印度軍火市場〉，頁 254-257。

[61]*Is Russia's Defense Budget Crashing? Not So Fast*. Russian Military Analysis.

[62]Michael Kofman. *The Russian Defense Budget and You*. https://russianmilitaryanalysiswordpress.com/

[63]*Russia's Defense Spending: The Impact of Economic Contraction*. IISS. Ibid.

體系之健全爲其要務。[64]

（二）軍工體系現況

俄羅斯的軍工體系（Military Industrial Complex）和中共一樣，都是極其龐大複雜的國營工業性質，兩國整頓的方式也概略相似。但是俄羅斯約 2/3 的機構有嚴重的財務危機，[65]整頓時除了實施整併外，政府計畫撥款三兆盧布，[66]以推動重點產業升級，加速武器裝備現代化。然而，「航空母艦、戰略導彈、航天器材、重型運輸機」等產能，全都在烏克蘭。在兩國交惡後，如果一切順利，俄羅斯的尖端武力，至少得等到 2018 年以後才能擺脫對後者的依賴，[67]造成有建造超級航空母艦計畫，卻無所要之船塢及相關設施支持的窘境。[68]

除了硬體建設的問題外，俄羅斯採取「升級與換代結合：前期重改造，後期重換代」的武器現代化策略。雖然立意甚善，但是其上戰車武器系統之光學系統與電子元件，甚至船用燃氣渦輪引擎，大多由歐盟引進，[69]預計要到 2025 年才能夠完成國防工業獨立自主，[70]以此觀之，其目前武器裝備現代化，只是改良其現有性能，而非全然「換代」。

在研發創新方面，因爲俄羅斯的軍工體系始終未和經濟及教育

---

[64]俄羅斯 Almaz-Antey 的「空天防禦」，Tactical Missile Corporation 戰略戰術飛彈公司爲 2016 年全球 50 大軍工企業。

[65]許德君，〈近年俄羅斯新軍事改革的啓示〉，遠望智庫，2017-02-02 整編後軍工體系企業計 87 個集團，1320 家公司；至 2016 年時債務由 3630 億減至 1200 億盧布。

[66]張桂芬主編，《前揭書》，頁 218-219。

[67]張桂芬主編，《前揭書》，頁 220。

[68]Mitchell Yates, Ibid.

[69]如 T-90 主戰車之紅外線與夜視系統即自法國 Thales 引進。Ariel Cohen, and Robert Hamilton. *The Russian Military and the Georgian War: Lessons and Implications*. Current Politics and Economics of Russia 28（2011）p88.

[70]俄羅斯副總理羅戈津承認：從北約與歐盟進口品項爲 640 種，烏克蘭爲 186 種。

的研究體系有密切的連結，因此雖然政府整體研發經費約有四成的額度投入於軍方，但是目前新近撥交部隊的裝備都還是 10-15 年以前的設計，[71]連最新的取代飛毛腿（Scud）飛彈的 SS-26-M 伊斯坎達爾（Iskander），也是在 2006 年開始服役，至今已然十年。何況俄羅斯軍工體系備受詬病的挪用、[72]侵占、失竊情形嚴重的文化並未改善，[73]甚至普丁本人都曾估計約有 40%的研發經費是「浪費、重複或不必要」。[74]即使如此，從附表六的資料看來，俄羅斯對軍方的研究發展經費是逐年下降的現象，在經濟景氣較好的時期都是如此，冀望未來能大幅增加的機率實在不容樂觀。

在人才方面，自 1999 至 2008 年國防工業人力由 1,225,000 人減至 376,000 人，幅度達 70.31%。[75]受到市場經濟的引誘，有豐富經驗的科技人才離職，年輕有潛力的人才不願入行，研究發展體系「腦力枯竭」的狀況便難以改善，這也是近年來俄羅斯軍工體系在世界百大企業排名下滑的主因。[76]

經費與人才俱缺，廠房與機具老舊；介入國際糾紛力道卻加強，雖有智者亦難善其後矣！

（三）部隊訓練經費

部隊訓練時數與距離的增加，是任何一個現代化部隊的最低需

---

[71]Matthew Kosnik, Ibid. p156.

[72]2016 年成功阻止了 630 億盧布的非法轉帳。
https://wemedia.ifeng.com/7781256/wemedia.html.

[73]Tor Bukkvoll. *Their Hands in the Scale and Causes of Russian Military Corruption*. Armed Forces and Society 34（2008）: pp. 259-275. 另 2014 年據其官方調查即有 75 百萬美元的資金不知去向，而此僅為冰山一角而已。

[74]Roger Roffey. *Russian Science and Technology is Still Having Problem-Implication for Defense Research*. Journal of Slavic Military Studies 26（2013）: p163.

[75]Roger Roffey, Ibid.

[76]〈Defense News 公布 2106 全球百大軍工企業排行〉。https://read01.com/O0ke-40.html.

求，但是也表示訓練油料、彈藥、機具、消耗料件、補給保修等需求的增加，這些都要經費的支援，所以從訓練經費的支出與額度，可以判斷部隊訓練是否精實。

俄軍重整後，訓練場地也比照美國的模式，實施三軍聯戰訓練，強度增加表示訓練的消耗比其以往之經驗為大。附表六的數據顯示出俄軍的訓練經費配比極為低落，在國防預算中的比例為 0.3-0.2%，而且還有逐年下降的趨勢。以此額度要支持三軍部隊逐年增加至如附表七所預期—如陸航飛行員每年每人增加 10 小時—的訓練時數，在理論上其可行性是值得存疑的。如果意圖以支援敘利亞阿塞德（Basher Assad）政權戰事，「以戰代訓」來達到訓練的目標，也不切實際。[77] 因此，這樣的經費額度，難以顧及全面，只能置重點於「少量精兵快速機動」的模式，[78] 亦即是以空降部隊之「應急作戰」為主，[79] 無法顧及其餘部隊的強度，這種結果由 2016 年秋的突擊測驗的演練內容中便可看出其中端倪。

此外，無預警的突擊測驗，固然可以檢驗建軍與戰備之成效，發現潛存之缺失，但是，測驗的規模愈大，參演的單位愈多，涉及的部門愈廣，機動的距離愈遠，所需經費便愈巨。這些經費動輒以億計算，不是以例行的訓練經費可以負擔的，必須以預備金或特別預算撥付，以補償民間機構被軍方臨時徵集的各種裝備消耗與員工作業時間所需薪資之費用，如果以挪用訓練經費支應，便必然會影響到俄軍實質的訓練。

---

[77] 普丁於 2016 年表示俄羅斯在敘利亞的戰事耗費 330 億盧布（約 4.8 億美元）。

[78] 李志新（西安政治學院），〈俄軍戰區改革：突出實戰化訓練，勇於糾錯完善〉，中國青年報，華夏經緯網轉載。Big5.huaxia.com/thjq/jwz/2016/11/5084016.html.

[79] 若俄軍之「一小時拉動、八小時全員全裝機動、一日內完成部署」，「出動 40 架次，搭載 3000 人與 60 件裝備，機動 5000 公里」的情資為真，此一規模即是空降旅之機動演練。同上註。

（四）小結論

依據以上數據的分析俄軍「新面貌」改革，面臨主客觀的困難有：主觀條件方面為第二階段武器裝備的換裝幅度（69%）為前一階段的兩倍以上（31%/）；國防研究發展經費難以獲得提高，研發人才獲得不易，軍工體系機具老舊，重要組件預期需至 2025 年方能擺脫對外國的依賴；部隊訓練強度年增率平均 8-10%，經費長期維持（整體經費之 0.3-0.2%）低檔；質言之，俄軍上下「無經費與人才，縱有一身本事，難為無米之炊」。

在客觀環境方面的制約則有：受國際能源價格波動的左右；國際（北約）對俄羅斯的制裁；武器裝備市場的競爭等，再加上對外用兵，及對達吉斯坦（Dagestan）與高加索地區的「反恐維穩」所需之不定額戰費之支出，這些都不利於其改革的實施。因此，要能夠使俄軍的組織編裝、武器裝備全部呈現出「新的面貌」，其前途多艱（It's a long shot and colossal task），[80]乃是可預見的結果。

俄羅斯軍事改革對中共的啟示

共軍自從認同美式「網狀化作戰」的觀念後，除了「以指揮自動化建設為重點」外，[81]一直密切注意從葉爾欽以來，俄羅斯軍隊改革的發展優點與缺失，軍方與民間研究的專著與論文未曾間斷。[82]

對於這一波的「俄羅斯武裝力量新面貌」全面改革，中共國防大學動員編組，深入研究之後所獲得的結論有：

改革的主要動因是：「國際軍事事務革命的推動，國防不能支持

---

[80]Matthew Kosnik, Ibid. p158.

[81]《2004 年中國的國防》白皮書，〈推進信息化建設〉段。

[82]軍方包括解放軍、國防大學、軍事科學；民間則有新華社、中國社會科學出版社等。

安全環境改變，俄軍不能適應未來戰爭型態，對喬治亞三軍聯合作戰檢討，強國心態與對歷次改革批判。」[83]

改革的經驗教訓是：「盲目照搬西方經驗，導致後期局部反復；由上而下強勢推動，論證不夠配套不足；戰略指導相對滯後，改革產生負面影響；指揮體系組織型態，轉型有待調整完善；裝備換代戰力提升，存在系列深層問題；[84]創新實踐容錯糾偏，動態調整有機完善。」[85]

改革對中共啟示是：「立足國情實際，堅持科學規畫，平穩有序改革；軍事事務革命牽引，安全與軍隊相結合；體制結構調整為主，系統推進配套實施；形成信息體系戰力，軍隊向信息化轉型。」[86]

以上的結論是否客觀，見仁見智。何況，中共軍方也認為俄軍的改革有「因盲目照搬而返工」，「今日裁，明日復」的缺失，[87]但是對「俄羅斯武裝力量新面貌改革」抱持著肯定的態度，給予正面的評價，應是無誤的。西方學者也認為俄式的改革對共軍之影響力，較西方的模式為大。[88]

再從近期中共的指揮體制變革、軍區重新劃分、成立陸軍司令部、火箭軍單獨成軍、採取聯合後勤，[89]以及將陸軍的 18 個集團軍

---

[83]張桂芬主編，《前揭書》，頁 2-6。
[84]張桂芬主編，《前揭書》，頁 323。
[85]張桂芬主編，《前揭書》，頁 317-324。
[86]張桂芬主編，《前揭書》，頁 324-329。
[87]李大光，〈俄羅斯軍事改革的基本經驗及其啟示〉。
https://qk.laicar.com/M/Content/1518554。
[88]*Military reforms: Why China may stick with the Russian model.*
https://rbth.com/blogs/continental_drift/2015/12/29.
[89]2016 年中共的軍事改革開啟以來，成立陸軍領導機構、火箭軍、戰略支援部隊，把四大總部改為 15 個職能部門、軍區調整為五大戰區，完成高司機關整編，成立中央軍委聯勤部隊。

縮編爲 13 個,「由數量規模型向品質效能型轉變」等作爲觀察,[90]同時依據中共中央軍委〈深化國防和軍隊改革的意見〉中對 2020 年的總體目標要求（如附表八）來看,在在都不乏與俄軍「新面貌」各項作爲的影子,亦可見對其影響之深遠。

附表八：2015-2020 年中共國防和軍隊改革之總目標

年度	目標要求（軍委管總,戰區主戰,軍種主建）
2015	重點組織實施領導管理體制,聯合作戰指揮體系改革
2016	軍隊規模結構,主戰力量體系、院校、武警部隊基本完成階段改革
2017-20	對相關改革進一步調整、優化、完善,成熟一項推進一項

資料來源：〈中央軍委關於深化國防和軍隊改革的意見〉,北京,人民日報,2016年 1 月 2 日,2 版。作者參閱百度百科製表。

值得注意的是俄羅斯軍隊三度改革都是採取急於求成的作法,帶給部隊無以彌補的傷害與人才的損失,全都看在中共眼裡。同時,俄羅斯目前在建軍上所遇到的主要困難（經濟成長遲緩、研發人才不足、訓練經費低落）對中共而言,似乎都不是問題。即使如此,中共 2020 年國防和軍隊改革之作法,基本上是「成熟一項推進一項」,這種穩妥漸進,不求急功的心態,顯示中共的信心,也證明俄羅斯軍事改革對中共有多麼深刻的感受。

結論

俄羅斯歷次軍事改革的指導,沒有鄧小平式「世界大戰打不起來」結論作爲規劃前提,沒有「韜光養晦,絕不當頭」爲戰略指導,沒有徐徐圖之分期完成的耐心。主要原因在於俄羅斯三次的改

---

[90]林庭瑤,〈陸軍縮編,集團軍 18 個變 13 個〉,臺北,《聯合報》,民國 106 年 4 月 28 日,A10 版。

革都是以急於求成的方式，力求在極短時間內完成所望之改革。主其事者總參謀長馬卡羅夫（Nikolai Makarov）都曾坦承「沒有足夠的科學論證下，即進行徹底的改革」。[91]改革的措施多到令人目不暇給，許多問題一再反復調整，影響改革威信與成效。

例如，2015年8月1日，俄軍藉將空軍與「空天防禦兵」合併，成立「空天軍」之機會，擴編科技官額，恢復准尉制度，並局部恢復原有陸、空軍建制的措施，雖然是「知過能改，糾偏完善」，但是，亦表示組織編裝尚未定案，國防經費編列不能反映部隊實況。

此外，俄軍在無預警的狀況下，出兵三萬，奪取了烏克蘭的克里米亞，並以敘利亞內戰做為其練兵的場所，表面上顯示出俄軍的改革有成，卻也暴露出俄羅斯決策者的冒進，以及俄軍能夠動用「精兵」（combat-ready）有限。[92]兩次的突擊測驗亦造成北約對其的警惕而增兵，相對的使俄羅斯覺得有組建新的戰略單位，[93]以加強西方防務的必要。若然，則必須增加官兵員額，恢復動員部隊架構，而使得改革又某種程度的回到原點。[94]另一方面，中共在肯定俄軍的改革，做為共軍推動「深化國防和軍隊改革」的有力借鑒外，也客觀指出俄羅斯有：「國防預算已接近 GDP4%，國內經濟成長陷入停滯，經費成長無法抵消通貨膨漲，後續預期不容樂觀；資訊電子科技長期滯後，自主創新研發周期過長，軍工體系升級緩慢；國防工業領域進口替代戰略實施效果有待觀察」等主觀條件的制約，影響到其軍事改革之成效，[95]不失為持平之論。

總之，中俄兩國所處的戰略環境，雖然北韓的情勢與敘利亞，

---

[91]劉亞洲，《前揭書》，頁 257。
[92]不足以打大戰，卻有能力執行小型、局部攻勢作戰。Alexander Golts, Ibid. p.19。
[93]預計新編 25 個師，15 個旅，員額 10 萬人；Alexander Golts, Ibid. p.18。
[94]Alexander Golts, Ibid.
[95]張桂芬主編，《前揭書》，頁 323。

以及釣魚台列島的主權與克里米亞雷同，但是東亞的戰略局勢發展似乎並沒有起到使中共有對外用兵的意圖，與美國的交往呈現出「有攻有守」，而且中共的經濟成長大於通貨膨漲，國家經濟仍能維持中度（7-5%）成長，因此，從附表八來看，共軍 2020 年第二階段的建軍應該可以穩健的達成，不致有太大的疑慮。

　　中共的建軍是無法阻擋的，一旦其有能力於西太平洋與美國分庭抗禮之時，對於我們而言，該注意的是「俄式突擊測驗」的作法，帶給中共用兵－以最短時間集中三軍精銳，在敵人不及反應前造成既定事實－的啓示，應爲我軍爾後戰備訓練應該注重之要項。

民國 106 年 10 月
《陸軍學術雙月刊》第 53 卷第 555 期

二十、論中共陸軍之改制

前言

　　1981 年 6 月文化大革命結束之際，蘇聯經濟已然疲態盡露，國力逐漸凋敝，於阿富汗用兵陷入費留之餘，無力於黑龍江中蘇邊境再起爭端，遂使中共之「內憂、外患」因此而同時獲得舒緩。接著鄧小平利用華北大演習做鋪陳，提出「世界大戰一時打不起來」的結論，從事改革開放，以「先富國再強兵」的國家戰略指導，實施「四個現代化」，並從此以市場經濟改變了中共面臨「亡黨、亡頭」的命運。

　　2007 年以來，中共國防和軍隊現代化的改革，積三十年厚積國力之餘緒，[1]共軍得以經過長期反覆的論證，參照歐美近期用兵的利弊，[2]打破西方科技封鎖桎梏，以高速成長的國防經費全力推進「三步走」（三階段）的「具有中國特色軍事變革」。在主客觀條件都有利的情勢下，共軍貫徹其方針，2010 年業已依期程「打下堅實基礎」。[3]如今，正著眼於 2020 年建立「打贏資訊化條件下局部戰爭」核心能力。[4]共軍實力成長之速，其太空、海、空軍與火箭軍建軍成效之大，一直都是外界著想「中國威脅論」的主要對象，然而，地面部隊之更迭，則因為「潛在威脅」的程度較小，而少見論述。

---

[1]鄧小平在「改革開放」中，要求軍隊忍耐，直至 2007 年 7 月，胡錦濤才正式宣布結束軍隊忍耐期，全力推動「具有中國特色的軍事事務革命」。
[2]中共國務院，《2010 年中國的國防白皮書》，國防政策段。
[3]中共國務院，《2008 年中國的國防白皮書》，國防政策段。
[4]同註二。

2013 年 11 月，習近平於中共十八屆三中全會決議分兩階段，開始針對地面武力，深化「國防與軍隊」之改革。[5]2014 年夏，作者不揣鄙陋刊出〈中共陸軍未來發展之研析〉一文，以中共陸軍地位之變遷，研判其未來之發展，列舉四大方向：「進一步壓縮部隊員額，部隊戰力結構調整，以武警逐步取代陸軍內衛與要地守備，成立陸軍司令部統籌建軍規劃」，[6]做為研析之依據。

兩階段的軍事改革，在員額方面，2015 年九月以還，中共再裁減 30 萬人。2016 年體制方面則有陸續成立陸軍司令部、改大軍區為戰區、集團軍番號序列改制，以及武警納入中央軍委節制等作為，[7]亦即上述之判斷都已然獲得證實。

中共主張未來要能夠「打贏聯合作戰的信息化高技術局部戰爭」，[8]各軍種的建軍都是環繞這一主旨為之。因此戰區之編成便成必要條件，有論者則認為這些作為是中共揚棄「大陸軍主義」，[9]「突破重陸輕海的傳統思維」的具體象徵，[10]其言論是否有待商榷，猶見仁見智。值得外界注意的是其決策速度之快與更迭幅度之大，實屬空前所未有。然而，整個過程卻沒有太多的阻力與反對聲浪，可見其對陸軍之軍制早已有極其完整之規劃，也值得我們深思。

再就中共將陸軍建軍的優先順序擺在最後，與縮小其集團軍兵力規模為 85 萬人的角度觀之，除非安全環境有突如其來的變化，陸

---

[5]劉亞洲主編，《強軍策》（上海：遠東出版社，2016 年 7 月），頁 376-377。

[6]曾祥穎，〈中共陸軍未來發展之研析〉《陸軍學術雙月刊》（桃園龍潭），第 50 卷第 536 期，民國 103 年 8 月，頁 31-34。

[7]2017 年 10 月底，中共決定自 2018 年 1 月 1 日起，武警實行「中央軍委—武警部隊—部隊領導指揮」體制，歸中央軍委建制，不再列國務院序列。

[8]中共國防部，《中國的軍事戰略》，〈五、軍事鬥爭準備〉，2015 年 5 月 26 日。

[9]劉亞洲主編，《強軍策》，頁 343。

[10]中共國防部，《中國的軍事戰略》，〈四、軍事力量建設發展〉，2015 年 5 月 26 日。

軍集團軍（野戰戰略單位）之戰鬥序列之確立，也代表了中共之建軍到達完成階段，未來的發展則將是由量的確定改為質的精進。

職是之故，因篇幅所限，本文將不討論中共海、空軍與火箭軍在中共軍事戰略之角色，擬就中共戰區與陸軍集團軍番號序列之改制為標的，就地緣戰略與軍制理論觀點，深入探討共軍作為其中之戰略涵義，以及對未來作戰之影響，做為我軍建軍戰備之參考。

中共戰區之規劃

一、軍區與戰區之差異

2015 年 11 月，中共提出了「軍委管總、戰區主戰、軍種主建」的建軍計劃總綱，這樣的分工是對「中國特色軍事事務革命」三十年論證做出的總結。調子既定，旋即於 2016 年 2 月 1 日，廢除了行之 65 年的大軍區制度，成立東、南、西、北、中部等五大戰區，在中央軍委指導下，統合轄境三軍聯合作戰事宜。此項與世界建軍趨勢接軌作為，立即引起世人對大軍區與戰區在用兵角色與地位之討論，一時之間，眾說紛紜，卻莫衷一是。[11]

一般而言，所謂之軍區乃指「一國於境內駐軍依地理或行政區域劃分之區域，負責防務與軍政事務」，通常是以陸地自然天險為主要劃分之對象（如日本的方面隊）。中共軍區的定義是「根據國家的行政區域、地理位置和戰略、戰役方向、作戰任務等設置的軍隊一級組織，是戰略區域內的最高軍事領導指揮機關」。[12]國軍的軍語釋義則為「軍區乃區域性之最高軍事機構，依命令指揮、管制轄區內

---

[11] 〈軍改分析：戰區與軍區三大分別〉，2016 年 2 月 2 日。www.hk01.com/兩岸/5412/軍改.
[12] 百度百科—軍區條目。

之三軍部隊，從事基地發展與戰場經營、及動員、警備與教育訓練等整備事項，或賦予特定任務。戰時應乎需要，可以軍區為基礎，組成戰區，從事作戰。」

戰區是指「大型軍事行動發生之地域，包括陸地、海洋與太空」。中共的定義為「戰區是作為本戰略方向的唯一最高聯合作戰指揮機構，履行聯合作戰指揮職能，擔負應對本戰略方向安全威脅、維護和平、遏制戰爭、打贏戰爭的使命。」[13]國軍的軍語釋義為「戰區為三軍聯合、軍政一元之最高野戰單位，主在運用野戰戰略，指揮所轄三軍部隊，遂行獨立、廣泛、連續之作戰。」

由以上之定義可知，要劃分軍區或戰區，幅員廣大，地理複雜，人文錯綜是必要條件。[14]軍區的位階是低於戰區的，比較受到自然地理與種族人文的限制，戰時是屬於野戰戰略層次的軍事指揮體系；戰區則是以三軍聯合作戰的型態，依據軍事戰略之指導，從事作戰，係超越地理與人文的限制而是以地緣為主要考量的，戰時以野戰戰略手段，為戰地政務的軍令軍政一元的指揮體系。英國於第二次世界大戰之後，因殖民地的喪失，國力衰退，即未有戰區之劃分，而屬由美國主導的歐洲戰區中北約體系之一部即是例證。

若以上分析為真，我們可以說中共軍區改為戰區，即代表了未來將從事的是以境外作戰為主要的多軍種聯合作戰型態。也是其「積極防禦」戰略思想中「後發制人」－「人若犯我，我必犯人」辯證統一的主要工具。[15]

---

[13]百度百科－戰區條目。
[14]作者以為至少應有跨越一個時區以上的幅員為度。
[15]中共國防部，《中國的軍事戰略》，〈三、積極防禦戰略方針〉，2015 年 5 月 26 日。

二、戰區規劃與地緣戰略之關係

然而，無論中共之戰區定義是否與美國、俄羅斯之概念相同，其實並非本文論述要點。概因自古以來，中外兵家在討論與實際用兵時，都離不開「地形」，第二次世界大戰以來甚至有「地形乃第四兵種」之說。近世因為科技的進步，地形－遠近、險易、廣狹、死生－的意涵也逐漸的由狹義而寬廣，由線面而立體，乃至於太空，而且對其立論定義亦不再由兵家所專擅。因為於用兵不再侷限於地面或一隅，於是「地緣戰略」一詞，甚囂塵上。不過，中西都各自因其私心而有其特定地緣戰略之定義做為其「生存發展」之張本，[16]但無論其立場與理論為何，目的皆是為了建構國防立論與資源分配找到合理的法則，如今中共對地緣戰略用兵之觀點，亦復如是。[17]

另一方面，地埋的位置－如美國受兩洋之隔離與新加坡之控制麻六甲海峽－固然是地緣戰略主要考量因素，但是大國的勢力崛起、科技的進步與建設也有局部或全然改變地理條件之可能，使天險不為天險。如恐怖主義之肆無忌憚與北韓洲際核武彈道飛彈之問世，美國國土安全立即受到影響而成立「北方戰區」因應；另一方面中共以「一帶一路」的大戰略，貫穿歐亞鐵路與規劃馬來半島克拉地峽（Kra Isthmus）運河，[18]「皇京港」（Melaka Gateway）的開闢則使新加坡控制麻六甲海峽之重要性降低。[19]

---

[16] 曾祥穎，〈亞太地緣戰略發展對我之影響〉《陸軍學術雙月刊》（桃園龍潭），第53卷第552期，民國106年4月，頁5-8。
[17] 近代如清末左宗棠及李鴻章之「塞防與海防」戰略抉擇優先之辯論。鄧小平的「十六字訣」與「先經後軍」之指導。西方則以「海權論」、「陸權論」、「邊緣地帶論」等為其擴張之依據。
[18] 資料來源取自維基百科－克拉地峽條目。
[19] 顧名思義該港位於麻六甲海峽北端，計畫構築面積1366英畝，預計2019年開始營運。戴瑞芬，〈陸與馬來西亞合建皇京港，將取代新加坡港〉，2016-11-18。udn.com/news/story/4/2114500

亞太地區這樣的發展情勢,與 19 世紀美國因巴拿馬運河的開通,得以於第一次世界大戰時的崛起,迫使英、法、德、俄等帝國不得不加以面對,進而改變了以歐洲為世局中心的情形,差堪類似。[20]再由滿清中葉以後錯過了工業革命的契機,失去與列強偕行的「戰略機遇期」,導致沿海門戶一再遭受到英國、帝俄與日本侵略之史實可知,從某一個角度言,地理與地緣兩者之間的關係其實是互為表裡。

不可否認的是中共充分掌握了這一次大好的「戰略機遇期」,[21]利用「改革開放」的成果,採取「穩定周邊、立足亞太、走向世界」的大戰略,以經濟擴張與軍事實力的「和平崛起」,三十年的努力,功不唐捐,不但改變了世界地緣政治的基本態勢,[22]進一步使得地區的地緣戰略有所變動。

地緣戰略乃綜合考量區域國家之地理、人文與社會發展趨勢等客觀形勢對我國家安全之影響;[23]再長遠分析現在與未來國家發展的主觀條件,相互為用之下得出「國家安全情勢」之判斷,[24]並據以建立國家戰略,爭取我國家之利益,其變動對國家生存與發展,不言而喻。

換言之,它是大戰略或國家戰略擬訂根基之函數,為《孫子》

---

[20]當時英國殖民地遍及全球,東印度公司與大英國協勢力亦非俄、德、法等強權可以比肩。
[21]戰略機遇期指國內外各種主客觀綜合而成的形勢,能為國家經濟、社會、人文發展提供良好機會和境遇,並對其國運產生全面、深遠、良性影響的某一段特定之時期。如工業革命之英法德俄;一、二次大戰時之美國。
[22]朱听昌,《中國地緣戰略地位的變遷》(北京:時事出版社,2010 年 10 月),頁272-276。
[23]曾祥穎,〈亞太地緣戰略發展對我之影響〉,頁6。
[24]例如 1984 年鄧小平於華北大演習結束後得出:「世界大戰一時之間打不起來」的結論,於是全力改革開放,實施四個現代化,並將國防現代化的順序放在最後。

〈始計第一〉：「道、天、地、將、法」的內涵，是一種動態不居的變化，更是一個國家政制與軍制建設的起點。故爾，對其中權重變化的掌握與先制，正確與否關係一國的興衰。因此，地緣戰略判斷之良窳，對國家之影響極其深遠，更左右國家之命運。

再從「哲學、兵學、科學」的觀點，地緣戰略是屬於「哲學」的層面，其概念與認知都比較抽象。戰區則是屬於兵學的範疇，無論其劃分之地域如何，都是有一定的「空間」限制。雖然其大、小、廣、狹的內涵（交通與市場），世界大國都會因政治與軍事狀況之變化而有所調整，但基本上以軍事言，係屬於「野戰用兵」（美軍的作戰層次）指導的領域。

美國的戰區規劃是全球為標的，原先並無本土戰區之建制，其各戰區所轄之地理區域都在海外（如附表一：美國戰區之劃分）。因為自十九世紀中葉美墨戰爭以後，美國即無外來的勢力可以威脅其本土的安全，在這種「東西兩洋隔絕，南北無敵環伺」的地理條件下，以「門羅主義」拒絕歐洲列強於門外，蓄積實力，「和平崛起」，而得以於兩次大戰之後取英國與德國而代之。亦即是在第二次世界大戰美國參戰前，並無戰區之建制，後來因為同盟作戰之需要，才有太平洋、歐洲及遠東戰區的設置，[25]並在戰後占領日本與德國，調整前兩者之轄境而延續至今。

附表一：美國戰區之劃分

名稱	成立	轄地範圍
北方	2002 年	北美、阿拉斯加、加拿大、墨西哥北部
太平洋	1947 年	大洋洲、東亞、南亞、東南亞、俄屬遠東、南極大陸
中央	1983 年	中東、中亞、埃及

---

[25]太平洋戰區是調和麥克阿瑟與尼米茲；歐洲戰區則是調和蒙哥馬利與布萊德雷；遠東戰區之司令長官為先總統蔣公。抗戰勝利後遠東戰區取消。

歐洲	1947 年	歐洲、地中海、俄羅斯本土、格陵蘭、北極
南方	1963 年	墨西哥南部、加勒比海、中、南美
非洲	2007 年	非洲－埃及（不含）

資料來源：維基百科—美軍；作者綜整。其中非洲戰區之司令部與歐洲戰區相同，應屬後者之分支，以加強對非洲之經略為主。

　　冷戰時期美國是以「北美防空司令部」的遠程雷達網，監測蘇聯洲際飛彈對其本土的攻擊。但是「911 恐怖攻擊」直後，美國認知到對本土的威脅不盡然來自「軍事強國」，也不必然是制式的武器系統，於是立即在 2002 年提升該司令部的位階，成立「北方戰區」專責本土防衛事宜。近年又將其任務擴及到因應北韓的飛彈與核武威脅，於阿拉斯加、加州部署「飛彈防禦體系」，以確保其本土的安全。因此，雖然所轄的地域沒有變化，然而職權與位階卻有所不同，因為政情的演變，從單純的警報與攔截，轉變為先制攻擊可能的威脅。2007 年調整歐洲戰區的轄域，成立非洲戰區以專責因應地區反恐作戰事宜，以擺脫歐洲盟邦的掣肘，這些都是因地緣戰略的變化而制宜的例證。

　　蘇聯在第二次世界大戰之後，將全國劃分為 16 個軍區，並未因主導「華沙公約」而有戰區之制度。1988 年邦聯崩解後，俄羅斯為體制的主要承襲國家，將境內劃分為 6 個軍區。於歷經兩次「車臣戰爭」及 2008 年對喬治亞共和國的戰爭以後，實施「新面貌」之軍事改革，整併各軍區的轄境，依據潛在之威脅－戰略方向－分為四個軍區，分別組建了相應的軍政軍令一元化的「聯合戰略司令部」，[26]（如附表二：俄羅斯軍區之劃分）統合地域內三軍聯合作戰事宜，

---

[26] 張桂芬主編，《俄羅斯「新面貌」軍事改革研究》，（北京：國防大學出版社，2016 年 10 月），頁 140-141。

責任區不再限於國內，而是延伸至境外。俄軍 2014 年對烏克蘭與 2015 年對敘利亞之干預，即由南部軍區負指揮之責，顯示出俄羅斯軍區是以境內地區之名，而有境外戰區之實。

附表二：俄羅斯軍區之劃分

名稱	成立	轄地範圍
西部	2010 年	莫斯科、列寧格勒、烏拉山以西地區、波羅的海
南部	2010 年	高加索地區、亞美尼亞、黑海、裏海、地中海、印度洋
中部	2010 年	伏爾加河流域、烏拉爾地區、中亞、貝加爾湖以西
東部	2010 年	遠東地區、貝加爾湖以東、亞洲、太平洋

資料來源：張桂芬主編，《俄羅斯「新面貌」軍事改革研究》，(北京：國防大學出版社，2016 年 10 月)，頁 139-141。作者綜整。

　　中共在成立之前是以「野戰軍」劃分勢力範圍。建立政權之後未採用國軍原有的戰區制度，改以實施大軍區制度，後來因應國軍、蘇聯、印度與越南之威脅而幾度調整，並由地域改以司令部所在地為軍區名稱，以為遂行「誘敵深入的人民戰爭」為主的「積極防禦戰略」之機制。(如附表三：中共威脅演變與軍區之沿革)

附表三：中共威脅演變與軍區之沿革

年度	威脅	軍區
1949 前	國共內戰	第一至第四野戰軍、華北野戰軍
1949 後	韓戰	西北、西南、中南、華東、華北、東北
1955	國軍反攻大陸	瀋陽、北京、濟南、南京、廣州、昆明、武漢、成都、蘭州、新疆、西藏、內蒙古
1956	國軍反攻大陸印度覬覦西藏	瀋陽、北京、濟南、南京、廣州、昆明、武漢、成都、蘭州、新疆、西藏、內蒙古、福州（增編）
1967	蘇聯重兵部署印度覬覦西藏	瀋陽、北京（併內蒙古）、濟南、南京、廣州、昆明、武漢、成都、蘭州、新疆、西藏、福州
1969	文化大革命	瀋陽、北京、濟南、南京、廣州、昆明、武漢、成

	珍寶島戰爭	都（併西藏）、蘭州、新疆、福州
1979	中越海陸爭端 蘇聯重兵部署	瀋陽、北京、濟南、南京、廣州、昆明、武漢、成 都、蘭州、烏魯木齊（更改新疆）、福州
1985	內外情勢穩定	瀋陽、北京、濟南、南京、廣州、成都、蘭州

資料來源：新華網，新京報；作者製表。

　　中共政權成立之後，內憂外患不斷，陸軍依然是「小米加步槍」的戰力，海空軍無法獲得外援而難以成長，因此除了全力發展核子武力之外，軍區制度是以遂行毛澤東「早打、大打、打核戰」，「後退決戰；人民戰爭」的部署，武漢軍區之設置即是最佳寫照。

　　「文化大革命」結束後，中共在 1981 年河北張家口舉行大演習，想定驗證以「人民戰爭」對抗蘇聯假道外蒙古，大軍直插京畿要域，威脅腹心的可行性，做爲改弦更張的伏筆。[27]至 1985 年鄧小平做出「世界大戰十幾年內打不起來」的判斷，將軍區裁併爲7個，三十年來因爲國防現代化放在最後、精簡整編、以及西方的軍事事務革新等因素，一直維持軍區制度位階與名稱未變。

　　1997 年中共提出「三步走」（三階段）的建軍政策，[28]2007 年 7 月，胡錦濤宣布結束軍隊忍耐期，全力推動「具有中國特色的軍事事務革命」。優先海、空軍與第二砲兵的建設，將陸軍放在最後，直至 2015 年才展開地面武力的高司單位改革，先是成立陸軍司令部，接著調整軍區，重新劃分爲戰區，統合轄境聯合作戰事宜。（附表四：中共戰區之劃分）

---

[27]蘇聯有利用凸形邊境突穿之力，可以內線作戰方式，各個擊破北京與蘭州軍區共軍；共軍擁有凹形邊境，但缺乏向蘇軍翼側取向心攻勢之力。必須誘敵深入至敵軍到達補給支援界限，趁其後繼無力時，同時向心取攻勢反擊，擊滅蘇軍。美其名曰：將敵軍淹沒在廣大的人海之中。

[28]劉亞洲主編，《當代世界軍事與中國國防》（北京：中共中央黨校出版社，2016年 3 月），頁 209。

附表四：中共戰區之劃分

名稱	成立	轄地範圍
東部	2016 年	江蘇、上海、浙江、福建、江西、安徽
南部	2016 年	廣東、廣西、海南、湖南、雲南、貴州、香港、澳門
西部	2016 年	重慶、西藏、四川、新疆、青海、甘肅、寧夏
北部	2016 年	山東、黑龍江、吉林、遼寧、內蒙古
中部	2016 年	京津唐要域[29]、河北、河南、陝西、山西、湖北

資料來源：維基百科，作者綜整。

　　從其字面上的意義來看，似乎是博取美俄之長，而有其獨特之見解，作者以為其實這樣的劃分，若與滿清時期的總督制度對照（附表五：滿清總督之劃分）亦若符其節。可見無論科技之進步，大陸型大國戰區之劃分，依舊蘊涵著受到大陸自然與人文地理天然的制約。

附表五：滿清總督之劃分

名稱	成立	轄地範圍	相應戰區
兩江、閩浙	1682 年	江蘇、上海、浙江、福建、江西、安徽、臺灣	東部
兩廣、雲貴	1644 年	廣東、廣西、海南、湖南、雲南、貴州	南部
陝甘、四川	1675 年	重慶、西藏、四川、新疆、青海、甘肅、寧夏	西部
東三省	1907 年	山東、黑龍江、吉林、遼寧、內、外蒙古	北部
直隸、湖廣	1723 年	京畿要域、河北、河南、陝西、山西、湖北	中部

資料來源：維基百科，作者綜整；總督府成立時間取其較早者列舉。

　　滿清收復臺灣後，強盛時期國家威脅主要來自西藏的藏族與天山南北兩路的維吾爾族；鴉片戰爭後，1840 年起海防的問題浮現。因此，在戰略的選擇上，究竟「東急西重」還是「東緩西急」，或「東西並重」一直是滿清地緣戰略的重要課題。其中尤以 1874 年面

---

[29]指北京、天津與唐山地區。

對英、俄等列強循著陸地、海洋兩路侵略中國時，李鴻章和左宗棠的「塞防與海防」戰略辯論，最具代表性。前者認為「海疆備虛」主張停止對西北之用兵；後者則「自古之邊患，西北恆大於東南」，「我退寸，則寇進尺」，主張應先完成對新疆之經略。兩者僵持不下，1875 年滿清決議：「東則海防，西則塞防，兩者併重」，左氏率湘軍負責西北之塞防，海防方面分別由李鴻章主持北洋，沈葆楨負責南洋，這樣的大戰略持續到滿清被推翻時都未曾改變。可惜北洋海軍虛有其表，武備鬆懈，購艦軍費又遭慈禧太后挪用，中日甲午戰爭一役全軍覆沒，並由李鴻章負責「收拾殘局」，落得一世罵名。

由於民國成立至今，百餘年來，我國都是處在風雨飄搖與動亂之中，沒有相應的實力主導地緣戰略的機會，如今的中共則是首度具備有「海防與塞防併重」能力，但是，中共的戰區規劃是否至當？都是要以實力為後盾的，因為尚未獲得驗證與考驗，所以其中的戰略涵義很值得進一步的研析。

集團軍番號序列之改制

野戰戰略單位（含）以下層級的改制，中共稱之為「脖子以下的改革」。[30]在國家外在威脅不顯時，「精兵簡政」是常態，2017 年 4 月，中共國防部宣布組建 84 個軍級單位，其中將陸軍現有的 18 個集團軍整編為 13 個。從表面上看來只不過是另一次的精簡，但其編組的兩大原則：其一為原集團軍的番號全數作廢，改為 71-83 集團軍；其二是集團軍的番號是按照「東南西北中」戰區排序，戰區內則是按司令部駐地之所在，從北到南賦予番號。由於這兩大作為基本上

---

[30]中共形容高司領導指揮體系和「大腦」中樞的改制為「脖子以上」的改革；「脖子以下」指野戰層級以下之部隊改制。

是違背甚至顛覆中共建軍的傳統，其中的涵義極耐人尋味。

中共政權建立後至韓戰時期，將各野戰軍所屬部隊編成 70 個軍，其中屬於林彪第四野戰軍的 56、57、59 軍番號未賦予，共有 67 個步兵軍。韓戰後由彭德懷負責軍隊之復員，其中雖歷經整編，至文化大革命前，陸軍軍級的番號裁撤一半爲 35 個軍。1985 年鄧小平裁軍百萬後爲 24 個軍，並改爲聯合兵種的集團軍，1999 年江澤民裁軍 70 萬時精簡爲 21 個集團軍，2005 年胡錦濤再度裁爲 18 個，[31]保留的單位無不代表部隊過往的戰績與榮譽。此次習近平新編的 13 個集團軍爲機動打擊部隊，將原有三野，四野傳統部隊裁撤了 5 個。[32]

附表六：共軍集團軍新舊番號與隸屬對照表

戰區	戰略方向	新番號	原番號	駐地	等級	軍區
東部	東海、臺海	第 71 集團軍	第 12 集團軍	江蘇徐州	甲	南京
		第 72 集團軍	第 1 集團軍	浙江湖州	乙	
		第 73 集團軍	第 31 集團軍	福建廈門	乙	
南部	南海、東南亞	第 74 集團軍	第 42 集團軍	廣東惠州	乙	廣州
		第 75 集團軍	第 41 集團軍	雲南昆明*	甲	
西部	印度、南亞、中亞	第 76 集團軍	第 21 集團軍	青海西寧	甲	蘭州
		第 77 集團軍	第 13 集團軍	四川崇州	甲	成都
北部	朝鮮半島、日本、俄羅斯、外蒙	第 78 集團軍	第 16 集團軍	黑龍江哈爾濱	乙	瀋陽
		第 79 集團軍	第 39 集團軍	遼寧遼陽	甲	
		第 80 集團軍	第 26 集團軍	山東濰坊	乙	濟南
中部	戰略預備隊	第 81 集團軍	第 38 集團軍	河北張家口	甲	北京
		第 82 集團軍	第 65 集團軍	河北保定	乙	

[31]其中一野、華北野戰軍各保留一個，二野爲四個，三野爲五個，四野最多爲七個。
[32]裁撤三野的北京軍區第 27 軍、濟南軍區第 20 軍；四野的瀋陽軍區第 40 軍、成都軍區第 14 軍、蘭州軍區第 47 軍。

		第83集團軍	第54集團軍	河南新鄉	甲	濟南

資料來源：維基百科－共軍陸軍編制序列，作者製表。

說明：

*以41集團軍為主，併編第14集團軍之一部，軍部移駐昆明。

**第26集團軍第77旅轉隸海軍，改為兩棲旅。

　　每集團軍雖然裝備上有重、輕裝（甲、乙類）之差異，但是基本上都是以6個新編的合成旅為基本戰略單位組成，[33]特戰、陸航、砲兵、防空、電戰、工程防化、勤務支援等戰鬥與勤務支援旅各有一個，則是廢除原番號，以集團軍之番號為名。（附表七：共軍集團軍隸屬合成旅番號）至於營級及連部隊合成的程度與運用則應將是其未來發展之重點。

附表七：共軍集團軍隸屬合成旅番號

戰區	番號	合成旅
東部	第71集團軍	2、35、160、178、179、235
	第72集團軍	5、10、34、85、90、124
	第73集團軍	3、14、86、91、92、145
南部	第74集團軍	1、16、125、132、154、163
	第75集團軍	15、31、32（山地）、37、121（空中突擊）、122、123
西部	第76集團軍	12、17、56、62、149、182
	第77集團軍	39、40、55、139、150、181
北部	第78集團軍	8、48、68、115、202、204
	第79集團軍	46、116、119、190、191、200
	第80集團軍	47、69、118、138、199、203
中部	第81集團軍	7、70、162、189、194、195
	第82集團軍	6、80、127、151、188、196、機步112師（戰區直屬）
	第83集團軍	11、58、60、113、131、193、161（空中突擊）

---

[33]與美軍史崔克旅性質類似。第75集團軍增編空中突擊121旅。

資料來源：維基百科－共軍陸軍編制序列，作者製表。

中共戰區與陸軍集團軍改制之研析

　　從軍制的角度而言，美軍於越戰失利後二十年的重塑、俄羅斯「新面貌」迭宕的改革、以及中共「三步走」的三十年建軍過程，說明建軍有其極大之縱長性與鈍重性；再從第二次世界大戰「法蘭德斯戰役」的法軍，於冷戰後急遽瓦解的蘇聯軍隊，面對車臣內亂一籌莫展的俄軍，以及伊拉克、敘利亞敗亡之例證，可知建軍是一個緩慢蓄積的過程，但是若經不起戰爭的考驗，衰亡只在旦夕。

　　軍制是政制的重心，目的是基於「打什麼，有什麼」的理則，以最經濟有效的方式建立可恃的國防武力，確保國防武力新陳代謝，精粹勁練，與時俱進。[34]優化體制編制與兵力結構是個相對動態不居的過程，變是常態，也是《孫子》「兵因敵而制勝」的精義。

　　依據共軍自己的檢討，從 1992 年波灣戰爭以來，共軍面對今日的「信息化戰爭」，以及未來的「互聯網+信息化」催生的「第七代戰爭」，何以會在「軍事上落後」的因素，主要是軍制與資訊化三軍聯合作戰的趨勢相背離。[35]在軍事體制上存有：「陸戰型結構，海空功能不強；防禦型結構，攻擊能力不強；近戰型結構，遠戰效能不強；合作型結構，聯合程度不深；管理型結構，實戰水平不高」等結構性的問題；[36]可見共軍對要「打贏聯合作戰的信息化高技術局部戰爭」的認知，已然超越純軍事戰略的領域，因此，中共戰區與陸軍集團軍之改制，乃為大勢之必然，我們也不能以既有的觀念甚至偏見，來做為研析共軍現況和未來發展的基礎。

---

[34]國防部，《軍制學》（臺北：國防部，民國 80 年 6 月 16 日），頁 1-10-1-12。
[35]劉亞洲主編，《強軍策》，頁 131。
[36]劉亞洲主編，《強軍策》，頁 333-336。

一、戰區劃分與意識型態無必然性

中共戰區的劃分一經公布，不乏論者即稱中共已揚棄「大陸軍主義」，[37]「突破重陸輕海的傳統思維」為走出境外之伏筆，甚至見諸於《中國的軍事戰略》。[38]此種論點出自於學者之口，並不為過，但列入官方的文書之中，則不免有失草率與周延之虞。前文已述，早在滿清時期即已有「東則海防，西則塞防，兩者併重」之戰略決斷，但是這百餘年來，我國主觀條件的不足與作為者不力，使得兩者皆空，縱有北伐之統一，但是內憂外患無日無之，「非不為也，實不能也」。

中共自 1949 年建立政權至 1992 年波斯灣戰爭以來，對外戰爭－參與韓戰、發動砲戰、與蘇交惡、介入越戰、懲越戰爭－一直不曾間斷。同時，毛澤東對第三世界輸出革命、「大躍進」帶來的天災與「文化大革命」的人禍，阻止了中共經濟的建設。中共與蘇聯交惡後，海空軍也失去了外來的軍事科技援助，始終無法獲得進展。再加上採取了毛澤東「早打、大打、打核戰」與「時時臨戰，誘敵深入」的人民戰爭思想指導，在「槍桿子出政權」的傳統下，這些種種因素都使得陸軍的需求與地位居於軍事戰略的首位。

海洋發展方面，中共在冷戰時期，主觀條件-海空實力-甚弱；客觀環境《美日安保條約》不利，即使與美國建交，都突破不了美日的封鎖，因此，雖然劉華清擔任海軍司令員時，自 1986 年便提出分階段跨出第一、二島鏈的「海軍戰略」構想，[39]但是歷時十年，1996

[37]謝游麟，〈中共軍隊體制編制改革之研究〉《展望與探索》（臺灣臺北），第 14 卷第 12 期，民國 105 年 12 月，頁 68。
[38]中共國防部，《中國的軍事戰略》，〈三、軍事力量建設發展-軍兵種和武警部隊發展〉，2015 年 5 月 26 日。
[39]劉華清，《劉華青回憶錄》（北京：解放軍出版社，2004 年 8 月），頁 436-439。

年「兩國論」造成的「臺海飛彈危機」中，以當時中共的實力，面對美國航空母艦的東來，依然無計可施。

此期間共軍目睹西方軍事事務革命的衝擊，知道自己的落後，利用市場經濟與資訊科技，以「軍民融合」為手段，加速淘汰老舊武器與無效單位，積極從事軍隊建設。2010 年軍隊之建設始初具規模，至 2015 年南海諸島建設完成，航母戰力成形，方初步具有與美日海空抗衡的基礎。

「戰力是兵力與火力的相乘積」。有了北斗體系的支持，當前共軍三軍部隊「信息化作戰」條件已然具備初步的成果，因此，未來除非發生大型戰爭，地面部隊武器系統改進之後，射程遠威力大火力增加，「小米加步槍的大陸軍主義」消失是必然結果。同樣的道理，當中共對外資源需求越來越大，對海上航線的安全顧慮越來越深，而國內社會穩定可以相對維持時，海洋的海空經略（以航母與海外基地為手段）的權重，自然會優於陸上安全的考量。換句話說，滿清當時所定下的大戰略至今才有藉中共而實現的機會。

質言之，戰區是中共因應當前戰略態勢與地緣局勢發展趨勢，在綜合國力壯大下，基於安全環境的考量，依據其軍事戰略之指導產生的制度。與陸軍是否獨大，是否「重陸輕海」等命題，無必然的關係。

二、戰區劃分脫離不了地緣戰略與局勢的發展制約

陸軍是地面決勝的軍種。作者認為中共與印度、俄羅斯、中亞等十餘國接壤，而且還有許多「未定界」，因此，可以斷言威脅始終是存在的，只不過或隱或顯而已，近期中印邊境的紛爭即是例證。以當前中共國際之地位與世界之局勢，因應這類威脅已然超出軍事層面。換言之，軍區已不能應付狀況的需要，應該由更高層次的編

制負責區域衝突，避免情勢逐次升高到戰爭的地步。改制前從西藏與新疆軍區平時歸陸軍總部直轄，即可看出其中的端倪。

因此，中共戰區的劃分仍然是以地理與人文爲考量（如附表八：中共戰區地理特性），也是各部隊作戰訓練的主要依歸，越境與遠距離奔襲支援則是附加或指定的需求，[40]優先選擇的應該是所謂的「快速反應部隊」，亦即是限制因素比野戰部隊爲少的各集團軍的航空旅、野戰防空、特種作戰旅或空降兵軍的空降旅[41]。

附表八：中共戰區之地理特徵

名稱	地理特徵範圍
東部	東南丘陵、浙贛孔道、太湖、高郵湖、長江中下游、淮河、東海
南部	嶺南丘陵、雲貴高原、港澳、兩湖盆地、珠江、怒江、金沙江、南海
西部	四川盆地、青康藏高原、河套平原、天山山脈、黃河、長江
北部	山東丘陵、東北、陰山燕山、黑龍江、圖們江、鴨綠江、渤海、黃海
中部	黃淮平原、黃土高原、太行山脈、大別山脈、黃河、淮河

資料來源：作者綜整

三、戰區的劃分是逐行境外作戰的徵候

中共對陸軍要求「由區域防衛型向全域機動型轉變」，並且從其戰區的規劃來看，其軍事之重心也明顯地跨出第一島鏈的侷限，走向中太平洋方向。[42]以戰區的特性而言，沿海三個戰區的三軍聯合作戰是海、空軍、空降兵軍與海軍陸戰隊旅的領域，[43]陸軍則做縱長戰力的後盾或接替的角色，並不是陸軍用兵的主要地域。

至於中共與外國接壤的戰區，在邊界糾紛中陸軍則居決定性的地位。西部戰區主要是地空聯合作戰；北部與南部則有三軍聯合作

---

[40]如雲南昆明 75 集團軍的合成第 36 旅爲山地作戰，121 旅爲空中突擊。

[41]2017 年空軍空降 15 軍改制爲空降兵軍，轄 6 空降旅、特戰、航空、支援旅各 1。

[42]習近平說：「太平洋很大，容得下兩個國家。」

[43]北部戰區原無陸戰旅之編制，由原 26 集團軍第 77 旅轉隸後，改編爲陸戰旅。

戰的需求。一旦發生武裝衝突，並上升到局部戰爭的層面，海、空軍乃至火箭軍都是擔任戰鬥支援的角色。

境外的涵義亦不限於兵力的越境作戰，依美俄近年在中東與中亞的作戰經驗可知，它是以火力或電子作戰能力，甚至是戰術飛彈或巡弋、反艦飛彈可以威脅或涵蓋的地域為內涵。況且今日共軍戰力已非昔日吳下阿蒙，面對邊境糾紛或利益衝突，為了避免危及境內基礎設施與人民生命財產安全，並不再需要採取「擱置爭議」的忍讓政策，可以「有理、有利、有節」的越境，向對方展示應有的攻勢作為，這就是為戰區應執行的角色與作用。從中共啓用由海軍北海艦隊司令出身的袁譽柏出任南部戰區司令、南海諸島的軍事建設、軍民駐守，與美海空軍、菲律賓等國的互動等狀況觀察，頗有與美軍太平洋戰區較勁的意味，即是例證。

四、戰區是消除「軍區山頭」的工具

中共在未成立陸軍總部以前，一直以各軍區執行其職權，簡單的說，有幾個軍區就有幾個「小陸軍總部」，久任一職或一區，很容易養成「軍區山頭」的存在。[44]文化大革命時期毛澤東因為「林彪事件」互調「山頭」之後，軍區轄區幾度變化，但是司令員層級的平行調動並不頻繁，養成了許多「大小老虎」。習近平直至陸軍總部完成編組，並且運作順利後，才藉戰區成立之便趁機調整各軍區司令之職務，回歸軍制應有的職權，以消除「尾大不掉」的隱患。我們由共軍不時傳出高階將領被整肅的資訊，便可知以戰區取代軍區，不僅是大勢之所趨，更有其實質之需要。

---

[44]如李乾元 1994-2007 年於蘭州軍區擔任重要職務長達 14 年之久。

五、戰區劃分有利於戰力之整合

戰區劃分有利於三軍戰力之整合，其中最明顯的便是北部戰區將北京與濟南軍區合併為北部戰區後，對於渤海與黃海的海域戰略情勢之因應加以整合，有利於北海艦隊之作戰訓練與運用與對渤海灣廟島群島之控制，與黃海無縫連結為一體。中部戰區則居中策應，擔任戰略總預備隊的角色；成都與蘭州軍區合併為西部戰區後，新疆與西藏之事宜由總部直接掌握，東南半島的事宜則由南部軍區負責，戰區則可專責西部戰區本身的防務，應是中共更改軍區為戰區的真意。

六、集團軍番號的賦予代表陸軍全面邁向「現代化」

前文已經敘述，中共在建立政權時，將陸軍改編為 70 個軍，實際編成 67 個，歷次精簡整編都沒有改變番號。此次則揚棄原先的番號，並「依戰區順序，採由北到南」的理則從新賦予，並延伸至特業旅級部隊，這樣與以往澈底切割的改變，對原有「光榮傳統與軍隊文化」衝擊之大，前所未有，幾乎等於「打掉以往，重新練過」一樣。

新整編的集團軍採取以 6 個合成旅為「模塊化」（模組化）基礎，「加快小型化、多能化步伐」，目的是依據任務與地區，實施彈性編組，[45]能夠遂行「機動作戰，立體攻防」，其中不難看出美軍「史崔克旅」的影子。

現階段對陸軍的要求是「構建各戰略方向銜接、多兵種聯合、作戰保障配套的戰備力量體系」，[46]就免不了受到地理條件的制約，

---

[45]可以視狀況需要編組旅群-特遣部隊、營群-特遣隊、連群-戰鬥隊。
[46]中共國防部，《中國的軍事戰略》，〈五、軍事鬥爭準備〉，2015 年 5 月 26 日。

而且極地、山地、高原、丘陵地理特性各有不同，部隊裝備與訓練都必有所主從，畢竟連美軍作戰經驗這麼豐富的部隊，跨境支援與境外作戰時，都需要經過相當時日「基地訓練」的調適後，方能派赴戰區。要跨區支援，由特種地形往一般地形支援容易，反之則有裝備、人員適應性的問題，共軍要達成此目標應該有相當的難度。

況且，各集團軍的各戰鬥旅與戰鬥支援旅，半數以上都是打散建制重新編組，需要有相當時間彼此調和，方能運行無礙。2016 年共軍的跨區基地「機甲部隊實兵對抗」與「地空火力支援」，「野戰防空」的演訓頻繁，[47]可知未來在相當的時間（2020-2030 年）內，如何精進「調整、優化、完善、成熟」使全軍現代化，[48]進而適切遏止「台獨」應該將是中共陸軍總部、戰區、集團軍、合成旅等各級部隊的主要課題。

結論

中共陸軍之改制，參照了俄軍失敗的教訓，融會了美軍成功的經驗，結合中共綜合國力，形塑地緣戰略環境而編組戰區與集團軍，係一次「結構性、革命性的體系重塑」，改革力度之大、觸及利益之深、影響範圍之廣，的確是前所未有，[49]但是不可否認的是其推行進度之順，也是出乎意料之外，可見得已達到「上下同意」的地步，料將不致於重蹈俄羅斯的覆轍。

---

[47] 王淯憲，〈共軍軍改元年演訓概況對我防衛作戰之啓示〉《陸軍學術雙月刊》（桃園龍潭），第 53 卷第 554 期，民國 106 年 8 月，頁 26-29。其中有於次年被轉隸海軍、被裁併、被裁撤番號的部隊仍參與基地訓練。

[48] 〈中央軍委關於深化國防和軍隊改革的意見〉《人民日報》，2016 年 1 月 2 日，2 版。

[49] 謝游麟，〈中共軍隊體制編制改革之研究〉，頁 73。

中共陸軍以堅定的腳步邁向現代化，目前仍未達「機械化，自動化，資訊化、聯戰化」的要求，[50]然而以其雄厚國防經費與軍民融合科技的支持下，未來 5-10 年成為世界勁旅，應可預見能夠達成其「強國夢與強軍夢」的理想。

對我軍而言，中共陸軍的發展固然值得重視，更重要的是中共以綜合國力改變亞太地緣戰略局勢，迫使美日勢力退向第一島鏈以東的趨勢，已愈來愈明顯。同時我軍更應該關注陸軍各集團軍的特戰旅、航空旅，各陸戰隊旅與空降兵軍的發展和建設，因為這些部隊對我們的威脅更為直接。

臺灣與大陸一水之隔，軍事科技的進步，雖然已使得天險地塹的作用降低，但是「客必絕水而來」，因此，我們當前的主要課題是如何做好「野戰防空」與「反特戰突擊」的準備，因為這是反登陸作戰的前提。

民國 107 年 6 月
《陸軍學術雙月刊》第 54 卷第 559 期。

---

[50]王淯憲，〈共軍軍改元年演訓概況對我防衛作戰之啟示〉，頁 51。

二十一、野戰防空於臺澎反登陸作戰中之地位

野戰防空是地面部隊戰力保存之憑藉

　　自古以來，在戰場上，攻防雙方戰力的發揚與其投射的地點，一直是受科技的制約，呈現出動態的函數變動的關係，但是一般而言，都是講求於敵人火力之外，先期的發揚我優勢戰力，期能以最小代價，獲致最大的戰果。

　　在資訊科技支援下的軍事事務革命，因為戰具帶動戰法的改變，我們所見到的趨勢是：武器裝備愈來愈發達，戰場空間愈來愈大，指揮管制愈來愈嚴密，但是，因為敵我雙方的互動愈來愈快，可供部隊反應的時間卻愈來愈短；在武器系統「時效、精準、遠距、有效」的三軍全方位（Full Spectrum）聯合立體作戰的前提下，[1]經過攻擊與防衛體系的螺旋發展，業已將未來的作戰型態推向《孫子》〈兵勢篇〉：「其勢險，其節短」的「空間無限寬廣，戰力無遠弗屆，時間急劇壓縮，勝負決於頃刻」的境地；在新的趨勢下，世界各主要國家的建軍，大多是以海上、水下、空中與太空的兵力組建為重點，部隊的精簡亦以陸軍為主體。例如，中共就在「實施科技強軍」的原則下，一再強調「優化軍兵種結構：精簡陸軍，減少裝備技術落後的一般部隊，加強海軍、空軍和第二砲兵建設。優化部隊內部編成和軍兵種規模結構，提高各軍兵種高新技術部隊的比

---

[1]曾祥穎，《第五次軍事事務革命》，（臺北，麥田出版社，2003 年 9 月 15 日），頁92。

例。」[2]其主要的目的在於「提高奪取制海權、制空權以及戰略反擊能力」，[3]打贏一場以「訊息戰」為主的「高技術條件下的局部戰爭」。中共要打的是以各式有生戰力的定翼、旋翼機與無生戰力的飛彈、無人載具所遂行高科技的「空襲與反空襲」作戰，從另一個角度思考，這便是我們防衛作戰的重要課題。

我國軍在「精實案」中，現階段「則將重點置於 C⁴/I/SR、飛彈防禦及制海戰力的整建」，[4]陸軍的建軍，也和世界各國的陸軍一樣，都受到極大程度的制約。國軍在「資電優勢，戰場覺知；有效反制，滯敵攻勢；戰力保存，戰略持久；聯合截擊，國土防衛」的作戰指導下，[5]陸軍在戰時的任務為「聯合海、空軍，遂行聯合作戰，擊滅進犯敵軍，確保國土安全」，[6]雖然不見以往所熟悉的「反登陸作戰」字眼，但是，最後的戰局還是得在地面結束，而且，陸軍要能達成所賦予的使命，主要決勝地區還是在灘岸之間。因此，如何確保兵力運用之自由，是為地面作戰成敗之關鍵。

共軍對現代化戰爭中爭取制空、制海之重要性與作戰之先後順序，已有深刻的認知，亦係其建軍之主軸，未來臺澎地面防衛作戰，面對的必定是中共「多批次、多層次；不同方向，同一時間」的不對稱「空襲與反空襲」的戰場景況，我軍如果要確保用兵之自由，野戰防空是地面（三軍）部隊戰力保存之憑藉。既然陸軍的建軍受到主觀條件的制約，難期大幅成長，因此，面對未來作戰環境，如何提升防空的質量，將有限的復仇者、檞樹與雙聯裝刺針防

---

[2]中共編，《2004 年中國的國防白皮書》，〈第三章：中國特色軍事變革－優化軍兵種結構節〉http：//avionic.esrd.csist.mil.tw/tech/中共白皮 93/03.htm.
[3]同註 2，〈第三章：中國特色軍事變革－加強海軍、空軍和第二砲兵建設節〉。
[4]《中華民國 93 年國防報告書》，（國防部，93 年 12 月），頁 86。
[5]同註 4，頁 80。
[6]同註 4，頁 103。

空飛彈（DMS）之野戰防空戰力整合，[7]發揮其最大功效，以先期保存地面 13 萬餘「數位化、立體化、機械化」有生戰力之完整，[8]並能適時支援，掩護反擊兵力投入決勝點，獲得反登陸作戰的勝利，其體系的適切與否？能否因應未來作戰之需求？實爲我們應該深思的問題，亦爲本文研究之目的。限於篇幅，本文不深入討論「聯合防空」與「民防」之範疇，以地面部隊之「野戰防空」爲論述主體。

空中威脅演變之主要趨勢

從第二次世界大戰以來，空中進襲的成效，左右戰局的成敗，已成爲一般人的常識，而不是軍事專業知識。在空中威脅不斷增加，科技促使戰具持續精進的現實下，空中攻防的戰略、戰術與戰法亦必隨之而產生變化。依據杜黑（Giulio Douhet）的空權埋論，在空權與反空權方面，攻防戰具與戰法，呈螺旋式的向上、向高、向遠的方向發展，空中威脅演變之主要趨勢有：

一、海島防禦作戰「聯合防空」與「野戰防空」之界限趨向模糊

防空兵力之部署受其國土幅員、自然環境、國家政策、綜合國力、科技能力與可用資源之主觀條件，以及戰略環境、威脅種類與能力等客觀條件之制約。就幅員狹小之海島國家而言，大多是在「民防」的支援下，構成以防衛國家領空、領海與重要地域的「聯合防空」爲主，以防護作戰行動自由之「野戰防空」爲輔的「重層」防空體系。前者防情偵蒐功率大，範圍涵蓋廣闊，陣地相對的

---

[7]同註 4，頁 105。
[8]同註 4，頁 103-105。

固定，受到地形與地球曲度的限制，主要目標為遠程、中、高空目
標；後者防情偵蒐系統則功率較小，機動靈活，範圍涵蓋相對縮
小，以近程、中、低空、超低空之目標為對象；以往在威脅層次、
防情傳遞、指管層級與兵力反應上，兩者之間有較明顯的區隔。但
是，由於科技的發達，威脅來源固然愈來愈多樣化，野戰防空偵蒐
與反應的能力亦已遠超出「要點防空」的需求，空中攻擊與防禦的
手段，「矛與盾」相互為用的發展，對幅員不大，資源集中的海島防
禦作戰而言，此一界限已然趨向模糊。

二、空中威脅的來源由有生戰力向無生戰力轉變

1982 年 5 月 4 日英阿福克蘭戰爭，阿根廷以法製飛魚（Exocet）
飛彈擊沉英軍防空哨戒艦雪菲爾號（Sheffield）之前，[9]在野戰上，
空中的威脅仍以有生戰力的定翼與旋翼之吸氣式目標（Air Breathing
Target ABT）為主要偵蒐與反制對象；自此以後，各種載臺發射的無
生戰力的巡弋攻艦與攻陸型飛彈，逐漸演變成為主要威脅來源。與
有人駕駛的飛機相比較，由於造價相對便宜（其效益如附表一），保
養與訓練相對容易，且無需承受人員之戰損之風險，其精度與作戰
反應速度，亦可達到一定的戰略目的。我們從自 1991 年波灣戰爭、
1995 年波士尼亞、科索沃戰爭、2003 年美伊戰爭等，一再反覆的以
「戰斧」（Tomahawk）巡弋飛彈，為作戰創造有利態勢的事實中，
就可以得到很明確的驗證了。

附表一：5000 萬美元可外購之武器系統數量與說明

威脅種類	單價	型式	製造	數量	說明（訂約/總價/買主/交貨）
轟炸機	15000	B-2	美國	0	無外銷計畫

---

[9]曾祥穎譯，《福克蘭戰爭一百天》，（臺北，麥田出版社，1994 年 11 月 1 日），頁
20-35。

戰轟機	3571	SU-27SK	俄國	1+	1999 年/10 億/中共/2001-2002
戰鬥直昇機	3045	AS-665	北約	1+	2001/6.7 億/澳大利亞/
通用直昇機	1511	UH-60L	美國	3+	2000 年/1.83 億/奧地利/
巡弋飛彈	250	BGM-109	美國	20	1999 年/0.5 億/英國/2001-2002
無人載具	403	B-Hunter	以色列	12+	1998 年/0.727 億/比利時/2001
彈道飛彈	66.6	MGM-140A*	美國	75	2000 年/0.2 億/巴林

資料來源：《SIPRI 年鑑 2002-軍備、裁軍和國際安全》，（北京，世界知識出版社，2003 年 5 月），附錄 8C，頁 538-640。

*指美製 MLRS 發射之 ATACMS 地對地飛彈。

　　另外，在 1982 年 6 月 9 日 1400 時，以色列發動「加利利和平」作戰，「依照貝卡山谷飛彈陣地的遠近，按反對順序（遠的先走），區分空層」，以無人載具為先導，發送各項資訊信號，誘使敵軍雷達開機與飛彈發射，於 45 分鐘之內，摧毀敘利亞於地區內的 19 個飛彈連，及其周邊設施，澈底制壓敵軍防空戰力，敘利亞人連查報戰損、搶修設施的機會都沒有。[10]自此無人載具於空戰中先導，誘使敵人雷達開機，蒐集電子參數，消耗敵軍架上飛彈的方式，幾乎已成為固定的戰法。2002 年美國在對付藏匿於阿富汗「基地組織」的作戰中，更將 RQ-1 掠奪者（Predator）無人飛行載具加裝「射擊前標定」（LOBL），「射後不理」（fire and forget）的地獄火（Hell Fire）飛彈，成為「戰鬥無人飛行載具」（CUAV），於空中長時間盤旋，既可蒐集情報，又可俟機攻擊臨機目標的戰例，更說明了空中威脅的來

---

[10]曾祥穎譯，《以色列空軍》，（臺北，麥田出版社，1995 年 6 月 1 日），頁 400-405。

源由有生戰力向無生電子戰力轉變，將是無可避免的現象，至於兩者間之比例與運用方式，則需視各國對無生戰力運用的思想而定。

三、雷達整合防情指管，由層級集中向扁平分散發展

1936 年雷達問世。1940 年 7 月德英「不列顛戰役」時，英軍整合雷達資源，成立防空資源集中管制體系，所有發現敵機的單位、個人（雷達站、對空監視哨、飛行員），都將所見之防情資訊，報告至同一地點，以利管制中心統一調派防空兵力，[11]使德軍放棄入侵英國之「海獅作戰」，贏得勝利之後，便確立了雷達在整合防情蒐索與兵力指管之地位。雖然雷達偵蒐能力愈來愈強，而且各國因應自己的國情，在防空指揮層次的建置上，各有不同，但是，對於將整個國家或地區視為一個防空體系的幅員不大的國家，大多仍以集中指管為主要型態，統一指揮兵火力之調度，我國的「強網」、韓國的「王星」、[12]日本的「BADGE」[13]都是屬於此類。整個系統反應的時間差可由 15 秒縮減至 5 秒。[14]中共認為其優點為「指揮層次少，反應靈敏，狀況處置快，指揮效率高」；缺點則為「不能指揮大量防空兵力」[15]，換言之，在指管作業上有極易被敵人飽和的缺陷存在。但是，以目前空中威脅之速度與其能力而言，5 秒的時差已足以讓敵軍能夠完成「視距外」（BVR）攻擊之後，點燃後燃器，從容脫離，因此，便有了「即時空情」（real-time air track data）的需求。而且，這種集中式指管的架構，也是美軍對伊拉克實施「斬首行動」或「外

---

[11]曾祥穎譯，《數位化戰士》，（臺北，麥田出版社，1998 年 5 月），頁 289-290。
[12]陳鴻獻主編，《現代防空論》，（北京，解放軍出版社，1991 年 10 月），頁 209。
[13]王鳳山、王福田主編，《防空信息戰概論》，（北京，航空工業出版社，2002 年 9 月），頁 40-41。
[14]同註 13。
[15]同註 12。

科手術式」作戰的最佳目標。

在野戰防空的指揮運用上，在 1991 年波灣戰爭之前，仍然維持以「連」為單位運用。戰後美國陸軍以資訊科技整合能力，建立以作戰中心為主軸的「陸軍戰場管理系統」（ABCS），在各式有、無線通信設施、軟體與資料庫之支援下，完成了「兵力指揮掌握、火力支援、防空、情報/電子戰與戰鬥勤務支援」等五大領域之整合。[16]師級的「自動化野戰防空指管系統」（FAADC3I），係以防空營的 AN/MPQ-64「尖兵」（Sentinel）雷達網為「防情指管站」（Sensor C3）耳目，結合師空域管制（A2C2）之「共同空情圖」（Common Tactical Air Picture），以其決策支援系統，向上與「愛國者」連繫，向下結合建制之復仇者防空飛彈與「布萊德雷後衛者」（Linebacker）武器系統，將偵蒐與攔截系統以網狀式的結構（Network），整合在一起，提供地面部隊所需之即時空情，並且防止誤擊友軍航空器（直昇機、UAV、密支機）之情事發生。

由於師級編制之雷達網路是矩陣式的扁平化組織結構，彼此相輔相成，互為備援，任何一個與雷達搭配的防情指管站臺都有能力充任指揮角色，各級之間可以彼此支援，因此，沒有特定的弱點可供敵人利用，大幅度的增加了敵人制壓防空（SEAD）作戰的難度，同時也加強了我軍有生戰力的存活度。就「臺澎防衛作戰之國土防衛」而言，戰時，如由「強網」管制所有空域的防情傳遞與作戰，反而形成防空體系中主要的弱點，防空作戰的方向，由層級集中向扁平分散發展，是無可避免的現實。

---

[16]"Army Battle Command System Capstone Requirements Document" TRADOC 27, Apr. 2001 p3

四、攻防思想由消滅有生戰力向控制電子資訊轉變

總結自第二次世界大戰「不列顛戰役」以來的，空中作戰的攻防思想，得出的結論為資訊電子戰有一個不可逆的「零和」特性，只要敵人的性能不如我方，其原有之防空建設都將失效，亦即是《孫子》〈虛實篇〉：「敵雖眾，可使其無鬥」的具體實現。因為，賴以做為「戰力倍增器」的電戰系統癱瘓與失效，無論攻擊或防禦的硬體，都將成為「瞎子」或「聾子」，無能為力，任人宰割。1991 年波灣戰爭時，美軍一舉將伊拉克的五處指管中心摧毀，以阿帕契武裝直昇機摧毀邊境一處雷達站後，長趨直入；2003 年 3 月的「美伊衝突」，美、英則無情的把伊拉克「打瞎、打聾、打癱」，最後迫使伊軍的有形戰力從戰場上「蒸發」，[17]就是殘酷的現實。

未來的作戰型態不再是「以量制敵」而是「以質剋敵」。在戰爭指導上，防衛作戰由於「主動操之於敵」，此為戰略計畫最大的限制，也是弱勢一方最大的挑戰。在此前提下，防空作戰的指導上，「勝兵先勝」的先決條件乃在於：以資訊優勢控制敵人，並不受其控制，使其不敢輕舉妄動。因此，無論是「聯合防空」與「野戰防空」的攻防思想，都必須由現行的「保存戰力，擊滅敵人」，或「擊滅敵人，保存戰力」，朝「控制敵人，防敵控制」方向轉變。亦即不再以有生戰力為主要目標，而是向無生的電子戰具、系統，資訊戰具、系統以及高性能有生戰力之（電戰）系統兼顧的方向轉變。

中共對現代化「空襲與反空襲」的認知

中共探索「未來高技術條件下局部戰爭」的特點與規律，研究

---

[17]同註 1，頁 25-26；〈中國時報〉，中華民國 92 年 4 月 20 日，第 10 版。

福克蘭戰爭、波灣戰爭與觀察 1999 年 3-6 月北約對的作戰經過之後，認為其基本空襲的模式為：「由 C⁴/I/SR 系統統一控制，在空、天、海上訊息系統支援保障下，電子戰飛機攜帶反幅射導彈，防區外發射無人機、巡航導彈，以及隱形與非隱形轟炸機相結合，在夜間運用連續多波次地運用軟、硬武器同時制壓南聯盟（塞爾維亞）防空系統，形成體系與體系的整體對抗模式。」[18]因此，「精確打擊，非接觸作戰與非對稱作戰」的「空襲與反空襲」已成為現代戰爭之重要作戰手段與樣式。[19]

中共認為非對稱的空襲作戰有五個新特點：「一、以奪取訊息優勢為先導，創造非對稱戰場態勢；二、以精確摧毀為主體，實施高強度點毀傷；三、以防區外發射為主要方式，全距離綜合打擊；四、以隱身突防為主要手段，與強行突防結合使用；五、以夜暗為主要攻擊時機，全天時連續實施。」[20]因此，中央軍委會認為面對不實際集中兵力的狀況下，以平行作戰的方式，在決定性的時間與地點，集中所望之「戰鬥力」的戰爭時，傳統上中共所強調的「三打三防」－「打坦克、打飛機、打空降，防原子、防化學、防生物」訓練，已然不符高技術條件下局部戰爭高技術空襲作戰的客觀需要。於 1999 年 5 月，提出「新三打三防」－「打巡航導彈、打隱形飛機、打武裝直昇機，防精確打擊、防電子干擾、防偵察監視」的「反空襲戰役、戰術訓練」，[21]因應「軍事鬥爭準備基點轉變」的需求，詳實的研究其特點與弱點，掀起練兵的高潮，以落實其軍事戰

---

[18]同註 13，頁 61。
[19]中共編，《2002 世界軍事年鑑》，（北京，解放軍出版社，2002 年 12 月），頁 314
[20]同註 19。
[21]季廣智少將等編，《新三打三防研究－上》，（北京，軍事科學出版社，2000 年 4 月），頁 1-4。

略指導方針的轉變。[22]同時，在武器系統的研發上，積極發展戰略、戰術彈道飛彈的換裝與巡弋飛彈之研製，增強突防能力，並自俄羅斯引進凱旋系列遠程、高空防禦系統（A-50U 預警機、SU-27SK、SU-30MK、SA-10e、SA-10/48N6 防空系統），[23]與自行研製高、中、低空的紅旗系列防空系統，以加強戰力。

除了在軍事上加強「反空襲」科技練兵的訓練外，中共認為「高價值民用目標是為高技術空襲打擊的重點」，[24]在民防方面，於 2000 年第四次「全國人民防空會議」中，依據 1997 年生效的「人民防空法」第二條－以防護與減輕空襲危害為主軸，採取「長期準備、重點建設、平戰結合」（第三條）的方針，「明確人民防空當前和今後一個時期發展面臨的形勢，確定人民防空 2015 年前建設的戰略目標」，[25]並對新的民用建築違反此一法令者，明訂法律刑責，[26]以使人民防空能與要地防空、野戰防空結成一體。總之，中共對「空襲與反空襲」的認識比我們清楚，所作所為亦比我們落實。

我地面部隊野戰防空所面臨的問題

依據國軍之建軍指導，空軍「平時負責維護臺海空域安全；戰時全力爭取制空」，但在「擔任基地防空」的「要點防空」所應具備的系統，並未列為軍種之主要武器裝備。[27]戰時聯合防空的任務是由

---

[22]同註 21，頁 4。
[23]《SIPRI 年鑒 2002-軍備、裁軍和國際安全》，（北京，世界知識出版社，2003 年 5 月），附錄 8C，頁 548-552。
[24]同註 19，頁 315。
[25]吳政宏、王勝利主編，《高技術條件下人民防空》，（北京，軍事科學出版社，2000 年 10 月），頁 8-9，124。
[26]同註 25，中共《人民防空法》，第八章，第 48-51 條。
[27]同註 4，頁 109-110。

飛彈司令部「統合陸基中、長程防空飛彈，在國軍聯合作戰指揮中心（COC）統一指揮下，遂行飛彈防禦，以確保空域安全。」[28]野戰防空仍以陸軍為主體[29]。由中共的「空襲與反空襲」作戰思想研判，中共要打一場「損小、效高、快打、速決」的「非接觸作戰」，[30]除了在政治上的特種作戰「斬首行動」突襲之外，在軍事上，如果「聯合防空」的「大傘」不破，中共即無力遂行登陸與空降作戰，所以，我們可以斷言「強網」及其所屬遠程偵蒐雷達、各中、長程防空飛彈、空軍基地必然是中共突襲的首要目標。在此前提下，地面部隊的野戰防空所面臨的問題，基本上有二：

一、反登陸作戰實施前，如何以野戰防空戰力支援友軍（含後備與警憲、民防）之作戰，並以即時的防情，確保我有生戰力之完整。（「大傘」未破前，支援聯合防空）

二、反登陸作戰實施後，如何於空中劣勢甚至於無空中支援下，獲得即時的防情，有效的運用有限的防空戰力，反制敵人各式空中威脅，維護有生戰力之完整，確保我地、空兵力行動之自由，獨立遂行地面防衛作戰，防衛國土安全。（「大傘」已破後，代替聯合防空）

凡是使用過網路的人，或多或少都有網路阻塞，造成困擾之經驗。戰時，對指揮體系最大的挑戰，並不是決心的下達，而是所有的國家情報系統、軍事監偵與野戰目標獲得體系全部啟動之後，瞬間而川流不息的將各種未經分析的情資通報到相關單位的結果，遠遠超出現有通信能量數倍以上，系統過飽和的結果，不待敵人的干

---

[28]同註4，頁 115。
[29]同註4，頁 104-105。
[30]同註4，頁 51。

擾，便已造成整個體系的壅塞與癱瘓，[31]這種混亂（chaos）的現象是 1991 年波灣戰爭的美軍所獲得的重大經驗教訓。至於伊拉克方面，則在敵人有計畫的作為之下，在戰爭未開打之前，整個指揮體系已然被多國聯軍癱瘓，無法運作，徒然任人宰割。

中共對此體認甚深，也點出我國「強網」的缺失在於「不能指揮大量防空兵力」，因此，對臺作戰時，以各種訊息戰的「軟殺傷」手段，打在開火之前，以創造有利態勢，戰時，則以「軟硬兼施，貫穿全程」乃是必然的作為，這也是中共一再強調的「高技術空襲」之要旨。在此種「強網」指管與雷達系統為敵人第一擊必然目標的作戰環境下，要解決此一威脅，除了加大系統的餘裕（redundancy and slack）與強固（robustness）外，在指揮管制上還必須要有足夠的調適（accommodation）能力。[32]

由於戰時對所有空中的目標，除了要能在極短時間內迅速「早期預警」，準確的辨識敵方威脅種類，採取最適切的手段，予以反制外，更重要的是要能區別我方的軍民用定、旋翼機、武裝、通用直昇機、無人飛行載具等航空器之活動，避免誤擊，以確保其飛航安全，適時安全的落地整補或到達所望地點，發揮地空整體戰力。

如以大眾交通體系為例，有了捷運，還必需有地區的交通網予以配合，才能滿足行的需求。同理可知，以上問題，不是有了「大傘」可以解決的，尤其是在低空或超低空的「明敵、知敵、制敵、剋敵」方面，「大傘」力有未逮，地面部隊都有自主防情的需求，但也面臨著「早期預警、空域管制、防情整合、情資共享、兵、火力

---

[31]曾祥穎譯，《軍事事務革命—移除戰爭之霧》，（臺北，麥田出版社，2002 年 3 月），頁 141。
[32]Theo Farrell & Terry Terriff. *The Sources of Military Change*. published by Lynne Rienner Inc. UK, 2002 p230-235

運用」的權責與困擾。

他山之石

　　美軍的境外作戰，無論在戰略與戰術的作爲上，緒戰時，永遠是以制壓敵人防空（SEAD）爲主要任務，敵人防空體系未瓦解前，不輕易投入地面部隊。於 2003 年對伊拉克的作戰中，雖然並沒有空中威脅的「疑慮」，但是，每一個師級建制的防空部隊還是隨軍前往戰地，開設前進防空指管中心（FAADC3I），確保師所屬部隊安全與行動自由，可見美軍對防空作戰之重視。

　　語云：「他山之石，可以攻錯」。陸軍各作戰區均有「防空群」之編制，現行之防空戰力，雖有復仇者、欅樹與雙聯裝刺針飛彈，但是，在 PODARS 雷達成軍前缺乏「早期預警能力」[33]，對戰機的掌握與兵力、火力之運用，都有極大的限制。欲使地面部隊指揮官能於「無防情、無空優」之狀況下，指揮所屬兵力於適當的時機，在防空體系的掩護下，以完整的戰力，投入決勝地域，唯有在各作戰區建立自主而可靠複式網狀之 C⁴/I/SR 防情指管體系，才能達成守土的重任。各作戰區一旦有了獨立自主的防情指管體系之後，不但可以減輕對「強網」之依賴，還可以某種程度的支援其作業。更重要的是各作戰區必須具備管制與通報陸航與各式無人載具的能力，才能確保地空整體戰力的發揮。僅就後者而言，陸軍各旅級以上的部隊已有迫切的自主空域指管體系的需求了。

　　國軍自製之天弓系統已服役多年，中科院已累積豐富的相列雷達研製能力，陸軍亦委請其完成靈活機動的車載式野戰相列雷達

---

[33] 朱明，〈復仇者飛彈服役三年缺雷達，爲提升性能「蜂眼專案」再延一年〉，（臺北，蘋果日報，中華民國 92 年 10 月 27 日）

（PODARS-M）之研製與初期作戰測評，[34]應可在其支援下，參照美軍師級前進防空指管中心（FAADC3I）的架構，以其為預警中心，內建指揮管制決策支援系統，對上結合，對下整合現有以及未來地區內友軍的雷情、海情、空情之偵蒐能量，完成作戰區的自主空域管制能力之建置，以確保其陸空用兵之自由。

結論－急待建立自主防情指管能力

面對依照地貌飛行的巡弋飛彈以及超低空的無人飛行載具帶來的威脅，陸軍長久以來，一直忽略「野戰防空」於地面作戰的重要性，平時亦難以有所表現。但是，在各種演訓時，「敵機空襲」，一直是管制部隊行動最常用的手段，既然有此認知，卻無自主的防情來源，必須仰賴「延遲與不精準」的防情抄報與廣播，遂行國土防衛，1944 年 6 月 6 日，諾曼地登陸時，德軍兩個裝甲師，受空中攻擊無法到達戰場實施反擊；2003 年 3 月，伊拉克軍隊在美軍攻擊下，從「人間蒸發」的例子；都是我們的殷鑑。

未來作戰型態的威脅已在改變，其速度、規模與方式已超出既有的認知。我們無法阻止改變的發生，就必須擺脫甚至放棄舊有的模式，以新的「思維理則」，利用資訊科技，消除弱點，走在威脅的前面，在「危機」未發生前，將其轉為「契機」。

如何轉換，在於我們的自擇。

民國 92 年中科院通資所 PODARS 小組
上課講稿

---

[34]同註 33。

二十二、2030 年戰略情勢之判斷

前言

　　國家戰略是指導軍事戰略的依據，也是國軍戰備整備的依歸。前者的規劃大多著眼於遠程的戰略判斷，在期程上係以十至二十年為單位。由於未知與未定的因素較多，因此，愈是縱深性的判斷，變數愈大。在此前提下，軍事戰略必須有相應的彈性與應變，以應付各種不預期的變化。

　　民國 67 年中共停止砲擊金門後，兩岸敵對態勢緩和。自 1978 年鄧小平宣布「改革開放」，實施「四個現代化」，宣布裁軍百萬；民國 76 年蔣經國總統宣布解除戒嚴，開放大陸探親，主張「以三民主義統一中國」，雙方轉為政治與經濟體制的對抗；不過李登輝當選第一任民選總統後缺乏「遠見」，旋即採取「戒急用忍」政策，錯失了以我們的政經經驗影響中共發展的「最佳時機」。大勢所趨之下，隨著兩岸人民的交流日益熱絡，促使民國 90 年蔡英文在擔任陸委會主委期間開放「小三通」，金門與馬祖由戰地轉變為兩岸的「交流窗口」。延續 40 年的內戰與砲戰也在沒有任何停火協議下，暫時中止。

　　民國 92 年陳水扁任內擴大了小三通的規模，改變「戒急用忍」政策，對中共小幅度的開放。兩岸民間的開放帶來了人民的接觸與官方有限度的來往，同一時期中共經過了這段時期改革開放的厚積，在綜合國力對比上兩岸在政治與經濟情勢，逐漸呈現雙方地位互換的現象。

面對這樣的氛圍，作者在民國 94 年（2005）8 月，對 2020 年兩岸情勢演變作了以下的判斷：「一、戰略情勢『彼長我消』；軍事上『弛中有緊，緊中有弛』。二、2020 年是兩岸和戰之分水嶺。三、大戰發生機率不大，擦槍走火機會不小。四、美國無力阻止中共對臺灣動武。五、中共以飛彈實施第一擊，已成為中外共識。」[1]

此期間國家採取「不統、不獨、不武」之政策，經過三度政黨輪替，兩岸的歧異「由顯而隱」甚至擱置。民國 105 年軍人節之前，蔡英文總統對國防部下達訓令：「過去幾十年間，缺乏上位軍事戰略指導更新，須建構新軍事戰略，擬定國家建軍目標。」要求在半年內提出「上位軍事戰略」之規劃。[2]但是當時蔡總統其實並沒有明確的國家戰略與指導可供國軍依循。所謂「維持現狀」在語意上就是沿用當前的國家戰略，再者於國家戰略與軍事戰略之間亦無「上位軍事戰略」的存在，當然無「更新」之可能。由於國家戰略模糊不明，因此，此一訓令便無法如期完成。

然而，整體上在軍事方面這種「彼長我消」的戰略態勢，至 2010 年中共完成軍事戰略論證以後，開始加速國防現代化腳步，我方原有的質量優勢亦隨之而消逝。總體而言，雖然在軍事上維持「弛中有緊，緊中有弛」的對峙，雙方互有不同立場的宣示，但是仍可以在「模糊」中取得微妙的平衡。

民國 110 年（2021）中，兩岸未來戰略情勢發生了重大的轉折。先是美軍不顧國際視聽以壯士斷腕般的突然撤出阿富汗，結束 18 年漫長的戰爭。接著蔡英文總統在國慶演說中發表「兩岸互不隸

---

[1] 曾祥穎，《飛彈防禦的迷思》（台北縣中和市：天箭資訊，2005 年 8 月），頁 53-58。
[2]〈社論：軍事戰略審時度勢融入創新，確保安全〉《青年日報》民國 105 年 8 月 6 日，版 2。

屬」的言論，「震驚國際」，正式的回覆中共自民國 105 年來一直探索的要求。前者就全球而言，確立了中共與美國兩強相互抗衡的局勢。後者則誘發了兩岸武裝衝突甚至戰爭的因子。這兩項因素在未來十年的演變，必將對我中華民族的發展有決定性的影響。

如今蔡政府透過國慶演說的方式，正式確定了國家戰略未來走向，不論美國與中共的反應如何，兩岸未來局勢將趨於惡化，應是合理的判斷，在這種戰略情勢之下，如何因應軍事戰略情勢的演變實為國軍重要之課題，也是本文研究之目的。

未來兩岸戰爭的可能性

蔡政府自民國 105 年上台後，即刻意模糊馬英九時期「不統、不獨、不武」的路線，無意於對話與交流，兩岸因而陷入僵局。民國 109 年春，武漢新冠疫情爆發，先是阻止滯留大陸之同胞返台，繼而全面停止兩岸對話之機制，民國 110 年則藉國慶談話，拋棄「兩岸避雷針」，[3]對中共正式轉向對抗。此言論一出，中外學者與智庫紛紛對台海未來局勢表示悲觀。

在美歐方面，儘管在倉皇退出阿富汗後，美國官方以「堅若磐石」（rock solid）外交辭令表達維持台海和平的承諾。但是紐約時報卻認為「台海均勢正改變，進入危險新階段，恐因誤會點戰火」。並引述羅素（Danny Russell）的話稱「美中台沒剩多少絕緣體」，[4]做出「中國軍力強大，武力統一台灣已可想像」之結論。[5]同一時間英國

---

[3] 蘇起，〈含意深遠的美中軍方高層通話〉《聯合報》民國 110 年 10 月 17 日，版 A12。
[4] 田思儀編譯，〈紐時：美中台沒剩多少絕緣體〉《聯合報》民國 110 年 10 月 11 日，頭版。
[5] 鍾玉玨，〈美中恐因台灣問題引爆戰火〉《中國時報》民國 110 年 10 月 11 日，版

的「經濟學人」（The Economist）雜誌，亦宣稱處在中美間，台灣海峽「是世界上最危險的地區」。美籍學者易思安（Ian Easton）更指出「除非彗星撞地球，台海安全是頭等大事」。旦夕間台海局勢惡化的程度尤甚於朝鮮半島的飛彈威脅。然而他認為「台美關係有如冰河流動，都沒有一套可以致勝的目的、方式和手段配套的國家戰略」為後盾。[6]顯見我方與美國對中共升高的威脅，尚無有效的反制對策。

美國軍方的反應也不樂觀。在 2020 年《美海軍新戰略指南》中，首度承認美中海軍軍力旗鼓相當，是戰略競爭對手。[7]美軍雖然增加了在亞太聯合軍事演習的強度，但是印太司令部前司令官戴維森（Philip Davidson）上將，卻認為中共在未來的 5-10 年內有全面犯台的能力，最快的時間為 2027 年。《2021 年中國軍力報告》2027 年則是最具關鍵的一年，[8]「台海有事」時介入的程度，係著眼於美國的經濟安全。[9]

亞洲在這一片台海未來必然「有事」的論調中，以新加坡的「深紅線說」最為肯定，[10]日本與韓國則保持相對的低調。唯獨俄羅斯的總統普丁力排眾議，不認為台海會發生戰爭，因為中共可以「透過增強經濟能力，落實其國家目標」。[11]

AA3。
[6]陳泓達譯，〈威懾中國：脆弱、冷漠與畏縮〉《自由時報》2021 年 10 月 17 日，版A6。
[7]張文馨，〈美中海軍軍力，旗鼓相當〉《聯合報》民國 110 年 10 月 10 日，版 A2。
[8]張文馨，〈美軍力報告：陸 2027 年逼台談判〉《聯合報》民國 110 年 11 月 5 日，頭版。
[9]國際新聞中心，〈中國意圖併台，美海軍部長：威脅美經濟安全〉《自由時報》2021 年 11 月 6 日，版 A2。
[10]林則宏，〈星防長：台灣問題深紅線，各國應遠離〉《聯合報》民國 110 年 11 月 6 日，版 A3。
[11]張沛元編譯，〈普廷稱中國要統一，不必對台動武〉《自由時報》2021 年 10 月 15

　　至於兩岸間，中共「國台辦」則在習近平「和平、反獨、促統」的基調下，反應相對低調，認為係在「為謀獨挑釁張目」，軍隊方面亦並未有過激的言論。[12]我方外交部長吳釗燮卻在接受澳洲廣播公司（ABC）訪問時表示：如果大陸動武，「我們將戰鬥到底」。[13]國防部長邱國正則在國會坦言：「台海局勢為從軍 40 年來最嚴峻之時刻。中共在 2025 年有全面進犯之能力」。[14]相較於國防外交部門的緊張，國安局長陳明通卻表示：「在一年內發生戰爭的機率很低」，「蔡政府任內都沒事」。[15]陸委會則評估「台海情勢未急遽升高」。[16]兩機構除了態度輕忽外，言下之意，如何收拾這個「攤子」是下一任政府的工作，蔡政府挑事之後，就撒手不管了。表面上是為了安定人心，然而這種意圖僥倖的言論，卻暴露了政府沒有做應付「超限戰」，或者「被迫一戰」的準備。[17]至於一般人民對此趨勢漠然的反應，則更加重了外界對台海發生戰爭的疑慮。

　　綜合以上各方的言論，以及中共軍機不斷進出於我防空識別區的現象，在外界看來如果我方繼續往「實質獨立」的紅線前進，走向深紅區，未來兩岸在台海發生戰爭的機率，必將一觸即發。不過，與六十年前不同的是，金門與馬祖已實質失去了「戰地」的角

日，版 A2。

[12]羅印冲，〈國台辦：為謀獨挑釁張目〉《聯合報》民國 110 年 10 月 11 日，版 A3。

[13]周佑政，〈吳釗燮備戰說，綠營不滿：挑釁引戰〉《聯合報》民國 110 年 10 月 10 日，版 A2。

[14]涂鉅旻，〈前空軍副司令張延廷：中共軍事挑釁，我需嚴肅以對〉《自由時報》2021 年 10 月 20 日，版 A5。

[15]涂鉅旻，〈被問兩岸開戰機率「蔡任內都沒事」〉《自由時報》2021 年 10 月 21 日，版 A2。

[16]許依晨，〈陸委會評估：台海局勢未急遽升高〉《旺報》民國 110 年 10 月 29 日，版 AA1。

[17]范疇，《被迫一戰-台灣準備好了嗎?》（新北市：八旗文化，2021 年 8 月），頁 22-26。

色，美國若實質持續川普時期的經濟新冷戰政策，台澎有因美中落入「休斯迪底斯陷阱」成為雙方戰場的可能。

對我國軍而言，戰備整備始終是國軍的本務。自民國 44 年「大陳撤退」以來，經 823 砲戰全民國 85 年春天的「台海飛彈危機」迄今，戰爭與和平的主動始終在中共的手上，其強弱隨著中共與美國的關係變化而變。過去因為中共與美國互相利用造成的和平假象，連帶緩和了台海緊張的局勢。如今在美中新冷戰關係的大環境下，以另一種戰機騷擾常態性型式，牽動兩岸與美中的互動。

直至目前為止，中共與我們並沒有任何停戰協議與聲明，雙方其實仍處於「內戰餘緒之狀態」。就未來兩岸戰爭的可能性而言，目前的假象是由民國 67 年中共片面「停止砲擊金門」，以及 76 年蔣經國宣布「解除戒嚴」而來。自李登輝提出「兩國論」之後，中共迅速完成「反分裂國家法」的立法，為下一次重啟戰爭藉口的準備。質言之，兩岸始終是處於「冷戰」的狀態，在 2010 年中共達成第一階段的國防現代化目標，2015 年南海島礁武裝化，2016 年完成國防體制之改革後，開始有由冷向溫的方向轉變。

平心而論，中共無時無刻的都想要「以武力解決台灣問題」。問題是在鄧小平「一個可用的台灣」的戰略指導，以及「最好不死人，盡量少死人，要死死軍人」的要求下，重打？台灣受不了。輕打？中共收不了！在沒有萬分把握之前，只好任其維持現狀，以「一國兩制」為餌，徐徐圖之。

然而以往兩岸刻意創造的模糊現狀，分別被兩岸打破了。當中共於香港粗暴的撕毀「一國兩制」的承諾後，便失去了統戰的戰略高度，無法「說服」外界對台用兵的正當性。我方則在「去中國化」日益增長的氛圍下做出了「互不隸屬」，更改中華民國歷史的決策。在沒有找出以最小的代價解決台灣問題以前，兩岸對進的速度

仍有機會調整。政權的輪替或交班就是指標,在此前提下作者研判未來零星衝突的機率不小,不到「圖窮匕見」之時刻,全面犯台的可能性存疑。

　　基於以上的分析,在美中角力的大環境下,如果「美消中長」的趨勢不變,淺見以為中共能夠順利的與美國在太平洋第二島鏈以西維持均勢時,兩岸發生戰爭的機率較低,中共可採取普丁的經濟戰方式達成其目標。若中共發生「重大意外」地緣戰略轉變為「美長中消」之時,中共為向太平洋爭取戰略縱深,則戰爭發生之機率較高。

　　總而言之,以亞太地緣戰略與經濟演變的趨勢,未來會朝向對我更不利的方向發展,不會因我方的立場變化而轉移。面對這樣的內外局勢與國家戰略極不利的態勢,國軍沒有挑釁與避戰的權利,但是卻有消弭隱患於未然,防止被奇襲與突襲的責任。

2030 年兩岸戰略情勢之判斷

　　戰略判斷就是《孫子》所謂的「勢」,勢的演變有其漸進性與縱長性,期程愈短,趨勢愈顯,愈容易掌握。反之,則否。10 年的期程屬於中程判斷,變化除了歷史的偶然外,也有較具體的徵候,做出的結論誤差比較可以接受。依據作者的觀察,自「大陳撤退」之後,每隔 10-15 年兩岸的戰略局勢都會有重大的變化,可以說明其中的必然性。(見附表一)

附表一:大陳撤退後地緣戰略下兩岸戰略情勢演變

時間	共軍發展	我方發展	影響
民國 44 年 1955 年	韓戰結束,共軍攻打一江山,四野獨大。	美第七艦隊協防台灣,政府實施經濟發展與教育改革。	有形戰爭結束,轉為零星海空戰鬥與外島砲擊。

民國 54 年 1965 年	成立海、空軍,陸軍各特種兵司令部。	美國阻止國軍反攻大陸於澎湖,停止軍援,實施整編。	兩岸對立態勢確立,海空衝突與砲擊外島減少。
民國 67 年 1978 年	放棄臨戰思想,開始現代化,停止砲擊金門。	「嘉禾案」完成,經濟開始起飛,寬容海外異議分子返國。	中共文革結束,實施改革;兩岸密使接觸,局勢緩和。
民國 85 年 1996 年	完成百萬裁軍,戰略核武開始「值班」。	開放老兵經由第三地返回大陸探親,李登輝提出「兩國論」。	中共對台「文攻武嚇」,飛彈危機;台獨思想公然化。
民國 97 年 2008 年	加速國防現代化武器的試裝與戰略論證。	完成首次政黨輪替,精實案後,義務役期縮短為一年。	中共完成對台動武立法,提出超限戰與法律戰思想。
民國 105 年 2016 年	完成國防體制改革,成立五大戰區。	民進黨再度執政,「九二共識,一中各表」核心動搖。	中共劃出戰爭紅線,蔡英文「以拖待變」。
民國 115 年 2026 年	軍隊完成機械化與資訊化,二至三艘航母服役。	統獨爭議與政黨惡鬥持續?恢復徵兵?獨立或談判?	美中「冷戰」持續?美軍撤出亞太?武力犯台?

資料來源:作者自製

　　若以附表一兩岸地緣戰略的背景為主觀基本假定之根據,以中共、美國與我方地緣經濟與戰略發展為客觀條件,本文試以 2030 年為準據,分別作出三方之假定,以利分析。(見附表二)

附表二:2030 年中共、美國與我方戰略判斷因素之假定

成員	假定
中共	一、在習近平集權下,仍可維持目前之一黨專政體制。 二、政權交替模式改變,權力鬥爭權重增加,內部矛盾加重。 三、能源需求增加,整體經濟成長趨緩,保 5 為重要指標。 四、可依計畫達成國防現代化目標,國防預算轉趨 7-5%成長。 五、基本上具備與美國於太平洋第二島鏈以西抗衡之態勢。

美國	一、 整體經濟缺乏新動能，基礎建設落後，成長緩慢。
	二、 「新門羅主義」美國優先，將逐漸成爲政治與經濟主流思想。
	三、 財政赤字高漲，國防預算爭取難度增加，不利現有軍力維持。
	四、 停止對外戰爭，軍事外交修補盟國關係，加深對盟軍之依賴。
	五、 縮減亞太地區駐軍，加強海空軍活動，與中共摩擦機率增加。
	六、 收縮戰線，海空主戰兵力撤至第一島鏈以東海域。日本角色加重。
我方	一、 加強去中國化，統獨爭議無解，但各自將深化思考未來走向。
	二、 國家經濟對大陸市場依賴程度加劇，無後繼成長之新動力。
	三、 國防預算持續攀高，三軍武器系統獲得與維護，日益困窘。
	四、 訓練環境惡化，國民防衛意識薄弱，後續戰力不足以支持作戰。

資料來源：作者自製。

以上的假定並未考量日本新的國防法案下之因素，主要原因在於自衛隊的「千浬防線」過長，且有東海油田與釣魚台之爭議，中共海空軍現代化後日本在大隅海峽至宮古海峽間，有首尾難顧之慮。日本未來除依據條約支援美軍後勤外，應以確保其「生命線」安全爲首要。以其地緣戰略地位而言，並非我可以共同「抵禦外侮」的國家，對我而言，未來非徒無益，適足有害。謹就各假定事項作綜合研析如下。

一、對中共戰略判斷之研析

從中共對川普藉「華爲事件」發起「新冷戰」的過程中，可以知道是採取軟對抗的手段應付美國。中共的認爲兩國之間的矛盾與摩擦是與其發展相關。因爲會在「資源能源、發展模式與軍事力量」三方面構成挑戰。兩國的綜合國力越接近，美國越會將「抗衡重點」轉向中共，[18]因此「必須處理好對美關係，準備應對來自美國

---

[18]金一南等著，《大國戰略-世界視野下中國決策的歷史依據、現實抉擇及未來趨

的壓力和影響」。[19]換言之，中美關係是決定性的因素，但還不到攤
牌的程度。

在這種前提下，中共一旦決定對台「用兵」，其後果自有國家戰
略之考量與利弊分析，不過應爲其最後選項，殆無疑義。以往因無
力渡海攻堅，只好以武力恫嚇，甚至成爲口號。但是自陳水扁當選
後，在「台灣獨立，一邊一國」的主張之下，用兵又成爲必要之選
項，因此，如何「修道而保法」以處於「有理、有利、有節」有利
之地位，拉攏台灣民心，進而防止實質台獨之發生，始終是其施政
之要項。

以其「一分爲二」的思維理則，在 21 世紀初期，對內中共接連
完成了「反國家分裂法」、國防法和相關之海洋法案之立法，建立
「武裝力量」用兵之合法性，並預留排除「美日干擾內政」的伏
筆。對我則在「一國兩制」的框架下，以各種嘉惠台灣的措施與政
策「寄希望於人民」，意圖「以商逼政」或「以商圍政」，影響我方
政局的發展。然而，近年來在「去中國化」的教育與政府支持香港
民眾「反送中」的政策下，引發大陸的不滿，兩岸政治談判的道
路，封閉了。

在對外的海洋方面，自 1980 年代劉華清主張「進入第一島鏈以
東」的構想後，中共海軍便一直努力由「近海」走向「遠洋」。並爲
支持這種主張，開始強調地緣戰略研究海權思想，繼馬漢（Alfred T.
Mahan）「海權論」之後，提出「海陸和合論」，主張「化傳統的海
陸對立爲和平與合作，以使海洋與陸地共蒙其利。」[20]並做出進入

向》（北京：中國言實出版社，2017 年 6 月），頁 26-27。

[19]同註 18，頁 32。

[20]清華大學國際問題研究所教授劉江永，〈地緣戰略需要海陸和合論〉《人民中
國》雜誌，檢索日期:民國 110 年 10 月 28 日。

21 世紀，中國軍事安全的總體現狀是「陸地緩和，海洋危急」的結論。[21]

在陸權方面，中共與 14 個鄰國除印度與不丹外，簽署了邊界條約或協定，獲得安全保障之後。繼之以「一帶一路」的大戰略結合歐亞大陸，成為新的地緣關係轉變的因素，改變了麥金德的古典地緣政治條件，使世界的心臟地帶由東歐移至中亞，繼而與俄羅斯攜手對抗美國與北約，基本上解決了「胡人南下牧馬」的問題。2016 年 2 月，依據中國的地理情勢，比照滿清當年部署總督的地域，將七大軍區改為五大戰區。解決了自滿清以來陸權（塞防）與海權（海防）先後的問題，做到「西則塞防，東則海防，兩者兼顧」的要求。換言之，已具有從守勢改採攻勢的條件，未來，判斷除了不斷強化海空軍力量，壯大自己，如何透過合縱連橫，逐步破解「島鏈」的束縛，將是其地緣戰略上的重要課題。[22]

2002 年中共海軍首度完成環球遠航之後，2007 年比照美日之故技，在東海建立防空識別區，宣示管轄權，以為其海空兵力進出第一島鏈所必要的 $C^4/I/SR$ 雷達情報與防空情報網路，俾利未來於東海與美日衝突時，居於有利或局部有利之地位。

至於南海，2014 年中共利用不滿國際對南海之仲裁，趁勢改變「擱置爭議」的戰略，將既有的七個礁石「化礁為島」，建設為海空前進基地裝設空防體系，利用民用航空器演練起降，與三亞、永興等地互為犄角，涵蓋南海，成為航母戰鬥群的「死地」，以「區域阻

http://big5.china.com.cn/book/zhuanti/qkjc/txt/2006-07/06/content_6267593.htm
[21] 萬祥春，《中國特色海洋共同安全觀研究》（上海：上海社會科學院出版社，2020 年 6 月），頁 196-198。
[22] 王偉，《天下大勢-從地緣角度檢視全球政治勢力》（台北市：上奇時代，2019 年 1 月），頁 161-162。

絕」（A²/AD）美軍在南海的活動。

在完成第二代「北斗導航體系」組建後，旋即發展「常規導彈打擊航母」的不對稱作戰，作為其航母戰鬥群之後盾，以侷限美軍在西太平洋戰力之發揮。以上的作為無不是為爾後創造對台用兵，預先建立「勝兵先勝」的態勢，可有效阻止美日澳來自海洋的威脅。

在具體作為方面，自 2012 年以來，中共除常態性的以不同的海空兵力進出宮古海峽與巴士海峽，至第一島鏈以東海域演訓，與英美方航艦互別苗頭，同時在南海實施大型演習，[23]以及每年實施中俄艦隊聯合演訓。2021 年更捨棄取道庫頁島的宗谷海峽進入太平洋，在演習中驅離美軍驅逐艦「恰飛號」（DDG90-Chafee），[24]並首度針對性進出日本津輕海峽與大隅海峽，環繞日本本土航行，（見附表三）以上動態在在顯示出其對東海、台海、南海乃至於日本海掌握的企圖濃厚。間接削弱美軍駐防橫須賀的航母戰鬥群嚇阻能力，增加美日澳「反反進入/區域拒止」（anti-A²/AD）的難度。

附表三：2012-2021 中俄海上聯合演習大要

年度	時間-地點	概要
2012	0422-27-青島海域	水面艦、定、旋翼機之海空與特戰操演
2013	0705-12-日本海海域	水面艦、潛艦、定、旋翼機之海空與特戰操演
2014	0521-26-長江口海域	海空聯合操演與射擊。驅離日本 P-3C 與間諜船
2015	0511-21-地中海	海上火力展示。美驅逐艦近距離觀察演習
2016	0912-16-廣東海域	海上聯合奪導演習。作戰圖資訊化
2017	0721-28-波羅的海	反潛操演與潛艦救難。旋翼機互相降落演練

---

[23] 盧伯華，〈解放軍南海大演習　專家：研判為遠程導彈試射　山東艦可能參演〉，www.chinatimes.com>realtimenews>20210806005705-260409，檢索日期:民國 110 年 10 月 29 日。

[24] 郭正源編譯（青年日報），〈美太平洋艦隊駁俄軍指控，反稱遭逼船〉，tw.news.yahoo.com 檢索日期:民國 110 年 10 月 29 日。

2018	0426-青島海域	海上聯合作戰,維持區域穩定作戰
2019	0429-0504 青島海域	聯合潛艦救難、防空、反潛、海上搜救、攔檢
2021	1014-17-日本海與西北太平洋	通信演練、通過雷區、艦隊防空、射擊、聯合機動、反潛演練。美艦遭俄艦貼近攔截驅離。

資料來源:〈框架內最大規模!中俄「海上聯合 2018」將於青島登場〉https：//www.ettoday.net/news/20180426/1158137.htm#ixzz7AneTvNno；劉秋苓,〈中俄「海上聯合」軍演-戰略協作與地緣政治之觀察〉,《歐亞研究》(台中中興大學國際政治研究所) 第六期,2019 年 1 月,頁 71-72;龔天寧,〈中俄 2019 海上軍演在青島舉行〉,www.chinatimes.com>newspapers>20190502000171-260301;陳正錄,〈中俄赴日本海軍演環時:更像一場實戰〉,2021/10/14 15：17 聯合新聞網,以上檢索日期:民國 110 年 10 月 29 日。

　　一旦這種長期的戰略造勢完成布局,則「三海」-東海、台海、南海-將盡入中共掌握。屆時,美軍主力將退出第一島鏈至關島一線或以關島為依託,日韓則必須為支援美軍作戰,考量其海上生命線之安危與後果。未來兩岸的問題即由台海安全轉為「第一島鏈區域安全」,甚至可以擴及至第二島鏈以西安全的問題,[25]而且這兩項發展我方都居於風暴的核心。

　　中共既已認為跨越太平洋是其走向大國的核心戰略為其生存之所繫;由於台灣位於第一島鏈中央,「雄據臺灣一點,可以縱橫太平洋」,「處於中國國防安全的戰略地位」,其得失是國防安全之最大挑戰。[26]其容忍之「底線」為縱然不能為其所用,但是絕不容許「臺灣實質或名義獨立」,以免阻礙其向東進出太平洋與美國抗衡。[27]

　　在 2016 年以前,日美有論者以為中共無論在東海與南海作為與

---

[25]同註 17,頁 89-91。

[26]房功利,《新中國鞏固國防的理論與實踐》,(北京,社會科學文獻出版社,2014 年 11 月),頁 275-280。

[27]鄧小平－收復香港;江澤民－收回澳門;胡錦濤－兩岸接觸;習近平－臺灣獨立?這樣的歷史地位?如何自處?從普京於烏克蘭之作為即可見端倪。

海、空戰力方面，其手段並不足以支持其目的，且航空母艦戰力成形，猶待時日，[28]如今時移事異，都因第三代北斗衛星體系、空警2000電戰機、南海島礁軍事化、「山東艦」服役、第三艘航母（福建號）正在上海構建，乃至於各型「打航母導彈」的問世而排除。

若2030年中共能夠提早完成國防現代化，其海空戰力在 C⁴/I/SR 體系支援下，南海與東海的問題都可能變成一個假的命題。甚而至於兩韓如果達成統一，美軍駐韓理由消失，屆時美國與日本是否還能享有於第一島鏈海域以西行動之自由？甚至琉球駐軍之存在與「美日安保條約」的存廢，都比「臺灣問題」來得重要。

在有利其持續發展，並爲「有效解決臺灣問題」做好「兩手準備」之情勢下，作者對中共 2030 年之大戰略判斷：「以發展安全爲核心，以和平競爭爲攻略；採取平和美國、冷對日本、攜手俄國之手段，戰略重點在東，傳統重點在南」的格局，與美國「既聯合，又鬥爭」。「臺灣問題」是否由次要矛盾轉爲主要矛盾，是否必須「以武力解放台灣」則取決於美國與中共「新冷戰」之發展而定。

二、對美國戰略判斷之研析

自第二次世界大戰之後，美國的國家戰略一言以蔽之：「不容許出現能與其匹敵之大國」，以維持其霸權之地位。美國不接受中共之崛起，乃是必然。但是中共由「次要矛盾」變成「主要矛盾」，卻是美國自己一手造成的。

美蘇冷戰時期，中蘇共交惡，中共接連因「大躍進」帶來三年

---

[28] 日本認爲東海方面有：中國東南丘陵缺乏有利雷達架設之高地，中共空軍 C⁴/I/SR 能力不足；美軍認爲南海方面有：機場太少、雷達設施、儲油運輸、後勤整備、生活條件、C⁴/I/SR 能力以及海洋氣候等問題。前者可以北斗系統、電戰機、海上電偵與超視距雷達解決；後者所有的基地都在初步建設階段，隨著進度之增進，自然迎刃而解。

饑荒與「文化大革命」，造成社會動盪之時，民國 54 年美國以第七艦隊武力，阻止我方最後一次「反攻大陸」的機會，破壞了兩岸在三民主義之下的統一。不久因陷入越戰泥淖，為了拉攏中共對抗蘇聯，以減輕「北約」的壓力，「背信棄義」而與大陸建交，使中共得以能夠維持其政治體制，逐漸穩定。復又未經與我商議便擅自將釣魚台主權劃歸日本，意圖藉此牽制中共在東亞的勢力，而造成今日兩岸三地糾紛之困局。

就其成效言，冷戰時期美國「聯中制蘇」的國家戰略，確實安定了東亞的局勢。美國在狼狽撤出越戰陷入衰退後，蘇聯因為百萬大軍與中共在邊界之對峙，東西兩面無法兼顧，為美國爭取到喘息的機會。美軍更透過「高尼法案」（Goldwater─Nichols Act）重整，以「星戰計畫」與蘇聯軍備競賽，拖垮了蘇聯，贏得了冷戰的勝利。中共則整頓「四人幫」，逃過了「文化大革命」的危局，繼而「韜光養晦」，將養生息。

《吳子》〈圖國篇〉：「然，戰勝易，守勝難。故曰：天下戰國，五勝者禍，四勝者弊……是以數勝得天下者稀，以亡者眾。」

冷戰後，緊密兩極體系瓦解，世界大戰陰影解除。接著 1991 年波斯灣戰爭對伊拉克的勝利使美國走出越戰的創傷，回復了信心。1996 年的「台海飛彈危機」以兩個航母戰鬥群壓制中共的蠢動，則是達到其國力的巔峰，橫行於世界，尤以中東地區為然。

但是「亢龍有悔」。「911 恐怖分子攻擊事件」不但是恐怖份子的反擊，也造成美國爾後幾度陷入戰爭，費留於戰場難以自拔，無力顧及亞洲，阻止中共之「和平崛起」，時至今日業已超越北約及俄羅斯，威脅到美國「一國獨大」之地位。[29]

---

[29]溫洽溢譯，《美國回得了亞洲嗎?》，（台北，遠流出版社，2014 年 12 月 1 日），

　　小布希總統在美國「還以顏色」（Do something）的要求下，無視於聯合國之否決與北約傳統盟邦之反對，獨斷率爾入侵阿富汗，對塔利班政權「不宣而戰」；旋即又對伊拉克發動「莫須有」的戰爭。美國的盲動躁進，前者猶可藉報復「911 恐怖分子攻擊事件」之名行之，後者則是美國私心自用，窮兵黷武，無法獲得歐洲傳統盟邦（法國）支持，使其聲望與影響力為之重挫。[30]

　　美國這 20 年的戰爭，沒有「明確的戰略目的」，違背理則，[31]忘卻過去教訓，不知取捨，進退失據，這種亂象正是今日美國衰退的根源。川普總統執政之時，在「美國優先」的口號下，決定不計代價結束戰爭，但是卻缺乏縝密的計畫與步驟，更沒有與盟國或友軍商議共同的行止。貿然實施的結果，先是在伊拉克留下堆積如山的「報廢」軍品，一走了之；拜登上台後又在未通報盟軍與阿富汗政府軍之下，率爾連夜撤離喀布爾巴格蘭（Bagram）空軍基地，拋棄盟友並重演「西貢撤退」之故事，狼狽的結束對阿富汗之戰爭。儘管美國的作為太過粗糙而有損大國顏面，總算能將戰爭告一段落，使國家回復正常運作。

　　美國雖然不計代價斷然結束了戰爭，但是以往連年漫無目的之用兵，浪費國家資源累積的虧損，需要以很長的時間與巨額的經費彌補。例如 2018 年底空軍的戰鬥機飛行員編制 5,292 人，由於家庭與轉業因素，缺員 1,211 人，達編率為 76.9%。缺額太多，海外駐防期限延長，[32]年資 10 年以上的留營率僅達 40%，造成空、地勤人員

頁 130-137。

[30]同註 26，頁 147。

[31]1944 年羅斯福對艾森豪下達之訓令：「貴官應統帥盟國部隊，進入歐洲。重點指向德國心臟地帶，擊敗德國。」

[32]中央社曹宇帆，〈航空公司積極挖角，美國空軍加薪盼留人〉，travelhito.com>檢索日期：民國 110 年 11 月 1 日。

負擔太重，任務調配困難；[33]海軍則因主戰艦艇老舊，第一代神盾級巡洋艦延長服役以因應需求，[34]受預算之限制，老艦性能提升與造艦速度緩慢，[35]這些因素都影響到美軍戰力的發揮，至少需要十年的時間方得以恢復。

就未來發展而言，美軍除人才的獲得與經費困難之外，並沒有類似越戰之後的「星戰計畫」性質的基礎研究做爲後盾，難以創造「不對稱作戰」之優勢。因此，未來將以與敵軍性能相近似的武器系統與體系執行任務，此爲美軍自韓戰以來所未見之狀況。更重要的是中共對美軍作戰的思想、理論、戰法的研究資料，汗牛充棟；美軍對共軍則相對陌生，不利於美軍在共軍相對有利的地域或海域作戰。

在川普的主政下，停止了美國「四年期國防總檢討報告」，無法從官方獲得完整而具體的資訊。一般而言，停止戰爭後應該是休息與整補，但是美國在 2022 國防預算中，依然提出了「太平洋嚇阻方案」（Pacific Deterrence Initiative, PDI），展示繼續圍堵中共之意圖。其成功公算究竟如何，不無疑問。

因此，在主觀的條件未改善之前，除非有不可預期之威脅危及到美國之利益，作者對美國之戰略判斷爲：「以保護本土安全爲核心，保持區域安全與承諾，擴大參與，置重點於亞太，投射機動兵力以因應地區威脅。」

---

[33] 美國之音，〈美國之音獨家：美國空軍飛行員嚴重不足，「海外任務已無法全數執行」〉，www.strom.mg>article>193061 檢索日期：民國 110 年 11 月 1 日。
[34] 吳賜山，〈7779 億美元！美 2022 財年國防預算創新高，眾議員提案禁 3 巡洋艦退役〉，newtalk.tw>news 檢索日期：民國 110 年 11 月 1 日。
[35] 大紀元，〈2022 國防預算，美軍都要買啥?〉www.epochtimes.com>b5/21/6/9，檢索日期：民國 110 年 11 月 1 日。

三、對我方戰略判斷之研析

以往我方並不乏遠、中程戰略規劃。但是自從「以三民主義統一中國」為內涵的「國家統一綱領」，在陳水扁任內中止之後，已不復有宏圖遠見的戰略可言。民選總統雖然表現出我國的民主素養，卻也使為國謀者短視近利，蹉跎畏讒。在執政時以維持現狀自欺，率然甘於被動；時間流逝，彼長我消的結果，致使落入今日「太阿倒持」，「維持現狀」已然成為一個自欺欺人的命題。

「維持現狀」內涵是相對性的，有賴於各方的互動，並不能當作國家戰略的指導方針；更可慮的是「維持現狀」代表「得過且過」，「不想明天」。對弱勢一方而言，不但被動無為，更將戰略的主動交之於敵手，在歷史上最典型的例子，非滿清末年兩廣總督葉名琛的「不戰、不和、不守、不降、不死、不走」莫屬。

持平而論，就戰略觀點而言，「九二共識，一中各表」下的「不統、不獨、不武」，不是一個至當的戰略，卻是當前唯一可為我在創造性模糊的空間下，爭取時間化異求同的戰略。如今既然確立採取對抗的立場，在海島防衛作戰的特質下，我方的戰略判斷極為單一：「全力完成反制中共武力進犯之準備，以擊退其第一波攻擊為最低目標。」

面對這樣「全民國防」的戰略要求，如果不能解決國民國防意識薄弱；軍隊沒有足夠的訓練場所；軍人地位飽受打擊；後續戰力不足等問題，任何的戰略判斷都將會落空。

五年前，日本學者小川和久說：「中國的戰略部署，解放軍的戰力，全世界都好奇，但最不了解的可能就是臺灣民眾。」[36]對我國家

---

[36] 小川和久，《臺灣政府閉口不提的中國戰力報告》，（台北，大是文化出版社，2015年7月），封底頁。

戰略的直言,或是對謀國者最大的批判。

軍事上,中共確認美國是「兩岸統一的最大外部障礙」。因為「一旦與大陸統一,美國於西太平洋防禦鎖鏈將斷裂,日本海上生命線被切斷。」[37]在這種狀況下決定兩岸和平與戰爭的角色是美國,也就是外交界的名言:「北京與台北間,取道華府最近。」決定性因素則是:第一島鏈東西之線中共「反介入/區域拒止」,與美方「反反介入/反區域拒止」的角力。具體的徵候,以近程(2025)而言是:創造並建立阻絕台澎的「戰略態勢」,遠程則是太平洋地區美中軍事力量的消長。

影響兩岸未來戰略判斷的決定性因素

綜合以上的研析,作者認為:中共在 2030 年有可能提前完成其國防現代化,美國應可完成其軍力重整,我方則能否依據建軍計畫完成戰備整備受到美國的掣肘。當中共獲得東亞地緣之利時,美國是否會意圖藉「台海有事」,將台海陷入戰火,以減輕其在中西太平洋的壓力,或以戰爭消耗並削弱中共之國力,實為我方為政者必須極力避免的噩夢。

在地緣方面,歐洲的學者則將兩岸關係拿來和烏克蘭與俄羅斯對比。[38]有美方的學者對中共的未來保持相對懷疑的態度,認為在各方面落後美國甚多。[39]但是,「在下一個十年或之後,美中之間的全面競爭,或許是國際上最重要的地緣政治因素」,[40]則是大家的共

[37]同註 18,頁 170。
[38]粘耿嘉譯,《地緣政治入門-從 50 個關鍵議題了解國際局勢》,(台北,如果出版社,2021 年 4 月),頁 89-94,123-126。
[39]侯英豪譯,《中國的未來》,(台北,好優文化,2018 年 4 月),頁 224-225。
[40]同註 36,頁 234-235。

識。亦即 2030 年是一個決定性的年度。因此，作者認爲在地緣政治上美、中的角力，十年的目標應爲第二島鏈東西之線到國際換日線間海域的爭奪。

這種爭奪起於十年以前，2010 年中共完成第一階段的國防現代化，海空軍都面臨與世界各國一樣必須出公海實施演訓，以免因「空域流量管制」而擾亂空中交通的難題，基於兩岸的海峽中線默契，開始分別從台灣以北的宮古海峽和南端的巴士海峽，至太平洋實施演訓，規模與期程均逐漸擴大。2014 年派遣軍艦穿越第一島鏈，首次參加「環太平洋-2014」軍事演習後，海空軍開始常態性的走向遠洋。這樣的作爲直接影響的就是我方戰略翼惻的暴露。

2015 年待東海與南海基本上完成經略，可以阻滯美日在相關海空域用兵後，中共在《2015 年國防白皮書》提出「海外利益攸關區」的概念。2016 年起將重點轉向對台海海域的掌握。2017 年底習近平對提出「太平洋夠大，容得下中美」的主張之後，2020 年中共海軍建設思想是在「尋求海上不對稱戰略：具備反介入/區域拒止能力」。[41]手段則爲「通過使用潛艦、導彈艦艇、戰機、反艦彈道導彈和巡航導彈，控制『第一島鏈』。對全球具備力量投送，維持偵察、通信及後勤保障的全面能力。」[42]簡單的說就是：近海內，要能「守得住、拿得下」；在遠海，要能「出得去、護得住」的態勢。

共軍這種與美國在太平洋爭鋒的海權思想，是集合英國柯白（Julian Corbett）的 3C-封殲、聯合與護航，美國馬漢的基地與補給線，以及蘇聯高西科夫（Sergey G. Gorshkov）元帥「海軍作戰正面及

---

[41]馬宏偉編著，《走向深藍的中國海軍》，（上海，復旦大學出版社，2020 年 12 月），頁 186。
[42]同註 36。

縱深都受到戰略武器系統的影響」[43]等三種理論之大成，而且從「導彈打航母」的戰法來看，便可知中共的海權思想受到蘇聯的影響較大。

　　在海權方面中共認為應該以「降低對手以為自己達到戰爭目的的可能性」為首要。[44]亦即所謂「反介入/區域拒止」與「反反介入/區域拒止」能力辯證的問題。在這個課題上美軍有面臨四個核心作戰問題：「前進基地越來越容易遭受攻擊；大型艦艇與航母在視距外即容易被發現、跟蹤和打擊；非隱形戰機容易被一體化防空系統（IADS）擊落；太空不再是免遭攻擊的庇護所。」[45]中共的 DF-21D、DF-26 反航母彈道飛彈、DF-17 高超音速可變軌導彈之陸續服役，就是明證。

　　就地緣戰略上而言，為了達成習近平對太平洋的目標，中共海軍在太平洋的主要目標，是要將美軍拒止於第一島鏈以東，進而與其爭奪第二島鏈的「自由航行權利」。至於其強度並不需要全面壓制美軍於第一島鏈以東，只要能在所望的地區保持局部優勢，使美軍保持距離即可達成其戰略之目的。

　　從具體作為上觀察，為了對台動武時阻止「外國勢力」的介入，以阻絕美軍在台海「自由航行」的干擾。除了遠程攻擊的飛彈體系外，美軍高層認為中共已完成南海七個島礁軍事化，與海南島及永興島等基地互為犄角，戰力相當兩個航母戰鬥群，有能力在戰時阻止美軍的進入南海的海域。[46]定期與俄羅斯於日本海、黃海、東

---

[43]朱成祥譯，《國家海權論》，（台北，黎明文化，民國 74 年 4 月），頁 331-336。

[44]胡波，《2049 年的中國海上權力：海洋強國崛起之路》，（北京，中國發展出版社，2015 年 4 月），頁 130。

[45]同註 41，頁 129。

[46]前美軍印太司令 Philip S. Davidson 即宣稱：「中共在南海基地已然完成，只缺部署軍隊。」黃靖媁，〈美點名習毀諾　將南海軍事化〉，news.ltn.com.tw>news>world

海海域舉行聯合演訓，意圖將日本牽制在東海，削弱美日同盟的力量。今後若能以台灣為核心，構建「阻援打點」與「圍點打援」的態勢，則近可掌握「三海」，與美國在第一島鏈以東分庭抗禮，遠可進入中太平洋進窺美國西岸，將是美國近百年來的最大威脅。

中共於福建惠安與龍溪均有雷達可監視台海的海空動態，近期則對我西南海、空域，構建其監偵體系。最明顯的徵候是 2020 年 9 月中旬，我方主動揭示中共軍機進入我防空識別區的動態後，雖然雙方空中的活動頻繁，相關之報導與分析幾乎無日無之，中共一直依然故我，也沒有任何的聲明，因此在戰略涵義上絕非所謂的「軍機擾台說」而已。[47]從地緣戰略的角度觀察，以共機近期實施的汕頭經恆春半島轉向台東的偵測飛行航線，可知其目的是在獲得台海戰場的優勢，或掩護南部戰區的海空兵力進出太平洋海域。最佳的方案便是在台灣海峽的南部建立水下監測系統，對我方之監偵只是供掩護之用而已。

這樣的做法是比照美國的前例而來。在冷戰時期美日為阻止或有利於其第一島鏈之作戰，分別從日本九洲經琉球，沿台灣東部外海接菲律賓東岸經過婆羅洲至澳洲，建立一條「海龍水下監測體系」；在北太平洋從日本的關東至美國本土建立一條「蜘蛛、巨人水下監測體系」；目的就在阻止中共與俄羅斯水下兵力進入中太平洋。又有傳聞近年來美國環繞台灣的北、西、南海域建立了一道「台海水系監測系統」，防範的對象更是不言可喻。2016 年 8 月，中共漁民即曾經當著美軍面前，將其「水下無人載具」撈起，造成兩國糾

檢索日期：民國 110 年 11 月 4 日。

[47]洪子傑，〈2020 年解放軍共機擾台與對台軍事威脅〉，《2020 中國大陸政軍發展評估報告》，（台北：國防安全研究院），民國 109 年 12 月，頁 75-78。

紛，最後不了了之，[48]可見水下監測體系之說並非妄加臆測。

如果以上的意圖為眞，那麼就可以合理的判斷：中共刻正在我西南海域防空識別區的邊緣，建立水下監測體系，以掩護其東部戰區的潛艦從台灣南端進入西太平洋，[49]或做為對台用武時，獵殺或嚇阻美軍「自由航行」由台灣海峽中線以東南下水下兵力，以遂其「阻援打點」之目的。或有利其海軍進入的一島鏈以東，實施「圍點打援」之水下作戰。一旦完成有利其「反介入/區域拒止」能力之作戰態勢，美軍不敢進入台灣東部千浬海域，進而窒息台灣，就有機會達到如普丁所預言的「不必以武力就可以解決台灣問題。」

在能力方面，作者認爲有達成其戰略意圖的公算。依據中共的文件，國防預算控制在國家生產毛額的 1.5%以下，開支不超過政府支出的 5.5%。[50]在此相對低的比例下，過去五年的經費成長爲 6.6%-8.1%間，與其年經濟成長率相去不遠，因此可以預期只要經濟沒有「重著陸」，國防預算便會相應地以略低的幅度增長。換言之，若取其中間值 7%計算，2030 年的預算將爲 2021 年的 1.97 倍。再就其經費開支的分配而言，2015 年以後，人事經費與訓練維持費都在 30%上下，裝備投資的經費則高達 40%或以上，[51]主要的原因是經費上漲的幅度大於物價指數，軍事投資的力度也相對的增長，必將極有利於中共武裝部隊之建設。

同時，「反介入/區域拒止」與「反反介入/區域拒止」之對比是

---

[48]陳子嚴，〈陸將歸還無人探測器，美國防部回應〉，檢索日期:民國 110 年 10 月 28 日。www.chinatimes.com>realtimenews>20161218000778-260408

[49]洪子傑，〈2020 年解放軍共機擾台與對台軍事威脅〉《2020 中國大陸政軍發展評估報告》（台北：國防安全研究院）民國 109 年 12 月，頁 75-78。

[50]The State Council Information Office of PRC. *China's National Defense in the New Era* （Foreign Languages Press）, July 2019, p.54.Table 3.

[51]Ibid. Table 2.

相互攻守的關係。前者需要具備破壞敵軍態勢之能力，後者則須確保任務之執行。就目前雙方戰力對比而言，美軍縱使將其 60%的海上資源投入東亞與中、西太平洋地區，2022 年海軍的軍事投資僅有潛艦與水面艦各兩艘，明顯不足。另就中共報導：2020 年前 10 月，美軍航母在海上總天數為 855 天，較前年多出 258 天，讓海軍疲累不堪，長年的過勞，造成意外事故頻傳，[52]康乃狄克號潛艦（USS Connecticut，SSN-22）南海海域海底撞山事故就是最佳寫照，[53]這種「師老兵疲」的狀況短期內難以解決，加上 2023 年計劃汰除 5 艘巡洋艦，2 艘核子潛艦，也間接影響到美軍對外軍事承諾的保證。

設若中共未來 10 年國防預算之成長趨勢與分配原則不變，美軍則未有相應之作為增加西太平洋之戰力，作者判斷中共建立第一島鏈，乃至第二島鏈以西「反介入/區域拒止」能力，應無重大之疑慮。

結論

姑且不論本文之判斷是否為真。兩岸局勢發展由緩而急，時間顯然不是站在我方，未來我戰略態勢愈趨不利，乃是不爭之事實。

中共除了在政治與經濟領域具備大國的實力外，聯手俄羅斯在國際上已然可和美國及北約分庭抗禮，而且在亞太有略居優勢之現象。軍事方面，其戰力組建之速度與質量，已非昔日可比。北斗衛

---

[52]萬乘之尊，〈中國海軍 15 年發展，對比澳大利亞和他的盟國海軍實力與發展〉，min.news>military>bab4e08a001a644b90fd8fad45175138 檢索日期：民國 110 年 11 月 3 日。

[53]〈撞到未知海底山！美公布核潛艦「康乃狄克號」南海事故調查結果〉，news.ltn.com.tw>news>world 檢索日期：民國 110 年 11 月 4 日。

星體系第三階段之完成,代表共軍可在其支援下,遂行「具有中國特色的網狀化作戰」。

美國在撤出阿富汗後,已等同撕毀其對盟國或「友軍」承諾的信用。雖然在經濟不佳與沒有海外戰爭的狀況下,增加 2022 年的國防經費,但是無論軍方或政界,對世局的應對並未跳出以往的思維。自川普以來,意圖藉經濟之制裁以壓抑中共之崛起,卻缺乏新的科技為其支撐,未來在量子科技領域的競爭又居不利的地位,前途未卜。

對於我方而言,美國再多的保證,都不如拜登總統說:「阿富汗部隊必須保衛自己的國家」之後,旋即棄友撤兵來得傳神。美國前副國務卿佐立克說:「美國可以保護我們的自治與市場經濟,但是保護一個獨立的台灣是不同的。」[54]姑且不論各方對台獨之定義為何,我們從美中軍方高層通話可知:美國根本不會為「台海有事」出兵。[55]因為美軍不可能將航空母艦戰鬥群的安危置於風險之中。

美軍來台協助訓練的項目,看來都是以突擊或特種作戰為主,代表的是準備打一場「格洛茲尼」式的城鎮戰鬥,對我們非徒有利,反而有害。國軍必須思考的是在有限的資源下,如何能「敵雖眾,可使其無鬥」。國軍的戰備必須以具備「殲滅其第一擊於灘頭」為最低目標,不可落入人云亦云的「首戰即決戰」或「首戰即終戰」的誤區。

戰場雖然不幸是在本島,但「客必絕水而來」,如何利用先處戰地之利,打一場自主不靠美國的戰爭,才是國軍應有的器識。

《孫子》曰:「毋恃敵之不來,恃吾有以待之。」然而,「有以

---

[54]林至柔,〈美若支持台獨,就準備打仗吧!〉,《旺報》民國 110 年 10 月 15 日,AA1 版。
[55]同註 3。

待之」是要有先知與長期的準備。如果我們只想「維持現狀」而「不想將來」，既想獨立又不肯犧牲，絕非至當的國家戰略。

問題是：我們並未做到「令民與上同意」的目標，也沒有做好因應最壞狀況的準備。

若不能體認《吳子》的「內修文德，外治武備」，「先戒以爲寶」的涵義而力行，這才是我們國家安全上最大的危機。

總而言之，無論美中或兩岸和與戰的問題，都是在「反介入」與「反反介入」的天秤上搖擺。在本質上：我們是「存亡絕續」，中共是「民族統一」，美國是「經濟利益」。孰輕孰重，自然可知。

《孫子》的〈始計〉講的是「多算勝，少算不勝，況於無算乎？」「算」必須客觀，而非自以爲是。若 2030 年之前有任何一方「誤算」或「輕算」，或受美國利用由「灰色地帶」走向「深紅區」，那就是「圖窮匕見」的時刻。

對於未來戰爭的研判必須因時、因地而制宜。戰略判斷或許不免會有主觀上的認知，但是「寧緊勿寬」，千萬不可因誤判而遭致奇襲，將國家帶入戰爭，就是人民最大的災難。

民國 111 年 4 月
《陸軍學術雙月刊》第 58 卷第 582 期

二十三、後記

　　從中尉到退役能夠留下 90 餘篇的論文要感謝的人太多了，無法列舉。如果不是因緣際會，不可能有如此的動力完成這些文章。請教過陸軍學術刊物的前主編曹汶華同學後，才有這本書的問世。

　　蘇起教授是我兵學研究所的老師，他與我們大家都有保持聯絡，非常受到我們的敬重，創立了「臺北論壇」，針貶國際與國內局勢，是一個非常公正客觀的智庫，讜論自在人心。

　　民國 105 年蔡英文當選總統之後，在軍人節前夕對國防部長馮世寬，下達「建構新軍事戰略」的指示，要求在三個月內提出「上位軍事戰略」的報告。此一要求看似有其新意，實則不啻「橫材入灶」。因為，古今中外軍事領域的分野上並無此一位階。一時之間要在戰略體系中，超越古今，提出「高人一等」的戰略思想，有若「挾泰山以超北海」。軍人以達成任務為天職，但是以我對他的認知及我們國家的主客觀因素，在期限內乃至於可見的未來，提不出報告乃是必然的結果。「新軍事戰略」改革交不了差，令出而不可行，損及的是總統命令的尊嚴，連帶的也喪失了軍隊的威信。

　　某一天他問我：「蔡英文政府的上位軍事戰略是甚麼？」我的回答是：「她的戰略就是沒有戰略。」因此寫了〈論蔡氏之「上位軍事戰略」〉，假「台北論壇」發表。除了釐清其中的矛盾外，沒有講出來的她是滿清時代兩廣總督葉明琛：「不戰，不和，不降，不走」的現代版。更怕她只是信口說說而已。

　　面對兩岸詭譎多變的局勢，「文青式」的空口說大話，不務實際

自欺欺人，得過且過意圖僥倖，一切都等事到臨頭再說。不是高喊中共打壓，就是諉過於在野。一旦局勢演變，拖不過去，執政者兩手一攤，大家自求多福，如今這種現象在疫情肆虐中，愈來愈見明顯。

國家目標訂定太高，施政執行能力太低，更重要的是她毫無尊嚴的倒向美國，將國家的安全寄託於一個「一再背叛盟友的國家」給予空泛的承諾，失去了做總統與三軍統帥的高度。卑躬屈膝之程度，不輸當年的石敬塘，被美方予取予求之餘，還帶領國人生活在夜郎自大的美夢中。

「天地不仁，以萬物為芻狗。」「聖人不仁，以百姓為芻狗」。「上將之道」以「全軍保國」為己任。

俄國與烏克蘭的戰爭，與兩岸的狀況有同有異，不可一概而論。但是戰況的發展，驗證了我在武器系統獲得與計畫署長期間一再對同仁強調的：「未來的戰爭，空間無限擴大，時間急遽壓縮，敵我之間距離只有一鍵之遙」的指導。「莫斯科號」的事件則證明了當時我對武器系統的論斷。

這是一場改變歐洲地緣戰略的「有限戰爭」也是美軍終將離開北約的開始，俄羅斯以後的作為以及對歐洲的「報復」，決定美國未來在歐洲的份量輕重。

戰略的課題講求的是掌握大局，凡事「先求穩當，次求變化」。千萬不可意圖「以不一定可能獲得之利，欲抵銷極可能獲得之害」，那是「極大的錯誤與冒險」。俄羅斯在軍事改革主觀的制約沒有消除前，「被迫冒進」發起戰爭，其結果完美的詮釋了野戰戰略與國家戰略的真諦。

烏克蘭以自家領土為壑，以人民為質，焦土抗戰，則是「小敵之堅，大敵之擒也」，後患無窮的寫照。

　　國父在蔣公共赴「永豐艦」之難後，脫險後寫了一副對聯「安危他日終須仗，甘苦來時要共嚐」贈與蔣公。這副對聯被放在校長室，不但是黃埔同學一生的寫照，也是解決兩岸死結的依歸。可惜的是在可見的未來，看不到擁有這種「胸壑」的領導者。

　　「老兵不死」，如今只能在凋零的過程中，靜靜地看著未來世局與國運的變化。希望當局者能夠明白「上善若水」與「佳兵不祥」的道理，「明白四達」知所進退，那才是我們的未來。

　　「倥傯」是事多或困苦的意思，軍旅之事經緯萬端，戰陣之中無限困苦。「保家衛國」軍人的一生「事了拂衣去，深藏功與名」，講的是「無智名，無勇功」，以「不戰而屈人之兵」為目標，成功不必在我，乃「俠」之大者，故以此為書名。

　　一言以蔽之，這本跨越近五十年時空的論文集是位黃埔出身軍官軍旅一鱗半爪的「心得報告」，每篇都有其時代性與針對性，也有不少重複、強調的地方，不能算是嚴謹的學術研究。

　　雖然自我感覺「良好」，終究失之「鄙陋」，直白說就是典型的「敝帚自珍」，對自己有所交代，因此，不敢找名家或上將軍寫序，自己將心路歷程寫了下來，留給自己和好友一個紀念。人過七十，隨心所欲，也就不在乎是否貽笑方家了。

　　看到今日「台海危機」兵戰凶危，日益迫近，戰略空間不斷被壓縮，爾後形勢雖有智者，亦難其後矣！回想上次 1996 年飛彈危機後，受命編成小組，研擬「飛彈防禦」事宜，當年努力才有今日「梁山雷達」與「攻勢武器」之建案，面對威脅總有一些底氣，不至於束手無策。

　　這些演變從拙文的順序中，大都獲得了證實，撫今追昔，無限感嘆！故曰：「黃埔子弟軍旅老，一生功成不名有；萬千戎馬倥傯事，盡付青春時光中。」

國家圖書館出版品預行編目資料

倥傯論文集／曾祥穎著. —初版. —臺中市:白象
文化事業有限公司,2022.10
　　面; 　公分
　ISBN 978-626-7151-72-3(平裝)
　1.CST:軍事 2.CST:文集

590.7　　　　　　　　　　　　111010327

倥傯論文集

作　　者　曾祥穎
發 行 人　張輝潭
出版發行　白象文化事業有限公司
　　　　　412台中市大里區科技路1號8樓之2(台中軟體園區)
　　　　　出版專線:(04)2496-5995　　傳真:(04)2496-9901
　　　　　401台中市東區和平街228巷44號(經銷部)
　　　　　購書專線:(04)2220-8589　　傳真:(04)2220-8505
專案主編　陳婷婷
出版編印　林榮威、陳逸儒、黃麗穎、水邊、陳婷婷、李婕
設計創意　張禮南、何佳諠
經紀企劃　張輝潭、徐錦淳、廖書湘
經銷推廣　李莉吟、莊博亞、劉育姍、林政泓
行銷宣傳　黃姿虹、沈若瑜
營運管理　林金郎、曾千熏
印　　刷　基盛印刷工場
初版一刷　2022年10月
定　　價　300元